U0793089

高等职业技术教育机电类专业规划教材

计算机绘图

——AutoCAD 2011中文版

主　编　刘魁敏
副主编　何晓凤　麦宙培　刘秀艳

机械工业出版社

本书以 AutoCAD 2011 中文版为蓝本，以“二维绘图基础——零件图——装配图——三维实体造型”为编写主线，全面、详细地介绍了 AutoCAD 2011 中文版的特点、功能、使用方法和技巧。全书共分 14 章，主要内容有 AutoCAD 2011 的基础知识、二维图形的绘制与编辑、精确绘图工具、基本绘图环境的设置、参数化绘图、图形显示与参数查询、图案填充、文字与表格、块的使用、尺寸标注、绘制装配图、三维实体造型以及图形输出等。

本书结构合理、简明实用、实例丰富、针对性强，具有较强的专业性和实用性。在每章都配有典型实例和习题，读者可结合书中内容进行同步操作练习。本书既可作为高职、中职学校计算机绘图课程的教材，还可供从事计算机辅助设计与绘图的工程技术人员参考使用。

图书在版编目(CIP)数据

计算机绘图：AutoCAD 2011 中文版/刘魁敏主编．—5 版．—北京：机械工业出版社，2012.4（2020.8 重印）
高等职业技术教育机电类专业规划教材
ISBN 978-7-111-37780-1

Ⅰ．①计…　Ⅱ．①刘…　Ⅲ．①AutoCAD 软件-高等职业教育-教材
Ⅳ．①TP391.72

中国版本图书馆 CIP 数据核字（2012）第 048910 号

机械工业出版社（北京市百万庄大街 22 号　邮政编码 100037）
策划编辑：管晓伟　责任编辑：管晓伟
封面设计：姚　毅　责任印制：郜　敏
北京圣夫亚美印刷有限公司印刷
2020 年 8 月第 5 版第 13 次印刷
184mm×260mm·20.5 印张·505 千字
31001-32500 册
标准书号：ISBN 978-7-111-37780-1
定价：39.80 元

凡购本书，如有缺页、倒页、脱页，由本社发行部调换

电话服务	网络服务
服务咨询热线：010-88379833	机 工 官 网：www.cmpbook.com
读者购书热线：010-88379649	机 工 官 博：weibo.com/cmp1952
	教育服务网：www.cmpedu.com
封面无防伪标均为盗版	金 书 网：www.golden-book.com

前　言

AutoCAD 2011 是目前最流行的 CAD 软件之一，是美国 Autodesk 公司最新推出的计算机辅助设计与绘图软件。它不仅具有很强的二维绘图编辑功能和三维绘图及实体造型功能，而且还可进行 CAD 系统的二次开发，操作简便、适用面广，因此广泛应用于机械、建筑、电子和航天等诸多工程领域。

本书以实用为目的，注重 AutoCAD 的功能与工程制图的结合、课堂教学与上机实践相结合。以通俗的语言、大量的插图和实例，由浅入深详细地介绍了 AutoCAD 2011 软件的功能和使用方法。本书具有以下特点：

1. 内容的系统性。本书以 AutoCAD 2011 为基础，以“二维绘图基础——零件图——装配图——三维实体造型”为编写主线，按照绘图过程组织内容体系。从简单的平面图形绘制入手，详尽介绍 AutoCAD 基本功能，讲解循序渐进，知识点逐渐展开，便于读者接受。

2. 突出实用性。本书注重用图例介绍 AutoCAD 绘制工程图样的方法。各章节中穿插图例，相关单元设置了综合应用实例，直观、易懂。在每章后面附有思考与练习题，旨在满足理论教学与上机实践有机结合的要求，并能使读者从中感悟到 AutoCAD 的功能、特点和应用技巧。

3. 贯彻执行新的国家标准。本书执行我国 CAD 制图标准和有关最新制图国家标准，如表面粗糙度、几何公差的标注等，以便指导学生有效地将 AutoCAD 的丰富资源与国标相结合，进行规范化设计。

本书共分 14 章，主要内容有 AutoCAD 2011 的基础知识、二维图形的绘制与编辑、精确绘图工具、基本绘图环境的设置、参数化绘图、图形显示与参数查询、图案填充、文字与表格、块的使用、尺寸标注、绘制装配图、三维实体造型以及图形输出等。其中带“*”号的章节为选学内容。

参加本书编写的有刘春萌（第 1、14 章）、麦宙培（第 2 章）、刘魁敏（第 3 章及全部思考与练习题）、袁媛（第 4 章）、张涛（第 5 章）、陆颖荣（第 6、7 章）、林胜（第 8、12 章）、吕世霞（第 9 章）、刘秀艳（第 10 章）、何晓凤（第 11 章）、霍秀静（第 13 章）。全书由刘魁敏任主编，何晓凤、麦宙培、刘秀艳任副主编。

限于我们的水平，书中难免存在错漏之处，望广大读者批评指正。

编　者

目　录

第 1 章　AutoCAD 基础知识

本章主要介绍 AutoCAD 的一些基础知识，包括 AutoCAD 2011 的运行环境与启动、AutoCAD 2011 工作界面、命令与数据的输入以及图形文件的管理等内容。通过学习本章，可为以后快速有效地绘图打下基础。

1.1　AutoCAD 2011 的运行环境与启动

1.1.1　AutoCAD 2011 的运行环境

1. 软件环境

（1）操作系统　AutoCAD 2011 使用的操作系统可以是 Microsoft Windows XP SP2 以及 Microsoft Windows Vista 系统，并且支持 64 位的 Windows XP 和 Windows Vista 操作系统。安装 AutoCAD 时，软件将自动检测 Windows 操作系统是 32 位版本还是 64 位版本，并安装相适应的 AutoCAD 版本。不能在 64 位版本的 Windows 上安装 32 位版本的 AutoCAD 软件。

（2）浏览器　32 位：Microsoft Internet Explorer6. 0SP1 或更高版本。64 位：Microsoft Internet Explorer 7. 0 或更高版本。

2. 硬件环境

（1）处理器　32 位：Intel® Pentium®4 处理器或 AMD® Athlon，2. 2GHz 或更高；Intel 或 AMD 双核处理器，1. 6GHz 或更高。64 位：AMD64 或 Intel EM64T。

（2）内存　32 位：1GB（Windows XP SP2）/2GB 或更大（Windows Vista）。64 位：2GB。

（3）图形卡　1280 × 1024　32 位彩色视频显示适配器（真彩色），具有 128MB 或更大显存，且支持 OpenGL® 或 Direct3D® 的工作站级图形卡。

对于 Windows Vista，需要具有 128 MB 或更大显存且支持 Direct3D 的工作站级图形卡以及 1024 × 768VGA 真彩色（最低要求）。

需要支持 Windows 的显示适配器。必须安装支持硬件加速的 DirectX9. 0c 或更高版本的图形卡。

（4）硬盘　需要 750 MB 的安装空间（Windows XP SP2）。

除用于安装的空间之外，可用空间为 2 GB（Windows Vista）。

三维功能额外建议配置：

1）处理器　Intel®Pentium®4 处理器或 AMD® Athlon，2. 2GHz 及更高；Intel 或 AMD 双核处理器，1. 6GHz 或更高。

2）RAM 2GB（或更大）。

3）图形卡 1280 × 1024　32 位彩色视频显示适配器（真彩色），具有 128MB 或更大显存，且支持 OpenGL® 或 Direct3D® 的工作站级图形卡。

对于 Windows Vista，需要具有 128 MB 或更大显存且支持 Direct3D 的工作站级图形卡以及 1024×768VGA 真彩色（最低要求）。

4）硬盘 2GB（除安装所需的 1GB 或更大空间之外）。

1.1.2 AutoCAD 2011 的启动

在完成 AutoCAD 2011 中文版的安装后，通常在操作系统的桌面上会自动生成 AutoCAD 2011 中文版的快捷方式图标，如图 1-1 所示。

图 1-1 AutoCAD 2011 系统快捷图标

可通过下列方式启动 AutoCAD 2011：

① 双击桌面上的 AutoCAD 2011 快捷方式图标。

② 单击“开始→程序→Autodesk→AutoCAD 2011-Simplified Chinese→AutoCAD 2011”，如图 1-2 所示。

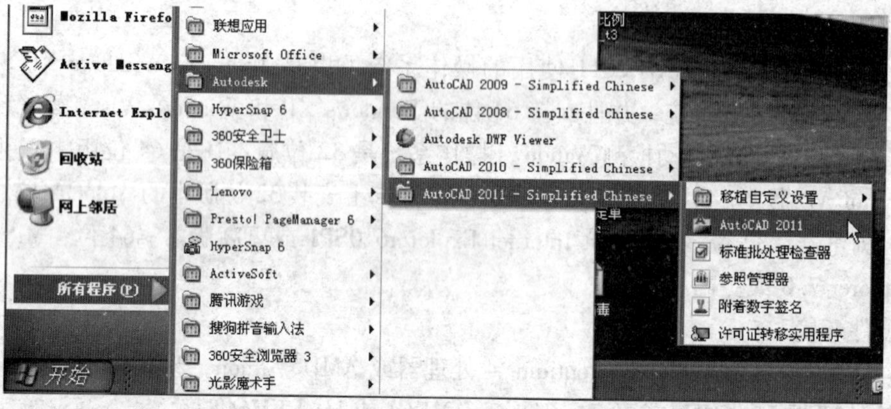

图 1-2 通过“开始”菜单，启动 AutoCAD 2011

1.2 AutoCAD 2011 的工作空间与界面

1.2.1 AutoCAD 2011 工作空间简介

AutoCAD 2011 提供了“二维草图与注释”、“三维建模”、“三维基础”和“AutoCAD 经典”4 种工作空间模式。启动之后，系统默认打开的是“二维草图与注释”空间，其工作界面如图 1-3 所示。其中绘图窗口是用户界面中的最大组成部分，用来创建和修改对象来表现你的设计。它的上方是功能区，功能区用来将命令和工具整编为选项卡和面板，例如“常用”选项卡上包含“绘图”、“修改”、“图层”、“注释”、“块”等功能区面板，可方便地绘制二维图形。

要在各工作空间模式中进行切换，可通过“工作空间”工具栏（图 1-4）进行选择，或在状态栏中单击“切换工作空间”按钮，在弹出的“切换工作空间”菜单中选择相应的模式，如图 1-5 所示。

对于习惯于 AutoCAD 传统界面的用户来说，可以使用“AutoCAD 经典”空间，本书将以“AutoCAD 经典”绘图空间进行介绍，其工作界面如图 1-6 所示。

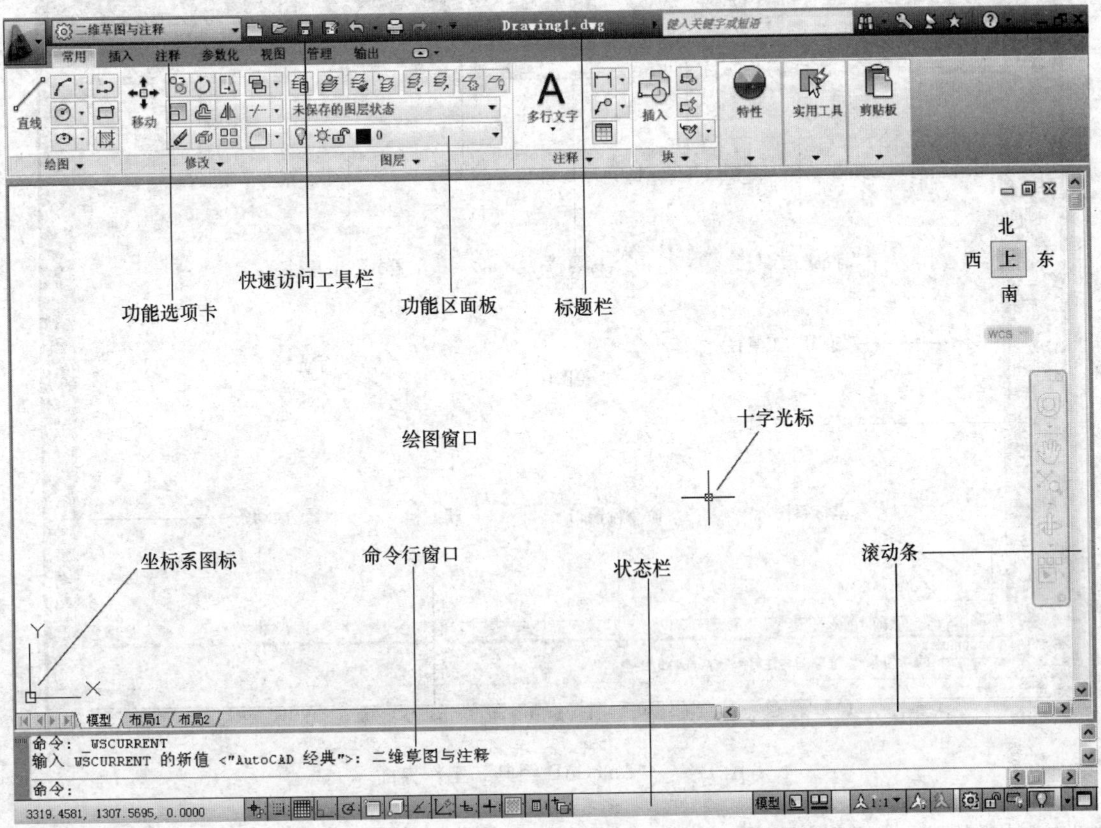

图 1-3　AutoCAD 2011“二维草图与注释”工作界面

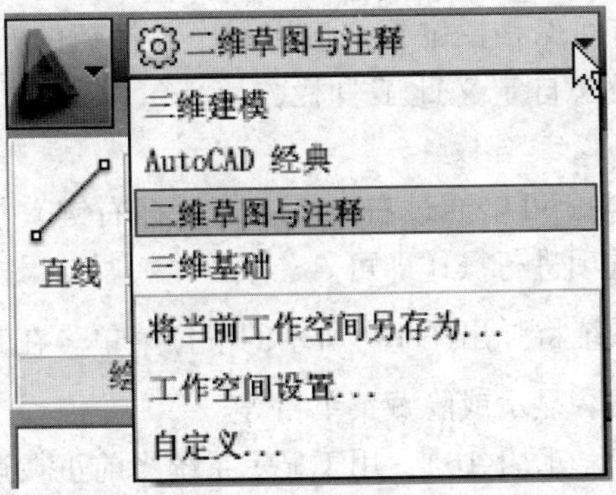

图 1-4　“工作空间”工具栏

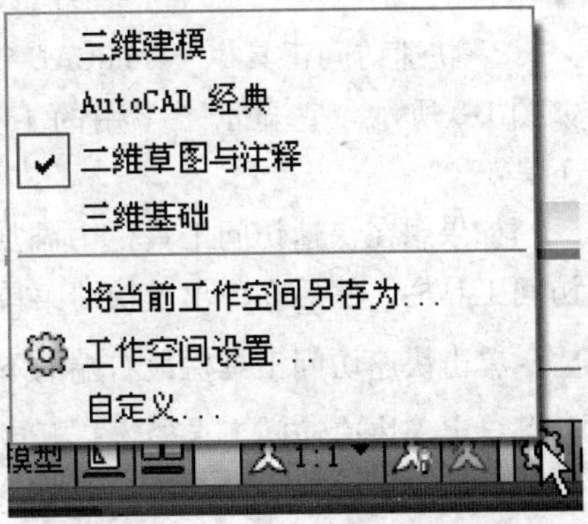

图 1-5　“切换工作空间”菜单

1.2.2　AutoCAD 2011 工作界面

AutoCAD 2011 的工作界面（图 1-6）主要由“应用程序”按钮、标题栏、菜单浏览器、菜单栏、工具栏、绘图窗口、坐标系图标、命令窗口、状态栏、十字光标、滚动条等组成。

1. “应用程序”按钮 　“应用程序”按钮位于界面的左上角，单击该按钮，系统弹

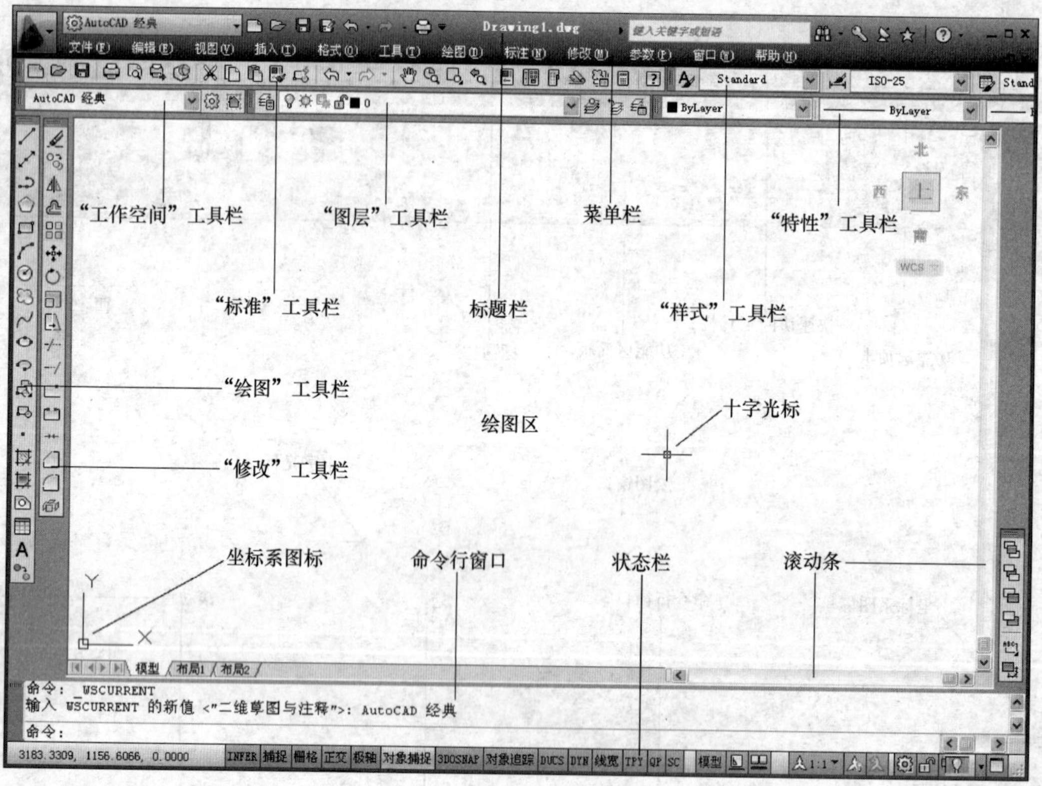

图 1-6 "AutoCAD 经典"工作界面

出"应用程序"按钮菜单（图 1-7）。该菜单包含了 AutoCAD 的部分功能和命令，以及搜索命令或者预览最近打开的图形文件、退出 AutoCAD 等。选择选项后即可执行相应操作。

2. 快速访问工具栏　AutoCAD 2011 的快速访问工具栏位于"应用程序"按钮的右侧，如图 1-8 所示。它显示了常用的工具，你可以轻松自定义此工具栏，使其包含最常用的工具。

如果想在快速访问工具栏中添加或删除按钮等，可以通过右击（单击鼠标右键）快速访问工具栏，然后在弹出的快捷菜单中选择相关选项进行操作即可。

单击快速访问工具栏最右端的下拉按钮▼，系统将弹出图 1-9 所示的下拉菜单。在其中可以自定义快速访问工具栏、打开或关闭工具按钮、显示或隐藏菜单栏等。

3. 标题栏　标题栏位于应用程序窗口的最上面（图 1-10），用于显示系统当前正在运行的程序的名称（AutoCAD 2011）及文件名等信息。AutoCAD 默认新建的文件名为 DrawingN. dwg（N 为阿拉伯数字）。

标题栏右侧是信息中心，在这里你可以搜索产品帮助文件，访问通信中心，管理收藏的搜索结果以及访问其他帮助资源。信息中心右侧的按钮，用于完成窗口的最小化、最大化和关闭应用程序等操作。

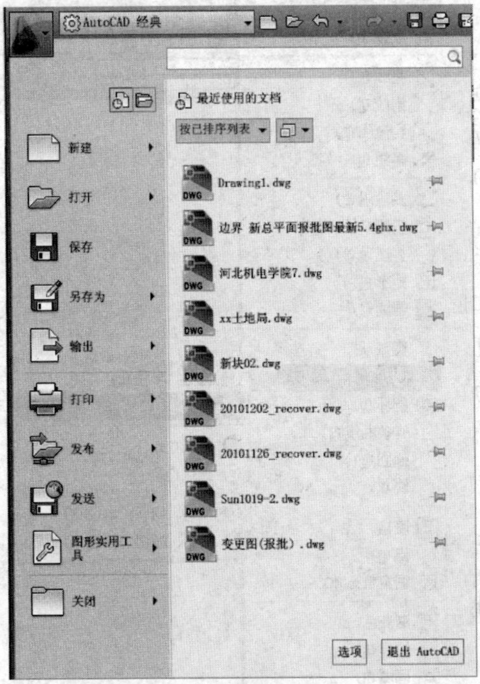

图 1-7 “应用程序”按钮菜单

图 1-8 快速访问工具栏

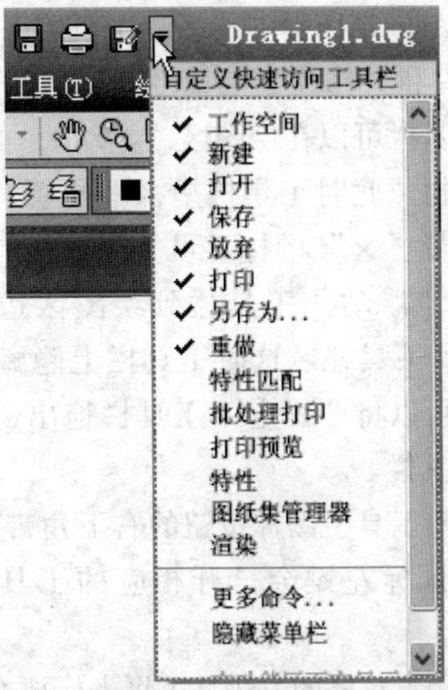

图 1-9 自定义快速访问工具栏下拉菜单

图 1-10 标题栏及信息中心等

4. 菜单栏 在 AutoCAD 绘图窗口标题栏的下方是菜单栏。同其他 Windows 程序一样，AutoCAD 的菜单也是下拉形式的。AutoCAD 2011 默认的菜单栏中有文件（F）、编辑（E）、视图（V）、插入（I）、格式（O）、工具（T）、绘图（D）、标注（N）、修改（M）、参数（D）、窗口（W）和帮助（H）等 12 个菜单项，几乎包含了 AutoCAD 的所有绘图和编辑命令。

单击菜单项或用快捷键形式可打开对应的下拉菜单。用快捷键打开下拉菜单的方法是：先按住 Alt 键，然后键入菜单名称中括号内的热键字母。如欲打开“绘图（D）”下拉菜单（图 1-11），则可按住“Alt + D”键即可。

一般来讲，AutoCAD 下拉菜单中的命令有以下三种情况：

（1）带有子菜单的菜单命令 这种类型的菜单命令后面跟有“►”，表明后面带有子菜单。例如绘制圆的命令，如图 1-11 所示。

（2）打开对话框的菜单命令 这种类型的命令，后面带有“…”，选中该命令，屏幕上就会打开对应的对话框。

（3）直接执行菜单命令 这种类型的命令，将直接进行相应的绘图或其他操作。例如，选择“视图→重画”命令，系统将刷新显示所有视口。

当把光标移动到下拉菜单中的某个命令时，同时在状态栏中显示对应的说明。

菜单栏的隐藏与显示，其操作如图 1-9 所示。

5. 工具栏　工具栏是一组图标型工具的集合，把光标移到某个图标上，稍停片刻即在该图标一侧显示相应的工具提示。单击图标按钮便可启动相应命令。AutoCAD 提供了多种工具栏，图 1-12 所示为“绘图”和“修改”工具栏。

工具栏可以在绘图区“浮动”，如图 1-13 中的 4 个工具栏。此时工具栏呈水平位置，并通过单击其右端的带“×”的标签可关闭该工具栏。用鼠标可以拖动“浮动”工具栏到绘图区边界，使之变为“固定”工具栏。这时工具栏上隐藏了带“×”的标签。可以将“固定”工具栏拖出，使之成为“浮动”工具栏。

有些工具栏图标按钮的右下角带有一个小三角，当按住鼠标左键会打开相应的工具栏，如图 1-14 所示。

调用工具栏的方法是：将光标放在工具栏上（非状态显示框范围）并单击鼠标右键，此时系统就弹出一个快捷菜单（图 1-15），从中可选用相应的工具栏选项。其中带“√”符号的表示在界面已经打开该工具栏。也可通过“工具→工具栏→AutoCAD▶”调用工具栏。对于“固定”工具栏，在其两端对应区域右击便可弹出快捷菜单（图 1-13），从中也可设置工具栏等。

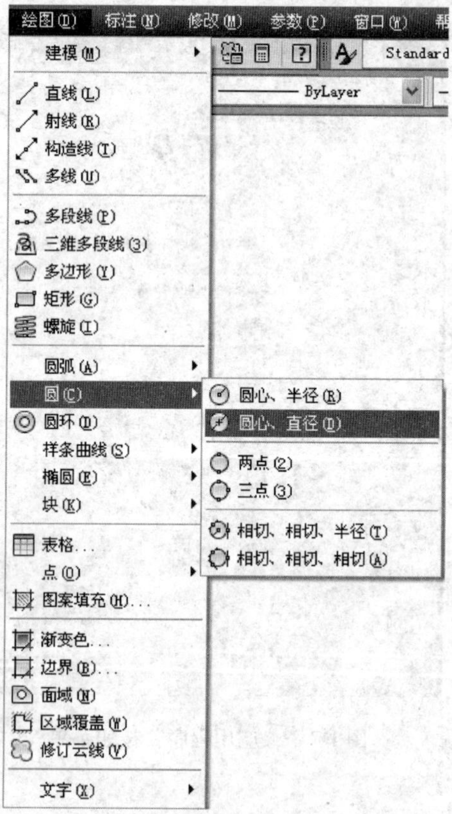

图 1-11　带有子菜单的菜单命令

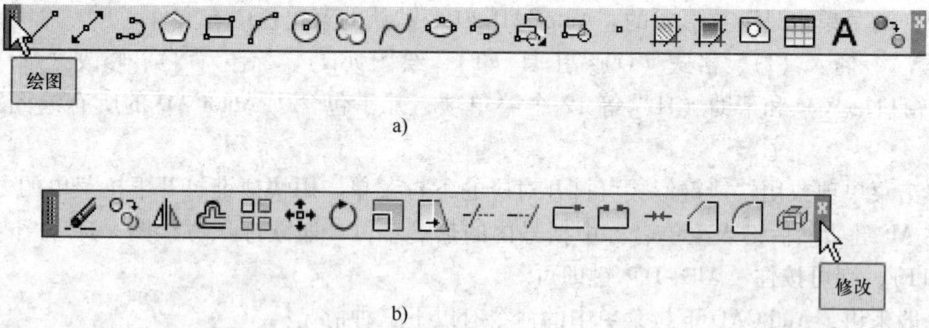

a)

b)

图 1-12　“绘图”和“修改”工具栏

6. 绘图窗口　用来显示、绘制和编辑图形的工作区域。

绘图窗口的下方有“模型”和“布局”选项卡，可通过单击它们实现在模型空间与图纸空间之间的切换。

7. 坐标系图标　显示当前绘图时所使用的坐标系形式。

8. 命令行窗口与文本窗口　命令行窗口用于输入命令、显示 AutoCAD 命令提示以及为

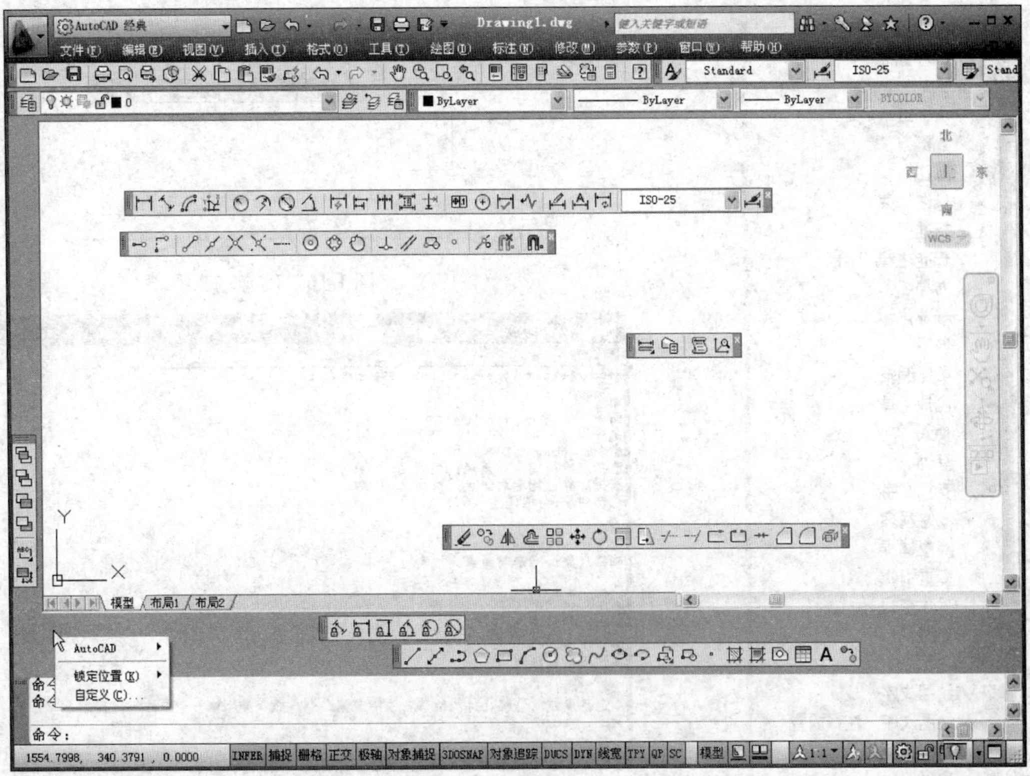

图 1-13 “浮动”工具栏与“固定”工具栏

当前命令提供输入值等。命令窗口可以是浮动的。可以将这个浮动的命令窗口移动到屏幕上的任何位置，并可调整窗口的大小。

在键入命令名或输入值后，回车，默认情况下将启用动态输入，此功能可在光标旁边显示命令提示和输入值，如图 1-16 所示。

任何命令处于执行交互状态时，都可按 Esc 键取消该命令，回到“命令:”状态，也只有在此状态下才可键入命令。

文本窗口是记录 AutoCAD 命令及操作过程的窗口（图 1-17），可以通过选择“视图→显示→文本窗口”命令或按 F2 键打开或关闭文本窗口。

9. 十字光标　用于绘图和编辑图形中，指定点或选择对象，它位于绘图窗口内。

10. 状态栏　用于显示 AutoCAD 的当前状态（图 1-18）。如当前光标的坐标、绘图辅助工具的设置、绘图空间、注释比例、应用程序状态栏菜单设置等。有关内容将在后续章节中介绍。

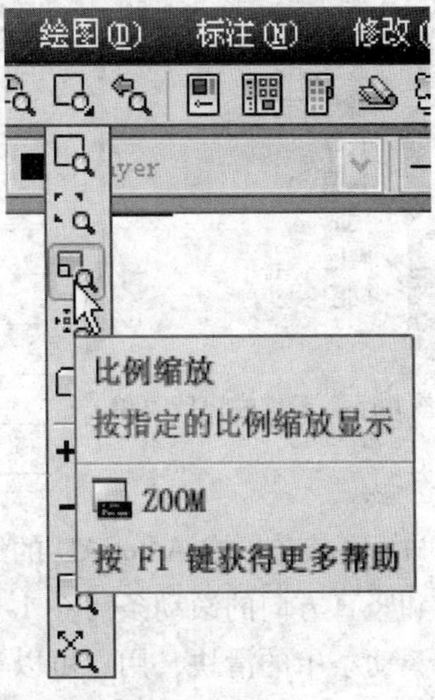

图 1-14 缩放命令的“子工具栏”

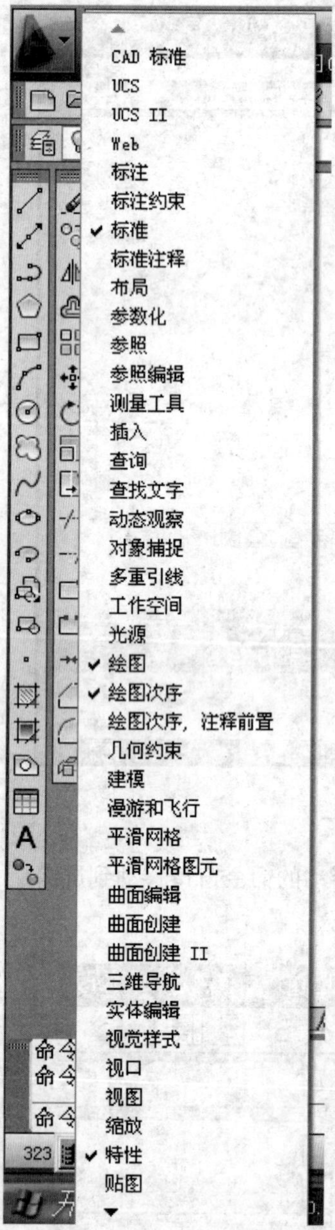

图 1-15　工具栏快捷菜单

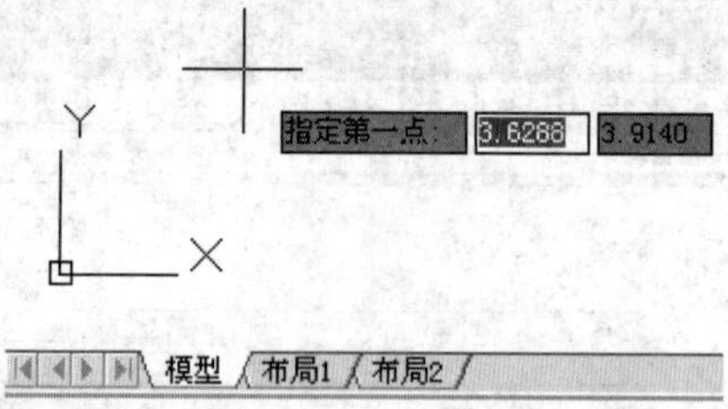

图 1-16　动态输入

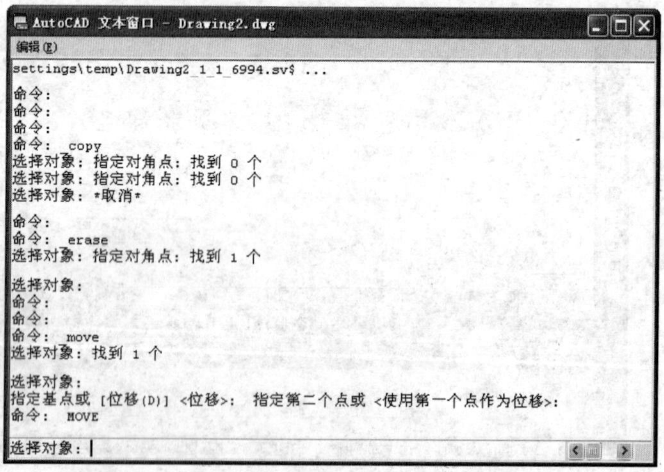

图 1-17　文本窗口

状态栏中相关项的状态，可通过单击鼠标左键，进行开或关的转换；也可以单击鼠标右键，从弹出的菜单中选择开、关及设置。而这些模式还可以通过功能键打开或关闭，见表 1-1。

表 1-1　功能键及其作用

功能键	作　用	功能键	作　用
F1	AutoCAD 帮助	F7	栅格显示开/关
F2	切换文本/绘图窗口	F8	正交模式开/关
F3	对象捕捉开/关	F9	光标捕捉模式开/关
F4	数字化仪模式开/关	F10	极轴追踪模式开/关
F5	切换等轴测平面模式	F11	对象捕捉追踪开/关
F6	坐标显示开/关	F12	动态输入模式开/关

11. 滚动条　在 AutoCAD 的绘图窗口中，在窗口的下方和右侧还提供了用来浏览图形的水平和竖直方向的滚动条（图 1-6）。在滚动条中单击鼠标或单击滚动条上带箭头的按钮或拖动滚动条中的滑块，用户可以在绘图窗口中按水平或竖直两个方向浏览图形。

图 1-18　状态栏

1.3 AutoCAD 命令

用 AutoCAD 绘图必须输入正确的命令及正确地回答命令的提示。AutoCAD 2011 有上百条命令，种类繁多，参数和子命令各不相同。正确地理解命令和使用命令是学习 AutoCAD 的基础。

1.3.1 AutoCAD 命令的输入方法

在 AutoCAD 系统中，任何操作都是通过输入不同的命令来实现的。AutoCAD 系统提供了多种命令的输入方法。

1. 键盘输入　在命令行窗口出现“命令:”提示时，用键盘输入命令名，完毕后回车，便执行该命令。

AutoCAD 命令名是一些英文单词或它的简写，因此，一些命令在“命令:”提示下，可以省略输入，即输入命令名的简写字母，如直线命令可键入“L”。

有些命令输入后，将显示对话框，这时可以在这些命令前加上“ - ”，则显示等价的命令提示信息，而不再显示对话框（如图层命令 LAYER）。

2. 工具栏输入　在工具栏中单击某个图标按钮，便输入相应命令。此时命令行显示该命令，但命令前有下画线。

3. 菜单输入　在 AutoCAD 2011 中，通过菜单输入命令有三种方法：

（1）下拉菜单输入　通过选中下拉菜单选项，输入 AutoCAD 命令。此时命令行显示的命令与从键盘输入的命令一样，但其前面有下画线。

（2）快捷菜单输入　在屏幕上不同的位置或不同的进程中右击，将弹出不同的快捷菜单，从中可以选择与当前操作相关的命令（图 1-19）。

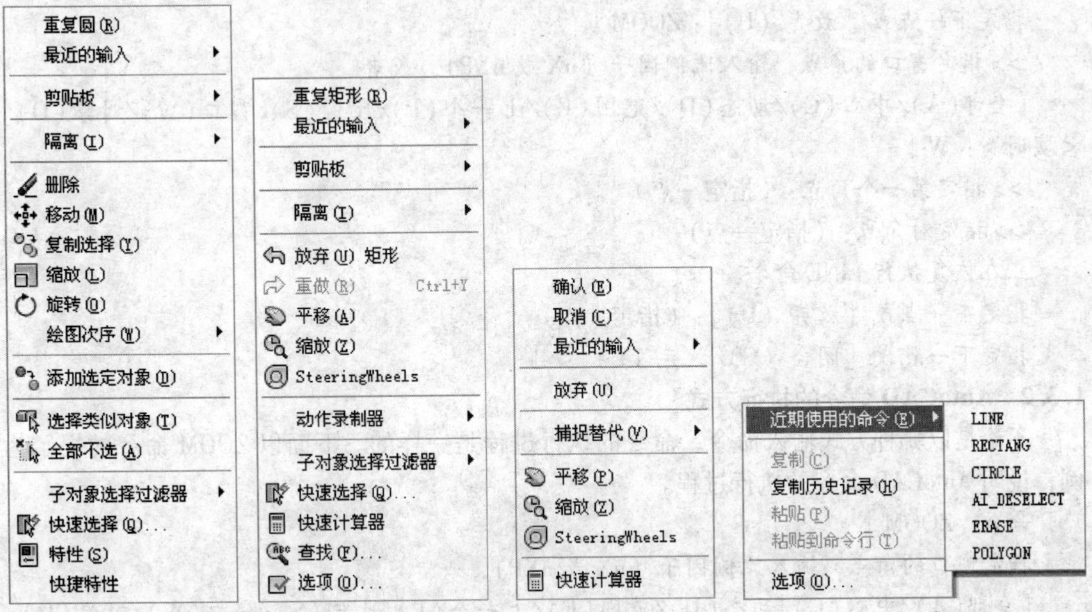

a)　　b)　　c)　　d)

图 1-19　快捷菜单

a）选择某对象，但未执行命令时的绘图窗口快捷菜单　b）未选择对象，未执行命令时的绘图窗口快捷菜单
c）执行某命令时绘图窗口快捷菜单　d）命令行窗口快捷菜单

此外，Shift 键和鼠标右键结合使用，即按住 Shift 键用鼠标右键单击工作界面，将弹出“对象捕捉和点过滤”菜单（图 1-20），可选择其中选项。

（3）单击“应用程序”按钮，显示菜单项，可从中选择相应的菜单命令。

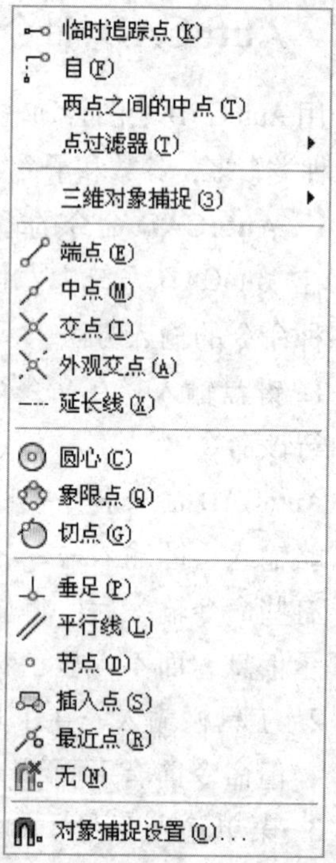

图 1-20 “对象捕捉和点过滤”快捷菜单

4. 重复命令的输入　在 AutoCAD 执行完某个命令后，如果要立即重复执行该命令，通常是按下回车键或空格键即可。也可利用快捷菜单重复执行某个命令（图 1-19a、b、d）。

5. 嵌套命令的输入　所谓嵌套（或称透明）命令是指在某一命令正在执行期间，可以插入执行另一条命令，而执行完后能回到原命令执行状态，且不影响原命令继续执行的命令。

嵌套命令从键盘输入时，应在该命令前加一“'”符号，当用户用鼠标点取命令按钮时系统可自动切换到嵌套命令的状态而无须用户输入。执行嵌套命令时会出现“>>”提示符。

并不是所有命令都能作为嵌套命令使用，通常是一些绘图辅助命令，如：“ZOOM”、“PAN”等。

例如在 LINE 命令的执行过程中，使用嵌套 ZOOM 命令，其操作过程如下：

命令：LINE↓

指定第一点：（指定一点）

指定下一点或［放弃（U）］：（指定一点）

指定下一点或［放弃（U）］：'ZOOM↓

>>指定窗口的角点，输入比例因子（nX 或 nXP），或者

［全部(A)/中心(C)/动态(D)/范围(E)/上一个(P)/比例(S)/窗口(W)/对象(O)］<实时>：W↓

>>指定第一个角点：（指定一点）

>>指定对角点：（指定一点）

正在恢复执行 LINE 命令。

指定下一点或［放弃（U）］：（指定一点）

指定下一点或［闭合（C）/放弃（U）］：↓

1.3.2 AutoCAD 命令的执行方式

不论是以哪种方式输入命令，命令的执行过程是一样的。下面以 ZOOM 命令的提示为例，说明 AutoCAD 命令的执行过程。

命令：ZOOM↓

指定窗口的角点，输入比例因子（nX 或 nXP），或者

［全部(A)/中心(C)/动态(D)/范围(E)/上一个(P)/比例(S)/窗口(W)/对象(O)］<实时>：

这里“ZOOM”是命令，“↓”表示回车确认，其余是命令提示。

要执行某一个命令，大多数情况是首先输入命令，回车确认后，AutoCAD 提示键入参数

或命令选项的缩写字母，这些交互式信息输入完毕后回车确认，命令功能才能被执行。

1. 关于提示说明

1）选项中不带括号的提示为默认选项，此例中可直接指定一点或输入比例因子（nX 或 nXP）。

2）要选择“[ ]”里的选项，则应该首先输入该选项的标识字符，如“全部”选项的标识字符“A”，然后按系统提示输入相关内容即可。

3）“< >”内为默认值（系统的默认值，可重新输入或修改）或当前值。若对提示直接回车确认，系统取默认值。

4）“( )”里的内容是 AutoCAD 命令选项的说明。

2. 中止命令的方式

1）命令执行完毕。

2）从菜单或工具栏调用另一命令，这将自动终止当前正在执行的任何命令。

3）从该命令的右键快捷菜单中选择“取消”选项。

4）任何时候要中断命令，可按下 Esc 键，有的命令需要按两次 Esc 键。

3. 回车键的等效键

1）除了在文字输入的情况，空格键与回车键具有同等功效，这样可以方便操作。

2）对于一些命令或命令选项，单击鼠标右键也相当于回车。若在命令执行过程中单击鼠标右键，弹出右键菜单，用鼠标左键单击“确认”选项，也相当于回车。当然，这与在“选项”对话框中的“用户系统配置”选项卡内定义的鼠标右键工作方式有关。

由此可见，对本书后面叙述中的“回车”一词的实际操作，可以按回车键，多数情况也可以按空格键或鼠标右键。

3）执行完一条命令后回车，可重复执行上一条命令。

1.3.3 本书的约定

为了阅读方便，在以后的叙述中约定如下：

1）以“↓”代表按回车键，多数情况也代表按空格键或鼠标右键。

2）楷体字表示的内容为 AutoCAD 命令窗口中的命令和提示。

1.4 数据的输入

1.4.1 AutoCAD 坐标系统简介

AutoCAD 系统是采用三维笛卡儿直角坐标系来确定点的位置的。在状态栏中显示的三维坐标值，就是笛卡儿坐标系中的数值，它准确地反映了当前光标所处的位置。

AutoCAD 的默认坐标系为世界坐标系（WCS）。它由三个互相垂直并相交的坐标轴 X、Y、Z 组成，X 轴的正向为水平向右，Y 轴的正向为垂直向上，Z 轴的正向为垂直屏幕向外侧，如图 1-21 所示。

世界坐标系（WCS）是默认坐标系统，其坐标原点和坐标轴方向是不变的。为了方便绘图，根据需要用户还可建立自己的坐标系（UCS）。用户坐标系是相对世界坐标系而言的。通过对世界坐标系的平移、旋转等操作，可建立用户坐标系。尽管用户坐标系中三个坐标轴之间仍然相互垂直，但在方向及位置上有了很大的灵活性。图 1-22 所示为用户自己设置的坐标系。

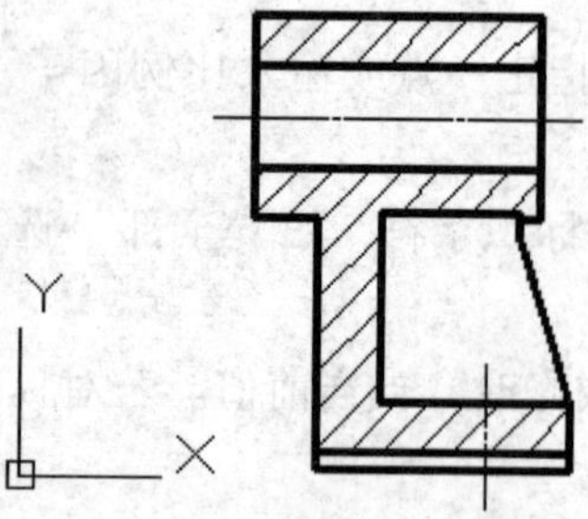

图 1-21　世界坐标系

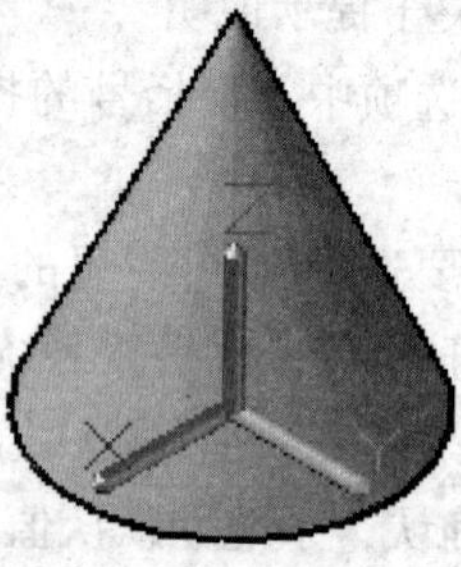

图 1-22　用户坐标系示例

1.4.2　数据的输入方法

每当输入一条命令后，通常还需要为命令的执行提供一些必要的附加信息，如输入点、数值、或角度等。下面介绍几种有关数据输入的方法。

1. 点坐标的输入

（1）用键盘输入点的坐标

1）直角坐标

① 绝对直角坐标　是指相对当前坐标系原点的坐标。用直角坐标系中的 X、Y、Z 的坐标值，即（X，Y，Z）表示一个点。在键盘上按顺序直接输入数值，各数值之间用“,”隔开。二维点可直接输入（X，Y）的数值，如图 1-23 所示。

② 相对直角坐标　所谓相对直角坐标，是指某点相对于已知点沿 X 轴和 Y 轴的位移（ΔX，ΔY）。输入时，必须在其前面加“@”符号。如图 1-24 所示，“@50，90”表示点 C 相对于点 B，沿 X 轴方向移动 50，沿 Y 轴方向移动 90。也等同于点 C 的绝对坐标为（65，110）。

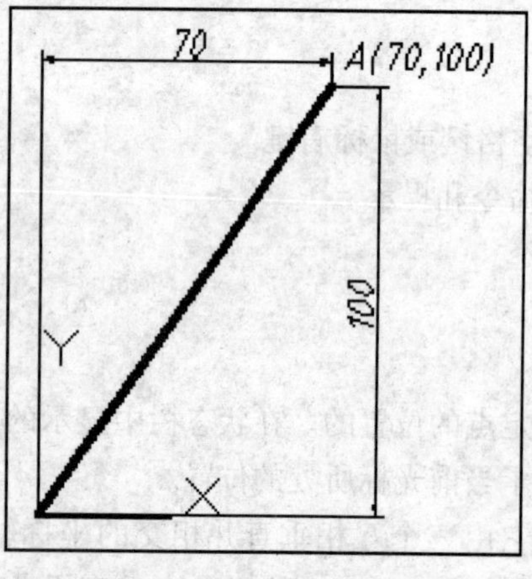

图 1-23　绝对直角坐标

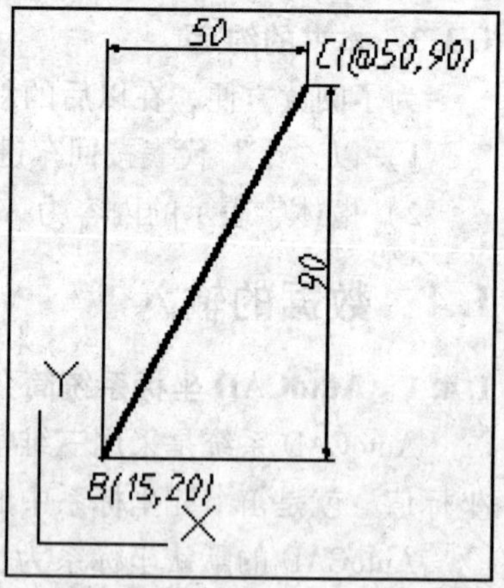

图 1-24　相对直角坐标

2）极坐标　极坐标是通过相对于极点的距离和角度来定义点的位置。在系统默认的情况下，AutoCAD 以逆时针方向来测量角度，水平向右（即 X 轴正向）为 0°。

① 绝对极坐标　是指通过输入某点距当前坐标系原点的距离，及它在 XOY 平面中该点与坐标原点的连线与 X 轴正向的夹角来确定该点的位置，其输入格式为“距离 < 角度”。如

图 1-25 所示，“100 < 30” 表示 D 点距原点为 100，与 X 轴的正向夹角为 30°。

② 相对极坐标　是指通过定义某点与已知点之间的距离，以及两点之间连线与 X 轴正向的夹角来定位该点位置。其输入格式为“@ 距离 < 角度”。如图 1-26 所示，“@ 110 < 60” 表示点 F 相对于点 E 的距离为 110，角度为 60°。

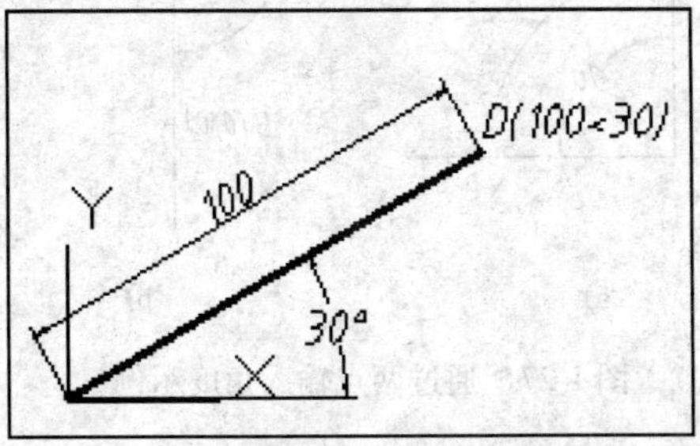

图 1-25　绝对极坐标

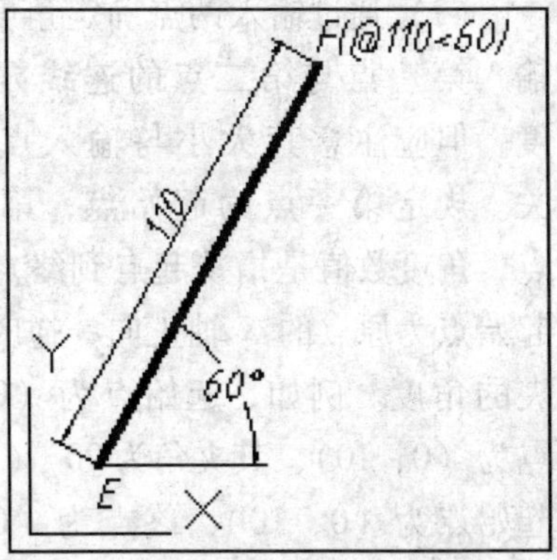

图 1-26　相对极坐标

（2）用光标输入点　移动光标到所需要的位置后，按下鼠标左键，就输入了光标所处位置点的坐标。

（3）目标捕捉方式输入　用目标捕捉方式捕捉屏幕上已有图形的特殊点（如端点、中点、中心点、交点、切点、插入点、垂足点等，详见第 4 章）。

（4）直接距离输入　对于二维点，通过移动光标指定方向，然后直接输入距离，即完成该点坐标的输入。它实际上是用相对坐标方法输入。

2. 数值的输入　在 AutoCAD 系统中，一些命令的提示需要输入数值，这些数值有高度、宽度、长度、半径、直径、行数或列数、行间距及列间距等。

数值的输入方法有两种：

（1）从键盘直接键入数值。

（2）指定点。

1）指定一点　当确定某一基点后，在系统提示输入值时，指定一点。这时系统会自动计算出基点到指定点的距离值，并以该值作为输入的数值。如指定圆的半径等。

2）指定两点　指定两点，系统以这两点之间的距离和方向进行响应，如输入行（列）间距值；或以两点的坐标增量来响应，如同时输入两个方向的偏移或间距值。

值得注意的是，某些命令的提示要求只能是正数，不能是负数（如直径、半径），有些只能是整数（如行数、列数）。

3. 位移的输入　位移是一个矢量，表示两点之间的距离和方向。一些命令需要输入位移。

（1）从键盘上输入位移。

1）输入两个位置点的坐标，这两点的坐标差即为位移。

2）输入一个点的坐标，用该点的坐标作为位移。

（2）用光标确定位移　在命令提示下，用光标拾取一点，此时移动光标，屏幕上出现与拾取点连接的一橡皮筋线，用光标拾取另一点，则确定了位移。

4. 角度的输入　有些命令的提示要求输入角度。采用的角度制度与精度由 UNITS 命令设置。一般规定，X 轴的正向为 0°方向，逆时针方向为正值，顺时针方向为负值。

(1) 直接输入角度值　在角度提示符后，用键盘直接输入其数值。

(2) 通过输入两点确定角度值　通过输入第一点与第二点的连线方向确定角度，但应注意其大小与输入点的顺序有关。规定第一点为起始点，第二点为终点，角度数值是指从起点到终点的连线与起始点为原点的 X 轴正向、逆时针转动所夹的角度。例如，起始点为（0，0），终点为（0，10），其夹角为 90°（图 1-27a）；起始点为（0，10），终点为（0，0），其夹角为 270°（图 1-27b）。

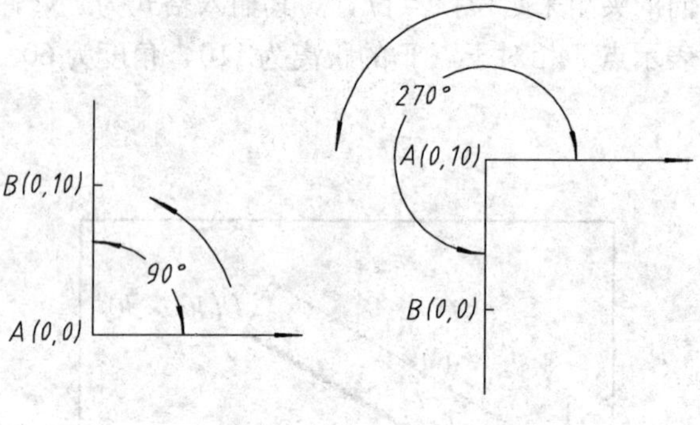

a)　b)

图 1-27　通过两点输入角度示例

1.5　AutoCAD 的文件管理

1.5.1　创建新图形

1. 功能　设置绘图环境，创建一个新的图形文件。

2. 命令格式

(1) 工具栏　标准→ 按钮

(2) 菜单栏　文件→新建

(3) 快捷键　Ctrl + N

(4) 在“应用程序”按钮 菜单中，选择“新建”项。

(5) 键入命令　NEW↓（或 QNEW）

执行上述命令后，系统弹出“选择样板”对话框，如图 1-28 所示。

图 1-28　“选择样板”对话框

利用该对话框，可以调用默认的图形样板文件。另外，单击该对话框右下角的“打开”下拉箭头，将弹出一下拉列表（图1-29）。在该下拉列表中，“打开（O）”选项，用于打开已选择的样板文件；“无样板打开－英制（I）”选项，是以英制单位打开系统内部默认的图形样板文件，默认图形边界（称为图形界限）为12in×9in；“无样板打开－公制（M）”选项，是以公制单位打开系统内部的图形样板文件，默认图形边界为429mm×297mm。

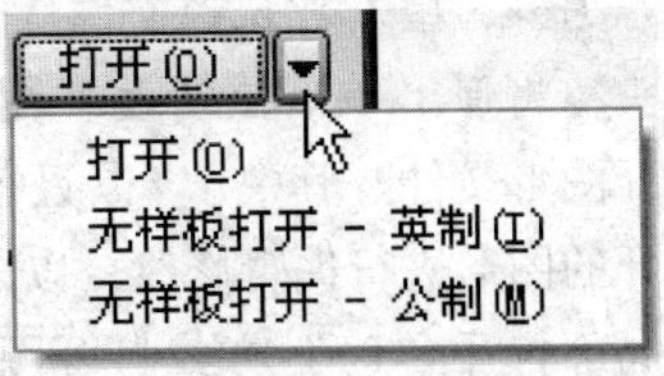

图1-29 “选择样板”对话框中的“打开”下拉列表

也可根据需要自行设置图形样板文件。图形样板文件的扩展名为.dwt。

NEW命令的方式由STARTUP系统变量确定。当该变量的值为1时，显示“创建新图形”对话框；变量值为0时，显示“选择样板”对话框。

1.5.2 打开图形文件

1. 功能 打开一个现有的图形文件。

2. 命令格式

（1）工具栏 标准→按钮

（2）菜单栏 文件→打开

（3）快捷键 Ctrl+O

（4）在“应用程序”按钮菜单中，选择“打开”项。

（5）键入命令 OPEN↓

执行上述命令后，系统弹出“选择文件”对话框，如图1-30所示。可从中选择需要打开的文件，此时在右面的“预览”框中将显示出该图形文件的预览图像。默认情况下，打开图形文件类型为.dwg格式，也可通过文件类型显示框右侧的下拉箭头，在弹出的下拉列表框中选择文件的类型。

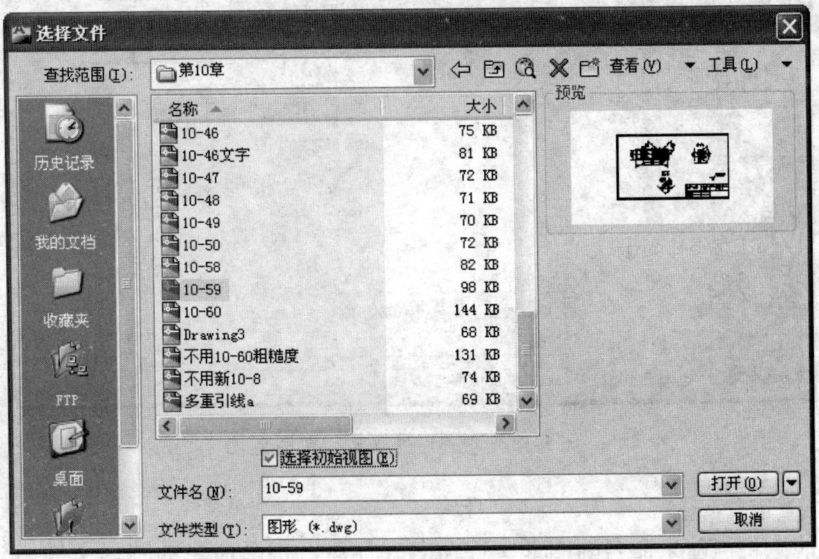

图1-30 “选择文件”对话框

另外，单击“选择文件”对话框右下角的“打开”下拉箭头，将弹出一下拉列表（图 1-31）。可以用图示四种方式打开图形文件。其中，“以只读方式打开（R）”时，无法对打开的图形进行编辑修改；以“局部打开（P）”、“以只读方式局部打开（T）”方式打开图形时，将弹出一“局部打开”对话框，从中可以打开和加载局部图形。

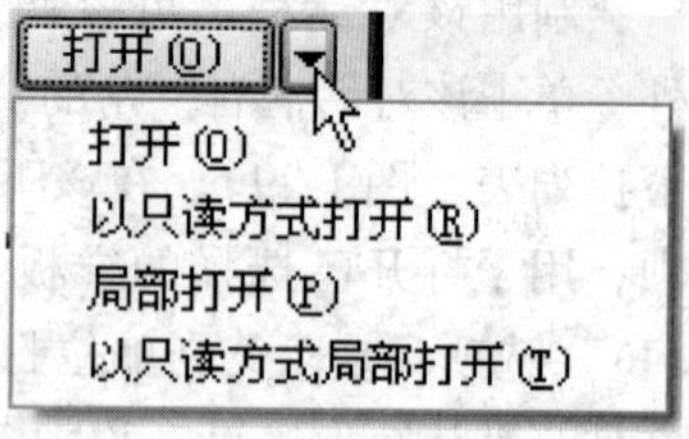

图 1-31 “选择文件”对话框中的“打开”下拉列表

1.5.3 保存图形文件

新绘制或修改图形后，要对图形文件进行存盘，常用的方法如下。

1. QSAVE（或 SAVE）命令

（1）功能 将当前未命名的图形文件命名并存盘，并继续处于当前的图形文件状态下；对已命名的图形文件及时存盘。

（2）命令格式

1）工具栏 标准→按钮

2）菜单栏 文件→保存

3）快捷键 Ctrl + S

4）在“应用程序”按钮菜单中，选择“保存”项。

5）键入命令 QSAVE↓

执行上述命令后，对未命名的图形文件，在弹出的“图形另存为”对话框（图 1-32）中命名并存盘；对已命名的图形文件快速存盘。

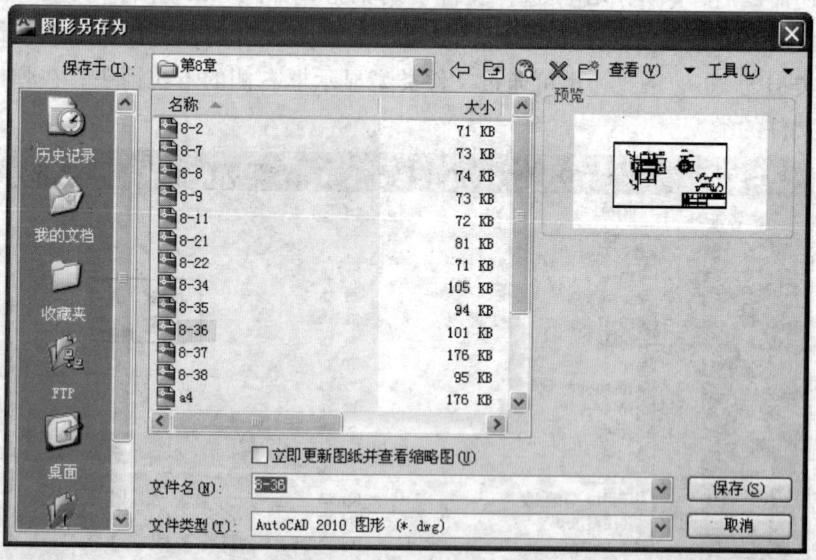

图 1-32 “图形另存为”对话框

2. SAVEAS 命令

（1）功能 将当前未命名的图形文件命名并存盘，将已命名的图形文件另外存储在一个图形文件中，并把新的图形文件作为当前图形文件。

(2) 命令格式

1) 菜单栏　文件→另存为

2) 快捷键　Ctrl + Shift + S

3) 在“应用程序”按钮菜单中，选择“另存为”项。

4) 键入命令　SAVEAS↓

执行上述命令后，系统弹出“图形另存为”对话框（图1-32），利用该对话框可完成文件的保存。

若输入的文件存储路径、文件的类型和输入文件名与已存在的图形文件相同时，则系统出现“图形另存为”提示对话框，如图1-33所示。在该对话框中，单击“是（Y）”按钮，系统会把当前图形存入该文件名下，并替换原图形文件；单击“否（N）”按钮，则返回“图形另存为”对话框，可重新输入文件名进行保存；单击“取消”按钮，则取消存盘操作。

图1-33　“图形另存为”提示对话框

在绘制图形时应注意定期及时存盘，以免因意外断电或机器故障造成图形丢失。

为防止意外发生，用户可以设置自动保存的功能，自动保存时间间隔可设置为1～120min。可通过菜单栏中的“工具→选项”，打开“选项”对话框，然后在“打开和保存”选项卡中进行设置。

1.5.4　退出图形文件

1. 功能　存储或放弃已作的图形文件改动，并退出AutoCAD系统。

2. 输入命令

(1) 菜单栏　文件→退出

(2) 快捷键　Ctrl + Q

(3) 在“应用程序”按钮菜单中，选择“退出AutoCAD”项，或单击界面右上角的按钮。

(4) 键入命令　QUIT↓（或EXIT）

执行上述命令后，若已命名的图形文件未改动，则立即退出AutoCAD系统；若已命名的图形文件有改动或文件没有命名，则系统弹出“AutoCAD退出提示”对话框，如图1-34所示。

图1-34　“AutoCAD退出提示”对话框

1）单击“是（Y）”按钮　将对已命名的文件存盘并退出 AutoCAD 系统；对未命名的文件则弹出“图形另存为”对话框（图 1-32），命名后存盘并退出 AutoCAD 系统。

2）单击“否（N）”按钮　将放弃对图形所作的修改并退出 AutoCAD 系统。

3）单击“取消”按钮　将取消退出命令并返回到原绘图、编辑状态。

1.6　AutoCAD 的帮助系统

在学习和使用 AutoCAD 2011 的过程中，可能会遇到一些问题和困难，AutoCAD 2011 中文版提供了详细的中文在线帮助，善用这些帮助可以使解决这些问题和困难变得更加容易。

在 AutoCAD 2011 中激活在线帮助系统的方法如下：

1）工具栏　标准→按钮

2）菜单栏　帮助→帮助

3）将光标移至菜单栏或菜单上，按 F1 键。

4）键入命令　HELP↓（或？或按 F1 键）

执行上述命令后，屏幕显示“AutoCAD 2011 帮助”窗口，如图 1-35 所示。在此窗口的“常用”选项卡中有用户手册、命令参考、自定义手册、安装、AutoCAD 2011 中的新增功能等，展开后可以查找所需的内容，系统提供帮助。另外，还可以通过“索引颜色”选项卡和“搜索”等功能进行学习和疑难解答。

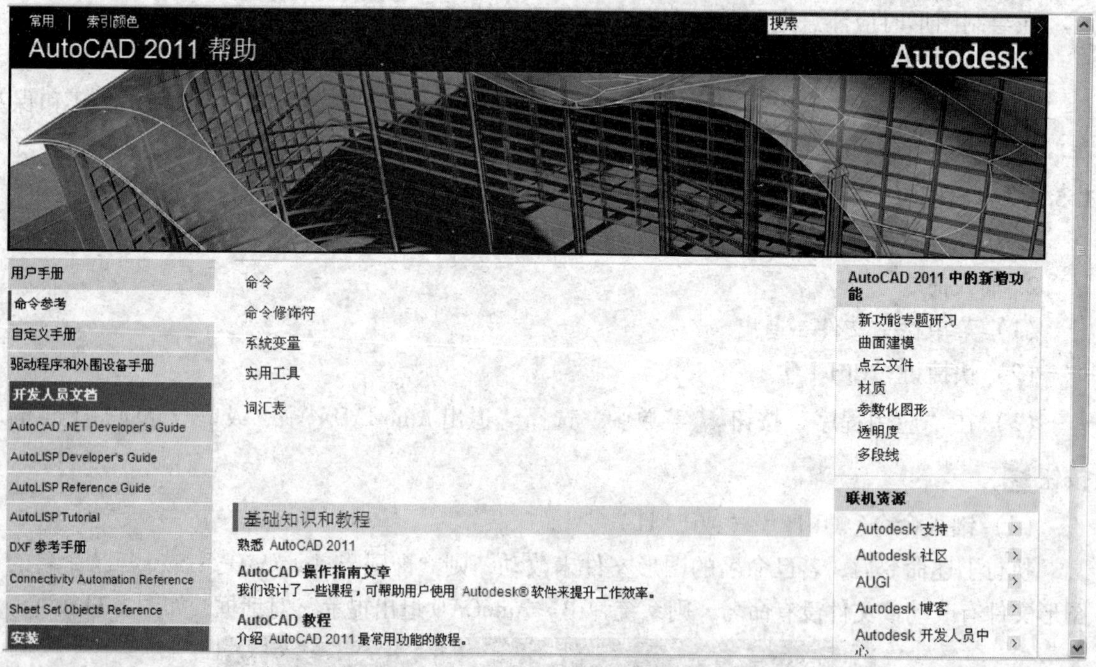

图 1-35　“AutoCAD 2011 帮助”窗口

以上激活在线帮助系统的方法虽然可以方便快捷地启动帮助界面，但是不能定位问题所在，对于具体某一个命令，还要手动定位该命令的解释部分才行。而利用下面的方法可以准确快速地对具体命令进行定位查找，以获取帮助。

1）要显示工具栏中某命令的帮助，可将光标移至该按钮上，然后按F1键。

2）当要获取帮助的命令处于激活状态时，按F1键或单击 按钮或输入'HELP或通过“帮助→帮助”菜单，将进入该命令的帮助窗口。图1-36所示为“直线命令的帮助”窗口。

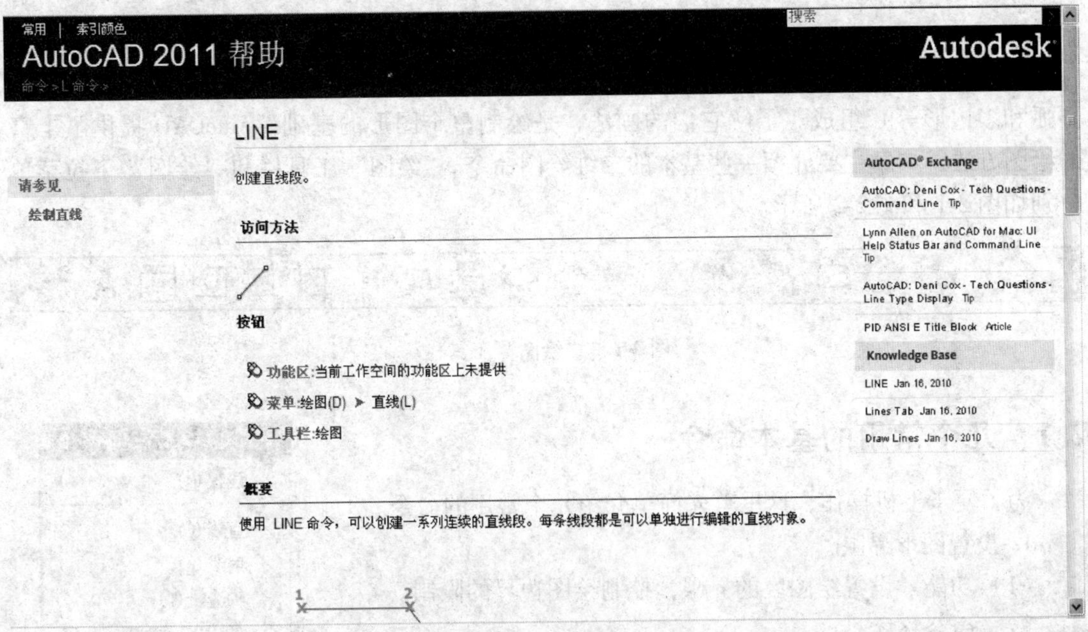

图1-36 “直线命令的帮助”窗口

此外，通过AutoCAD 2011的帮助系统还可了解有关AutoCAD的其他内容及信息。

思考与练习题一

1. AutoCAD 2011工作界面由哪几部分组成的？它们分别具有什么作用？
2. 怎样打开和关闭工具栏？
3. 在AutoCAD系统中，命令的输入方式有哪几种？
4. 在AutoCAD 2011工作界面不同区域单击鼠标右键，其功能有哪些？
5. 点坐标输入有几种方式？如何输入位移量？如何输入角度？
6. 试创建一样板文件“YB. dwt”和图形文件“TX. dwg”，并练习打开所创建的样板文件和图形文件。
7. 熟悉保存文件、打开文件及退出AutoCAD系统的操作方法。

第 2 章　二维绘图命令

二维图形是指在二维平面空间绘制的图形，主要由基本图形元素（如点、直线、圆、圆弧和多边形等）组成。了解它们的画法，是绘制整个图形的基础。AutoCAD 提供了丰富的绘图方法，本章主要介绍一些基本的二维绘图命令。“绘图”工具栏和“绘图”下拉菜单分别如图 2-1 和图 2-2 所示。

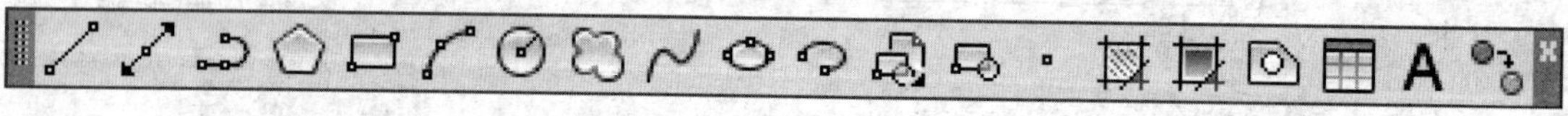

图 2-1　“绘图”工具栏

2.1　几个常用的基本命令

为了便于上机操作，这里首先简单介绍几个常用的命令。

1. 设置图形界限

（1）功能　设置绘图区的界限，控制绘图边界的限制。

（2）命令格式

1）菜单栏　格式→图形界限

2）键入命令　LIMITS↓

执行上述命令后，命令行提示：

重新设置模型空间界限：

指定左下角点或［开（ON）/关（OFF）］<当前值>：（指定一点作为图纸左下角点，这是默认选项。或回车或输入其他选项。当指定一点后，命令行提示）

指定右上角点<当前值>：（指定一点或回车，以确定图纸右上角点）

便在模型空间设置出绘图区域。

通常，设置图形界限后，还要执行缩放命令中的“全部（A）”项，待打开栅格显示后，可观察到图形界限范围。

2. 缩放视图命令简介

（1）功能　在当前窗口内缩放图形，以改变其视觉大小。

（2）命令格式

1）工具栏　标准→按钮（图 2-3）或“缩放”工具栏（图 2-4）

2）菜单栏　视图→缩放→子菜单选项（图 2-5）

3）快捷菜单　没有选定对象时，在绘图区域单击鼠标右键

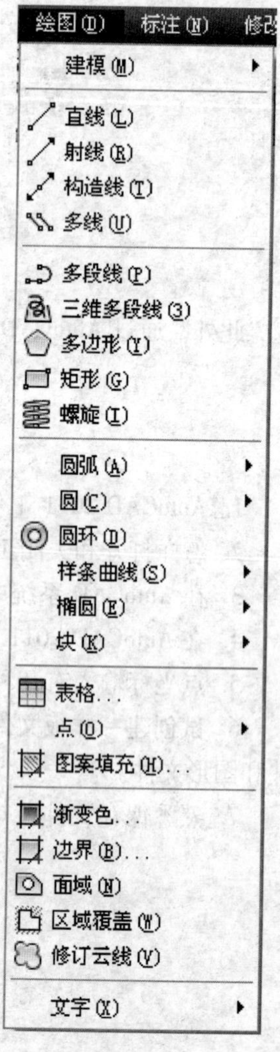

图 2-2　“绘图”下拉菜单

并选择“缩放”选项进行实时缩放。

4）键入命令　ZOOM↓（或 Z）

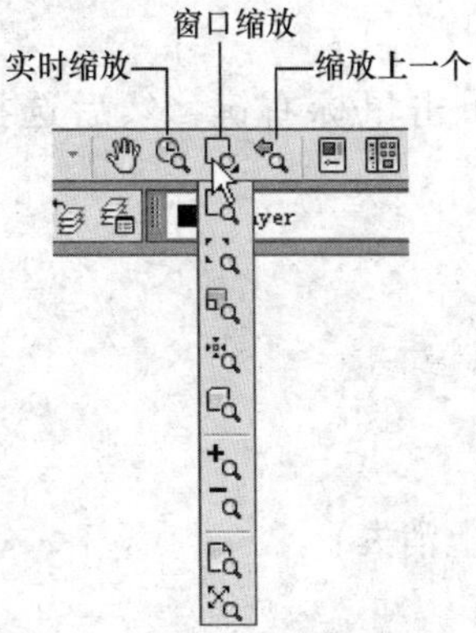

图 2-3　“标准”工具栏中“缩放”命令子工具栏

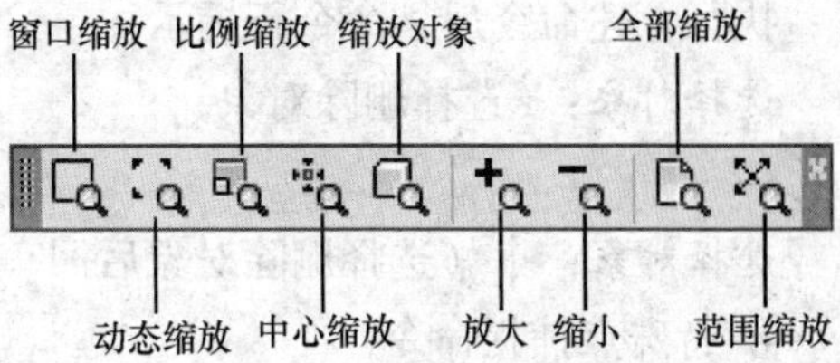

图 2-4　“缩放”工具栏

当键入 ZOOM 命令后，命令行提示：

指定窗口的角点，输入比例因子（nX 或 nXP），或者

[全部(A)/中心(C)/动态(D)/范围(E)/上一个(P)/比例(S)/窗口(W)/对象(O)] <实时>：

根据需要选择其选项。这里，只简单介绍实时缩放的功能。

(3）实时缩放

1）功能　实时缩放图形。

2）命令格式

- 工具栏　标准→[按钮图标]按钮
- 菜单栏　视图→缩放→实时（图 2-5）
- 快捷菜单　没有选定对象时，在绘图区域中单击鼠标右键，然后选择“缩放”项。
- 键入命令　ZOOM↓（或 Z）（回车两次，执行实时缩放命令）

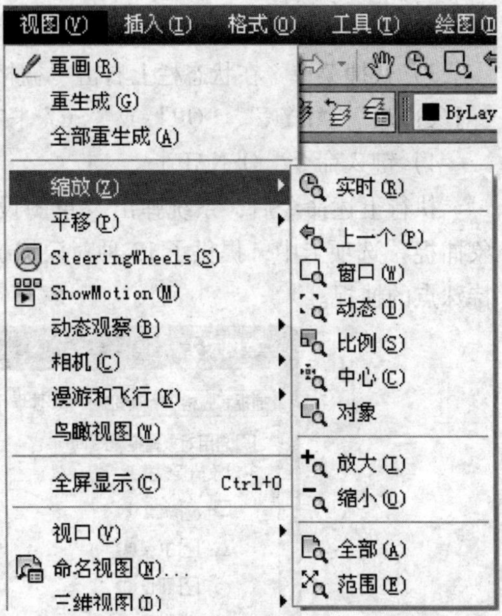

图 2-5　“缩放”命令的子菜单

3）说明　执行上述命令后，屏幕上会出现一个带“+”号和“-”的放大镜图标。按住鼠标，向下方拖动，实时缩小图形；向上方拖动，则实时放大图形。

很多鼠标都是 Windows 支持的 3D 鼠标（带滚轮）。在任何状态下，鼠标滚轮向下滚动，则全图缩小；向上滚动会使全图放大。缩放的基准点是光标当前的位置。

3. 删除命令

(1）功能　删除当前选择的对象。

（2）命令格式

1）工具栏　修改→ 按钮

2）菜单栏　修改→删除

3）快捷菜单　选择要删除的对象，在绘图区域中单击鼠标右键，然后选择“删除”项。

4）键入命令　ERASE↓

执行上述命令后，命令行提示：

选择对象：（选择删除对象）

……

选择对象：↓（选择删除对象后回车，所选实体从屏幕上消失）

4. 特殊点捕捉命令

（1）功能　捕捉可见对象上的某些特殊点。

（2）命令格式

1）工具栏　对象捕捉→ 按钮

2）菜单栏　工具→草图设置

3）快捷菜单　在状态栏上右击“栅格”、“捕捉”、“极轴”、“对象捕捉”、“3DOSNAP”、“对象追踪”、“DYN”、“QP”或“SC”按钮，并单击“设置”。

4）键入命令　OSNAP↓

执行上述命令后，系统弹出“草图设置”对话框，如图 2-6 所示。在该对话框的“对象捕捉”选项卡中，提供了 13 种对象捕捉方式。根据需要选择相应的捕捉方式，可实现对特殊点的捕捉。

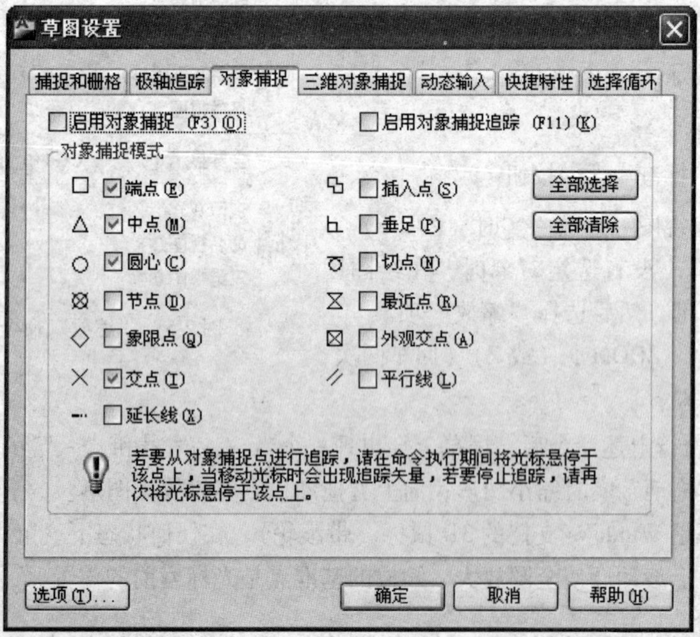

图 2-6　“草图设置”对话框中的“对象捕捉”选项卡

此外，还可以使用“对象捕捉”工具栏（图 2-7），实现对特殊点的捕捉。使用时直接单击所选捕捉按钮即可，但捕捉功能仅一次有效。

图 2-7　“对象捕捉”工具栏

2.2　绘制直线

1. 功能　绘制一直线段或连续的直线段，其中每条线段都是独立的对象。

2. 命令格式

（1）工具栏　绘图→按钮

（2）菜单栏　绘图→直线

（3）键入命令　LINE↓（或 L）

执行上述命令后，命令行提示：

指定第一点：（指定一点，或回车。当指定一点后，命令行提示）

指定下一点或［放弃（U）］：（指定一点，或键入 U 或回车结束命令。当指定一点后，命令行提示）

指定下一点或［放弃（U）］：（指定一点，或键入 U 或回车结束命令。当指定一点后，命令行提示）

指定下一点或［闭合（C）/放弃（U）］：（指定一点，或键入 C 或 U 或回车结束命令）

……

指定下一点或［闭合（C）/放弃（U）］：↓（结束命令）

3. 说明

（1）指定第一点　在该提示下，有两种响应方式。

1）指定一点　指定一点作为直线的起点，开始绘制直线。

2）直接回车　这时系统将从上一次绘制的直线或圆弧续接直线。图 2-8 所示为从最近绘制的直线的端点开始，绘制新直线；图 2-9 所示为从最近绘制的圆弧的端点开始，绘制直线，并且所绘直线与该圆弧相切。

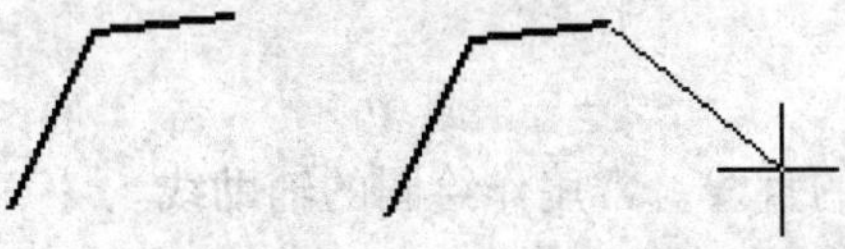

a)　　b)

图 2-8　直线续接直线

a）回车之前　b）回车之后

a)　　b)

图 2-9　直线续接圆弧

a）回车之前　a）回车之后

（2）指定下一点　指定一点作为直线的端点。

（3）放弃（U）　删除刚画的一条直线段。该方式可连续使用。

（4）闭合（C） 以第一条线段的起始点作为最后一条线段的端点，形成一个闭合的线段环，并结束该命令。在绘制了一系列线段（两条或两条以上）之后，可以使用“闭合”选项。

例 绘制图 2-10 所示的图形。

操作过程如下：

命令：LINE↓

指定第一点：（指定 P_1 点）

指定下一点或［放弃（U）］：@40，0↓（用相对直角坐标法确定 P_2 点）

指定下一点或［放弃（U）］：<正交开>10↓（用直接距离输入法确定 P_3 点。这时将光标移至 P_2 点的上方）

指定下一点或［闭合（C）/放弃（U）］：@30<150↓（用相对极坐标法确定 P_4 点）

指定下一点或［闭合（C）/放弃（U）］：C↓

结束命令，结果如图 2-10 所示。

在上例中，当命令行提示“指定下一点：”时，也可用其他方法输入点，同样会作出该图形。

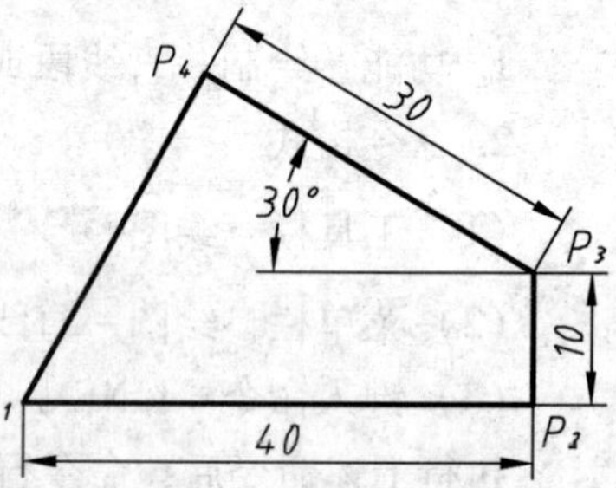

图 2-10 用直线命令绘制四边形

2.3 绘制射线和构造线

1. 绘制射线

（1）功能 绘制从指定点开始向确定方向无限延长的直线。

（2）命令格式

1）菜单栏 绘图→射线

2）键入命令 RAY↓

执行上述命令后，命令行提示：

指定起点：（指定射线的起点）

指定通过点：（指定射线要通过的点，生成一条射线）

……

指定通过点：↓

起点和通过点定义了射线延伸的方向，射线在此方向上延伸到显示区域的边界。通过指定通过点，可创建多条射线。回车结束命令。

2. 构造线

（1）功能 绘制过指定点向两个方向无限延伸的直线。常用作绘图的辅助线。

（2）命令格式

1）工具栏 绘图→按钮

2）菜单栏 绘图→构造线

3）键入命令 XLINE↓

执行上述命令后，命令行提示：

指定点或［水平(H)/垂直(V)/角度(A)/二等分(B)/偏移(O)］：(输入选项)

(3) 选项说明

1）指定点　用无限长直线所通过的两点定义构造线的位置。命令输入后命令行提示：

指定点或[水平(H)/垂直(V)/角度(A)/二等分(B)/偏移(O)]：(指定一点，如图 2-11 中 K 点)

指定通过点：(指定一点，生成一条构造线)

指定通过点：(指定一点，生成一条构造线，或回车结束命令)

……

如图 2-11 所示，为过 K 点绘制多条构造线。

2）水平（H）　绘制一条通过选定点的水平构造线。当键入 H 后，命令行提示：

指定通过点：(指定一点，生成一条过该点的水平构造线)

指定通过点：(指定一点，生成一条过该点的水平构造线，或回车结束命令)

……

如图 2-12 所示，绘制多条水平构造线。

3）垂直（V）　该选项与“水平（H）”项类似，用于绘制一条通过选定点的垂直构造线。如图 2-13 所示，绘制多条垂直构造线。

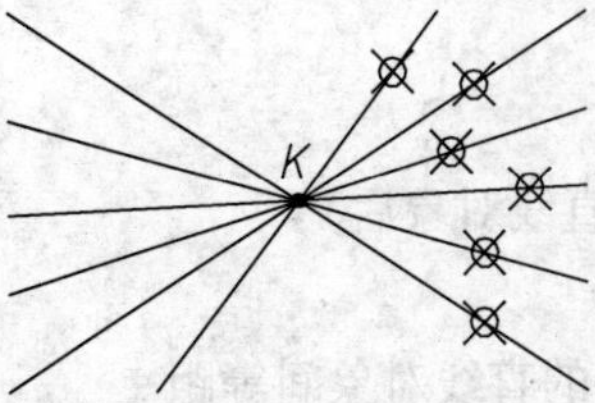

图 2-11　过指定点绘制多条构造线

图 2-12　绘制多条水平构造线

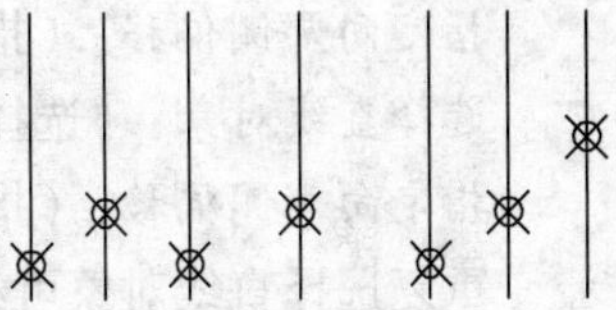

图 2-13　绘制多条垂直构造线

4）角度（A）　以指定的角度绘制一条构造线。当键入 A 后，命令行提示：

输入构造线的角度（O）或［参照（R）]：

① 输入构造线的角度（O）　通过指定点按输入的角度绘制构造线，为默认选项。当输入一角度后，命令行提示：

指定通过点：(指定一点，生成一条构造线)

指定通过点：(指定一点，生成一条构造线，或回车结束命令)

……

② 参照（R）　以一条已知直线对象作为参照线绘制构造线。构造线可与所选直线对象平行或成一定角度，此角度从参照线开始按逆时针方向测量。当键入 R 后，命令行提示：

选择直线对象：(可选择直线、多段线、射线或构造线)

输入构造线的角度<当前值>：(输入一角度)

指定通过点：(指定一点，生成一条构造线)

指定通过点：(指定一点，生成一条构造线，或回车结束命令)

……

如图 2-14 所示，绘制相对于参照直线 15°的多条构造线。

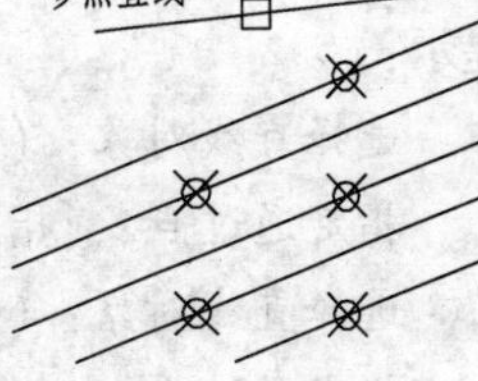

图 2-14　绘制相对于参照直线 15°的多条构造线

5）二等分（B） 绘制平分给定角的构造线，如图 2-15 所示。当键入 R 后，命令行提示：

指定角的顶点：（指定一点）

指定角的起点：（指定一点）

指定角的端点：（指定一点，生成一条构造线）

指定角的端点：（指定一点，生成一条构造线，或回车结束命令）

……

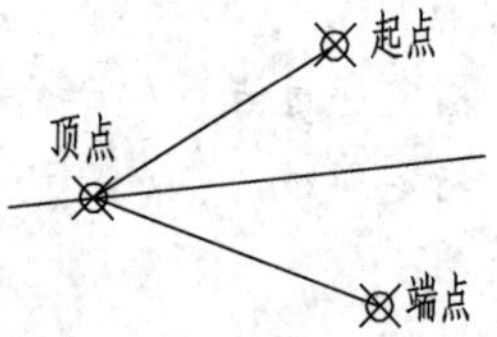

图 2-15 绘制二等分角的构造线

指定角的顶点，起点可被多次重复利用，同一顶点、起点的角可在一次构造线命令中绘出它们的角平分线。

如图 2-15 所示，绘制二等分角的构造线。

6）偏移（O） 绘制与所选择直线对象平行的构造线。当键入 O 后，命令行提示：

指定偏移距离或［通过（T)］ <当前值>：

① 指定偏移距离 按构造线偏离选定对象的距离，绘制构造线。为默认选项。当给出偏移距离后，命令行提示：

选择直线对象：（选择直线、多段线、射线或构造线）

指定向哪侧偏移：（指定一点，生成一条构造线）

选择直线对象：（选择直线对象，或回车结束命令。当选择直线对象后）

指定向哪侧偏移：（指定一点，或回车退出命令）

重复选择直线对象可绘制多条构造线。各构造线与其所选择的直线对象间等距。

如图 2-16 所示，绘制等距偏移的构造线。

图 2-16 绘制等距偏移的构造线

a）原图 b）偏移结果

② 通过（T） 绘制从一条直线偏移并通过指定点的构造线。当键入 T 后，命令行提示：

选择直线对象：（选择直线、多段线、射线或构造线）

指定通过点：（指定一点，生成一条构造线）

选择直线对象：（选择直线对象，或回车结束命令。当选择直线对象后，命令行提示）

指定通过点：（指定一点，或回车退出命令）

重复选择直线对象可绘制多条构造线，各构造线与其所选择的直线对象间不一定等距。

2.4 绘制多段线

1. 功能　用来绘制连续的直线段、圆弧段或两者组合的线段。多段线为独立对象，并可由不同的宽度组成，如图 2-17 所示。

2. 命令格式

(1) 工具栏　绘图→按钮

(2) 菜单栏　绘图→多段线

(3) 键入命令　PLINE↓

执行上述命令后，命令行提示：

指定起点：(指定点)

当前线宽为×××(当前宽度)

指定下一个点或[圆弧(A)/半宽(H)/长度(L)/放弃(U)/宽度(W)]：(输入选项)

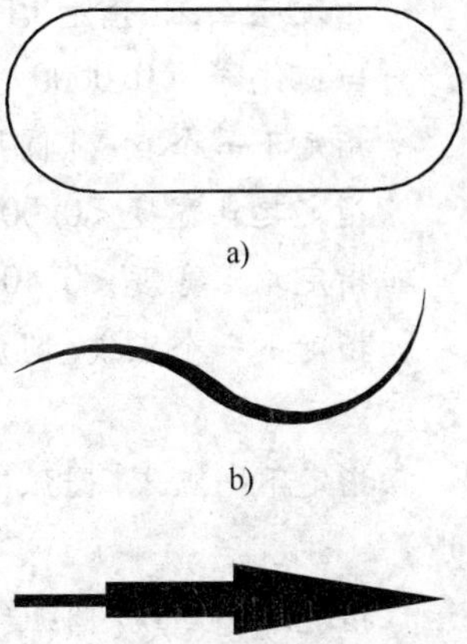

图 2-17　多段线示例

3. 选项说明

(1) 指定下一个点　指定一点，按当前线宽绘制一条直线段。命令行显示前一个提示。该项为默认选项。可重复上述操作，若回车，则结束命令。

(2) 圆弧 (A)　将弧线段添加到多段线中。选择该项后，命令行提示：

指定圆弧的端点或[角度(A)/圆心(CE)/闭合(CL)/方向(D)/半宽(H)/直线(L)/半径(R)/第二个点(S)/放弃(U)/宽度(W)]：

1) 指定圆弧的端点　绘制圆弧。圆弧与多段线的上一段相切。将显示前一个提示。

2) 角度 (A)　指定圆弧从起点开始的包含角。输入正数将按逆时针方向绘制圆弧。输入负数将按顺时针方向绘制圆弧。

3) 圆心 (CE)　指定圆弧的圆心。

4) 闭合 (CL)　从指定的最后一点到起点绘制圆弧，从而创建闭合的多段线。必须至少指定两个点才能使用该选项。

5) 方向 (D)　指定弧线段的起始方向。

6) 半宽 (H)　半宽是指从宽多段线线段的中心到其一边的宽度。起点半宽将成为默认的端点半宽。端点半宽在再次修改半宽之前将作为所有后续线段的统一半宽。宽线线段的起点和端点位于宽线的中心。

7) 直线 (L)　退出“圆弧”选项并返回初始 PLINE 命令提示。

8) 半径 (R)　指定圆弧的半径。

9) 第二个点 (S)　指定三点圆弧的第二点和端点。

10) 放弃 (U)　用于取消上一段绘制的圆弧。

11) 宽度 (W)　用于指定下一弧线段的宽度。

(3) 长度 (L)　用于按指定长度绘制直线段。其方向与前一段直线相同或与前一段圆弧相切。

(4) 其余选项含义与圆弧方式绘制多段线的选项含义类同，这里不再赘述。

例 用多段线命令绘制图 2-18 所示的图形。

操作过程如下：

命令：PLINE↓

指定起点：（指定 P1 点）

当前线宽为 0.0000

指定下一个点或[圆弧(A)/半宽(H)/长度(L)/放弃(U)/宽度(W)]:W↓

指定起点宽度<0.0000>：0.4↓（本例线宽取 0.4）

指定端点宽度<0.4000>：↓

指定下一个点或[圆弧(A)/半宽(H)/长度(L)/放弃(U)/宽度(W)]：<正交开>(输入 P_2点)

指定下一点或[圆弧(A)/闭合(C)/半宽(H)/长度(L)/放弃(U)/宽度(W)]:(输入 P_3点)

指定下一点或[圆弧(A)/闭合(C)/半宽(H)/长度(L)/放弃(U)/宽度(W)]:(输入 P_4点)

指定下一点或[圆弧(A)/闭合(C)/半宽(H)/长度(L)/放弃(U)/宽度(W)]:A↓

指定圆弧的端点或[角度(A)/圆心(CE)/闭合(CL)/方向(D)/半宽(H)/直线(L)/半径(R)/第二个点(S)/放弃(U)/宽度(W)]:CE↓

指定圆弧的圆心：(输入 O 点)

指定圆弧的端点或[角度(A)/长度(L)]:A 指定包含角：-180↓（绘至 P_5 点）

指定圆弧的端点或[角度(A)/圆心(CE)/闭合(CL)/方向(D)/半宽(H)/直线(L)/半径(R)/第二个点(S)/放弃(U)/宽度(W)]:L↓

指定下一点或[圆弧(A)/闭合(C)/半宽(H)/长度(L)/放弃(U)/宽度(W)]:(输入 P_6点)

指定下一点或[圆弧(A)/闭合(C)/半宽(H)/长度(L)/放弃(U)/宽度(W)]:(输入 P_7点)

指定下一点或[圆弧(A)/闭合(C)/半宽(H)/长度(L)/放弃(U)/宽度(W)]:(输入 P_8点)

指定下一点或[圆弧(A)/闭合(C)/半宽(H)/长度(L)/放弃(U)/宽度(W)]:C↓

结束命令，结果如图 2-18 所示。

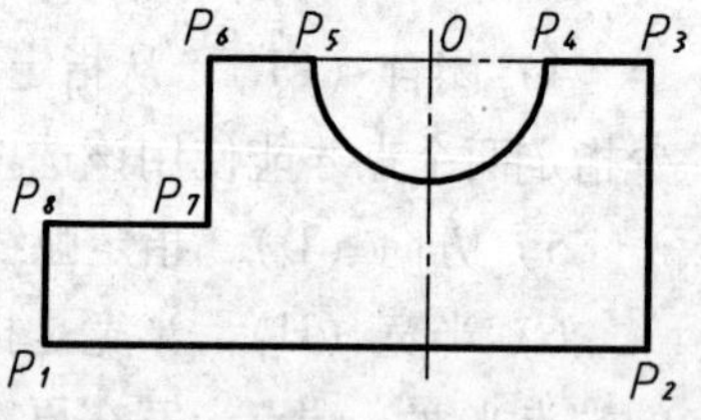

图 2-18 用多段线命令绘制图形

2.5 绘制正多边形和矩形

1. 绘制正多边形

(1) 功能 绘制闭合的等边多段线。

(2) 命令格式

1) 工具栏 绘图→⬠按钮

2）菜单栏　绘图→多边形

3）键入命令　POLYGON↓

执行上述命令后，命令行提示：

输入侧面数＜当前值＞：（输入介于3～1024之间的整数或回车）

指定正多边形的中心点或［边（E）］：（输入选项）

（3）选项说明：

1）指定正多边形的中心点　定义正多边形中心点。为默认选项。当输入中心点后，命令行提示：

输入选项［内接于圆（I）/外切于圆（C）］＜当前值＞：

① 内接于圆（I）　绘制一个内接于假想圆的正多边形（图2-19中的正五边形）。选择该选项后，命令行提示：

指定圆的半径：

这里，若键入半径值，则绘制出一顶点位于该半径的圆周上且底边为水平方向的正多边形。若输入一个点，系统则以该点作为多边形的一个顶点来确定多边形，该点到多边形的中心点距离即为假想圆的半径。

② 外切于圆（C）　绘制一个外切于假想圆的正多边形（图2-19中的正六边形）。选择该选项后，命令行提示：

指定圆的半径：

这里，若键入半径值，则绘制出各边中点位于该半径的圆周上且底边为水平方向的正多边形。若输入一个点，系统则以该点作为多边形某一边的中点来确定多边形，该点到多边形的中心点距离即为假想圆的半径。

2）边（E）　通过指定第一条边的端点来定义正多边形（图2-20）。选择该选项后，命令行提示：

指定边的第一个端点：（指定一点）

指定边的第二个端点：（指定一点）

便完成正多边形。

这里，两个端点确定了正多边形的边长，两点的输入顺序确定了多边形的位置，即按两点顺序逆时针方向构成正多边形。

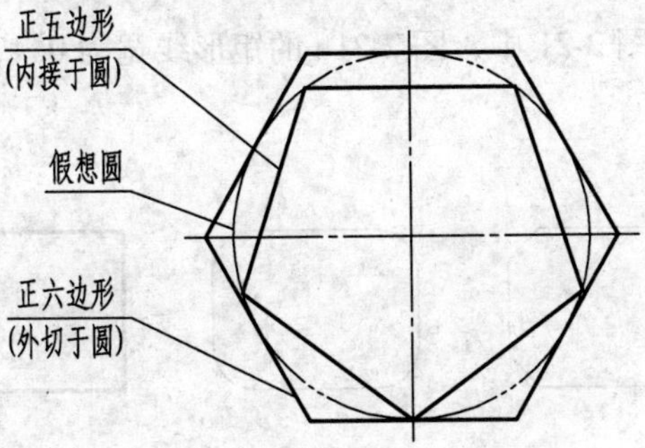

图2-19　以“内接”、“外切”画正多边形

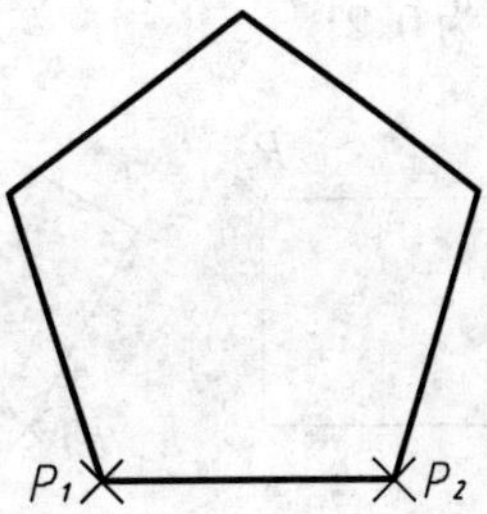

图2-20　以“边长”画正多边形

2. 绘制矩形

（1）功能　用于绘制矩形多段线。

（2）命令格式

1）工具栏　绘图→□按钮

2）菜单栏　绘图→矩形

3）键入命令　RECTANG↓

执行上述命令后，命令行提示：

指定第一个角点或[倒角(C)/标高(E)/圆角(F)/厚度(T)/宽度(W)]:(输入选项)

（3）选项说明

1）指定第一个角点　指定矩形的一个角点。之后，命令行提示：

指定另一个角点或[面积(A)/尺寸(D)/旋转(R)]:

① 指定另一个角点　使用指定的点作为对角点创建矩形，如图2-21a所示。

② 面积（A）　根据矩形面积和长度（宽度）来确定宽度（长度），并生成矩形。选择该选项后，命令行提示：

输入以当前单位计算的矩形面积<当前值>:（输入一个非零正值）

计算矩形标注时依据[长度(L)/宽度(W)]<当前值>:（若输入L）

输入矩形长度<当前值>:（输入一个非零值）

这样，一个以确定的长度和面积的矩形就生成了。

③ 尺寸（D）　根据矩形的长度和宽度绘制矩形。选择该选项后，命令行提示：

指定矩形的长度<当前值>:（输入一个非零值）

指定矩形的宽度<当前值>:（输入一个非零值）

指定另一个角点或［面积(A)/尺寸(D)/旋转(R)]:（输入矩形另一个角点的方位，以确定矩形的位置）

④ 旋转（R）　按指定旋转角度绘制矩形。图2-21b为旋转30°的矩形。

2）倒角（C）　用于设置倒角距离。图2-21c中第一个倒角距离和第二个距离均为3。

3）标高（E）　用于设置三维矩形的标高。

4）圆角（F）　用于设置矩形的圆角半径。图2-21d中圆角半径为R4。

5）厚度（T）　用于设置三维矩形的厚度。

6）宽度（W）　用于设置矩形的线宽。在图2-21中，图2-21e的矩形线宽为0.4，其余线宽均为0.2。

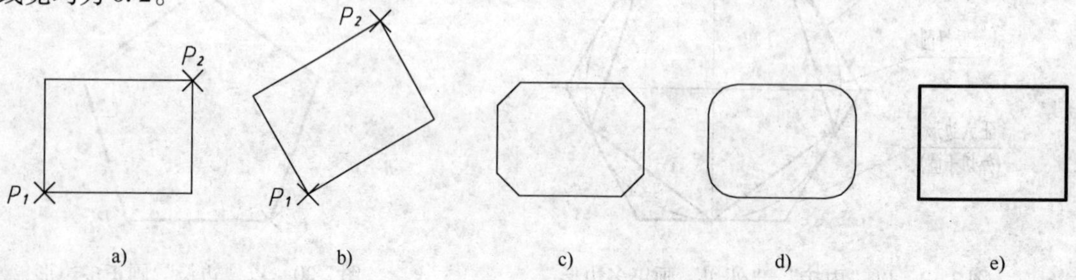

a)　b)　c)　d)　e)

图2-21　矩形的倒角、圆角和线宽

2.6 绘制圆弧和圆

1. 绘制圆弧

（1）功能　绘制圆弧。

（2）命令格式

1）工具栏　绘图→按钮

2）菜单栏　绘图→圆弧→子菜单选项（图 2-22）

3）键入命令　ARC↓（或 A）

当单击按钮或键入 ARC 后，命令行提示：

指定圆弧的起点或［圆心（C）］：（指定点或输入 C 或回车）

输入选项不同，会出现不同的提示，其具体功能和“圆弧”子菜单提供的 11 种方式相似。常见绘制圆弧的方式如图 2-23 所示。

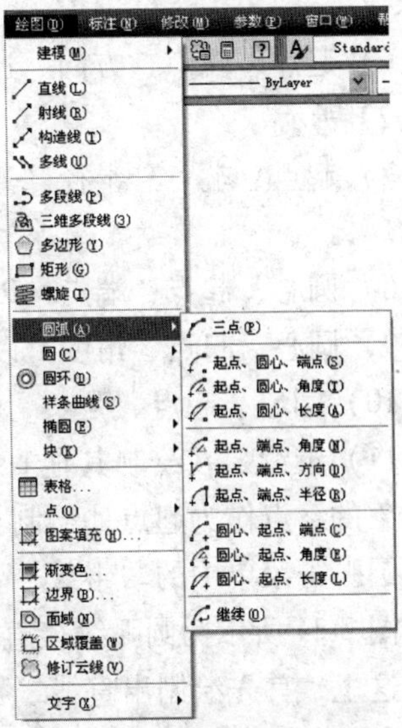

图 2-22　“圆弧”的子菜单

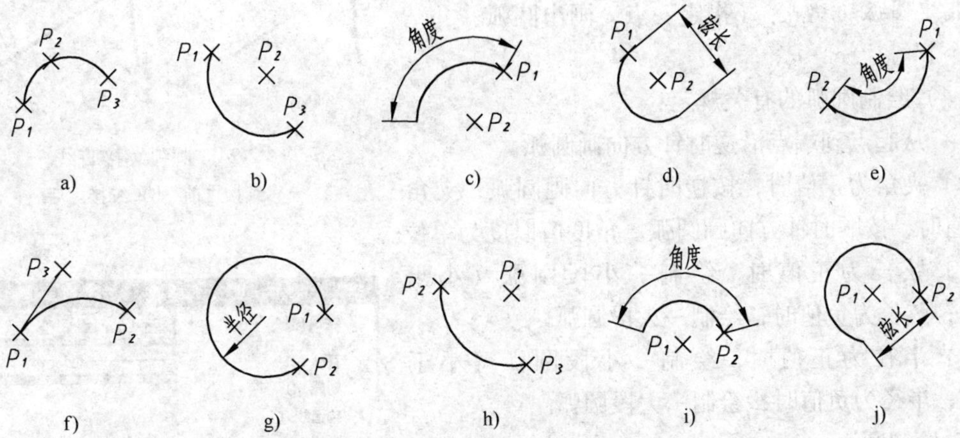

图 2-23　常见绘制圆弧的方式

a）三点　b）起点、圆心、端点　c）起点、圆心、角度　d）起点、圆心、弦长　e）起点、端点、角度　f）起点、端点、方向　g）起点、端点、半径　h）圆心、起点、端点　i）圆心、起点、角度　j）圆心、起点、弦长

（3）说明

1）三点　通过指定圆弧上的三点绘制圆弧。即需要指定圆弧的起点、通过的第二个点和端点，如图 2-23a 所示。

2）起点、圆心、端点　通过指定圆弧的起点、圆心和端点绘制圆弧，如图 2-23b 所示。

3）起点、圆心、角度　通过指定圆弧的起点、圆心和包含角绘制圆弧，如图 2-23c 所示。

4）起点、圆心、弦长　通过指定圆弧的起点、圆心和弦长绘制圆弧，如图 2-23d 所示。注意：输入的圆弧弦长数值不能超过圆弧直径，否则将提示输入值无效并取消命令。

5）起点、端点、角度　通过指定圆弧的起点、端点和包含角绘制圆弧，如图 2-23e

所示。

6）起点、端点、方向　通过指定圆弧的起点、端点和圆弧的起点切向绘制圆弧，如图 2-23f所示。

7）起点、端点、半径　通过指定圆弧的起点、端点和圆弧半径绘制圆弧，如图 2-23g 所示。

8）圆心、起点、端点　以圆弧的圆心、起点和端点方式绘制圆弧，如图 2-23h 所示。

9）圆心、起点、角度　以圆弧的圆心、起点和圆心角方式绘制圆弧，如图 2-23i 所示。

10）圆心、起点、弦长　以圆弧的圆心、起点和弦长方式绘制圆弧，如图 2-23j 所示。

11）继续　在绘制其他直线、圆弧或多段线后，选择该选项，系统将自动以刚才绘制的对象的终点作为起点，绘制与之相切的圆弧。

圆弧子菜单中的“继续”项，等价于在圆弧命令的第一个提示下直接回车。

图 2-24 所示为圆弧续接直线示例。

这里，首先绘制出直线（图 2-24a），然后执行圆弧命令：

命令：ARC↓

指定圆弧的起点或［圆心（C）］：↓

指定圆弧的端点：（指定一点，画出圆弧，并结束命令）

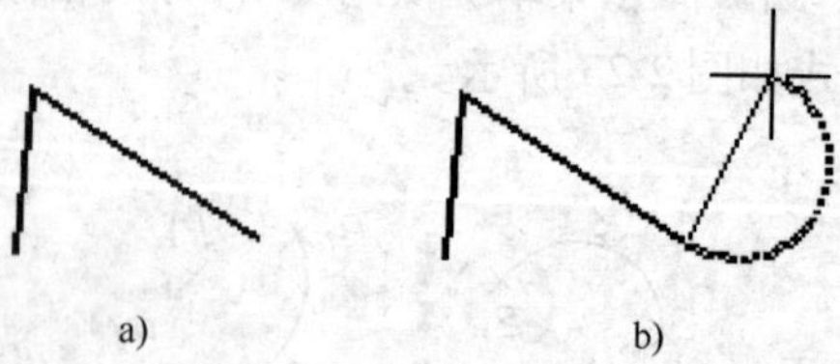

图 2-24　圆弧续接直线

a）续接之前　b）续接之后

（4）绘制圆弧的有关规定：

1）从起点到端点沿逆时针方向画圆弧。

2）夹角为正值时，按逆时针方向画圆弧；夹角为负值时，按顺时针方向画圆弧。角度值以度为单位。

3）弦长为正值时，绘制一小段圆弧（小于 180°）；弦长为负值时，绘制一大段圆弧。

4）半径为正值时，绘制一小段圆弧（小于 180°）；半径为负值时，绘制一大段圆弧。

2. 绘制圆

（1）功能　绘制圆。

（2）命令格式

1）工具栏　绘图→按钮

2）菜单栏　绘图→圆→子菜单选项（图 2-25）

3）键入命令　CIRCLE↓（或 C）

当单击按钮或键入 CIRCLE 后，命令行提示：

指定圆的圆心或［三点(3P)/两点(2P)/切点、切点、半径(T)］：（输入选项）

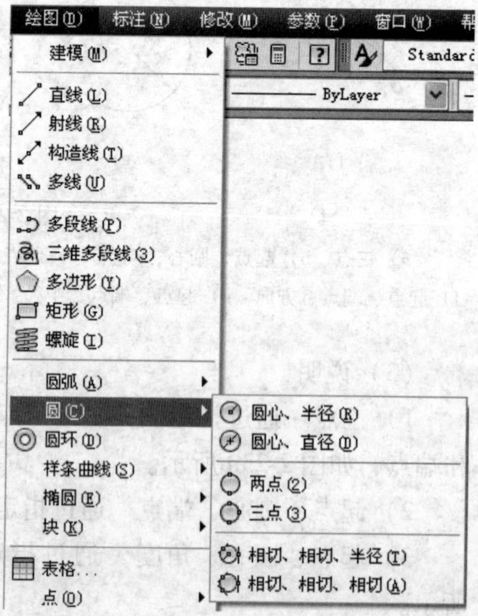

图 2-25　“圆”的子菜单

输入选择项不同，会出现不同的提示，其具体功能和“圆”的子菜单提供的 6 种方式相似。各种绘制圆的方式如图 2-26 所示。

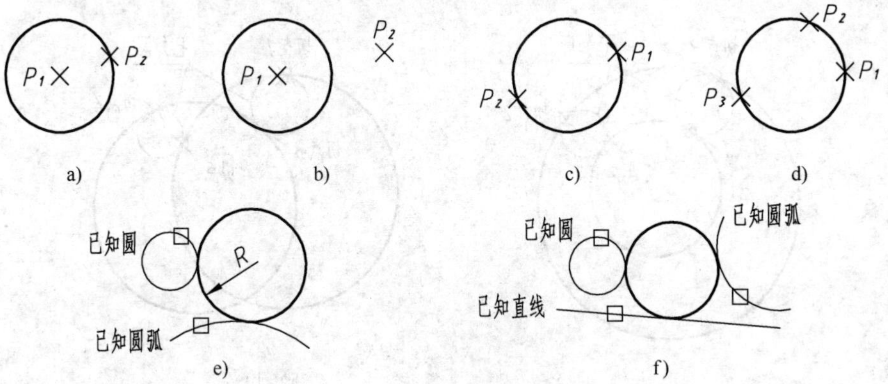

图 2-26　各种绘制圆的方式

a) 圆心、半径　b) 圆心、直径　c) 两点　d) 三点　e) 切点、切点、半径　f) 相切、相切、相切

(3) 说明

1) 圆心、半径　用圆心和半径方式绘制圆（图 2-26a）。

2) 圆心、直径　用圆心和直径方式绘制圆（图 2-26b）。

3) 两点（2P）　通过两个点绘制圆（图 2-26c）。系统会提示指定圆直径的第一个端点和第二个端点。

4) 三点（3P）　通过三点绘制圆（图 2-26d）。系统会提示指定圆上的第一点、第二点和第三点。

5) 切点、切点、半径（T）　用给出的半径绘制与两个已知对象相切的圆。

例如，要绘制一个与已知一条直线和一个圆相切的圆（图 2-26e），操作过程如下：

命令：CIRCLE↓

指定圆的圆心或[三点(3P)/两点(2P)/切点、切点、半径(T)]：T↓

指定对象与圆的第一个切点：(用光标拾取圆)

指定对象与圆的第二个切点：(用光标拾取圆弧)

指定圆的半径 <6.0000>：(输入半径)

这时绘出一圆（图 2-26e）并结束命令。

6) 相切、相切、相切　绘制出与三个已知对象相切的圆。

例如，要绘制一个与一个圆弧、一个圆、一条直线同时相切的圆（图 2-26f），操作过程如下：

命令：CIRCLE↓

指定圆的圆心或[三点(3P)/两点(2P)/切点、切点、半径(T)]：3P↓

指定圆上的第一个点：<对象捕捉开>（对象捕捉模式选择“切点”。用光标拾取圆）

指定圆上的第二个点：(用光标拾取圆弧)

指定圆上的第三个点：(用光标拾取直线)

结果如图 2-26f 所示。

值得注意的是，在用“相切、相切、半径（T）”方式绘制圆时，切点拾取位置不同，指定半径不同，绘制的圆的位置是不同的，如图 2-27 所示。

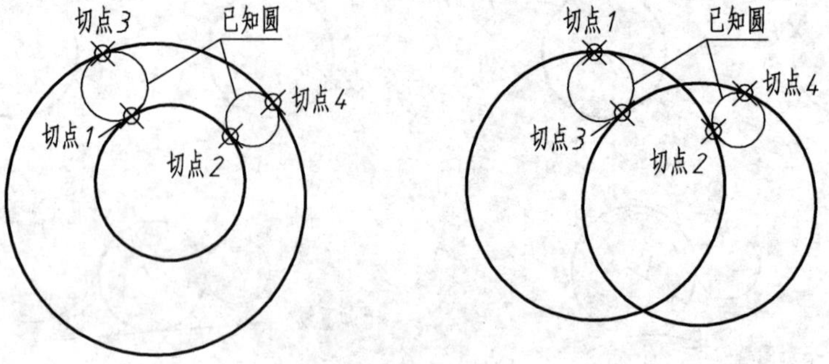

a)　　　　　　　　b)

图 2-27　用“相切、相切、半径”方式绘制圆

2.7　绘制样条曲线和徒手画线

1. 绘制样条曲线

(1) 功能　用来绘制一条光滑的曲线。通常用作绘制机械图样中的波浪线等（图 2-28）。

(2) 命令格式

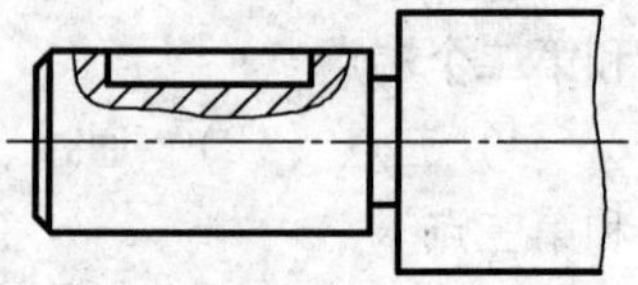

图 2-28　样条曲线的应用示例

1) 工具栏　绘图→按钮

2) 菜单栏　绘图→样条曲线

3) 键入命令　SPLINE↓

执行上述命令后，命令行提示：

当前设置：方式 = 当前值　节点 = 当前值

指定第一个点或[方式(M)/节点(K)/对象(O)]：(输入选项)

(3) 选项说明

1) 指定第一个点　通过输入一系列的点，生成一条样条曲线，这是默认的选项。指定第一点后，命令行提示：

输入下一个点或[起点切向(T)/公差(L)]：(指定一点)

输入下一个点或[端点相切(T)/公差(L)/放弃(U)/闭合(C)]：

……

① 起点切向（T）　定义样条曲线的第一点和最后一点的切线方向。

② 端点相切（T）　定义最后一点的切线方向。

③ 公差（L）　用于设置样条曲线的拟合公差。公差越小，样条曲线与拟合点越接近。反之则越远。当公差为零时，生成的样条曲线通过每个拟合点。

④ 放弃（U）　删除最后一个指定点。

⑤ 闭合（C）　将最后一个点定义为与第一个点重合并使其在连接处相切，闭合样条曲线。

2) 方式（M）　控制是使用拟合点还是使用控制点来创建样条曲线，如图 2-29 所示。

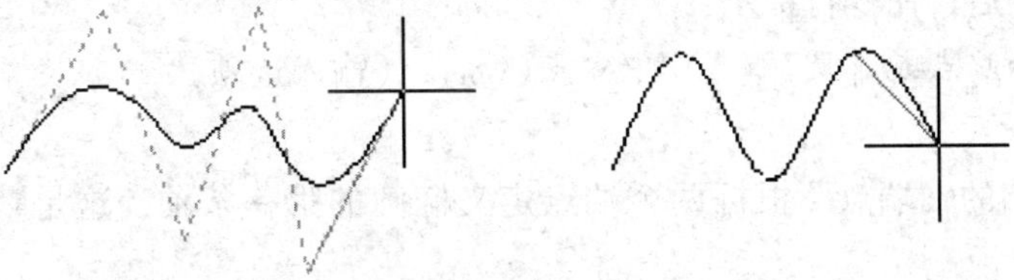

a)　　　　b)

图 2-29　控制创建样条曲线的方式

a）使用控制点　b）使用拟合点

3）节点（K）　指定节点参数化，它会影响曲线在通过拟合点时的形状。

4）对象（O）　将由多段线拟合成的样条曲线转换成等价的样条曲线。

2. 徒手画线

（1）功能　通过移动鼠标来生成一系列线段。相当于徒手画线。

（2）命令格式　键入命令：SKETCH↓

类型 = 当前值　增量 = 当前值　公差 = 当前值

指定草图或[类型(T)/增量(I)/公差(L)]：(输入选项)

（3）说明

1）指定草图　该选项为默认选项。在当前设置下开始画线。即按住鼠标左键移动鼠标进行徒手画线，当松开左键后，便画出一条连续线。可重复上述操作，回车便结束命令，这时命令行显示已画出线的数量、类型等。

2）类型（T）　指定手画线的对象类型。包括直线、多段线和样条曲线。

3）增量（I）　定义每条手画直线段的长度。定点设备所移动的距离必须大于增量值，才能生成一条直线。

4）公差（L）　对于样条曲线，指定样条曲线的曲线布满手画线草图的紧密程度。

2.8　绘制椭圆和椭圆弧

在 AutoCAD 中，绘制椭圆和椭圆弧的命令均为 ELLIPSE，只是在绘图工具栏上的对应按钮不同，前者为，后者为。在椭圆命令的选项中同时包含了绘制椭圆和椭圆弧的两部分内容。因此，绘制椭圆只能选择椭圆命令，而绘制椭圆弧既可选择椭圆命令又可选择椭圆弧命令。

这里仅介绍用椭圆命令（对应于按钮）绘制椭圆和椭圆弧的方法。

1. 功能　绘制椭圆或椭圆弧。

2. 命令格式

（1）工具栏　绘图→按钮

（2）菜单栏　绘图→椭圆→子菜单选项（图 2-30）

（3）键入命令　ELLIPSE↓

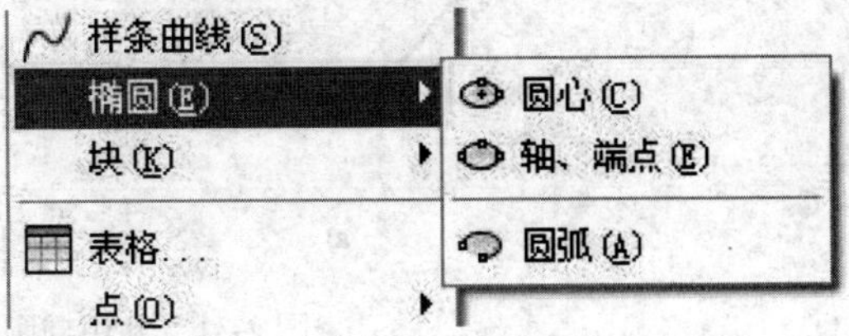

图 2-30　“椭圆”子菜单

执行上述命令后，命令行提示：

指定椭圆的轴端点或［圆弧(A)/中心点(C)］：(输入选项)

3. 选项说明

（1）指定椭圆的轴端点　根据两个端点定义椭圆的第一条轴，这是默认选项。当指定一点后，命令行提示：

指定轴的另一个端点：(指定一点)

指定另一条半轴长度或［旋转（R）］：

1）指定另一条半轴长度　是以一个轴的两端点和另一条半轴长绘制椭圆（图 2-31a），这是默认方式。

操作过程如下：

命令：ELLIPSE ↓

指定椭圆的轴端点或［圆弧(A)/中心点(C)］：(指定一点)

指定轴的另一个端点：(指定一点)

指定另一条半轴长度或［旋转（R）］：(指定长度)

这时绘出一椭圆（图 2-31a）并结束命令。

2）旋转（R）　通过绕第一条轴旋转圆来创建椭圆（图 2-31b）。所谓“旋转”是指一个圆以其一条直径为轴旋转，当旋转一个角度后，圆在与直径平行的平面上的投影成为一个椭圆。椭圆的长轴是圆的直径，保持不变，短轴的长度由旋转角度确定。当旋转角度为零时，将画成一个圆，当旋转角度大于 89. 4°时命令无效，系统拒绝执行。

操作过程如下：

命令：ELLIPSE ↓

指定椭圆的轴端点或［圆弧(A)/中心点(C)］：(指定一点)

指定轴的另一个端点：(指定一点)

指定另一条半轴长度或［旋转（R）］：R ↓

指定绕长轴旋转的角度：(指定旋转角度)

这时绘出一椭圆（图 2-31b）并结束命令。

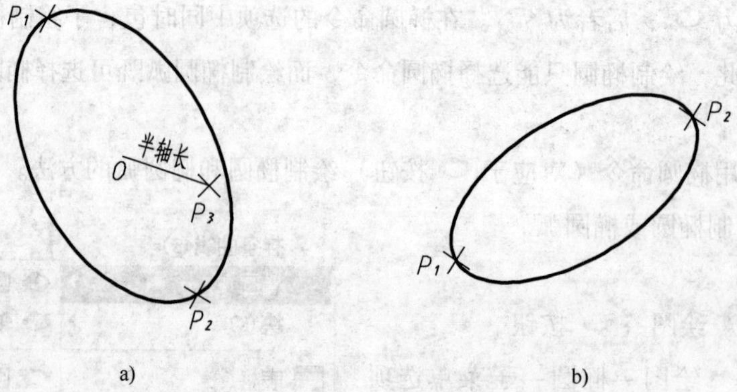

图 2-31　利用椭圆一轴的两端点绘制椭圆

a）两端点、半轴长　b）两端点、旋转

用该选项绘制的椭圆，第一条轴只能是长轴，另一条轴只能是短轴。绕长轴旋转的角度值可从键盘键入，也可移动鼠标，在屏幕上拾取一点，该点到椭圆中心点的连线与X轴的夹角即为旋转角度值。

(2) 中心点（C） 通过指定的中心点来创建椭圆（图2-32）。

操作过程如下：

命令：ELLIPSE↓

指定椭圆的轴端点或［圆弧(A)/中心点(C)］：C↓

指定椭圆的中心点：(指定一点)

指定轴的端点：(指定一点)

指定另一条半轴长度或［旋转（R)］：(指定长度，或者通过“旋转（R)”选项)

这时绘出一椭圆。图2-32所示是用“中心点、端点及半轴长”方式绘制的椭圆。

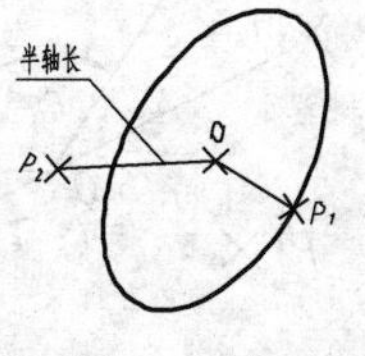

图2-32 “中心点、端点及半轴长”方式画椭圆

(3) 圆弧（A） 绘制椭圆弧。椭圆弧是椭圆的一部分，和椭圆不同的是它的起点和终点没有闭合。绘制椭圆弧需要确定的参数有：椭圆弧所在椭圆的两条轴及椭圆弧的起点和终点的角度。选用该项，与使用椭圆弧命令绘制椭圆弧的过程完全一样。

用椭圆命令绘制椭圆弧时，首先选择“圆弧（A)”选项，再绘制一个虚拟的椭圆，然后根据所给条件在上面截取一段椭圆弧。绘制虚拟椭圆的步骤跟前面所述一样，绘制椭圆弧有三种方法，分别介绍如下：

1) 以起始角度和终止角度绘制椭圆弧（图2-33）。

操作过程如下：

命令：ELLIPSE↓

指定椭圆的轴端点或［圆弧(A)/中心点(C)］：A↓

指定椭圆弧的轴端点或［中心点（C)］：(如指定一点，则命令行提示)

指定轴的另一个端点：(指定一点)

指定另一条半轴长度或［旋转（R)］：

(以上是绘制椭圆过程。当指定另一条半轴长度后，命令行提示)

指定起始角度或［参数（P)］：(输入起始角)

指定终止角度或［参数(P)/包含角度(I)］：(输入终止角)

这时绘出一椭圆弧（图2-33）并结束命令。

椭圆弧的起始角度（终止角度）是椭圆第一轴的第一个端点、椭圆中心（为顶点）和椭圆弧起点（终点）所形成的逆时针角度。起始角度和终止角度可以从键盘键入；也可以移动鼠标，在屏幕的合适位置拾取一点，椭圆第一个轴的第一个端点、椭圆中心（为顶点）与该点所形成的逆时针角度为起始角度或终止角度。

2) 以起始角和包含的角度绘制椭圆弧（图2-34）。

操作过程如下：

命令：ELLIPSE↓

指定椭圆的轴端点或［圆弧（A)/中心点（C)］：A↓

（略去绘制椭圆的过程）

指定起始角度或［参数（P）］：（输入起始角）

指定终止角度或［参数（P）/包含角度（I）］：I↓

指定弧的包含角度<当前值>：（输入椭圆弧包含的角度）

这时绘出一椭圆弧（图 2-34）并结束命令。

这里的包含角度是指椭圆第一个轴的第一个端点、椭圆中心（为顶点）与椭圆弧的终点所形成的逆时针角度。

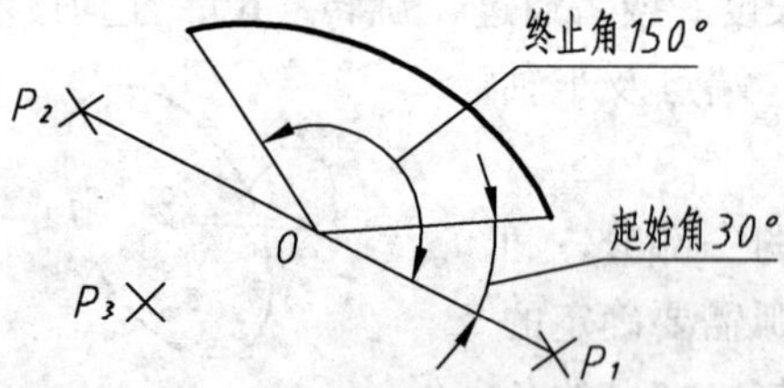

图 2-33　以起始角度和终止角度绘制椭圆弧

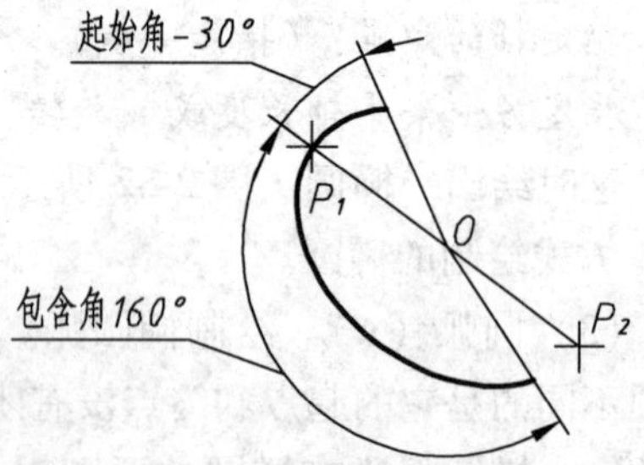

图 2-34　以起始角和包含角度绘制椭圆弧

3）使用参数绘制椭圆弧　用户也可使用“参数（P）”项确定椭圆弧的起点和终点。AutoCAD 通过以下矢量参数方程创建椭圆弧：

$$p(u)=c+a\cos(u)+b\sin(u)$$

其中 u 为输入的参数，c 是椭圆的中心点，a 和 b 分别是椭圆的长半轴和短半轴。

2.9　绘制圆环

1. 功能　绘制实心或空心的圆和圆环。

2. 命令格式

（1）下拉菜单　绘图→圆环

（2）键入命令　DONUT↓

执行上述命令后，命令行提示：

指定圆环的内径<当前值>：（输入内径值或回车。如果内径值为 0，则圆环将填充为圆，如图 2-35a 所示）

指定圆环的外径<当前值>：（输入外径值或回车。若圆环的外径与内径尺寸相同，则画出一圆，如图 2-35b 所示）

指定圆环的中心点或<退出>：（指定一点则画出一个圆环或回车结束命令）

……

指定圆环的中心点或<退出>：↓（结束命令）

一般默认状态下，生成的圆环是填充的圆环，如图 2-35c 所示。圆环是否填充，取决于系统变量 FILL 的设定值。图 2-35d 所示为不填充状态。

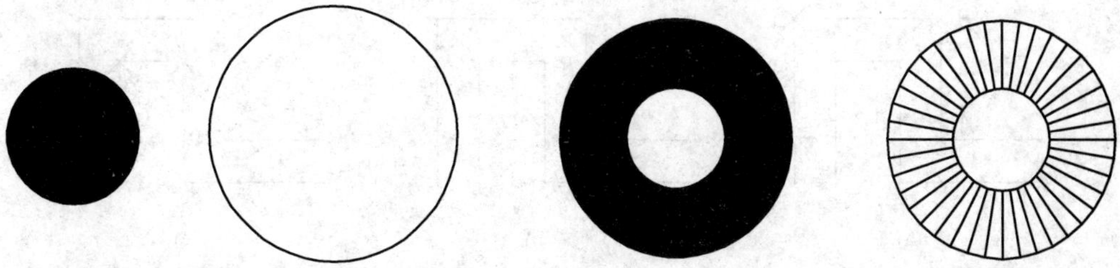

a)　　b)　　c)　　d)

图 2-35　圆环的画法

2.10　绘制多线和设置多线样式

2.10.1　绘制多线

1. 功能　用于绘制多条平行线。平行线数量最多可达 16 条。

2. 命令格式

（1）菜单栏　绘图→多线

（2）键入命令　MLINE↓

执行上述命令后，命令行提示：

当前设置：对正 = 当前值，比例 = 当前值，样式 = 当前值

指定起点或 [对正 (J)/比例 (S)/样式 (ST)]：(输入选项)

3. 选项说明

（1）指定起点　确定多线的起点，该选项为默认选项。之后命令行提示：

指定下一点：(指定一点)

指定下一点或 [放弃 (U)]：(指定一点或输入 U。指定一点后，命令行提示)

指定下一点或 [闭合 (C)/放弃 (U)]：

……

绘制多线。方法同 LINE 命令。

（2）对正（J）　确定多线的对齐方式。选择此项后，命令行提示：

输入对正类型 [上 (T)/无 (Z)/下 (B)] <当前值>：

1）上（T）　以顶层线为基准，使具有最大正偏移量的直线通过指定点，如图 2-36a 所示。

2）无（Z）　以零偏移线为基准，零偏移线通过指定点。如果在多线样式中没有设置偏移量为零的直线，则此线不被显示，如图 2-36b 所示。

3）下（B）　以底层线为基准，使具有最大负偏移量的直线通过指定点，如图 2-36c 所示。

（3）比例（S）　确定多线宽度方向的比例因子。

（4）样式（ST）　指定多线的样式。当键入 ST 后，命令行提示：

输入多线样式名或 [?]：(当输入? 后，屏幕以文本形式显示当前图形文件中多线的名称及说明)

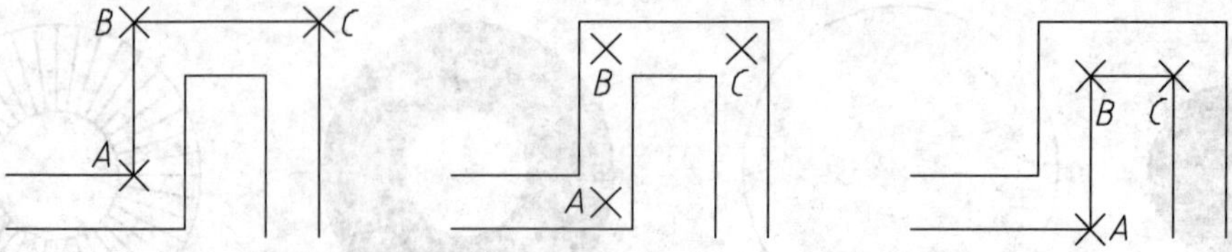

a)　　　　b)　　　　c)

图 2-36　偏移量为 ±0.5 的多线“对正”实例

a）“上”对正　b）“无”对正　c）“下”对正

2.10.2　设置多线样式

1. 功能　设置多线样式。在绘制多线前，首先应根据需要定义多线的样式。

2. 命令格式

（1）菜单栏　格式→多线样式

（2）键入命令　MLSTYLE↓

执行上述命令后，系统弹出“多线样式”对话框，如图 2-37 所示。

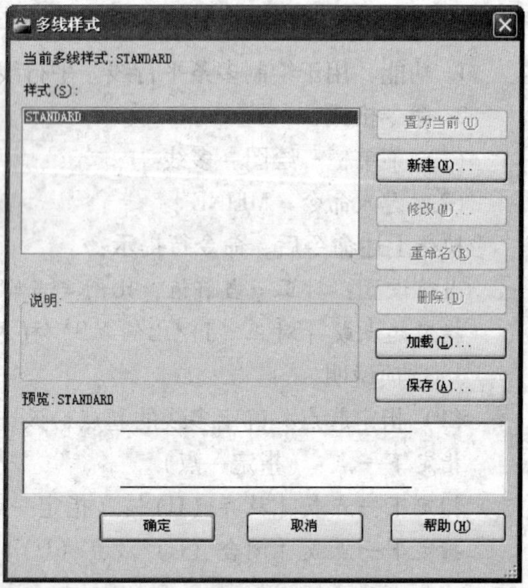

图 2-37　“多线样式”对话框

3. 对话框说明　在“多线样式”对话框中，可以对多线样式进行定义、保存和加载线型等操作。下面通过定义一个多线样式来介绍该对话框的使用方法。欲定义的多线样式由三条平行线组成，中心线为红色的细点画线，其余两条为蓝色的细实线，相对于中心线各偏移 0.4。取绘制比例因子为 20，用该多线绘制一矩形（图 2-41）。

（1）在“多线样式”对话框中，单击“新建”按钮，系统打开“创建新的多线样式”对话框，将新样式名取为“多线 1”，如图 2-38 所示。

图 2-38　“创建新的多线样式”对话框

（2）单击“创建新的多线样式”对话框的“继续”按钮，系统打开“新建多线样式”对话框（图 2-39）。

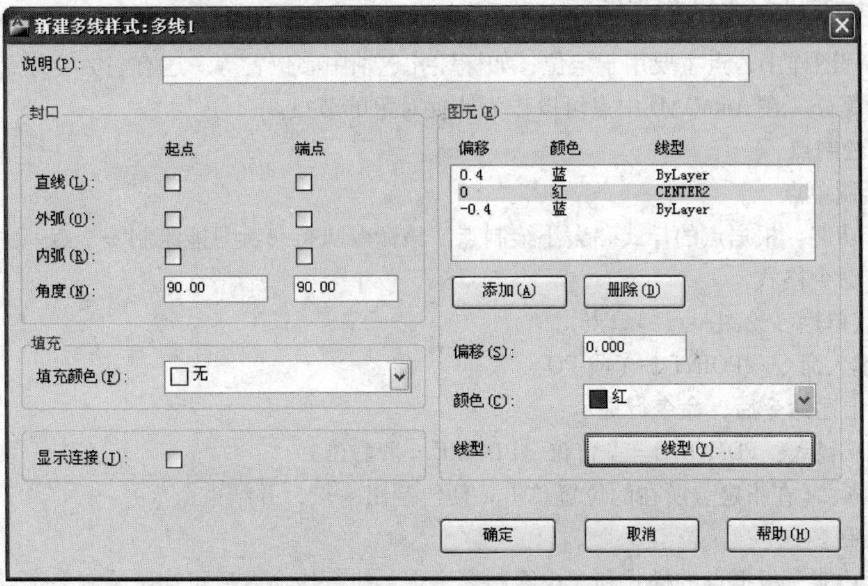

图 2-39 “新建多线样式”对话框

1）选择“图元”列表框中的第一行，在“偏移”文本框中输入 0.4、在“颜色”下拉列表框中选择蓝色。

2）选择“图元”列表框中的第二行，在“偏移”文本框中输入 -0.4、在“颜色”下拉列表框中选择蓝色。

3）单击“添加”按钮，增加一条平行线。在“颜色”下拉列表框中选择红色；单击“线型”按钮，弹出“选择线型”对话框，选择“加载”按钮从弹出的“加载或重载线型”对话框中选择 CENTER2 线型。

4）单击“新建多线样式”对话框中的“确定”按钮，结束多线样式的设置，并返回到图 2-40 所示的“多线样式”对话框。

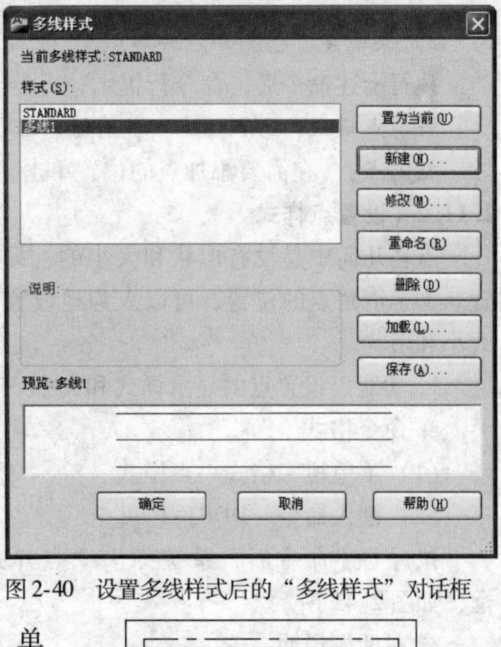

图 2-40 设置多线样式后的“多线样式”对话框

（3）在“多线样式”对话框（图 2-40）中，单击“保存”按钮，弹出“保存多线样式”对话框。单击该对话框中的“保存”按钮，将“多线 1”式样保存在 acad. mln 文件中。

图 2-41 用多线绘制矩形

图 2-41 所示是用样式名为“多线 1”的多线绘制的矩形。

2.11　绘制点与对象的等分

在工程图样中，点主要用于定位，如标注孔、轴中心位置等。还有一类等分点，用于对对象进行等分。在 AutoCAD 中点可以作为捕捉对象的节点。

2.11.1　绘制点

1. 绘制单点

（1）功能　根据点的样式和大小绘制点。该命令执行一次只能绘制一个点。

（2）命令格式

1）菜单栏　绘图→点→单点

2）键入命令　POINT↓（或 PO）

执行上述命令后，命令行提示：

当前点模式：PDMODE = 当前值　PDSIZE = 当前值

指定点：(在指定点所在的位置单击，便绘制出一点，并结束命令)

2. 绘制多点

（1）功能　根据点的样式和大小绘制多个点。执行该命令后可连续绘制多个点。

（2）命令格式

1）工具栏　绘图→按钮

2）菜单栏　绘图→点→多点

执行上述命令后，命令行提示：

当前点模式：PDMODE = 当前值　PDSIZE = 当前值

指定点：(在需要添加点的位置单击，可绘制出多个点，或按 Esc 键结束命令)

2.11.2　设置点样式

点在几何中是没有形状和大小的，只有坐标位置。为了清楚点的位置，可以人为地设置它的显示大小和形状。

1. 功能　设置点的显示样式和大小。

2. 命令格式

（1）菜单栏　格式→点样式

（2）键入命令　DDPTYPE↓

执行上述命令后，系统弹出“点样式”对话框，如图 2-42 所示。

3. 对话框说明

（1）点样式　AutoCAD 提供了 20 种点样式，它对应于系统变量 PDMODE。如图 2-42 所示，第一行对应于 PDMODE 的值为 0 ~ 4、第二行为 32 ~ 36、第三行为 64 ~ 68、第四行 96 ~ 100。

（2）“点大小”文本框　用于设置点的大小。

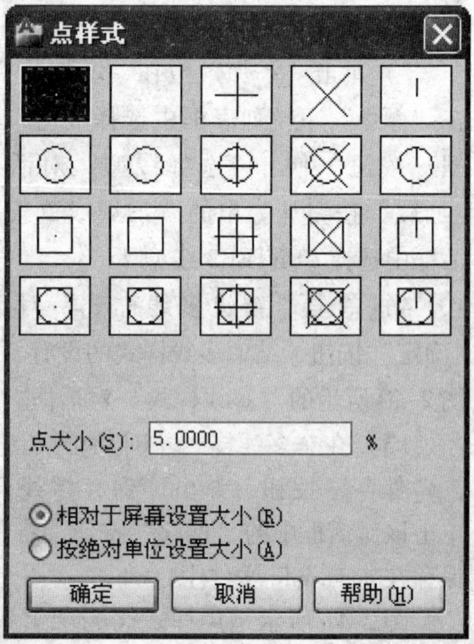

图 2-42　“点样式”对话框

它对应于系统变量 PDSIZE（PDMODE 的值为 0 和 1 时除外）。

1）相对于屏幕设置大小　设置点相对屏幕大小的百分数。对应于 PDSIZE 的负值。这时若把点所在的区域放大，再重新生成（REGEN），点标记就会变到放大前的大小。

当 PDSIZE 设置为 0 时，则所生成的点的大小为相对屏幕的百分之五。

2）按绝对单位设置大小　用绝对单位设置点标记大小。对应于 PDSIZE 的正值。这时显示的点，其大小随着图形的缩放而改变。

单击“确定”按钮，完成点的设置。

2.11.3　定数等分

1. 功能　将点或块沿对象的长度或周长等间隔标记。所选对象只能是单个实体如直线、圆、圆弧、椭圆、矩形、多段线等，文字、尺寸或块等不能作为选定对象（有关块知识见第 10 章）。

2. 命令格式

（1）菜单栏　绘图→点→定数等分

（2）键入命令　DIVIDE↓

执行上述命令后，命令行提示：

选择要定数等分的对象：（拾取需要等分的实体）

输入线段数目或［块（B）］：（输入从 2 到 32767 之间的值或输入 B）

3. 选项说明

（1）输入线段数目　该选项为默认选项。可在 2 ~ 32767 范围内输入整数作为等分段数，对所选对象进行等分，并在每个等分点处按当前点的样式显示标记。

（2）块（B）　沿选定对象等间距插入块。键入 B 后，命令行提示：

输入要插入的块名：（输入要插入的块名后，命令行提示）

是否对齐块和对象？［是（Y）/否（N）］ <Y>：（键入 Y，块将围绕它的插入点旋转，使插入块的 X 轴方向与定数等分对象在等分点相切或对齐；键入 N，块将始终以零度旋转角插入）

输入线段数目：

输入线段数目后，在等分处插入块，并结束命令。

图 2-43 所示为六等分样条曲线且在等分点处插入“灯笼”图块。其中图 2-43a 在等分点对齐块，图 2-43b 在等分点未对齐块。

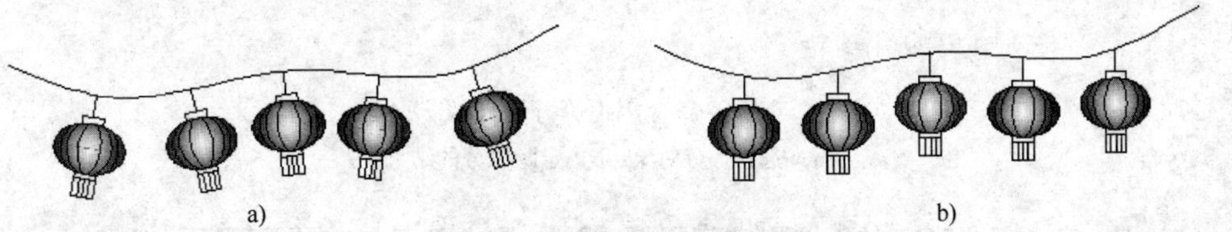

a)　　　　b)

图 2-43　定数等分样条曲线

a）对齐的块　b）未对齐的块

定数等分并不把所选对象实际等分为单独对象，而只是在对象定数等分的位置上添加节点，这些节点将作为几何参照点，起辅助作图之用。例如三等分任一角（图 2-44a）。作图方法是：以角的顶点为圆心，绘制和两条边相连接的圆弧，并将圆弧等分为三段

（图 2-44b），再连接角顶点和定数等分的节点（图 2-44c），即完成对给定角的三等分（图 2-44d）。

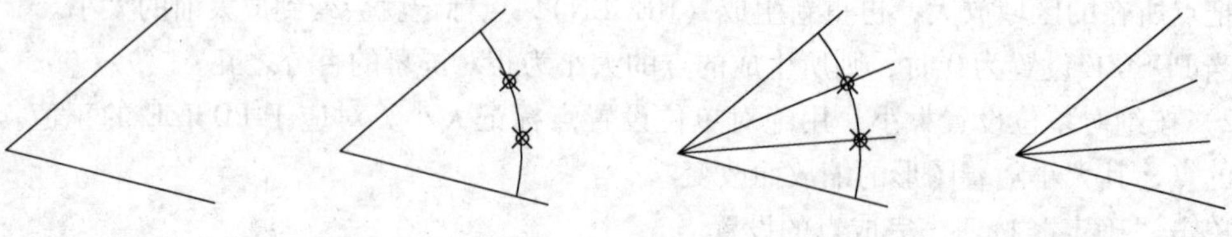

a)　b)　c)　d)

图 2-44　定数等分给定角

a）给定角（被等分角）　b）作圆弧并等分圆弧　c）过顶点与等分点连线　d）三等分角的结果

2.11.4　定距等分

1. 功能　将点或块在对象上指定间隔处标记。所选对象只能是单个实体如直线、圆、圆弧、椭圆、矩形、多段线等，文字、尺寸或块等不能作为选定对象。

2. 命令格式

（1）菜单栏　绘图→点→定距等分

（2）键入命令　MEASURE↓

执行上述命令后，命令行提示：

选择要定距等分的对象：（拾取需要定距等分的实体）

指定线段长度或［块（B）］：（指定距离或输入 B）

3. 选项说明

（1）指定线段长度　沿选定对象按指定间隔标记点。从最靠近用于选择对象的点的端点处开始标记。

如图 2-45a 所示，指定线段长度为 10，等分效果如图 2-45b 所示。

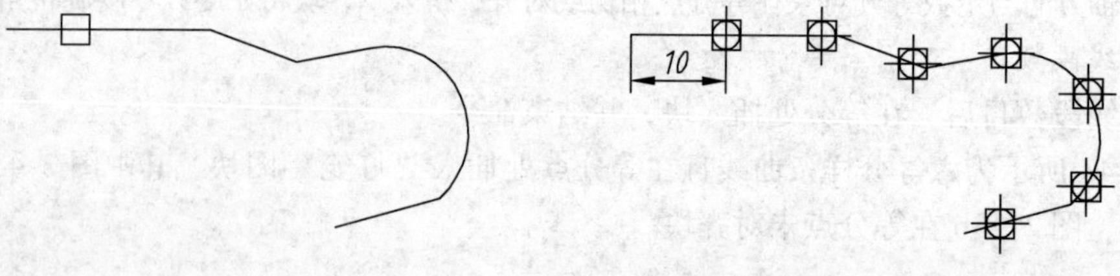

a)　b)

图 2-45　定距等分多段线

a）选择等分对象　b）定距等分的结果

（2）块（B）　沿选定对象按指定间隔插入块。输入 B 后，命令行提示：

输入要插入的块名：（输入要插入的块名后，命令行提示）

是否对齐块和对象？［是（Y）/否（N）］<Y>：（键入“Y”则表示对齐块、键入“N”表示不对齐块。选择“Y”或“N”后，命令行提示）

指定线段长度：

指定线段长度后，将按照指定间隔插入块，并结束命令。

思考与练习题二

1. 如何绘制直线、构造线、射线、多段线？

2. 多段线与直线有哪些区别？

3. 画圆的方法有哪几种？

4. 如何画椭圆、椭圆弧？

5. 点的标记样式有几种？如何改变点的大小和形状？

6. 用 LIMITS 命令设置图纸幅面 210×297、297×420，用 ZOOM 命令中的“全部（A）”项在当前视口中缩放显示整个幅面，并存为 A4. dwt 和 A3. dwt。

7. 分别在 A4 图纸幅面内绘制图 2-46～图 2-49 所示的图形，不标注尺寸。

8. 用多段线命令在 A4 图纸幅面内绘制图 2-50 所示的图形，不标注尺寸。

图 2-46

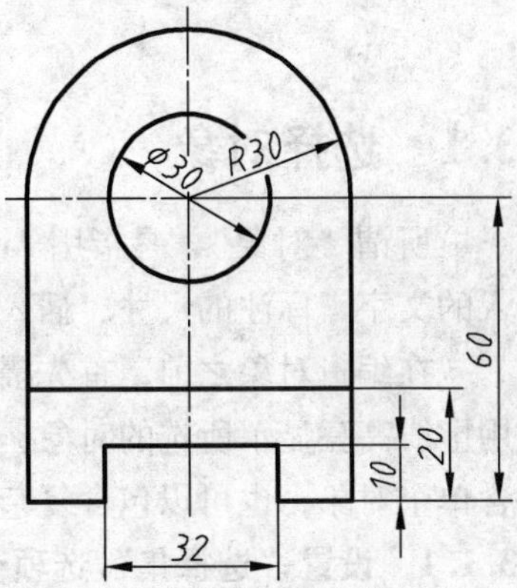

图 2-47

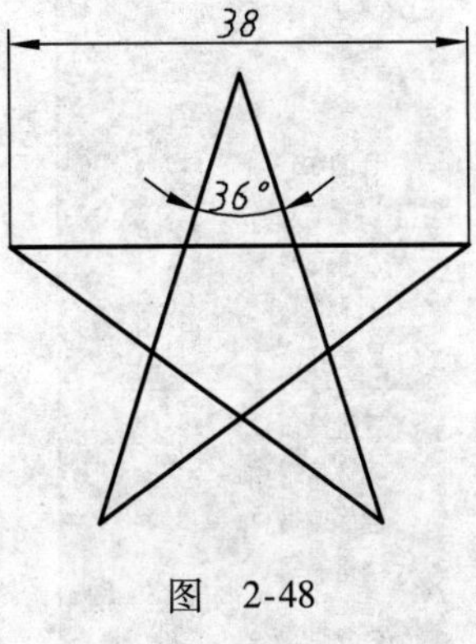

图 2-48

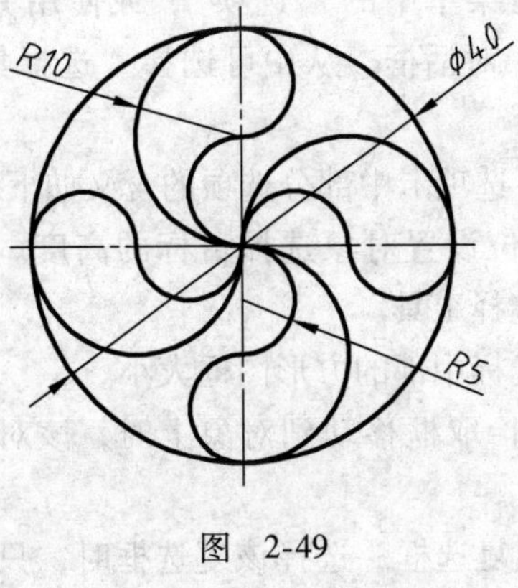

图 2-49

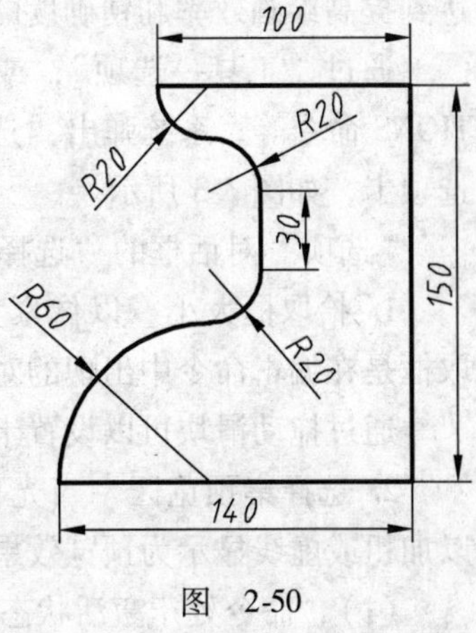

图 2-50

第3章　二维图形编辑命令

仅仅通过绘图功能一般不能形成最终所需的图形，在绘制一幅图形时编辑图形是不可缺少的过程。AutoCAD 具有强大的图形编辑（即图形修改）功能，可以帮助用户合理地构造与组织图形，保证作图准确性，减少重复的绘图操作等，从而提高绘图效率和图形质量。

在 AutoCAD 中，二维编辑命令是通过“修改”工具栏（图 3-1）、“修改”下拉菜单（图 3-2）或在命令行窗口直接键入命令的方式来调用的。

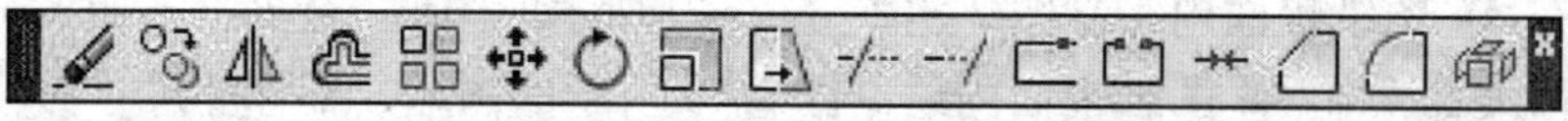

图 3-1　“修改”工具栏

3.1　选择对象

所谓“对象”，是指用 AutoCAD 命令在屏幕上绘制的图形、输入的文字、标注的尺寸、插入的图像等。

在编辑对象之前，首先需要对编辑的对象进行选择。AutoCAD 用虚线高亮显示所选的对象，这些对象构成选择集。选择集可以包含单个对象，也可以包含复杂的对象编组。

3.1.1　设置“选择集”选项卡

“选择集”选项卡，用于设定选择对象的选项。用户可以根据习惯对其拾取框、夹点显示以及选择视觉效果等方面进行设置，以达到提高绘画效率和精确度的目的。

通过“工具→选项”，或快捷菜单中的“选项”，或使用 OPTIONS 命令等，系统弹出“选项”对话框，从中可选择“选择集”选项卡，如图 3-3 所示。

“选项”对话框的“选择集”选项卡中部分选项的含义如下：

1. 拾取框大小　以像素为单位设置对象选择目标的高度。拾取框是在编辑命令中出现的对象选择工具。

通过拖动滑块可以设置十字光标中部的方形图框大小。

2. 选择集预览区　当光标的拾取框移动到对象上时，该对象以加粗或虚线显示为预览效果。

（1）“命令处于激活状态时”复选框　选择该复选框时，只有当某个命令处于激活状态，并在命令行显示“选择对象”提示时，将拾取框移动到对象上，该对象才会显示选择效果。

（2）“未激活任何命令时”复选框　该复选框的作用与上述复

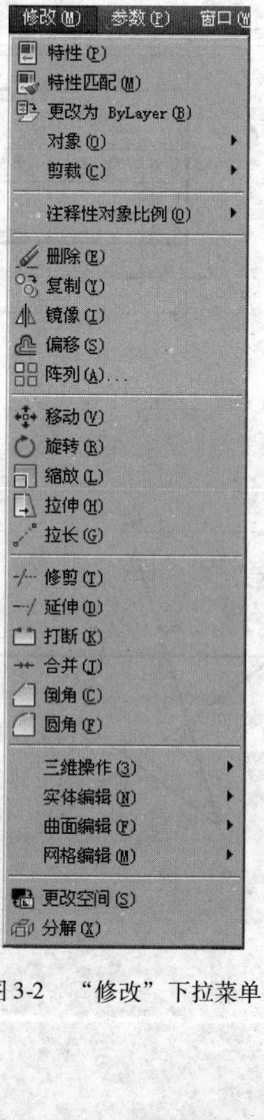

图 3-2　“修改”下拉菜单

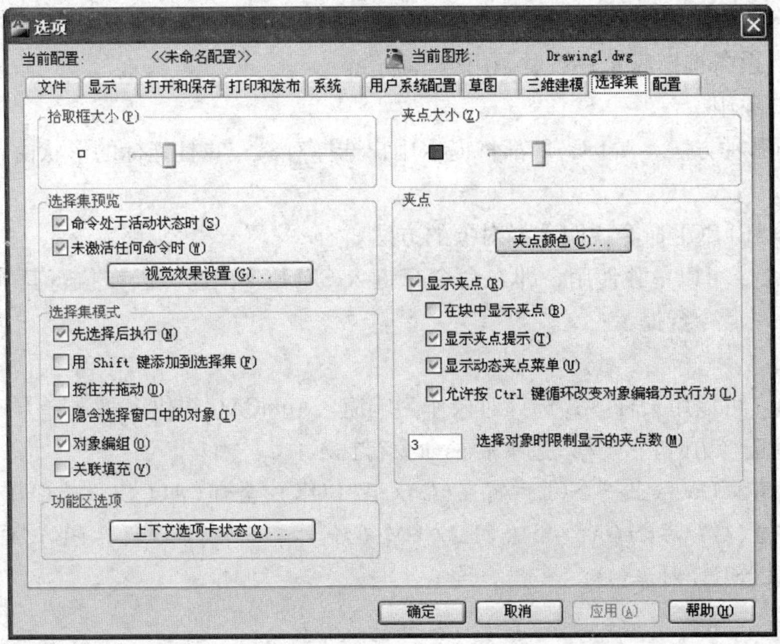

图 3-3 “选项”对话框中的“选择集”选项卡

选框相反，即选择该复选框时，只有没有任何命令处于激活状态时，才可以显示选择预览。

（3）“视觉效果设置”按钮　单击该按钮将显示“视觉效果设置”对话框。从中可设置选择集的视觉效果，如被选择对象的线型、线宽以及选择区颜色、透明度等。

3. “选择集模式”区　用于控制与对象选择方法相关的设置。

该选项用于定义选择集同命令之间的先后执行顺序、选择集的添加方式以及在定义与组或填充对象有关选择集时的各类详细设置。

4. 夹点大小　通过拖动滑块可以设置夹点的大小。在未激活命令时选择对象，这时在对象的特征点上显示一些小方块、矩形块、小三角等，便为夹点。利用夹点可以编辑对象等。有关夹点的内容详见 3.12。

5. “夹点”区　用来设置夹点的颜色以及显示方式等。

3.1.2 选择对象的方法

AutoCAD 提供两种方法编辑对象。

1）先执行编辑命令，然后选择要编辑的对象。

2）先选择要编辑的对象，然后执行编辑命令。

这两种方法的执行效果是相同的，但选择对象是进行编辑的前提。AutoCAD 提供了多种对象选择方法，还可以把选择的多个对象组成整体，如选择集和对象组，进行整体编辑与修改。

1. 构造选择集　选择集可以仅由一个图形对象构成，也可以是一个复杂的对象组，如位于某一特定图层上具有某种特定颜色的一组对象。选择集的构造可以在调用编辑命令前或之后。

AutoCAD 提供以下几种方法构造选择集：

- 先选择一个编辑命令，然后选择对象，用回车结束操作。

- 使用 SELECT 命令。
- 用定点设备选择对象，然后调用编辑命令。
- 定义对象组。

无论使用哪种方法，AutoCAD 都将提示用户选择对象，并且光标的形状由十字光标变为拾取框。

下面结合 SELECT 命令说明选择对象的方法。

SELECT 命令可以单独使用，即在命令行键入 SELECT，也可以在执行其他编辑命令时被调用。此时，命令行提示：

选择对象：

这时，用户可以用某种方式选择对象作为响应。AutoCAD 提供多种选择方式，可以键入“?”查看这些选择方式。选择该选项后，命令行提示：

需要点或窗口(W)/上一个(L)/窗交(C)/框(BOX)/全部(ALL)/栏选(F)/圈围(WP)/圈交(CP)/编组(G)/添加(A)/删除(R)/多个(M)/前一个(P)/放弃(U)/自动(AU)/单个(SI)/子对象(SU)/对象(O)

选择对象：

上面各选项含义如下：

(1) 需要点或窗口（W） 这是默认方式，可以通过直接点取方式或窗口的方式选择对象。

1）直接点取方式 移动拾取框到欲选择对象上，然后单击鼠标左键，就会选中该对象并高亮显示，这种方式一次只能选择一个对象，可连续地选择多个对象。该点的选定也可以使用键盘输入一个点的坐标值来实现。

2）窗口（W） 是以指定对角点的方式定义矩形窗口，凡完全位于该窗口内的对象均被选中（矩形窗口显示为实线框），如图 3-4 所示。这里应从左到右指定角点创建窗口选择，否则为创建窗交选择。

另外，还应注意以下两点：

- 以上为默认选择对象方式。如在“选择对象：”提示下，键入 W，则只能是完全处于矩形窗口内的对象被选中。
- 图 3-4 所示为在执行命令时，选中对象的显示方式。在未激活命令时选择对象，这时所选中的对象除亮显外，还会显示夹点，如图 3-5 所示。

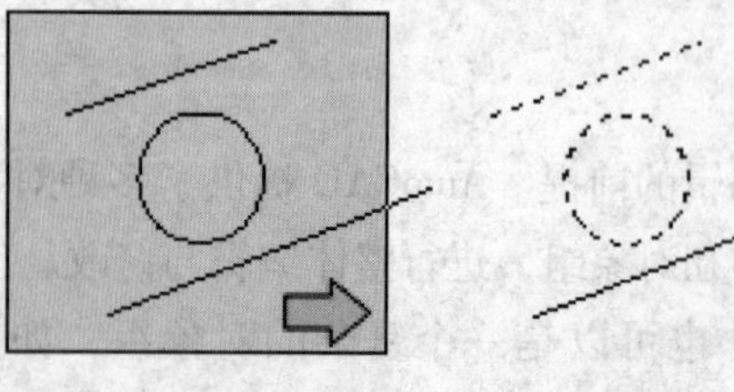

a) b)

图 3-4 “窗口”对象选择方式

a）右拉选择窗口 b）选择后的对象

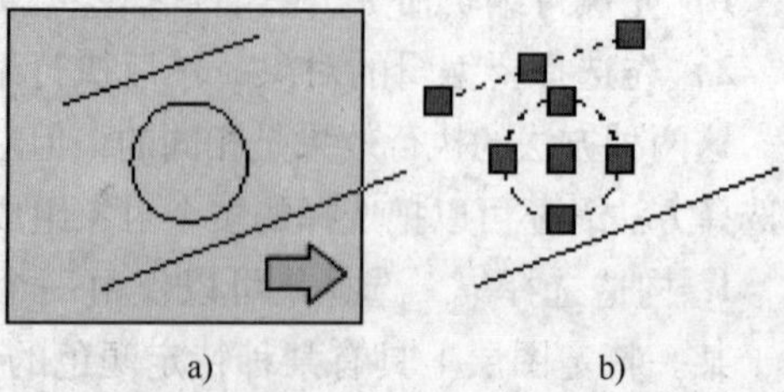

a) b)

图 3-5 未执行命令时“窗口”对象选择方式

a）右拉选择窗口 b）选择后的对象

(2) 上一个 (L) 用于选择最近一次创建的可见对象。

(3) 窗交 (C) 是以指定对角点的方式定义矩形窗口，凡完全处于该矩形窗口内及与窗口相交的对象均被选中（矩形窗口显示为虚线框），如图 3-6 所示。

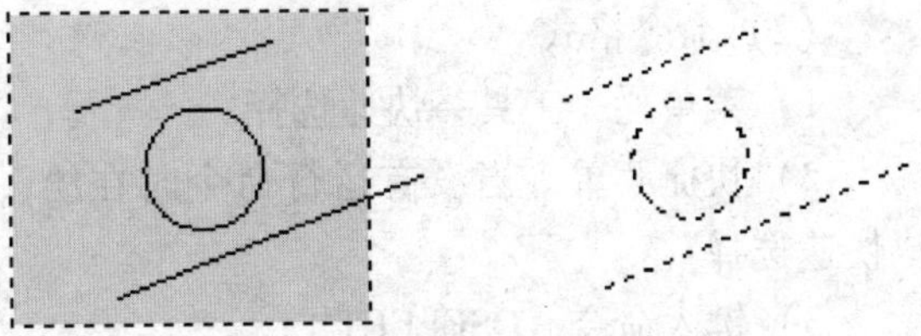

a) b)

图 3-6 “窗交”对象选择方式

a) 确定选择窗口 b) 选择后的对象

(4) 框 (BOX) 该方式可实现窗口和窗交两种方式的选择。如果矩形的对角点是从右至左指定的，则框选与窗交方式等效。否则，框选与窗选等效。

(5) 全部 (ALL) 选择模型空间或当前布局中除冻结图层或锁定图层上的对象之外的所有对象。

(6) 栏选 (F) 选择与选择栏相交的所有对象。栏选方法与圈交方法相似，只是栏选不闭合，并且栏选可以自交。

(7) 圈围 (WP) 选择多边形（通过待选对象周围的点定义）中的所有对象。该多边形可以为任意形状，但不能与自身相交或相切。

(8) 圈交 (CP) 选择多边形（通过在待选对象周围指定点来定义）内部或与之相交的所有对象。该多边形可以为任意形状，但不能与自身相交或相切。

(9) 编组 (G) 选择指定对象编组中的全部对象（对象编组命令 GROUP）。

(10) 添加 (A) 切换到添加模式，可以使用任何对象选择方法将选定对象添加到选择集。

(11) 删除 (R) 切换到删除模式，可以使用任何对象选择方法从当前选择集中删除对象。删除模式的替换模式是在选择单个对象时按下 Shift 键，或者是使用“自动”选项。

(12) 多个 (M) 在对象选择过程中单独选择对象。选中对象不立刻亮显，当回车确认选择对象结束后，所有被选取的对象同时亮显。

(13) 前一个 (P) 选择最近创建的选择集。

(14) 放弃 (U) 取消最后加入选择集的对象。

(15) 自动 (AU) 切换到自动选择。这是 AutoCAD 系统默认的选择方式，其功能包括直接指点方式、窗口方式和窗交方式。

(16) 单个 (SI) 切换到单选模式。只选择一次即结束选择对象。

(17) 子对象 (SU) 使用户可以逐个选择原始形状，这些形状是复合实体的一部分或三维实体上的顶点、边和面。可以选择这些子对象的其中之一，也可以创建多个子对象的选择集。选择集可以包含多种类型的子对象。该方式在三维建模时使用。

(18) 对象 (O) 结束选择子对象的功能，使用户可以使用对象选择方法。

另外，还有一种循环选择方式：

当几个对象交叉重叠在一起时，要从中选择一个对象十分困难，此时可用选择循环方式进行选择。其方法是：通过单击状态栏上的选择循环按钮 SC，启用“选择循环”功能，并将光标移到重叠对象处，单击鼠标左键，这时会弹出一“选择集”面板，显示重叠对象名称及所选中的对象等。可通过连续单击鼠标左键循环选择对象。

2. 快速选择对象 有时需要选择某些具有共同属性的对象来构造选择集，如选择具有相同颜色、线型或线宽的对象。除可以使用前面介绍的方法选择这些对象外，AutoCAD 还提供了 QSELECT 命令选择对象，现介绍如下：

（1）功能　根据设置的对象类型和特性作为过滤条件来选择对象。

（2）命令格式

1）菜单栏　工具→快速选择

2）快捷菜单　当没有运行命令时在绘图区单击鼠标右键，从弹出的快捷菜单中选择“快速选择”。

3）键入命令　QSELECT↓

执行上述命令后，系统弹出“快速选择”对话框，如图 3-7 所示。

（3）对话框说明

1）“应用到”下拉列表框　显示和确定过滤条件的适用范围。默认范围是“整个图形”，表示过滤条件将应用到整个图形文件。也可单击该列表框右边的“选择对象”按钮 ，根据当前所指定的过滤条件来选择对象，构造一新的选择集。此时，应用的图形范围便被当前选择集所代替。

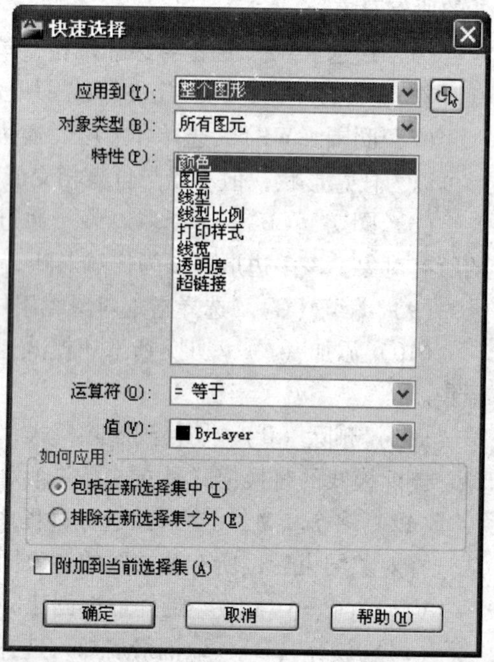

图 3-7　“快速选择”对话框

2）“对象类型”下拉列表框　用于指定要过滤的对象类型。默认的类型是“所有图元”。当没有选择对象时，类型下拉列表框中包含所绘制图形中的所有对象类型；如果已有一个选择集，则包含所选对象的类型。

3）“特性”列表框　用于指定作为过滤条件的对象特性。列出的特性是相应于上面所选对象类型所拥有的特性，即选择不同的对象类型，特性列表内容不同。

4）“运算符”下拉列表框　用于控制过滤的范围。包含有“ = 等于”、“ < > 不等于”、“ > 大于”、“ < 小于”、“全部选择”等。其中，“ > 大于”、“ < 小于”选项对某些对象是不可用的。

5）“值”下拉列表框　用于输入过滤的特性值。

6）“如何应用”区　在该区的两个选项中，“包括在新选择集中”单选框，由满足条件的对象构成选择集；“排除在新选择集之外”单选项，则由不满足过滤条件的对象构成选择集。

7）“附加到当前选择集”复选框　用于确定将所创建的选择集是添加到当前选择集中，还是替代当前选择集。

8）单击“确定”按钮，关闭对话框。屏幕上与指定过滤条件相匹配的对象被自动选中，以虚线显示。

3.2 删除、删除恢复、放弃和重做命令

1. 删除命令

（1）功能　删除当前选择的对象。

（2）命令格式

1）工具栏　修改→按钮

2）菜单栏　修改→删除

3）快捷菜单　选择要删除的对象，在绘图区域中单击鼠标右键，然后选择“删除”。

4）键入命令　ERASE↓

执行上述命令后，命令行提示：

选择对象：（选择编辑对象）

……

选择对象：↓（结束选择编辑对象，同时所选对象从图形中删除）

2. 删除恢复命令

（1）功能　用于恢复最后一次删除的对象。

（2）命令格式　键入命令：OOPS↓

执行上述命令后，便恢复最后一次删除的对象。

3. 放弃和多重放弃命令

（1）功能　取消上一次操作。可重复使用，依次向前取消完成的命令操作。

（2）命令格式

1）工具栏　标准→按钮

2）菜单栏　编辑→放弃

3）快捷菜单　无命令运行和无对象选定的情况下，在绘图区域单击鼠标右键，然后选择“放弃”。

4）快捷键　CTRL + Z

5）键入命令　U↓（或 UNDO）

执行上述命令后，便取消了上一次操作。如果单击该工具栏按钮右侧下拉箭头，还可以选择放弃的步骤。

4. 重做命令

（1）功能　恢复上一个用 UNDO 或 U 命令放弃的效果。该命令必须紧跟在 U 或 UNDO 命令之后。

（2）命令格式

1）工具栏　标准→按钮

2）菜单栏　编辑→重做

3）快捷菜单　无命令运行和无对象选定的情况下，在绘图区域单击鼠标右键，然后选择“重做”。

4）键入命令　REDO↓

执行上述命令后，便达到了重做的目的。如果单击该工具栏按钮右侧下拉箭头，还可以选择重做的步骤。

3.3 复制、镜像和偏移对象

1. 复制对象

（1）功能　对选择的对象作一次或多次复制。

（2）命令格式

1）工具栏　修改→按钮

2）菜单栏　修改→复制

3）快捷菜单　选择要复制的对象，在绘图区域中单击鼠标右键，然后选择“复制选择”。

4）键入命令　COPY↓

执行上述命令后，命令行提示：

选择对象：（选择编辑对象）

……

选择对象：↓

当前设置：复制模式 = 单个

指定基点或［位移（D）/模式（O）/多个（M）］<位移>：（输入选项）

（此选项仅在将复制模式设置成“单个”时才显示）

（3）选项说明

1）指定基点　用指定的两点定义一个矢量，表示复制的对象移动的距离和方向。指定一点后，命令行提示：

指定第二个点或<使用第一个点作为位移>：

如果指定一点，这时系统用指定两点定义的矢量复制对象。

如果在“指定第二个点或<使用第一个点作为位移>：”提示下，则第一个点将被认为是相对 X、Y 的位移。例如，如果指定基点为 20、30，并在下一个提示下回车，则所选对象将被复制到距其当前位置沿 X 方向 20 个单位，Y 方向 30 个单位的位置。

默认情况下，COPY 命令将自动重复。要退出该命令，请回车。

2）位移（D）　用输入的坐标值指定相对距离和方向。选择此选项后，命令行提示：

指定位移<当前值>：（输入一点，系统将该点的坐标值作为相对 X、Y 的位移，复制所选的对象，并结束命令）

3）模式（O）　控制是否自动重复该命令。该设置由 COPYMODE 系统变量控制。当键入 O 后，命令行提示：

输入复制模式选项［单个（S）/多个（M）］<当前值>：（输入 S 或 M，选择复制模式）

4）多个（M）　替代“单个”模式设置。在命令执行期间，将 COPY 命令设置为自动重复。此选项仅在将复制模式设置成“单个”时才显示。当键入 M 后，命令行提示：

指定基点或［位移（D）/模式（O）］<位移>：（指定一点，命令行提示）

指定第二个点或<使用第一个点作为位移>:(指定一点，命令行提示)

指定第二个点或［退出（E)/放弃（U)］<退出>:(指定一点，命令行提示)

……

指定第二个点或［退出（E)/放弃（U)］<退出>:

可重复复制操作，或回车结束命令。

例 绘制如图 3-8b 所示的图形。

分析 首先作出带有圆角的矩形及一个小圆等，如图 3-8a 所示（过程略)。然后，用复制命令作出相同直径的另外三个小圆，如图 3-8b 所示。复制图形过程如下:

命令: COPY↓

选择对象:(拾取圆和中心线)

选择对象: ↓

当前设置: 复制模式 = 多个

指定基点或［位移（D)/模式（O)］<位移>:(指定圆心为基点，即 O 点)

指定第二个点或<使用第一个点作为位移>:(将光标放在矩形的另一圆弧附近，待捕捉圆心符号出现时，便拾取，即圆心 A 点)

指定第二个点或［退出（E)/放弃（U)］<退出>:(方法同上，拾取圆心 B 点)

指定第二个点或［退出（E)/放弃（U)］<退出>:(方法同上，拾取圆心 C 点)

指定第二个点或［退出（E)/放弃（U)］<退出>: ↓

结果如图 3-8b 所示。

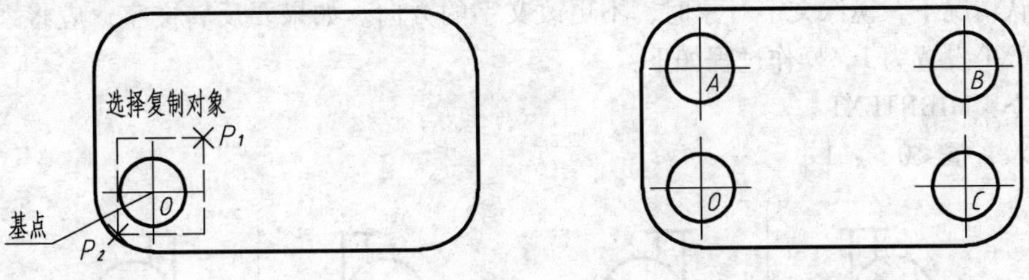

a)　　b)

图 3-8　复制对象

a）复制前　b）复制后

2. 镜像对象

（1）功能　将选定的对象作镜像复制，即绘制出关于某条直线完全对称的对象。因此，对于呈对称关系的图形，如果绘制了这些图例的一半，就可以利用镜像命令得到另一半。

（2）命令格式

1）工具栏　修改→ 按钮

2）菜单栏　修改→镜像

3）键入命令　MIRROR↓

执行上述命令后，命令行提示:

选择对象:(选择编辑对象)

……

选择对象：↓

指定镜像线的第一点：(指定一点)

指定镜像线的第二点：(指定一点)

要删除源对象吗？［是 (Y)/否 (N)］ <N>：(键入 Y，则删除原拾取的对象；键入 N，则不删除源对象，该选项为默认选项)

图 3-9 所示为以 AB 为镜像线，保留源对象的镜像示例。

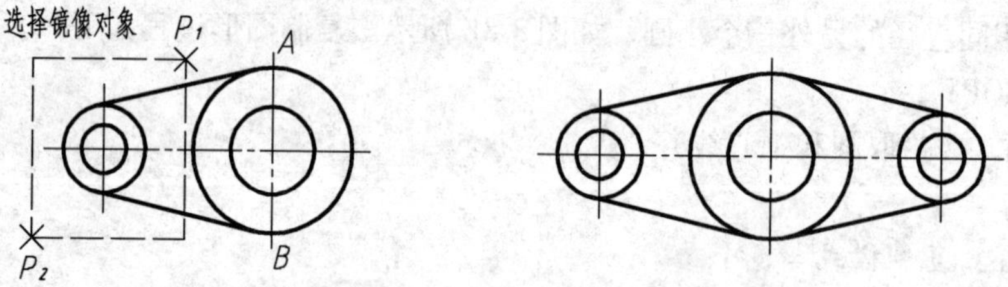

a)　　b)

图 3-9　镜像对象

a）镜像前　b）镜像后

文字的镜像分为两种状态：完全镜像和可识读镜像。

当系统变量 MIRRTEXT 的值为 1 时，文字作完全镜像，方向反转，不可识读（图 3-10a）。

当系统变量 MIRRTEXT 的值为 0 时，文本作可识读镜像，不改变文字的方向（图 3-10b）。

默认情况下，镜像文字对象时，不更改文字的方向。如果要反转文字，应将系统变量 MIRRTEXT 设置为 1。操作过程如下：

命令：MIRRTEXT↓

输入新值 <0>：1↓

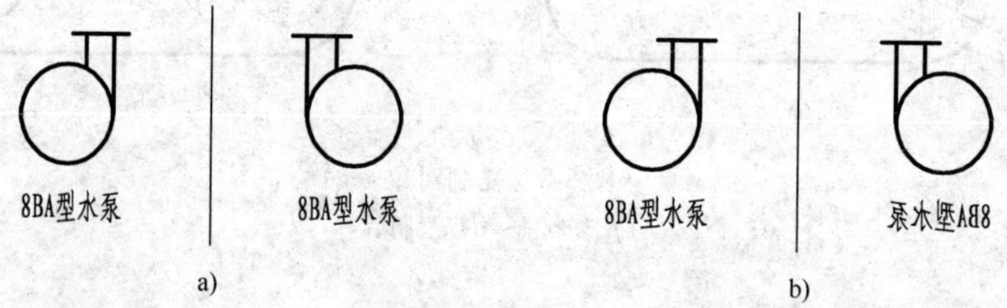

a)　　b)

图 3-10　文字镜像

a）MIRRTEXT = 1　b）MIRRTEXT = 0

3. 偏移对象

（1）功能　创建同心圆、平行线或等距曲线。可以偏移复制直线、圆弧、圆、二维多段线等。

（2）命令格式

1）工具栏　修改→按钮

2）菜单栏　修改→偏移

3）键入命令　OFFSET↓

执行上述命令后，命令行提示：

当前设置：删除源 = 当前值　图层 = 当前值　OFFSETGAPTYPE = 当前值

指定偏移距离或［通过（T）/删除（E）/图层（L）］<当前值>：（输入选项）

（3）选项说明

1）指定偏移距离　在距现有对象指定的距离处创建对象。该选择为默认选项。当指定偏移距离后，命令行提示：

选择要偏移的对象，或［退出（E）/放弃（U）］<退出>：

① 当选择要偏移的对象后，命令行提示：

指定要偏移的那一侧上的点，或［退出（E）/多个（M）/放弃（U）］<退出>：（指定对象上要偏移的那一侧上的点，则完成了对所选对象的偏移。命令行继续提示）

选择要偏移的对象，或［退出（E）/放弃（U）］<退出>：

……

可重复偏移操作，或回车结束命令

② 退出（E）　退出偏移命令。

③ 多个（M）　使用当前偏移距离依次把偏移出的实体作为要偏移的源对象进行偏移。

④ 放弃（U）　放弃上一次偏移操作。

2）通过（T）　将偏移对象，通过指定点偏移，也可进行多次偏移。

3）删除（E）提示在偏移后是否删除源对象。

4）图层（L）　确定将偏移对象偏移在当前图层上还是源对象所在的图层上。键入 L 后系统提示：

输入偏移对象的图层选项［当前（C）/源（S）］<当前值>：

① 当前（C）　将偏移对象偏移在当前图层上。

② 源（S）　将偏移对象偏移在源对象所在的图层上。

图 3-11 所示为偏移距离是 5，按指定的偏移方向分别偏移直线、多段线、圆、圆弧和矩形；图 3-12 所示为通过指定点偏移圆弧。

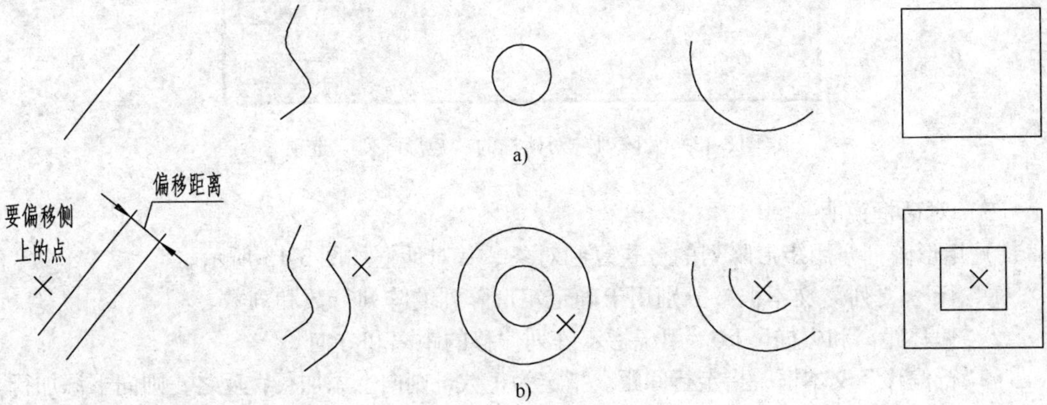

图 3-11　按指定的偏移距离和偏移方向偏移对象

a）被偏移对象　b）偏移过程

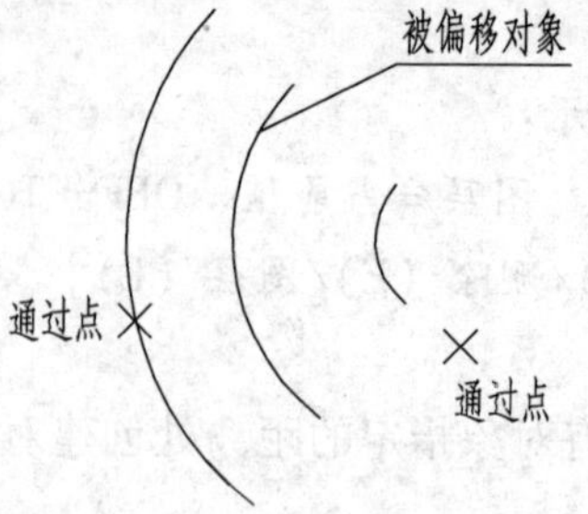

图 3-12　通过指定点偏移圆弧

3.4　阵列、移动和旋转对象

1. 阵列对象

（1）功能　将选定的对象按指定方式（矩形或环形）作多重复制。

（2）命令格式

1）工具栏　修改→ 按钮

2）菜单栏　修改→阵列

3）键入命令　ARRAY↓

执行上述命令后，系统弹出“阵列”对话框（图 3-13）。在该对话框中，有矩形阵列和环形阵列两个单选框。

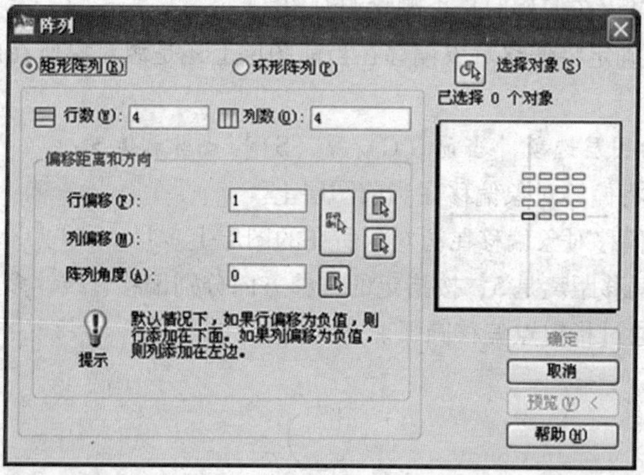

图 3-13　“阵列”对话框的“矩形阵列”选项

（3）对话框说明

1）矩形阵列　用矩形阵列的方式复制对象。其对话框如图 3-13 所示。

①“行”、“列”文本框　分别用于确定矩形阵列的阵列行数和列数。

②“偏移距离和方向”区　用于指定阵列偏移的距离和方向。

- “行偏移”文本框　指定行间距。指定为正数，则向上添加行；反之，则向下添加行。
- “列偏移”文本框　指定列间距。指定为正数，则向右添加列；反之，则向左添加列。
- “拾取两个偏移”按钮 　单击该按钮将临时关闭“阵列”对话框，这样可以使用定点设备指定矩形的两个对角点，从而设置行间距和列间距。ΔX 为列间距，ΔY 为行间距。

- “拾取行偏移”按钮 单击该按钮将临时关闭“阵列”对话框，这样可以使用定点设备来指定行间距。系统提示用户指定两个点，并使用这两个点之间的距离和方向来指定“行偏移”中的值。
- “拾取列偏移”按钮 单击该按钮将临时关闭“阵列”对话框，从而可以使用定点设备来指定列间距。系统提示用户指定两个点，并使用这两个点之间的距离和方向来指定“列偏移”中的值。
- “阵列角度”文本框 指定旋转角度。
- “拾取阵列的角度”按钮 单击该按钮将临时关闭“阵列”对话框，这样可以输入值或使用定点设备指定两个点，从而指定旋转角度。

③“选择对象”按钮 单击该按钮，返回到绘图状态，可选择阵列对象。

④“预览”按钮 单击此按钮会弹出一对话框，若对阵列效果满意选“接受”，若需改动按“修改”。

⑤“确定”、“取消”按钮 “确定”用于按指定设置阵列对象，“取消”用于取消当前的操作。

工程图中常有一些图形呈矩形阵列排列，只要绘制其中一个单元，然后按阵列之间的几何关系，就可以轻松地创建阵列对象。

图 3-14 所示为一建筑物的立面示意图，已经绘制了一个窗户的图形（图 3-14a），现在需要将其他的窗户图形阵列出来（图 3-14b）。

具体做法是：

① 在“阵列”对话框的“矩形阵列”选项中，分别设置参数。根据结构要求，这里将“行数”设置为 4（注意，阵列的总数包括原始对象），“列数”设置为 3，“行偏移”设置为层高 3000，“列偏移”设置为开间 3500，“阵列角度”设置为 0。

② 单击“选择对象”按钮，选择要阵列的对象（这一步可在设置参数前或后进行）。这时，系统切换到绘图界面，将窗户的图形选择出来（图 3-14a）。

③ 单击“预览”按钮，图形窗口显示当前参数下的阵列效果，单击“接受”按钮，完成矩形阵列。阵列结果如图 3-14b 所示。

2）环形阵列 通过围绕指定的中心点复制选定对象。其对话框如图 3-15 所示。

a) b)

图 3-14 矩形阵列

a）原图 b）矩形阵列结果

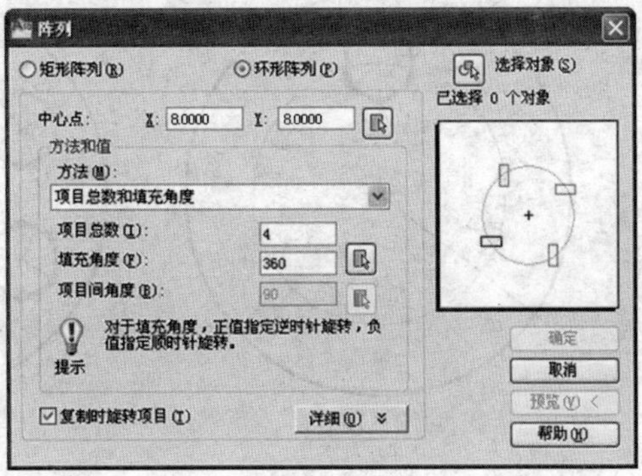

图 3-15 “阵列”对话框的“环形阵列”选项

①“中心点”文本框　用于确定环形阵列的中心位置。可以直接输入坐标值，也可以单击右侧按钮，返回到绘图窗口，从屏幕上拾取。

②“方法和值”区　用于确定环形阵列的方式和参数。

- “方法”下拉列表框　用于确定环形阵列的方式和值。单击右侧的下拉箭头，在弹出的下拉列表框中，选择环形阵列的方式。其包括“项目总数和填充角度”、“项目总数和项目间的角度”和“填充角度和项目间的角度”3 种。选择的方式不同，设置的值也不同。可以直接在对应的文本框中输入值，也可通过单击相应的按钮，在绘图窗口中指定。
- “项目总数”文本框　用于设置在环形阵列中显示的对象数目。其中包括源对象，默认值为 4。
- “填充角度”文本框　用于设置环形阵列所对应的圆心角度数。默认值为 360°。
- “拾取要填充的角度”按钮　单击该按钮将临时关闭“阵列”对话框，从而可以定义环形阵列所对应的圆心角度数。
- “项目间角度”文本框　设定环形阵列中相邻对象所对应的圆心角度数。此值只能为正，默认值为 90°。
- “拾取项目间角度”按钮　单击该按钮将临时关闭“阵列”对话框，从而可以定义环形阵列中相邻对象所对应的圆心角度数。

③“复制时旋转项目”复选框　用于设定环形阵列中的对象是否旋转，其效果如图 3-16 所示。

④ 详细/简略　选择“详细”时，将显示对象的基点信息，此按钮名称变为“简略”。

所谓对象基点，是相对于选定对象指定新的参照（基准）点。对对象指定阵列操作时，这些选定对象将与阵列中心点保持不变的距离。要创建环形阵列，ARRAY 将确定从阵列中心到最后选定对象上的参照点（基点）之间的距离。所使用的点取决于对象类型。对于圆弧、圆、椭圆，其默认基点为圆心；对于多边形、矩形，其默认基点为第一个角点；对于圆环、直线、多段线、三维多段线、射线、样条曲线，其默认基点为起点。

当创建环形阵列而且不旋转对象时，为达到预期效果，可指定基点，如图 3-16c 所示。

其他选项同矩形阵列，不再赘述。

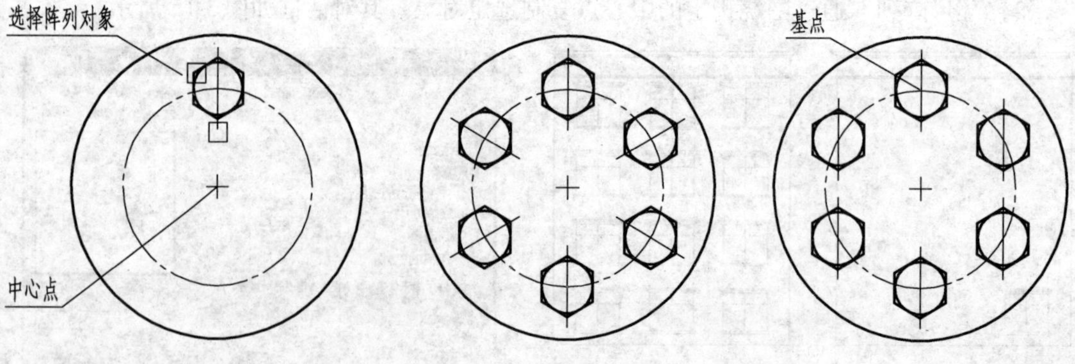

a)　　b)　　c)

图 3-16　环形阵列

a）选择对象与指定中心点　b）旋转阵列对象　c）不旋转阵列对象

2. 移动对象

（1）功能　将选定的对象从当前位置平移到一个新的位置。

（2）命令格式

1）工具栏　修改→按钮

2）菜单栏　修改→移动

3）快捷菜单　选择要移动的对象，在绘图区域中单击鼠标右键，然后选择“移动”。

4）键入命令　MOVE↓

执行上述命令后，命令行提示：

选择对象：（选择编辑对象）

……

选择对象：↓

指定基点或［位移（D）］<位移>：（输入选项）

（3）选项说明

1）指定基点　用指定的两点定义一个矢量，表示所选对象要移动的距离和方向。指定一点后，命令行提示：

指定第二个点或<使用第一个点作为位移>：

如果指定一点，这时系统用指定两点定义的矢量移动对象，并结束命令。

如果在“指定第二个点或<使用第一个点作为位移>：”提示下回车，则第一个点将被认为是相对 X、Y 的位移。例如，如果指定基点为 30、20，并在下一个提示下回车，则所选对象将被移动到距其当前位置沿 X 方向 30 个单位，Y 方向 20 个单位的位置。

2）位移（D）　用输入的坐标值指定相对距离和方向。选择该选项后，命令行提示：

指定位移<当前值>：（输入一点，系统将该点的坐标值作为相对 X、Y 的位移，移动所选的对象，并结束命令）

图 3-17 所示为移动对象示例。

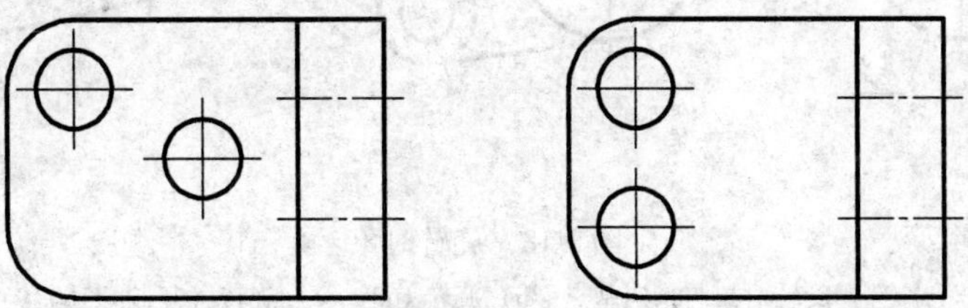

a)　　b)

图 3-17　移动对象

a）移动前　b）移动后

3. 旋转对象

（1）功能　将选定的对象绕指定点旋转一定的角度。

（2）命令格式

1）工具栏　修改→按钮

2）菜单栏　修改→旋转

3）快捷菜单　选择要旋转的对象，在绘图区域中单击鼠标右键，然后选择“旋转”。

4）键入命令　ROTATE↓

执行上述命令后，命令行提示：

UCS 当前的正角方向：ANGDIR = 当前值　ANGBASE = 当前值

选择对象：(选择编辑对象)

……

选择对象：↓

指定基点：(确定基点位置，命令行提示)

指定旋转角度，或［复制（C)/参照（R)］＜当前值＞：(输入选项)

（3）选项说明

1）指定旋转角度　此项为默认选项，所选对象按指定角度值进行旋转并结束命令。

2）复制（C）　旋转所选对象，源对象保留。

3）参照（R）　将所选对象绕指定点，由参照角旋转到新的指定角度。输入 R 后，命令行提示：

指定参照角＜当前值＞：(可输入一参照角度值，也可输入一点。若输入一点，命令行提示)

指定第二点：(再输入一点，这时系统以这两点与 X 轴正方向之间的夹角为参照角，命令行提示)

指定新角度或［点（P)］＜当前值＞：(可直接输入新角度值或通过拾取点方法输入新角度，结束命令)

图 3-18 所示为一图形对象绕 O 点旋转 160°的情形。

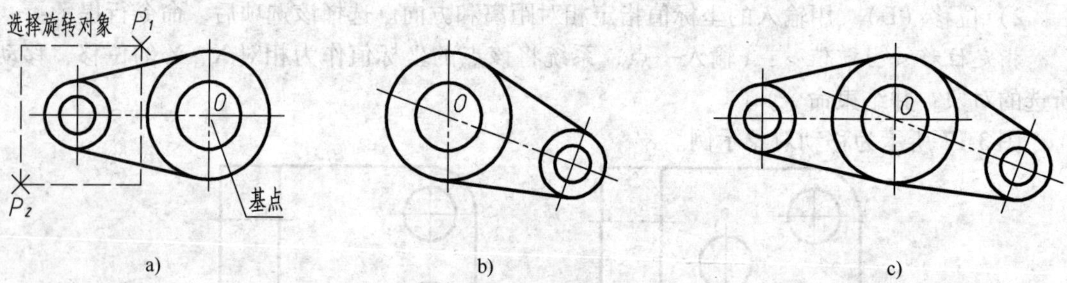

图 3-18　旋转对象

a）选择旋转对象与指定基点　b）旋转 160°　c）旋转（复制）160°

例　将图 3-19a 所示的矩形旋转一定角度，使之成为图 3-19b 所示的图形，操作过程如下：

命令：ROTATE↓

UCS 当前的正角方向：ANGDIR = 逆时针　ANGBASE = 0

选择对象：(选择矩形)

选择对象：↓

指定基点：(拾取 A 点)

指定旋转角度，或［复制（C)/参照（R)］＜0＞：R↓

指定参照角＜0＞：(拾取 A 点)

指定第二点：(拾取 B 点)

指定新角度或［点（P)］<0>：(拾取 C 点)

结果如图 3-19b 所示。

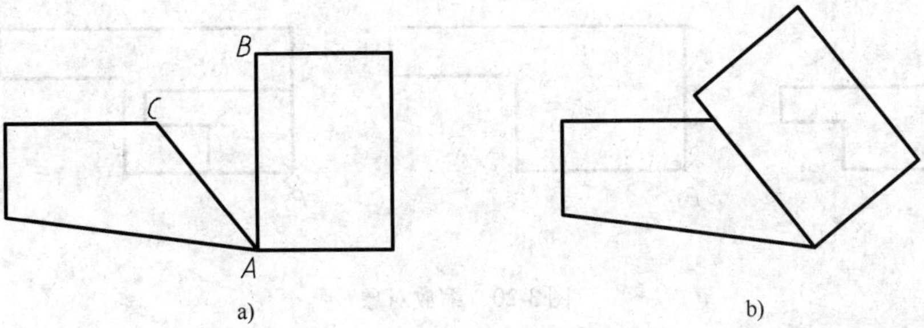

图 3-19 用参照方式旋转对象

a）原图 b）旋转结果

3.5 缩放和拉伸对象

1. 缩放对象

(1）功能 按比例放大或缩小选定的对象，并且缩放后对象的比例保持不变。

(2）命令格式

1）工具栏 修改→ 按钮

2）菜单栏 修改→缩放

3）快捷菜单 选择要缩放的对象，在绘图区域中单击鼠标右键，然后选择“缩放”。

4）键入命令 SCALE↓

执行上述命令后，命令行提示：

选择对象：(选择编辑对象)

……

选择对象：↓

指定基点：(指定缩放基点)

指定比例因子或［复制（C)/参照（R)］<当前值>：(输入选项)

(3）选项说明

1）指定比例因子 该选项为默认项，输入比例因子并确定后，所选对象按其数值缩放，结束命令。比例因子必须大于零，大于 1 表示放大，小于 1 表示缩小。按参照长度与指定的新长度的变化量，缩放所选对象。

2）复制（C） 缩放选定对象，源对象保留。

3）参照（R） 按参照长度与指定的新长度的变化量，缩放所选对象。输入 R 后，命令行提示：

指定参照长度<当前值>：（可直接输入参照长度值或用指定两点的方法输入参照长度，命令行提示）

指定新的长度或［点（P)］<当前值>：(可直接输入新的长度值或用指定点的方法输

入新的长度）

此时，系统以指定参照长度与指定新长度的比值作为比例因子，对所选对象进行缩放。图 3-20 所示为以 P_1 为基点将多边形放大 1 倍（比例因子为 2）的情形。

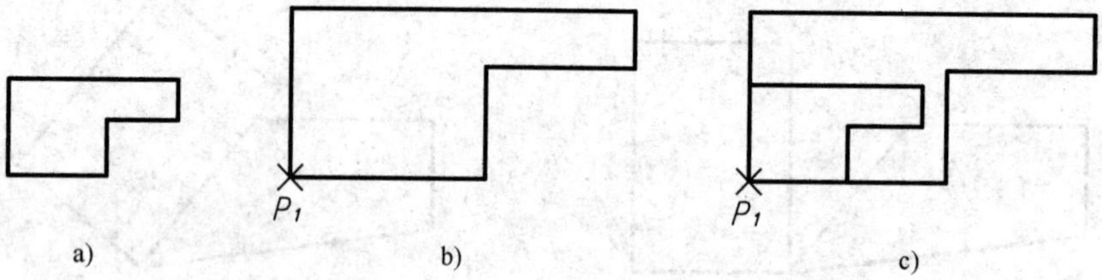

图 3-20　缩放对象

a）原图　b）放大 1 倍　c）放大（复制）1 倍

利用缩放对象命令可使某些图形的画法变得简单一些。如图 3-21 所示，画退刀槽的局部放大图，可把退刀槽部分复制下来，再利用缩放、画样条曲线、修剪等命令完成局部放大图。

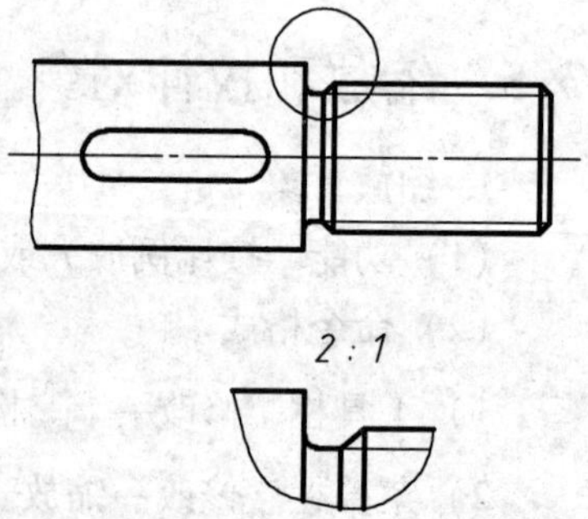

图 3-21　缩放对象命令应用实例

例　用参照方式将图 3-22a 所示的右侧小正方形放大到与左侧的正方形大小相等（图 3-22b）。

操作过程如下：

命令：SCALE↓

选择对象：（选择小正方形）

选择对象：↓

指定基点：（拾取 A 点）

指定比例因子或［复制（C）/参照（R）］<当前值：R↓

指定参照长度<1.0000>：（拾取 A 点）

指定第二点：（拾取 B 点）

指定新的长度或［点（P）］<1.0000>：P↓

指定第一点：（拾取 C 点）

指定第二点：（拾取 D 点）

结束命令，结果如图 3-22b 所示。

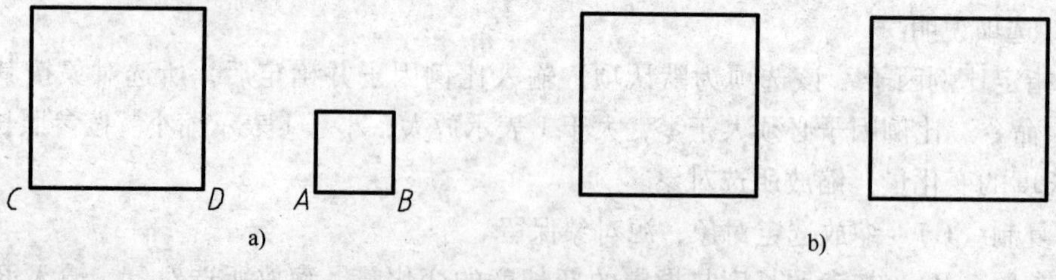

图 3-22　用参照方式缩放对象

a）原图　b）放大结果

2. 拉伸对象

（1）功能　拉伸由交叉窗口或交叉多边形包围的对象（图 3-23）。并可移动（而不是拉伸）完全包含在交叉窗口或交叉多边形中的对象或单独选定的对象。有些对象如圆、椭圆、块和文字无法拉伸。

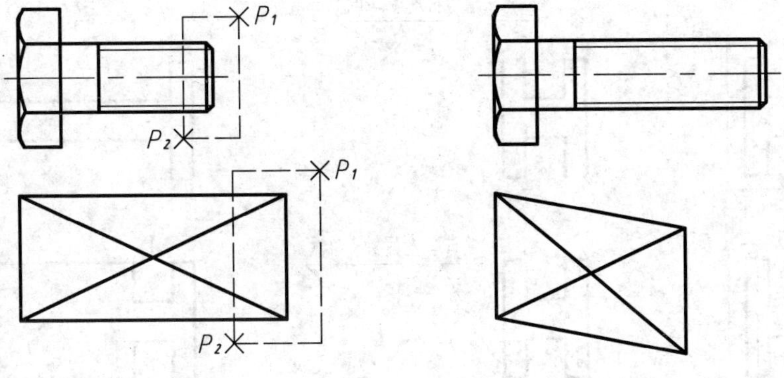

a) b)

图 3-23　拉伸对象

a）拉伸前　b）拉伸后

（2）命令格式

1）工具栏　修改→按钮

2）菜单栏　修改→拉伸

3）键入命令　STRETCH↓

执行上述命令后，命令行提示：

以交叉窗口或交叉多边形选择要拉伸的对象…

选择对象：（选择编辑对象）

……

选择对象：↓

指定基点或［位移（D）］＜位移＞：（输入选项）

（3）选项说明

1）指定基点　用指定的两点定义一个矢量，表示所选对象要拉伸的距离和方向。指定一点后，命令行提示：

指定第二个点或＜使用第一个点作为位移＞：

如果指定一点，这时系统用指定两点定义的矢量拉伸对象，并结束命令。

如果在“指定第二个点或＜使用第一个点作为位移＞：”提示下回车，则第一个点将被认为是相对 X、Y 的位移。

2）位移（D）　用输入的坐标值指定相对距离和方向。当选择该选项后，命令行提示：

指定位移＜当前值＞：（输入一点，系统将该点的坐标值作为相对 X、Y 的位移，拉伸所选的对象，并结束命令）

拉伸命令必须使用交叉窗口（窗交 C）或交叉多边形（圈交 CP）选择方法来选择要拉伸的对象，AutoCAD 移动选择窗口内的顶点和端点，而窗口外的顶点和端点保持不变（图 3-24）。同时，该命令将移动而非拉伸用直接点取方式选择的对象和通过交叉窗口或交叉多边形选择的封闭的曲线图形以及完全位于交叉窗口或交叉多边形内的对象。

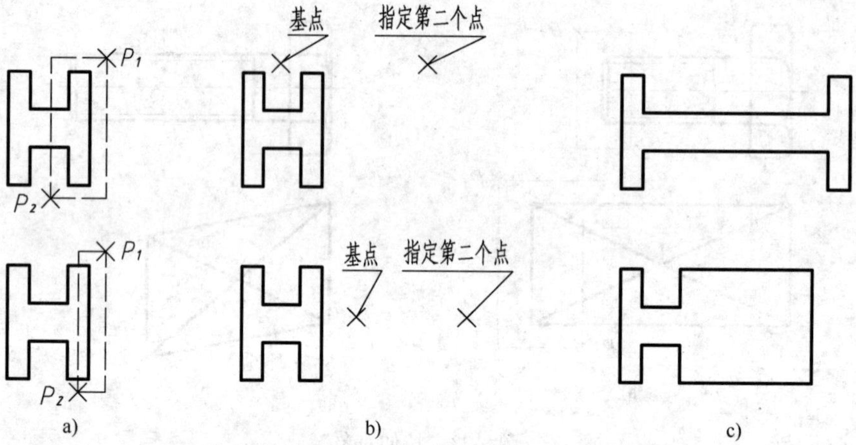

图 3-24　拉伸对象

a）选择拉伸对象　b）指定基点和位移　c）拉伸结果

3.6　拉长、修剪和延伸对象

1. 拉长对象

（1）功能　用于改变所选对象的长度以及圆弧的圆心角。它可用来拉长或缩短直线、多段线、椭圆弧和圆弧，对样条曲线只能缩短。拉长命令对闭合的对象（如圆、多段线矩形、多段线多边形）只起测量作用，不能改变其长度。

（2）命令格式

1）菜单栏　修改→拉长

2）键入命令　LENGTHEN↓

执行上述命令后，命令行提示：

选择对象或［增量（DE）/百分数（P）/全部（T）/动态（DY）］:（输入选项）

（3）选项说明

1）选择对象　这是默认选项，起测量作用。当选择了一个对象后，显示其当前长度值，对于圆弧，还显示其包含的圆心角，并再次回到原提示。

2）增量（DE）　以指定的长度增量或角度增量，增加或减小选中对象的长度或角度。该增量从距离选择点最近的端点处开始测量。正值拉长对象，负值缩短对象。选择该选项后，命令行提示：

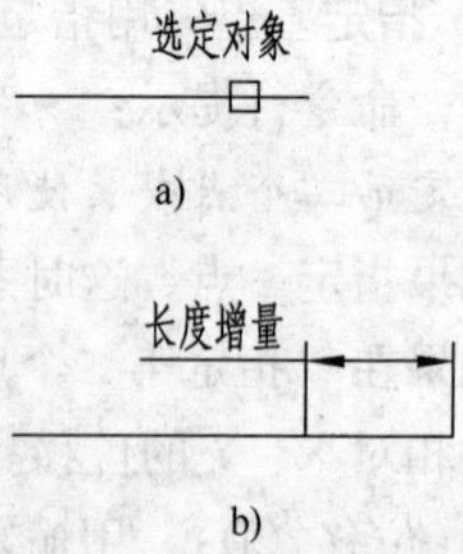

图 3-25　用指定长度增量拉长直线

a）选择拉长对象　b）拉长结果

输入长度增量或［角度（A）］＜当前值＞:

① 输入长度增量　该选项表示用给定的增量修改对象的长度（图 3-25）。输入长度增量后，命令行提示：

选择要修改的对象或［放弃（U）］:（选择一个对象或键入 U）

选择要修改的对象或［放弃（U）］：

……

提示将一直重复，直到回车结束命令。

② 角度（A） 该选项表示用给定的角度增量来改变弧长（图3-26）。选择该选项后，命令行提示：

输入角度增量<当前值>：（输入角度增量后，命令行提示）

选择要修改的对象或［放弃（U）］：（选择一个对象或输入U）

……

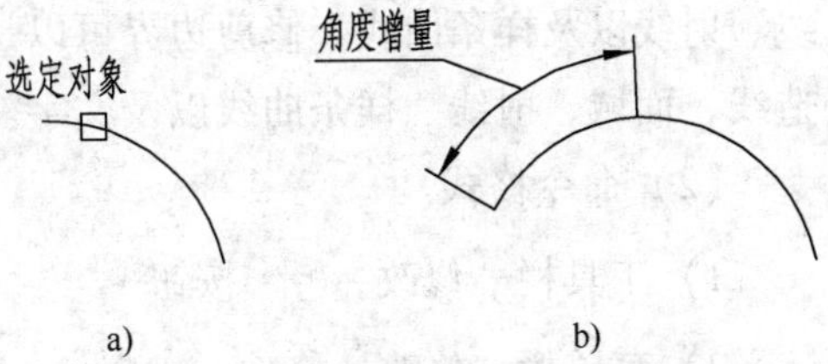

图3-26 用指定角度增量拉长圆弧

a）选择拉长对象 b）拉长结果

3）百分数（P） 该选项是设置对象改变长度后相对于原来长度的百分比，来延长或缩短一个对象。百分比大于100%为延长对象，小于100%为缩短对象。选择该选项后，命令行提示：

输入长度百分数<当前值>：（输入非零正值或回车）

选择要修改的对象或［放弃（U）］：（选择一个对象或输入U）

……

4）全部（T） 该选项表示通过重新设置对象的一个新的总长度（或总角度），来延长或缩短对象。选择该选项后，命令行提示：

指定总长度或［角度（A）］ <当前值>：

① 指定总长度 将对象从离选择点最近的端点拉长到指定值。当输入总长度值后，命令行提示：

选择要修改的对象或［放弃（U）］：（选择一个对象或输入U）

……

② 角度（A） 通过给定总的角度值来改变圆弧或椭圆弧的长度。选择该选项后，命令行提示：

指定总角度<当前值>：（输入一角度后，命令行提示）

选择要修改的对象或［放弃（U）］：（选择一个对象或输入U）

……

5）动态（DY） 打开动态拖拉模式。对于这种模式，一旦拾取了对象，远离拾取点的一个端点固定不变，靠近拾取点的一个端点随光标的移动而移动，从而可动态地改变对象的长度。对于圆弧和椭圆弧，动态改变后，圆弧的半径及椭圆弧的形状保持不变。选择该选项后，命令行提示：

选择要修改的对象或［放弃（U）］：（用光标拾取要被修改的对象）

指定新端点：（用鼠标拖动要被修改的对象，达到所需位置后，单击鼠标左键。命令行继续提示）

选择要修改的对象或［放弃（U）］：（用光标拾取要被修改的对象）

……

动态模式只能改变直线、圆弧和椭圆弧的长度。“放弃（U）”选项用于取消最近一次的修改。

2. 修剪对象

（1）功能　用指定的剪切边去修剪所选定的对象，实现部分擦除，或将被修剪的对象延伸到剪切边。可被修剪的对象包括直线、圆弧、椭圆弧、圆、二维和三维多段线、构造线、射线以及样条曲线。修剪边界可以是直线、圆弧、椭圆弧、圆、二维和三维多段线、构造线、面域、射线、样条曲线以及文字。

（2）命令格式

1）工具栏　修改→ 按钮

2）菜单栏　修改→修剪

3）键入命令　TRIM↓

执行上述命令后，命令行提示：

当前设置：投影 = 当前值，边 = 当前值

选择剪切边…

选择对象或 <全部选择>：（输入选项后，命令行提示）

选择要修剪的对象，或按住 Shift 键选择要延伸的对象，或［栏选(F)/窗交(C)/投影(P)/边(E)/删除(R)/放弃(U)］：（输入选项）

（3）选项说明

1）选择要修剪的对象　指定修剪对象。选择修剪对象提示将会重复，因此可以选择多个修剪对象。回车退出命令。如果实体与剪切边不相交，则不能剪除，命令行提示：“对象未与边相交”。

在使用该命令过程中，一定要清楚哪个对象是剪切边，哪个对象是要被修剪的对象以及要剪掉剪切边的哪一侧，如图 3-27 所示。

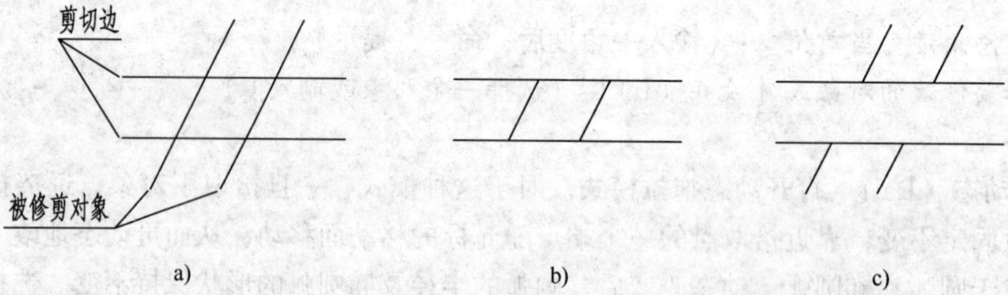

图 3-27　修剪对象

a）选择剪切边　b）修剪剪切边外侧　c）修剪剪切边内侧

由于被修剪对象也可作为剪切边，所以在选择剪切边时，可不分是被修剪对象还是剪切边，一次选中多个对象作为剪切边，如图 3-28 所示。

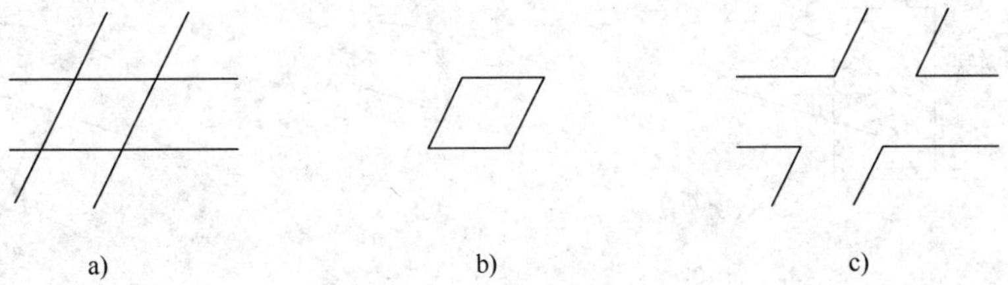

图 3-28　修剪对象

a）四条线既是剪切边又是被修剪对象　b）修剪剪切边外侧　c）修剪剪切边内侧

2）按住 Shift 键选择要延伸的对象　这是把命令中的修剪模式暂时转换为延伸模式，即把剪切边作为延伸边界，而被修剪对象作为被延伸对象。如图 3-29 所示，选择直线作为修剪边，若不按住 Shift 键，选择圆弧，是修剪；若按住 Shift 键，选择圆弧的一端，则是把直线作为延伸边界，将圆弧延伸到直线。

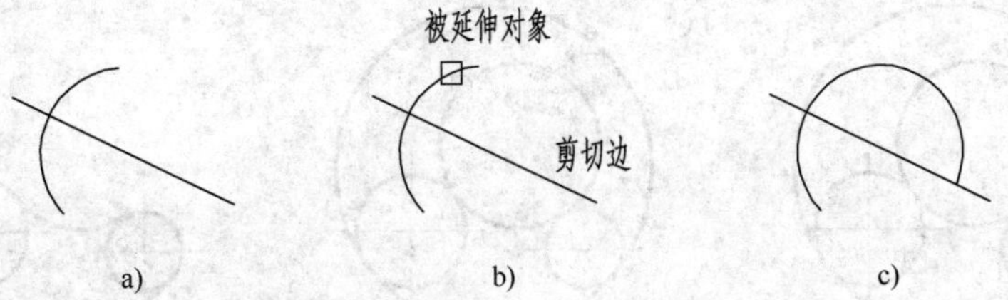

图 3-29　修剪命令中，Shift 键的作用

a）原图　b）操作过程　c）拉伸后

3）栏选（F）　用栏选方式选择要修剪的对象。

4）窗交（C）　用窗交方式选择要修剪的对象。

5）投影（P）　用于指定剪切时系统使用的投影方式。键入 P 后，命令行提示：

输入投影选项［无（N)/UCS(U)/视图（V)］＜当前值＞：

① 无（N）　表示不进行投影。在三维空间，剪切边必须与修剪对象相交才能修剪。

② UCS（U）　表示将剪切边和被剪切对象投影到当前 UCS（用户坐标系）的 XOY 平面上，剪切边与被剪切对象在三维空间不一定真正相交，只要它们的投影在投影平面上相交，即可进行修剪。

③ 视图（V）　表示投影按当前视窗方向。只要剪切边与被剪切对象投影相交，即可进行修剪。

6）边（E）　用于决定被修剪对象是否需要使用剪切边延长线上的虚拟边界。键入 E 后，命令行提示：

输入隐含边延伸模式［延伸（E)/不延伸（N)］＜当前值＞：

① 延伸（E）　表示延伸剪切边，使其与被剪切对象相交进行修剪。

② 不延伸（N）　表示不延伸剪切边。剪切边与被剪切对象必须直接相交才能进行修剪，如图 3-30 所示。

a)　　　　b)　　　　c)

图 3-30　在修剪命令中，“边（E）”选项的作用

a）选择剪切边　b）“延伸”效果　c）“不延伸”效果

7）删除（R）　在执行修剪命令过程中删除对象。

8）放弃（U）　取消前一次操作。

使用修剪命令，可将图 3-31a 所示的与已知圆相切的圆修剪为如图 3-31c 所示的连接圆弧。这是常用的通过修剪命令绘制圆弧的方法。

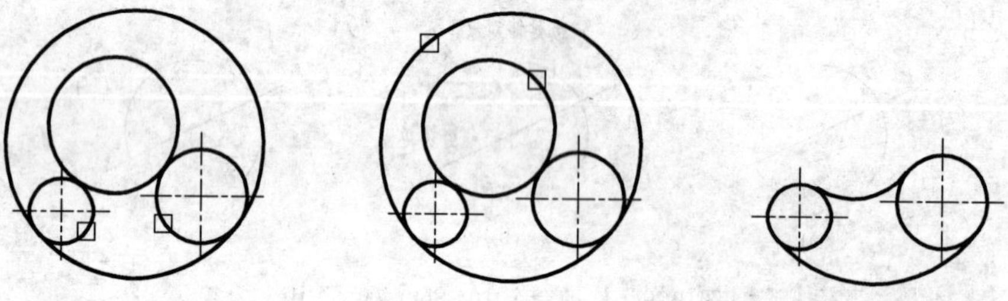

a)　　　　b)　　　　c)

图 3-31　修剪对象

a）选择修剪边　b）选择要修剪的对象　c）修剪的结果

3. 延伸对象

（1）功能　延伸对象，使之准确地到达用其他对象定义的边界；或以延伸边界作为修剪边，修剪所选的延伸对象。可延伸的对象包括直线、圆弧、椭圆弧、开放的二维和三维多段线及射线，可作为延伸边界的对象包括直线、圆弧、椭圆弧、圆、椭圆、二维和三维多段线、射线、构造线、面域、样条曲线等。

（2）命令格式

1）工具栏　修改→--/按钮

2）菜单栏　修改→延伸

3）键入命令　EXTEND↓

执行上述命令后，命令提示：

当前设置：投影 = 当前值，边 = 当前值

选择边界的边…

选择对象或 <全部选择>：（输入选项后，命令行提示）

选择要延伸的对象，或按住 Shift 键选择要修剪的对象，或［栏选（F）/窗交（C）/投影（P）/边（E）/放弃（U）］：（输入选项）

（3）选项说明

1）选择要延伸的对象　指定延伸对象。选择延伸对象提示将会重复，因此可以选择多个延伸对象。回车退出命令。如果实体与延伸边不相交，则不能延伸，命令行提示：“对象未与边相交”。

图 3-32 所示为一延伸对象例子。被延伸对象从靠近拾取点一端延伸到边界圆上。

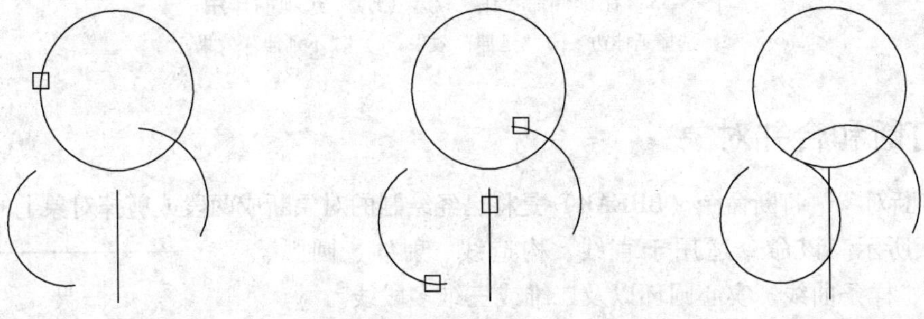

a）　　b）　　c）

图 3-32　延伸对象

a）选择延伸边界　b）选择要延伸的对象　c）延伸的结果

在使用该命令过程中，被延伸对象也可作为延伸边界，所以在选择边界时，可不分是被延伸对象还是延伸边界，一次选中多个对象作为延伸边界，一次选中多个对象进行延伸。

2）按住 Shift 键选择要修剪的对象　用于将命令中的延伸模式暂时转换为修剪模式，即把延伸边界作为剪切边，而被延伸对象作为被修剪对象。

3）栏选（F）　用栏选方式选择要延伸的对象。

4）窗交（C）　用窗交方式选择要延伸的对象。

5）投影（P）　用于指定延伸时系统使用的投影方式。键入 P 后，命令行提示：

输入投影选项［无（N）/UCS（U）/视图（V）］<当前值>：

① 无（N）　表示不进行投影。在三维空间，延伸边界必须与延伸对象相交才能延伸。

② UCS（U）　表示将延伸边界和被延伸对象投影到当前 UCS（用户坐标系）的 XOY 平面上，延伸边界与被延伸对象延伸后在三维空间不一定真正相交，只要它们的投影在投影平面上相交，即可进行延伸。

③ 视图（V）　表示投影按当前视窗方向。只要延伸边界与被延伸对象延伸后投影相交，即可进行延伸。

6）边（E）　用于决定被延伸对象是否需要使用延伸边界延长线上的虚拟边界。输入 E 后，命令行提示：

输入隐含边延伸模式［延伸（E）/不延伸（N）］<当前值>：

① 延伸（E）　表示延伸边界，使其与被延伸对象相交进行延伸。

② 不延伸（N）　表示不延伸边界。延伸边界与被延伸对象延伸后，必须直接相交才能进行延伸，如图 3-33 所示。

7）放弃（U）　取消前一次操作。

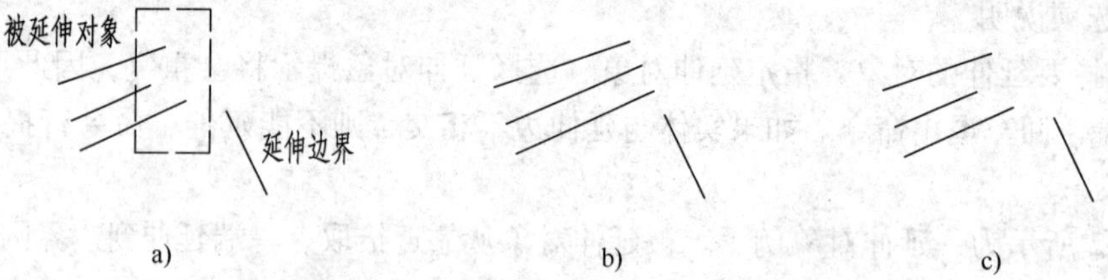

图 3-33　在延伸命令中，“边（E）”选项的作用

a）选择延伸边　b）“延伸”效果　c）“不延伸”效果

3.7　打断和合并对象

1. 打断对象　打断命令（BREAK）是将已经绘制的对象断成两段或剪掉对象上的一部分，如图 3-34 所示。该命令适用于直线、构造线、射线、圆弧、圆、椭圆、样条曲线、实心圆环以及二维或三维多段线。

根据打断点数量的不同，打断命令可以分为打断和打断于点。

(1) 打断对象

1）功能　在两点之间打断选定的对象（图 3-34）。

2）命令格式

① 工具栏　修改→ 按钮

② 菜单栏　修改→打断

③ 键入命令　BREAK↓

执行上述命令后，命令行提示：

选择对象：(选择需要打断的对象)

指定第二个打断点或 [第一点 (F)]：(输入选项)

3）选项说明

① 指定第二个打断点　指定用于打断对象的第二个点，该选项为默认选项。将选择对象的拾取点作为第一打断点，输入另一点作为第二个打断点，AutoCAD 将删除两打断点之间的部分（图 3-34b）。如果第二个打断点不在对象上，AutoCAD 将选择对象上距离第二点最近的点（图 3-35）。如果要删除直线、圆弧或多段线的一端，那么指定的第二点应位于该端点之外（图 3-34c）。

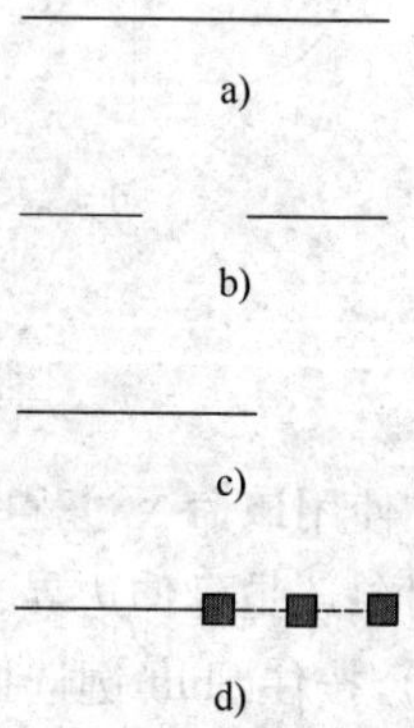

图 3-34　打断对象

a）原线段　b）删除中间一段

c）删除一端

d）断开，但两段的端部仍对接

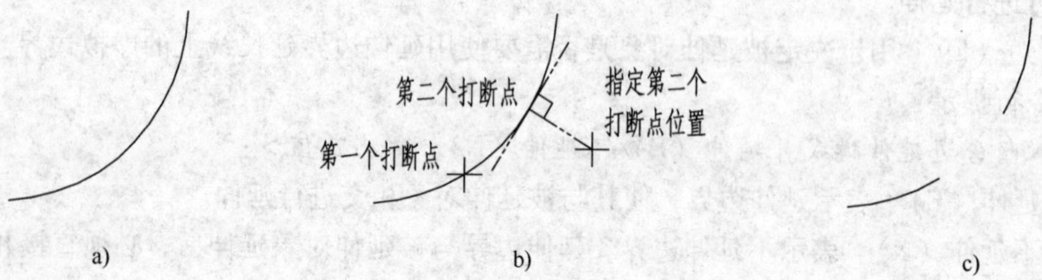

图 3-35　打断对象

a）原图　b）指定打断点　c）打断后

如果选择一个圆，AutoCAD 则从第一个打断点到第二个打断点按逆时针方向删除一段，而成为圆弧（图 3-36）。

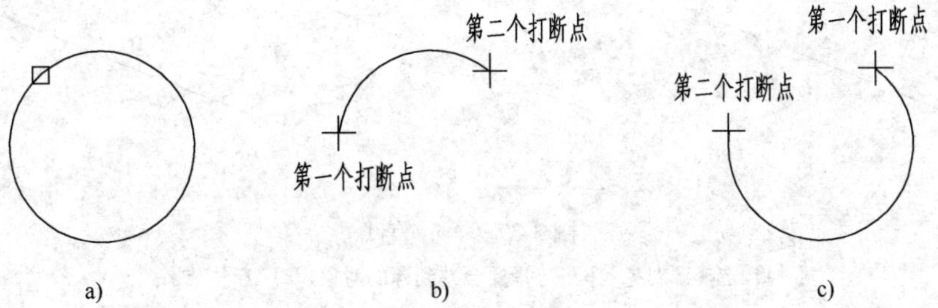

图 3-36　打断对象

② 第一点（F）　用指定的新点替换原来的第一个打断点。键入 F 后，命令行提示：

指定第一个打断点：（指定一点，命令行提示）

指定第二个打断点：（指定一点，结束命令）

这时，两个指定点之间的对象部分将被删除。如果指定点不在对象上，AutoCAD 将选择对象上与该点最接近的点作为打断点。

③ 要将对象一分为二并且不删除任何部分（图 3-34d），输入的第一个点和第二个点应相同。可通过在提示“指定第二个打断点或［第一点（F）]：”时键入“@”，便可实现。

（2）打断于点命令

1）功能　用于将选定对象断开而不删除任何部分（图 3-34d），且对象在拾取点断开。

2）命令格式　工具栏：修改→ 按钮

当单击 按钮后，命令行提示：

命令：_ break 选择对象：（选择需要断开的对象）

指定第二个打断点或［第一点（F）]：_ f

指定第一个打断点：（在对象上指定打断点）

指定第二个打断点：@ （自动结束命令）

2. 合并对象

（1）功能　将相关的对象合并为一个完整的对象。这里每种类型的对象应满足相应的条件。

（2）命令格式

1）工具栏　修改→ 按钮

2）菜单栏　修改→合并

3）键入命令　JOIN↓

执行上述命令后，命令行提示：

选择源对象：（可选择一条直线、多段线、圆弧、椭圆弧或样条曲线）

（3）说明

1）合并直线　选择一条直线作为源对象，之后，选择要合并到源的直线，以与源对象

（一条直线）合并，形成一个完整的对象。这里，要合并到源的直线对象必须共线（位于同一无限长的直线上），但是它们之间可以有间隙（图 3-37）。

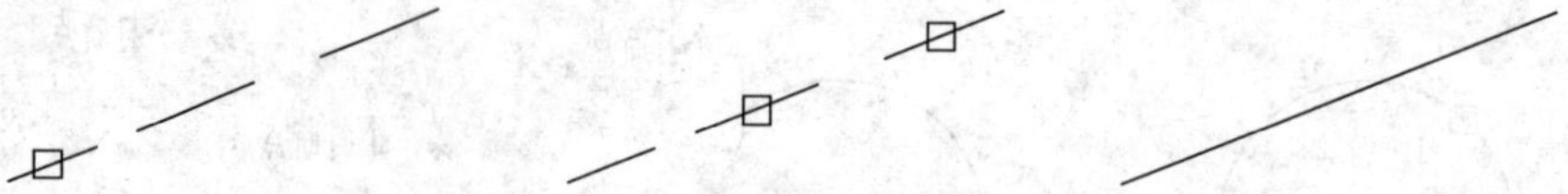

a)　　　b)　　　c)

图 3-37　合并直线

a）选择源对象　b）选择要合并到源的对象　c）合并结果

2）与多段线合并　选择多段线作为源对象，之后，选择要合并到源的对象，以与源对象（多段线）合并。与多段线合并的对象可以是直线、多段线或圆弧，它们与多段线的首或尾相接不能有间隙（图 3-38）。

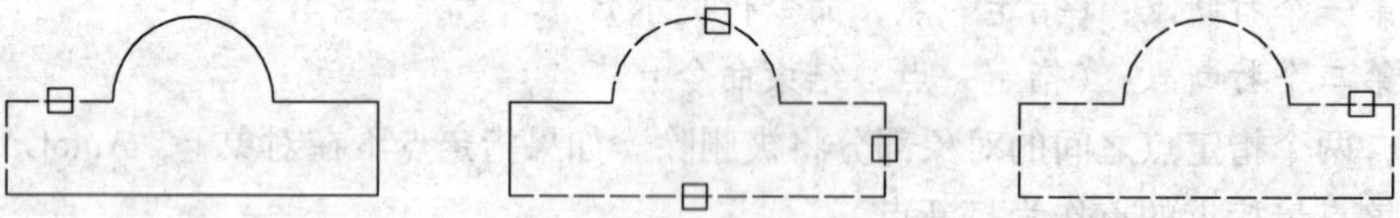

a)　　　b)　　　c)

图 3-38　与多段线合并

a）选择源对象　b）选择要合并到源的对象　c）合并结果

3）合并圆弧　选择圆弧作为源对象，之后，选择一圆弧使之与源对象（圆弧）合并或将源圆弧转换成圆（图 3-39）。这里，圆弧对象必须位于同一假想的圆上，但是它们之间可以有间隙。

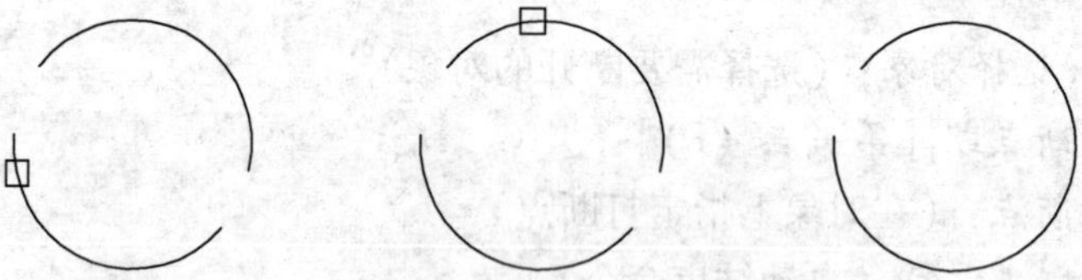

a)　　　b)　　　c)

图 3-39　合并圆弧

a）选择源对象　b）选择要合并到源的对象　c）合并结果

4）合并椭圆弧　选择椭圆弧作为源对象，之后，选择一椭圆弧使之与源对象（椭圆弧）合并或将源椭圆弧闭合成完整的椭圆（图 3-40）。这里，椭圆弧必须位于同一椭圆上，但是它们之间可以有间隙。

5）合并样条曲线　选择样条曲线作为源对象，之后，选择要合并到源的样条曲线进行合并。这里，样条曲线必须位于同一平面内，并且端点相接。

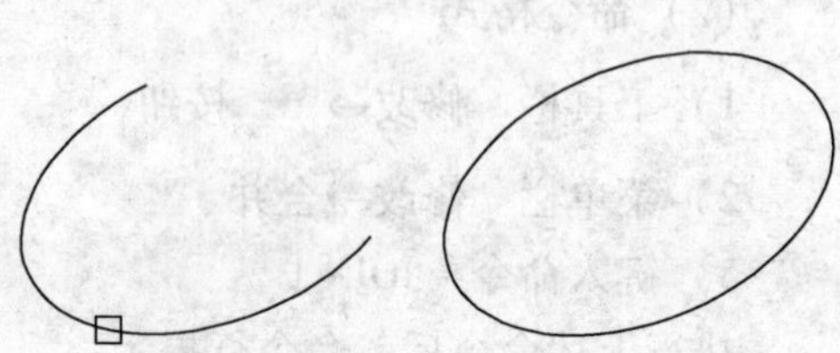

a)　　　b)

图 3-40　源椭圆弧闭合成椭圆

a）选择源对象及闭合（L）选项　b）转换结果

3.8 倒角、圆角和分解对象

1. 倒角命令

（1）功能　对选定的两条不平行直线用一线段连接。所选对象可以是直线、多段线直线、构造线、RECTANG 命令画的多段线矩形、POLYGON 命令画的多段线多边形等。图 3-41 所示为正五边形倒角示例。

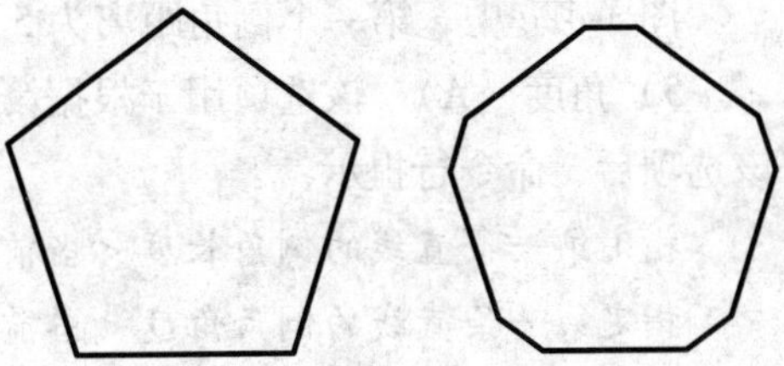

a)　　b)

图 3-41　正五边形倒角效果

a）倒角前　b）倒角后

（2）命令格式

1）工具栏　修改→按钮

2）菜单栏　修改→倒角

3）键入命令　CHAMFER↓

执行上述命令后，命令行提示：

（“当前”模式）当前倒角距离 1 = 当前值，距离 2 = 当前值

选择第一条直线或 [放弃(U)/多段线(P)/距离(D)/角度(A)/修剪(T)/方式(E)/多个(M)]：（使用对象选择方法选择直线或输入选项）

（3）说明

1）选择第一条直线　选择定义二维倒角所需的两条边中的第一条边，为默认选项。之后，命令行提示：

选择第二条直线，或按住 Shift 键选择要应用角点的直线：

① 选择第二条直线　拾取第二条直线，则系统对所选第一条直线和第二条直线，按当前的修剪模式和倒角边的大小进行倒角，并结束命令（图 3-42）。

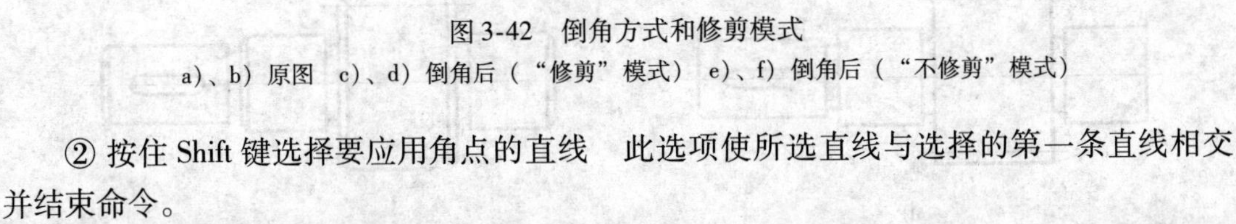

a)　b)　c)　d)　e)　f)

图 3-42　倒角方式和修剪模式

a)、b）原图　c)、d）倒角后（“修剪”模式）　e)、f）倒角后（“不修剪”模式）

② 按住 Shift 键选择要应用角点的直线　此选项使所选直线与选择的第一条直线相交，并结束命令。

2）放弃（U）　放弃上次操作。

3）多段线（P）　该选项用设定的倒角距离对整个多段线的各线段进行倒角。图 3-41 所示为对 POLYGON 命令画的正多边形倒角。

4）距离（D）　该选项为设定倒角距离尺寸。当键入 D 后，命令行提示：

指定第一个倒角距离 <当前值>：（指定倒角距离，命令行继续提示）

指定第二个倒角距离 <当前值>：（指定倒角距离）

第二倒角距离自动默认与第一倒角距离相等，如需要两倒角距离一样，可直接回车。当指定第二个倒角距离后，命令行回到原提示状态，可继续进行其他选项的操作。

如果两个倒角距离都取为0，那么倒角命令可使不相交的两对象相交，即有剪切和延伸作用。

图3-42c中，第一个倒角距离为5，第二个倒角距离为8。

5）角度（A） 该选项用于根据第一条直线的倒角长度和角度来设置倒角尺寸。当选择该选项后，命令行提示：

指定第一条直线的倒角长度<当前值>:（指定倒角长度，命令行继续提示）

指定第一条直线的倒角角度<当前值>:（指定倒角角度）

完成该选项设置后，命令行回到原提示状态，可继续进行其他选项的操作。

图3-42d中，第一条直线的倒角长度为10，第一条直线的倒角角度为30°。

6）修剪（T） 该选项用于在倒角过程中设置是否自动修剪原对象。当选择该选项后，命令行提示：

输入修剪模式选项［修剪(T)/不修剪(N)］<当前值>:（键入N或T，确定是否修剪）

完成该选项设置后，命令行回到原提示状态，可继续进行其他选项的操作。

图3-42c、d为修剪模式，图3-42e、f为不修剪模式。

7）方式（E） 该选项用于设定按距离方式还是按角度方式进行倒角。当选择该选项后，命令行提示：

输入修剪方法［距离(D)/角度(A)］<当前值>:（键入D或A，确定修剪方法）

8）多个（M） 该选项用于在一次倒角命令执行过程中对多个对象进行两两倒角，而不退出倒角命令。当选择该选项后，命令行提示：

选择第一条直线或［放弃(U)/多段线(P)/距离(D)/角度(A)/修剪(T)/方式(E)/多个(M)］:（可继续拾取第二个倒角操作的第一条直线。回车，结束命令）

在实际绘图时，对于图形上的倒角线，可首先使用倒角命令作图，之后再画出其连线，如图3-43所示。

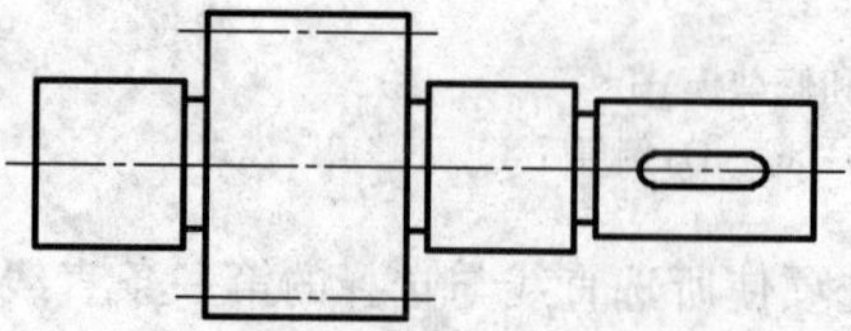

a)

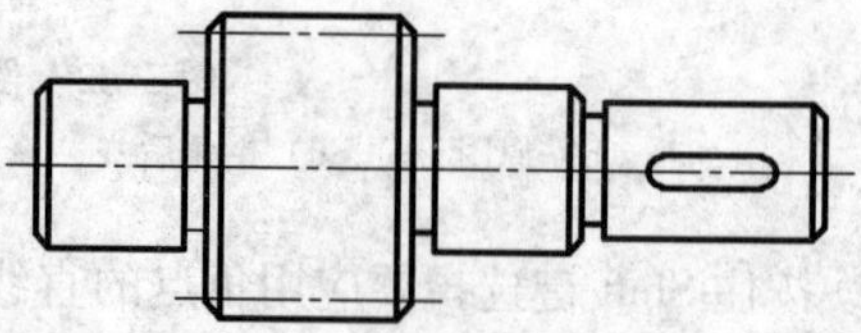

b)

图3-43 “倒角”示例

a）倒角前 b）倒角并连线后

2. 圆角命令

（1）功能 用指定的半径，对选定的两个对象进行光滑的圆弧连接。用圆角命令可以在直线、圆、圆弧、椭圆弧、射线、构造线、多段线之间进行圆角，被进行圆角的两对象可以是同类对象，也可以是不同类对象，但多段线不能与除直线（LINE）以外的其他类型的直线（如 RAY、XLINE）或曲线进行圆角。

（2）命令格式

1）工具栏　修改→按钮

2）菜单栏　修改→圆角

3）键入命令　FILLET↓

执行上述命令后，命令行提示：

当前设置：模式 = 当前值，半径 = 当前值

选择第一个对象或［放弃(U)/多段线(P)/半径(R)/修剪(T)/多个(M)］：(使用对象选择方法选择对象或输入选项)

（3）选项说明

1）选择第一个对象　选择定义二维圆角所需的两个对象中的第一个对象，该选项为默认选项。之后，命令行提示：

选择第二个对象，或按住 Shift 键选择要应用角点的对象：

① 选择第二个对象　拾取第二个对象，则系统对所选第一个对象和第二个对象，按当前的修剪模式和圆角半径进行圆角，并结束命令。

在进行圆角时，选择点不同，圆角的结果也不同。如图 3-44 所示，在直线和圆弧之间进行圆角，可能有多种结果。AutoCAD 总是在最靠近选择点的位置形成圆弧段。

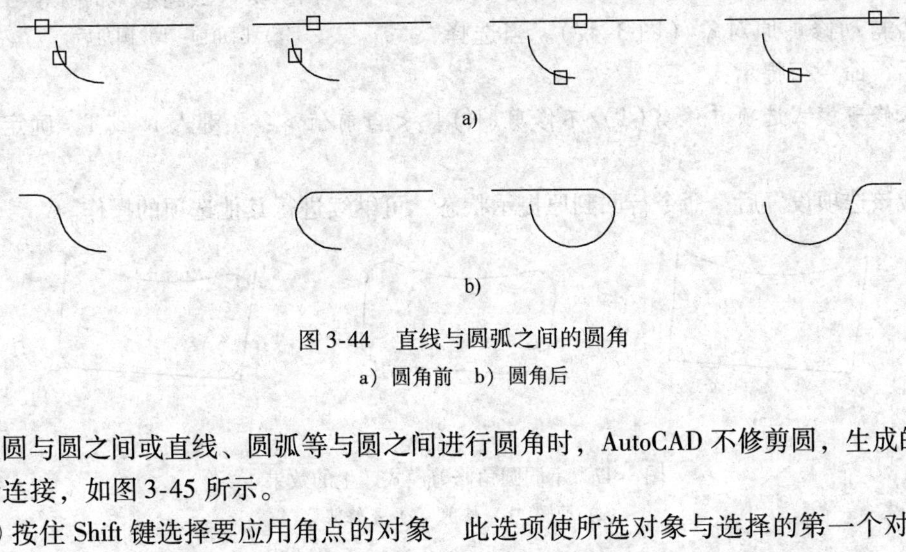

图 3-44　直线与圆弧之间的圆角

a）圆角前　b）圆角后

在圆与圆之间或直线、圆弧等与圆之间进行圆角时，AutoCAD 不修剪圆，生成的圆弧与圆光滑连接，如图 3-45 所示。

② 按住 Shift 键选择要应用角点的对象　此选项使所选对象与选择的第一个对象相交，并结束命令。

2）放弃（U）　放弃上次操作。

3）多段线（P）　在二维多段线中两条线段相交的每个顶点处进行圆角（图 3-46）。当选择该选项后，命令行提示：

选择二维多段线：(拾取二维多段线)

n 条直线已被圆角　（结束命令）

图 3-46 为对二维多段线圆角。

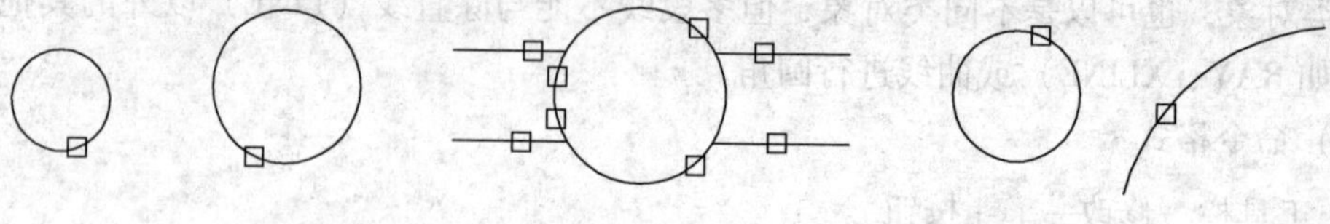

a)

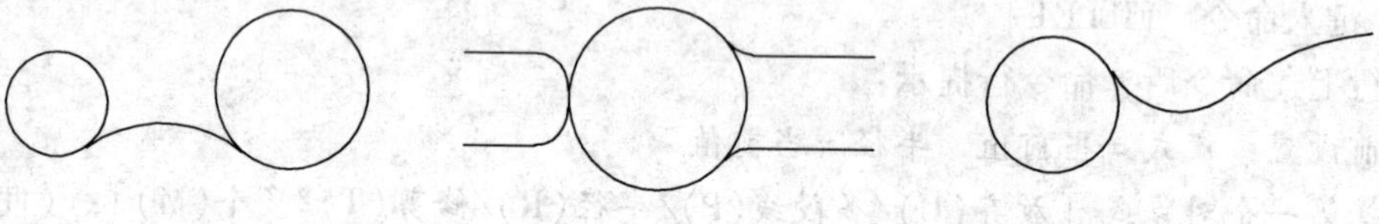

b)

图 3-45　圆与其他线之间的圆角

a）圆角前　b）圆角后

4）半径（R）　该选项用于设置圆角半径。当选择该选项后，命令行提示：

指定圆角半径<当前值>：（指定尺寸）

完成该选项设置后，命令行回到原提示状态，可继续进行其他选项的操作。

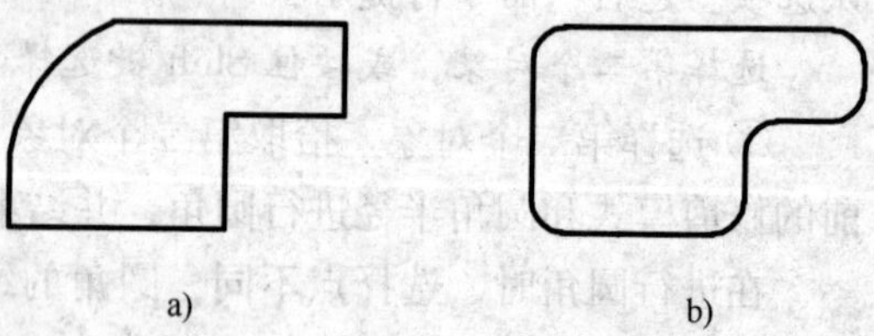

图 3-46　二维多段线的圆角

a）圆角前　b）圆角后

5）修剪（T）　该选项用于在圆角过程中设置是否自动修剪原对象（图 3-47）。当选择该选项后，命令行提示：

输入修剪模式选项［修剪(T)/不修剪(N)］<当前值>：（键入 N 或 T，确定是否修剪）

完成该选项设置后，命令行回到原提示状态，可继续进行其他选项的操作。

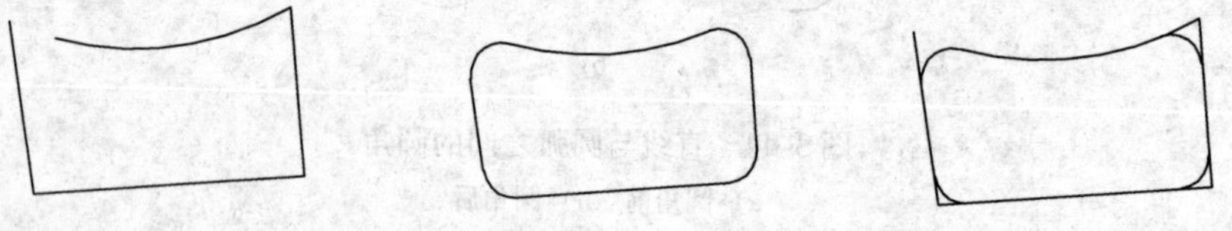

图 3-47　不同圆角修剪模式产生的效果

a）原图　b）修剪　c）不修剪

6）多个（M）　该选项用于在一次圆角命令执行过程中对多个对象进行圆角，而不退出圆角命令。当选择该选项后，命令行提示：

选择第一个对象或［放弃(U)/多段线(P)/半径(R)/修剪(T)/多个(M)］：（可继续拾取第二个圆角操作的第一个对象。回车，结束命令）

实际绘图时利用圆角命令，可使许多圆弧连接变得简单。如图 3-48 所示，要画图 3-48a，可先画图 3-48b，为得到过渡线再利用打断等命令得到图 3-48c，然后利用圆角命令得到

图 3-48d，再经编辑便得到图 3-48a。

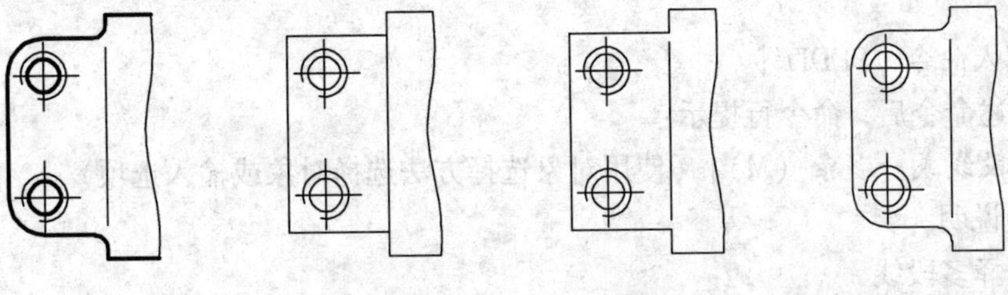

a)　　b)　　c)　　d)

图 3-48　“圆角”示例

3. 分解对象

（1）功能　对象的分解就是把单个的对象转换成它们下一个层次的组成对象。如可将多段线、矩形、圆环和多边形等转换成多个简单的直线和圆弧；把一个尺寸标注分解为线段、箭头和文本等。

（2）命令格式

1）工具栏　修改→按钮

2）菜单栏　修改→分解

3）键入命令　EXPLODE↓

执行上述命令后，命令行提示：

选择对象：（选择要分解的对象）

……

选择对象：↓（结束选择要分解的对象，即完成实体分解操作）

如图 3-49 所示，将矩形多段线分解成四条直线段。

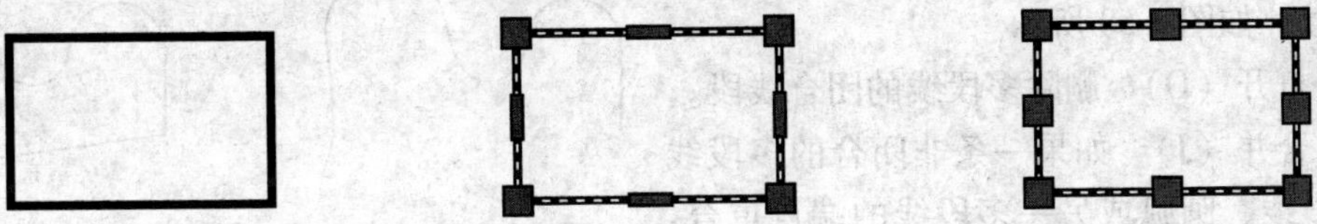

a)　　b)　　c)

图 3-49　分解矩形多段线

a）原图形　b）分解前拾取　c）分解后拾取

3.9　多段线编辑

1. 功能　用于对所选择的二维、三维多段线及三维多边形网格进行编辑，下面的讨论仅限于二维多段线的编辑。

2. 命令格式

（1）工具栏　修改Ⅱ→按钮

（2）菜单栏　修改→对象→多段线

(3) 快捷菜单　选择要编辑的多段线，在绘图区域单击鼠标右键，然后选择“多段线”。

(4) 键入命令　PEDIT↓

执行上述命令后，命令行提示：

选择多段线或［多条（M）］(使用对象选择方法选择对象或输入选项)

3. 选项说明

(1) 选择多段线

当选择一条多段线时，命令行提示：

输入选项［闭合(C)/合并(J)/宽度(W)/编辑顶点(E)/拟合(F)/样条曲线(S)/非曲线化(D)/线型生成(L)/放弃(U)]：(输入选项)

上述提示称为该命令的主提示。

当选择一条直线或圆弧时，命令行提示：

选定的对象不是多段线

是否将其转换为多段线？<Y>

如果在这个提示后键入 Y，则 AutoCAD 将对象转换为可编辑的单段二维多段线，然后出现 PEDIT 命令的主提示。如果 PEDITACCEPT 系统变量设置为 1，将不显示该提示，选定对象将自动转换为多段线。

如果在这个提示后键入 N，则系统要求重新选择多段线。

如果选择的是一条非闭合的多段线，命令的主提示的第一项为：“闭合（C）”。

如果选择的是一条闭合的多段线，主提示的“闭合（C）”选项被“打开（O）”选项所替代。

下面介绍各选项的功能：

1）闭合（C）　创建多段线的闭合线，将首尾连接，如图 3-50 所示。

2）打开（O）　删除多段线的闭合线段。

3）合并（J）　如果一条非闭合的多段线端点与直线、圆弧或另一多段线的端点重合，使用“合并”选项，可以把它们添加到这条多段线上，使之连接成一条多段线。如果直线、圆弧或另一条多段线的端点与一条已进行了曲线拟合的多段线端点重合，合并它们将取消曲线拟合。

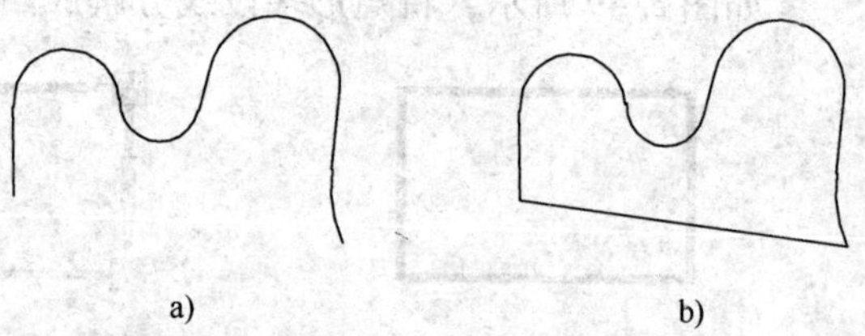

图 3-50　“闭合”多段线

a)“闭合”之前　b)“闭合”之后

4）宽度（W）　设置整条多段线的宽度。

5）编辑顶点（E）　该选项是对多段线进行各种与顶点有关的编辑操作。

6）拟合（F）　该选项是用圆弧连接每对相邻顶点拟合生成一条光滑的曲线，曲线通过原多段线的所有顶点，并保持在顶点处定义的切线方向，如图 3-51b 所示。

7）样条曲线（S）　该选项用于将选中的多段线进行样条化曲线拟合，如图 3-51c 所示。生成的曲线以原来多段线的顶点作为控制点，且通过第一和最后一个控制点，曲线被拉向各个顶点，不一定通过各个顶点。

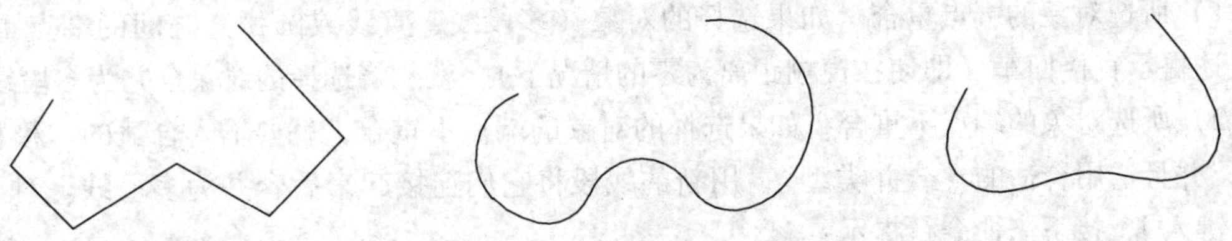

a)　　　　b)　　　　c)

图 3-51　“拟合”和“样条曲线”选项作用

a）原多段线　b）拟合多段线　c）由多段线生成的样条曲线

8）非曲线化（D）　该选项可将用拟合或样条曲线方式产生的多段线恢复成原来的多段线。一条带有圆弧的多段线拟合后，原圆弧已经修改，采用此项操作，无法还原成原来的多段线。可用放弃（U）选项，恢复成原来的多段线。

9）线型生成（L）　该选项确定是否生成连续线型通过多段线的各顶点处，如图 3-52 所示。

10）放弃（U）　依次取消上一次多段线编辑操作。

（2）多条（M）　在“选择多段线或［多条（M）］:”提示下，键入 M 后，则可选择多个对象（多段线、直线或圆弧），接下来命令行提示：

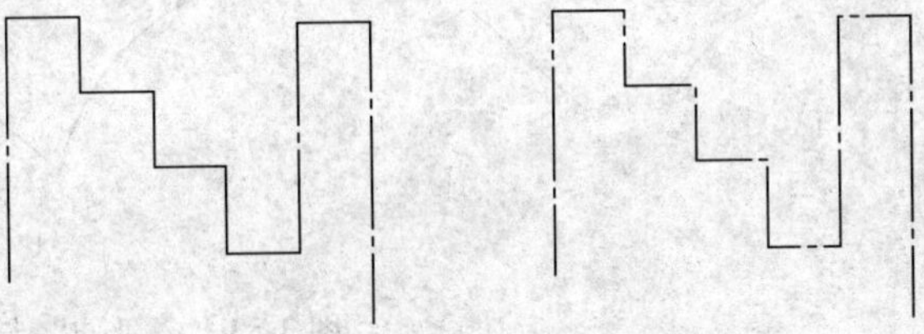

a)　　　　b)

图 3-52　两种线型生成模式

a）线型生成“关”　b）线型生成“开”

选择对象：（选择对象）

……

选择对象：↓

如果选择对象时包含直线和圆弧，对象选择结束时首先提示：

是否将直线和圆弧转换为多段线？［是（Y）/否（N）］？ <Y>

若直接回车，则是直线和圆弧参与下面的多段线编辑；键入 N，则是直线和圆弧不参与下面的多段线编辑。如果选择对象时不包含直线和圆弧，则命令行提示（称其为 M 选项提示）：

输入选项［闭合(C)/打开(O)/合并(J)/宽度(W)/拟合(F)/样条曲线(S)/非曲线化(D)/线型生成(L)/放弃(U)］:

该提示与 PEDIT 命令的主提示的大多数选项相同，使用方法也一样。不同的是没有了“编辑顶点（E）”选项，“合并（J）”选项使用方法也不同。如果以“J”响应上述提示，接下来命令行提示：

合并类型 = 延伸

输入模糊距离或［合并类型（J）］ <当前值>:

如果一个对象（多段线、直线或圆弧）与另一个对象的端点重合，则认为它们之间“距离为零”；如果端点不重合，而是相距一段可设定的距离，这个可设定的距离称为“模糊距离”。下面对所选对象的端点是否重合进行讨论。

1）所选对象的端点重合　如果选择的对象（多段线、直线或圆弧）之间的端点重合，对上述提示直接回车（即使在模糊距离为零的情况下），就能将选择的对象合并为多段线。

2）所选对象的端点不重合　如果选择的对象的端点不重合，就要输入合适的“模糊距离”，并且选用合适的“合并类型”，用新的线段将它们连接起来后合并为多段线。对上述提示键入J，接下来命令行提示：

输入合并类型［延伸(E)/添加(A)/两者都(B)］<当前值>：

① 延伸（E）　通过将线段延伸或剪切至最接近的端点来合并选定的多段线。

② 添加（A）　通过在最接近的端点之间添加直线段来合并选定的多段线。

③ 两者都（B）　如有可能，通过延伸或剪切来合并选定的多段线。否则，通过在最接近的端点之间添加直线段来合并选定的多段线。

图3-53所示是“延伸”与“添加”的区别。“延伸”选项并不总是可用，如图3-54所示，由于两图形对象不可能通过延伸或剪切将它们合并，只能应用“添加”或“两者都”选项。

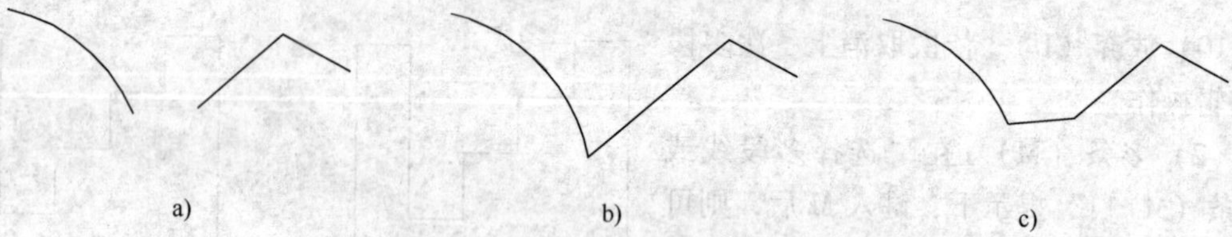

图3-53　“延伸”与“添加”的区别

a）原图　b）“延伸”结果　c）“添加”结果

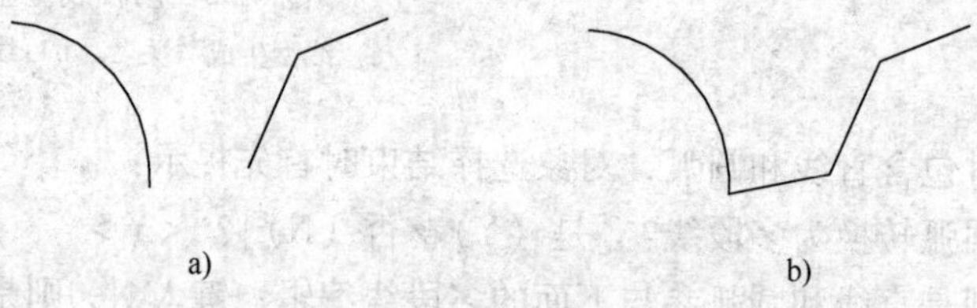

图3-54　不能使用“延伸”的实例

a）原图　b）“添加”或“两者都”效果

在AutoCAD 2011中，多段线可以显示带有动态菜单的多功能夹点（图3-55a、b），使用这些菜单可快速编辑多段线。图3-55c所示为矩形多段线添加顶点。

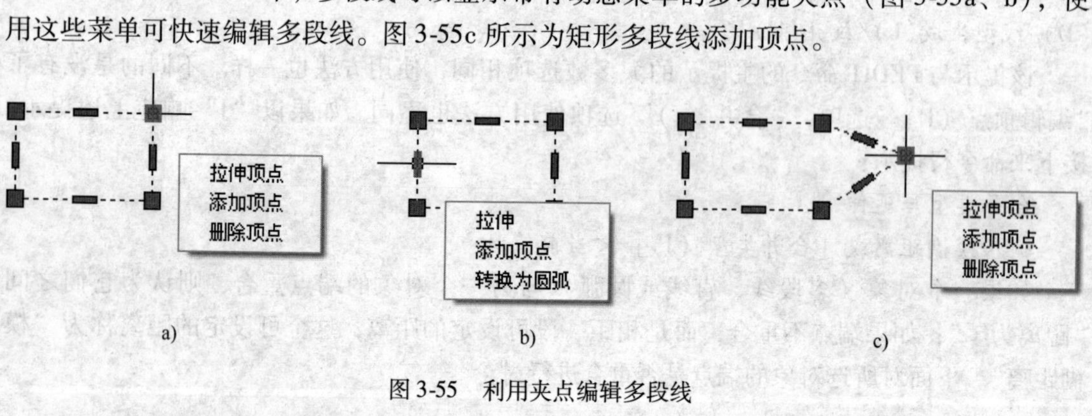

图3-55　利用夹点编辑多段线

3.10 样条曲线编辑

1. 功能　用于编辑样条曲线。

2. 命令格式

（1）工具栏　修改Ⅱ→ 按钮

（2）菜单栏　修改→对象→样条曲线

（3）快捷菜单　选择要编辑的样条曲线，在绘图区域中单击鼠标右键，然后选择“样条曲线”。

（4）键入命令　SPLINEDIT↓

执行上述命令后，命令行提示：

选择样条曲线：（选取一条样条曲线，命令行提示）

输入选项［闭合(C)/合并(J)/拟合数据(F)/编辑顶点(E)/转换为多段线(P)/反转(R)/放弃(U)/退出(X)］＜退出＞：（输入选项）

如果选择的样条曲线是闭合的，那么“打开（O）”将代替“闭合（C）”选项出现在提示中。

3. 选项说明

（1）闭合（C）/打开（O）在“闭合”和“开放”之间切换，具体取决于选定样条曲线是否为闭合状态。

1）闭合（C）　闭合开放的样条曲线，使其在端点处相切连续（平滑）。如果样条曲线的起点和端点相同，则此选项会使样条曲线在两点处均相切连续。

2）打开（O）　打开闭合的样条曲线。如果在使用“闭合”选项前样条曲线的起点和端点相同，则样条曲线会返回到其原始状态。起点和端点保持相同，但失去其相切连续性（平滑）。

如果在使用“闭合”选项前样条曲线为开放状态（其起点和端点不同），则样条曲线会返回到其原始开放状态，且会删除相切连续性。

（2）合并（J）　选定的样条曲线、直线和圆弧在重合端点处合并到现有样条曲线。选择有效对象后，该对象将合并到当前样条曲线，合并点处将具有一个折点。

（3）拟合数据（F）　将样条曲线的控制点显示变为拟合点显示，拟合点都处在样条曲线上，如图3-56b所示。从而可对选定的样条曲线进行编辑。

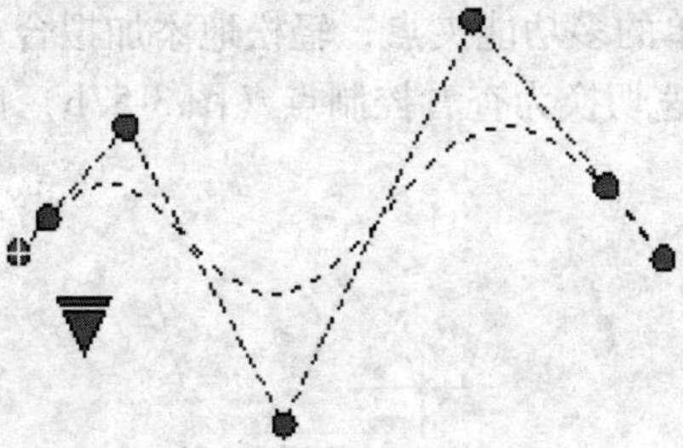

a)

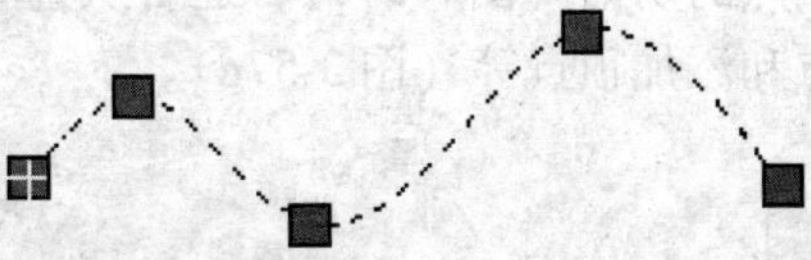

b)

图3-56　拟合数据对样条曲线编辑点的影响

a）拟合前（控制点）　b）拟合后（拟合点）

选择此选项后，命令行提示：

输入拟合数据选项

［添加(A)/闭合(C)/打开(O)/删除(D)/移动(M)/清除(P)/相切(T)/公差(L)/退出(X)］<退出>：

使用这些选项可以对拟合点进行修改，从而改变样条曲线的形状。

1）添加（A） 在样条曲线中增加拟合点。

2）闭合（C） 闭合一条开式样条曲线，并沿该闭合的样条曲线起点的切线闭合。

3）打开（O） 打开一条闭合样条曲线，它的作用与“闭合（C）”选项相反。

4）删除（D） 删除指定的拟合点，根据剩余的拟合点调整样条曲线。

5）移动（M） 移动样条曲线的控制点位置，从而改变样条曲线的形状。

6）清除（P） 删除样条曲线上的拟合点，样条曲线以控制点显示，回到上一级命令行。

7）相切（T） 修改样条曲线起点和终点的切线方向。

8）公差（L） 改变样条曲线允许公差值。若公差值为零，则画出的曲线严格通过每一个编辑调整点。若公差值大于零，则画出的曲线与编辑调整点的距离在该公差范围内即可。

9）退出（X） 返回到 SPLINEDIT 主提示。

（4）编辑顶点（E） 对控制点进行操作，以进一步调整样条曲线的形状。键入 E 后，命令行提示：

输入顶点编辑选项［添加控制点(A)/删除(D)/提高阶数(E)/添加折点(K)/移动(M)/权值(W)/退出(X)］<退出>：

1）添加控制点（A） 在指定部位添加新的控制点。

2）删除（D） 删除指定的控制点。

3）提高阶数（E） 增加样条曲线上控制点的数量。

4）添加折点（K） 在样条曲线上的选定点处添加节点和拟合点。

5）移动（M） 重新定位样条曲线的控制顶点并清理拟合点。

6）权值（W） 改变指定控制点的权数，权值越大，样条曲线越接近控制点。

7）退出（X） 返回到 SPLINEDIT 主提示。

（5）转换为多段线（P） 将样条曲线转换为多段线。

（6）反转（E） 使样条曲线反转方向。

（7）放弃（U） 取消最后一次操作，可以重复使用。

（8）退出（X） 结束该命令。

对于样条曲线的编辑，还可借助于带有动态菜单的多功能夹点，轻松地添加拟合点，可更改端点的切向（图 3-57a），还可从查看拟合点快速切换为查看控制点（图 3-57b）以及拉伸顶点和添加顶点等（图 3-57c）。

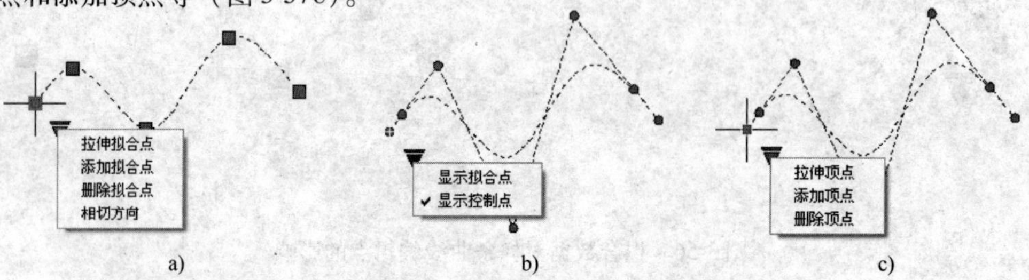

a) b) c)

图 3-57 利用动态菜单的多功能夹点编辑样条曲线

3.11　多线编辑

1. 功能　用于编辑多线。

2. 命令格式

（1）菜单栏　修改→对象→多线

（2）键入命令　MLEDIT↓

执行上述命令后，系统弹出“多线编辑工具”对话框，如图3-58所示。

3. 说明　在“多线编辑工具”对话框中，第一列是用于处理十字相交多线的交点模式，第二列是用于处理T字相交多线的交点模式，第三列是用于处理多线的角点和顶点的模式，第四列是用于处理要被断开或连接的多线的模式。

在编辑多线时，点中该对话框中的某一图标，根据提示选择要编辑的多线目标，便可以把编辑目标编辑成图标所示的形状。

图3-58　“多线编辑工具”对话框

3.12　夹点编辑

1. 夹点的基本概念　所谓夹点指的是对象上的一些特殊点，如端点、顶点、中点、中心点、多行文字的位置、单行文字的起点或对齐点等。这些点中，有些是带有动态菜单的多功能夹点（如多段线和图案填充）。在AutoCAD中，利用夹点可以编辑对象的大小、位置、方向、形状以及进行镜像复制操作等。

在命令行提示“命令:”状态下，直接使用默认的“自动”选择模式选择实体对象，被选中对象的角点、顶点、中点、圆心等特征点将自动显示蓝色（默认颜色）小方块、小矩形块、三角标记等，这被称之为夹点（冷夹点），如图3-59所示。

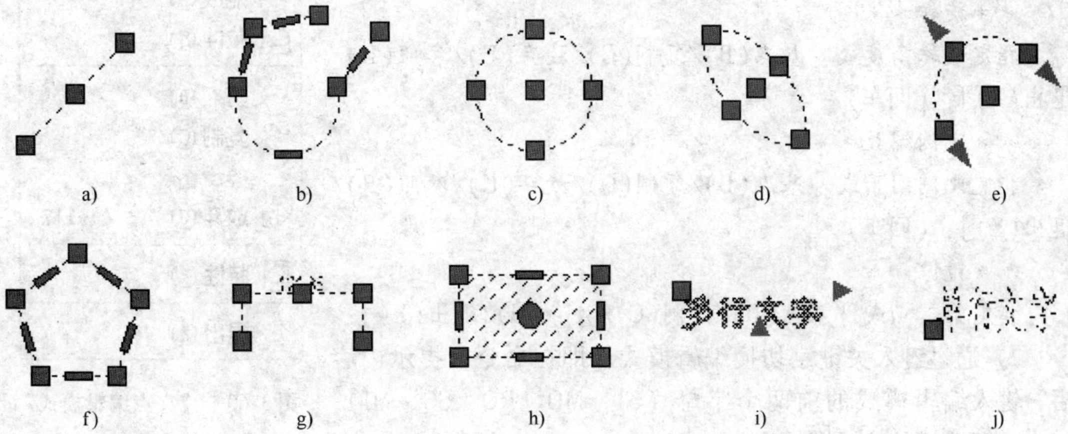

图3-59　常见对象上夹点的位置和形式

当光标移到夹点上时，默认颜色为绿色（悬停夹点颜色），此时单击它，夹点就会变成红色方块（默认颜色为红色），表示此夹点被激活。当按下 Shift 键再单击其他夹点，可同时激活多个夹点。被激活的夹点称为热夹点。以热夹点为基准点，可以对图形对象进行拉伸、移动、旋转、缩放和镜像等操作。

有关夹点及参数的设置，可在“选项”对话框中的“选择集”选项卡（图 3-3）内进行。

2. 夹点编辑操作简介　在不执行任何命令的情况下选择对象，显示其夹点。然后单击其中一个夹点，便进入夹点编辑状态。此时，AutoCAD 自动将其作为拉伸的基点，进入“拉伸”编辑模式，命令行将显示如下提示：

＊＊拉伸＊＊

指定拉伸点或［基点(B)/复制(C)/放弃(U)/退出(X)］：(指定点或输入选项)

命令行选项的功能如下：

1）基点（B）　重新确定拉伸基点。

2）复制（C）　允许确定一系列的拉伸点，以实现多次拉伸。

3）放弃（U）　取消上一次操作。

4）退出（X）　退出当前操作。

夹点编辑有拉伸、移动、旋转、比例缩放和镜像 5 种模式，它们之间的切换有 3 种方法。

1）通过回车循环切换编辑模式　当选中热夹点后回车，可以改变编辑模式。命令行依次显示如下提示：

＊＊拉伸＊＊

指定拉伸点或［基点(B)/复制(C)/放弃(U)/退出(X)］：(回车)

＊＊移动＊＊

指定移动点或［基点(B)/复制(C)/放弃(U)/退出(X)］：(回车)

＊＊旋转＊＊

指定旋转角度或［基点(B)/复制(C)/放弃(U)/参照(R)/退出(X)］：(回车)

＊＊比例缩放＊＊

指定比例因子或［基点(B)/复制(C)/放弃(U)/参照(R)/退出(X)］：(回车)

＊＊镜像＊＊

指定第二点或［基点(B)/复制(C)/放弃(U)/退出(X)］：

2）通过键入关键字切换编辑模式　即在命令行提示内容后，键入编辑模式的前两个字母（ST、MO、RO、SC、MI），便进入所选择的编辑模式。

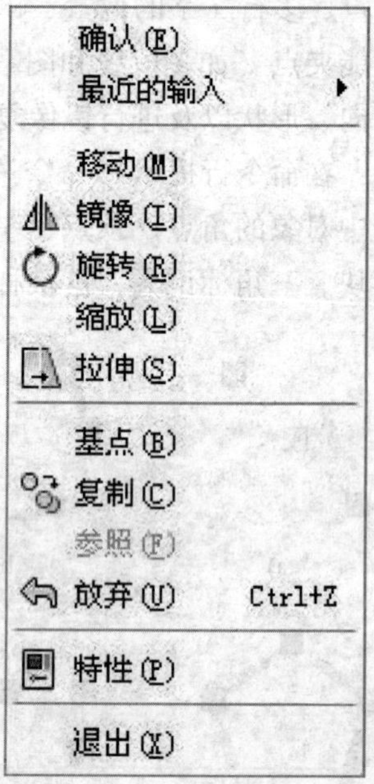

图 3-60　“夹点编辑模式”快捷菜单

3）单击鼠标右键，从弹出的快捷菜单中选择编辑模式（图 3-60）。

值得注意的是，对于某些夹点，拉伸时只能移动对象而不能拉伸对象，如文字、块、直线中点、圆心、椭圆中心和点对象上的夹点。

图 3-61 所示为利用夹点编辑功能拉伸直线和圆。

在拉伸模式的操作中，通过改变热夹点的位置，能使实体拉伸或压缩，也能使实体移动，这关键取决于激活热夹点的位置。对于直线和圆，当热夹点是圆心或直线的中点时，拉伸操作使圆或直线产生移动，如图 3-61a 所示；当热夹点是圆的象限点时，拉伸操作使圆改变直径大小；当热夹点是直线的端点时，拉伸操作改变直线的位置和长短，如图 3-61b 所示。

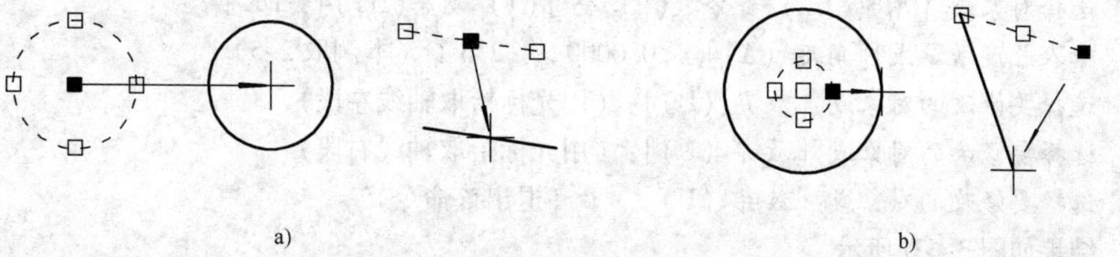

图 3-61　热夹点的位置对拉伸效果的影响

a）圆心或直线中点为热夹点　b）象限点或直线端点为热夹点

3.13　应用举例

例 1　绘制图形（图 3-62）。

作图步骤如下：

第一步：用直线命令绘制轴线 AB = 36，如图 3-63a 所示（可用系统默认的连续线替代，作图过程略）。

第二步：过轴线右端点 B 作垂直线，如图 3-63b 所示（可用构造线命令绘制）。

第三步：用偏移命令作出图形上垂直线的位置线（图 3-63c），（过程略）。

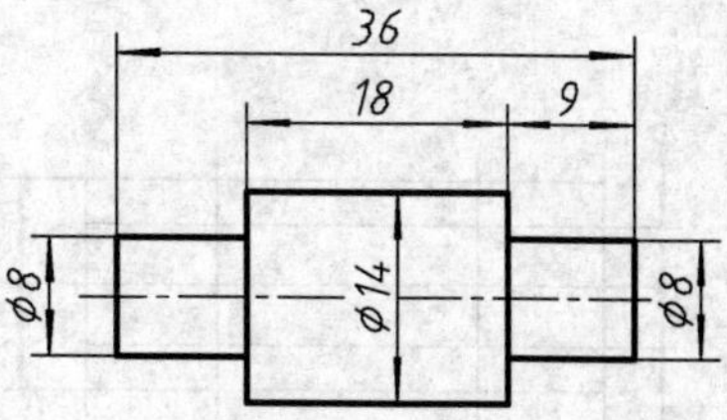

图 3-62　机件图形

第四步：用偏移命令作出图形上水平线的位置线（图 3-63d）。如首先作出距轴线为 4 的两条平行线，操作过程如下：

命令：OFFSET↓

当前设置：删除源 = 否　图层 = 源　OFFSETGAPTYPE = 0

指定偏移距离或［通过(T)/删除(E)/图层(L)］ <45.0000>：L↓

输入偏移对象的图层选项［当前(C)/源(S)］ <源>：C↓

指定偏移距离或［通过(T)/删除(E)/图层(L)］ <45.0000>：4↓

选择要偏移的对象，或［退出(E)/放弃(U)］ <退出>：(选择轴线)

指定要偏移的那一侧上的点，或［退出(E)/多个(M)/放弃(U)］ <退出>：M↓

指定要偏移的那一侧上的点，或［退出(E)/放弃(U)］ <下一个对象>：(指定轴线上方一点)

指定要偏移的那一侧上的点，或［退出(E)/放弃(U)］<下一个对象>：(指定轴线下方一点)

指定要偏移的那一侧上的点，或［退出(E)/放弃(U)］<下一个对象>：↓

选择要偏移的对象，或［退出(E)/放弃(U)］<退出>：↓（退出该命令）

用同样的方法，完成图形上距轴线为 7 的两条平行线，如图 3-63d 所示。

第五步：用修剪命令编辑修改图形（图 3-63e)，(过程略)。

第六步：用拉长命令拉长轴线（图 3-63f)。操作过程如下：

命令：LENGTHEN↓

选择对象或［增量(DE)/百分数(P)/全部(T)/动态(DY)］：DE↓

输入长度增量或［角度（A)］<0.0000>：2.5↓（本例取 2.5)

选择要修改的对象或［放弃（U)］：(用光标拾取轴线左段)

选择要修改的对象或［放弃（U)］：(用光标拾取轴线右段)

选择要修改的对象或［放弃（U)］：↓（退出该命令）

结果如图 3-63f 所示。

第七步：标注尺寸等，完成全图（略)。

也可用其他方法作出图 3-62。

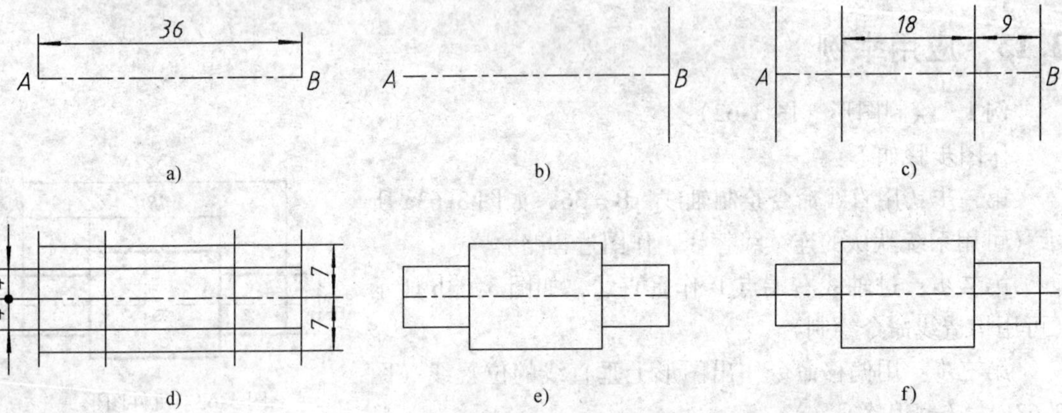

图 3-63　作图过程

例 2　绘制图形（图 3-64)。

作图步骤如下：

第一步：用直线命令绘制左上圆的中心线，如图 3-65a 所示（可用系统默认的连续线替代)。

第二步：用偏移命令，作出右下圆的中心线，如图 3-65b 所示（作图过程略)。

第三步：画出 $\phi18$、$\phi12$、$\phi10$、$\phi5$ 四个圆，如图 3-65c 所示（作图过程略)。

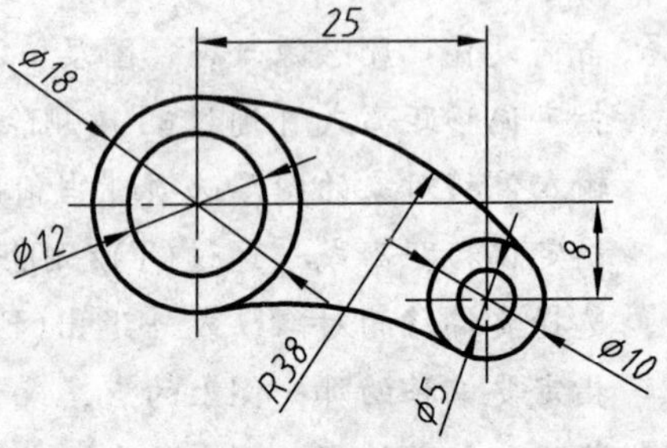

图 3-64　机件图形

第四步：用圆角命令作出 R30 连接圆弧（图 3-65d)。(也可先作出一个分别与 $\phi18$、$\phi10$ 圆相外切的半径为 30 的圆，然后再作修剪编辑）。操作过程如下：

命令：FILLET↓

当前设置：模式 = 修剪，半径 = 15.0000

选择第一个对象或［放弃(U)/多段线(P)/半径(R)/修剪(T)/多个(M)］：R↓

指定圆角半径 <15.0000>：30↓

选择第一个对象或［放弃(U)/多段线(P)/半径(R)/修剪(T)/多个(M)］：（拾取 ϕ18 圆，请注意拾取位置）

选择第二个对象，或按住 Shift 键选择要应用角点的对象：（拾取 ϕ10 圆，请注意拾取位置）

结束命令，完成 R30 圆弧，如图 3-65d 所示。

第五步：作出 R38 连接圆弧。方法是先作出一个分别与 ϕ18、ϕ10 圆相内切的半径为 38 的圆，然后再编辑修改，完成图形。

1）利用画圆命令，作出一个分别与 ϕ18、ϕ10 圆相内切的半径为 38 的圆（图 3-65e）。操作过程如下：

命令：CIRCLE↓

指定圆的圆心或［三点(3P)/两点(2P)/切点、切点、半径(T)］：T↓

指定对象与圆的第一个切点：（拾取 ϕ18 圆，请注意拾取位置）

指定对象与圆的第二个切点：（拾取 ϕ10 圆，请注意拾取位置）

指定圆的半径 <14.0000>：38↓

结束命令，作出半径为 38 的圆，如图 3-65e 所示（限于篇幅，图中用局部画法表示圆）

2）可用修剪、打断、拉长等命令，编辑修改图形，结果如图 3-65f 所示。经标注尺寸等，便得到如图 3-64 所示图形。

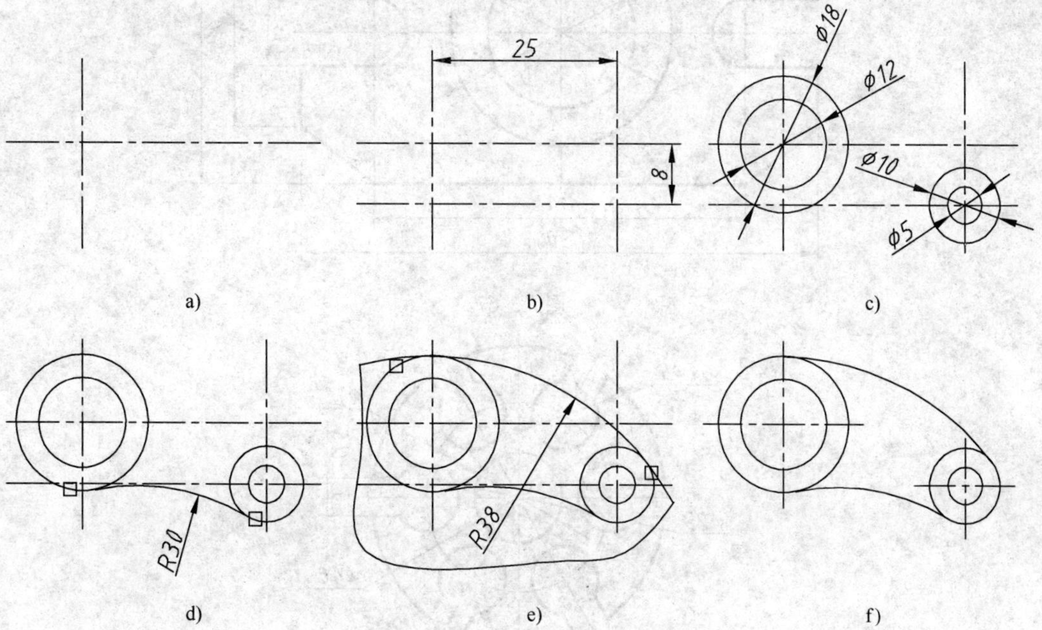

图 3-65　作图过程

思考与练习题三

1. 选择对象的方式有哪些?
2. 复制命令和移动命令有哪些异同点?
3. 修剪命令与延伸命令有什么区别?
4. 拉长命令与延伸命令有哪些异同点?
5. 删除命令、打断命令和修剪命令有哪些相同及不同之处?
6. 绘制如图 3-66 ~ 图 3-72 所示图形，不标注尺寸。

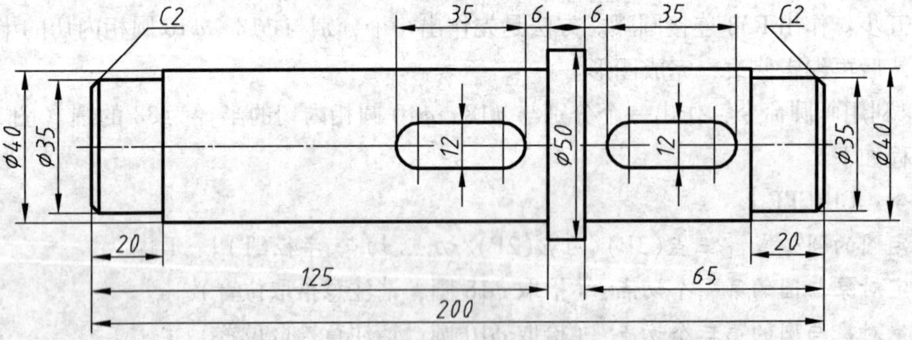

图 3-66

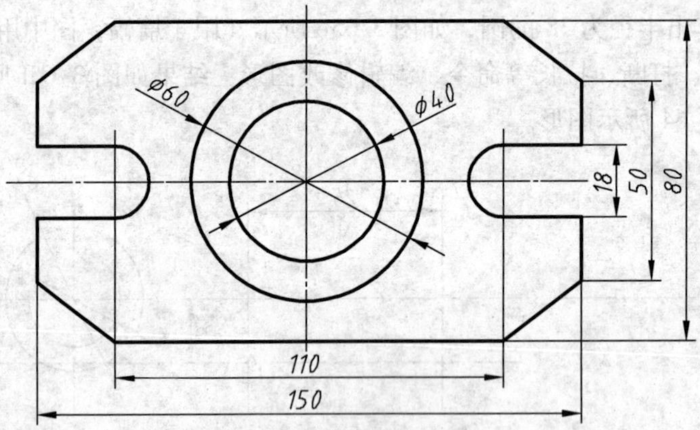

图 3-67

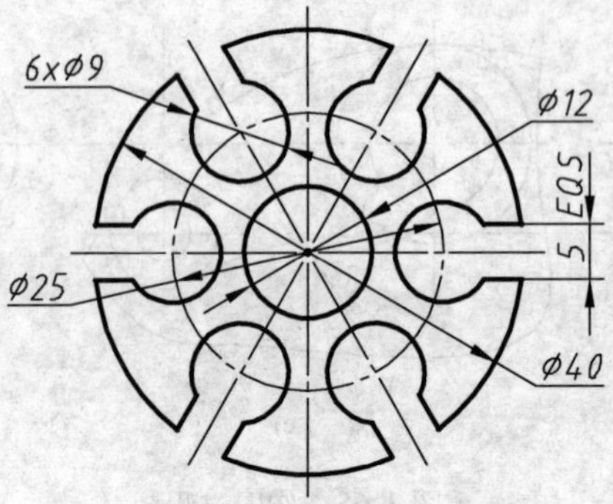

图 3-68

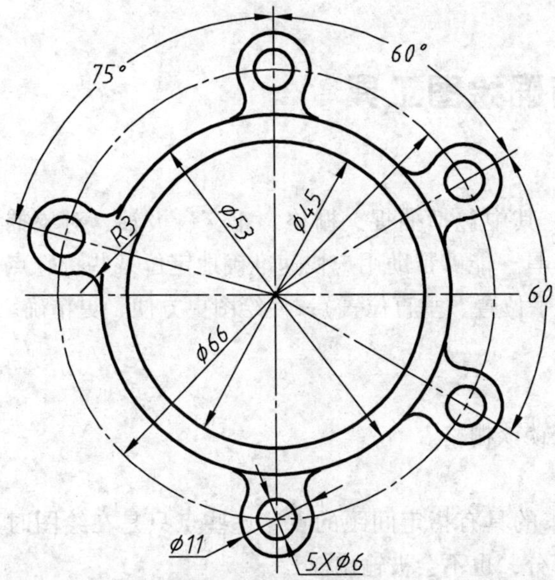

图 3-69

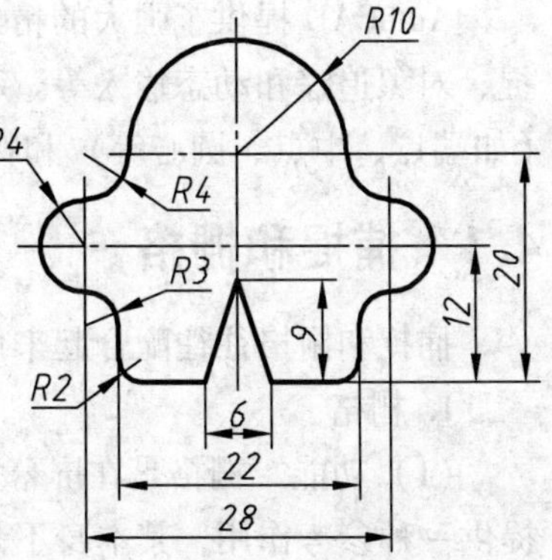

图 3-70

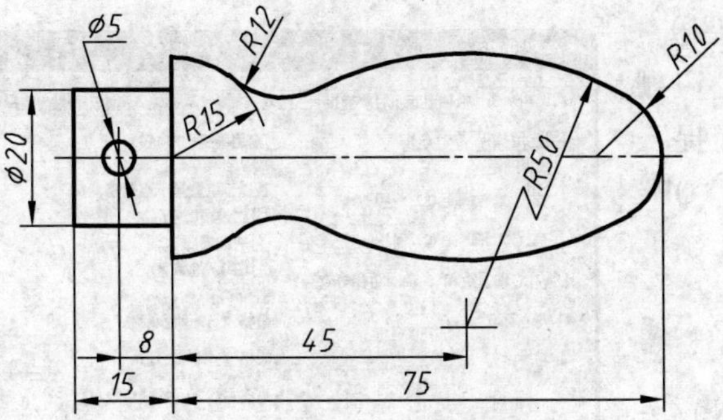

图 3-71

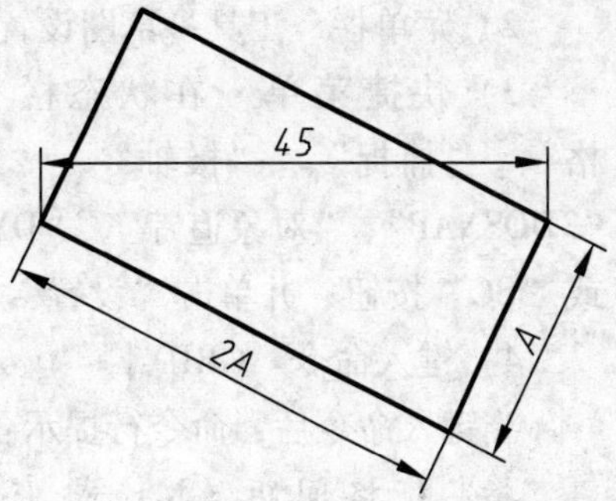

图 3-72

第 4 章　精确绘图工具

AutoCAD 提供了强大的精确绘图的功能，其中包括捕捉、栅格、正交、极轴、对象捕捉、对象追踪和动态输入等。利用这些辅助工具，能够帮助用户快速准确地定位某些特殊点（如端点、中点、圆心等）和特殊位置（如水平位置、垂直位置），使绘图更方便、更精确。

4.1　捕捉和栅格

捕捉和栅格往往配合起来使用，下面先来谈谈栅格。

1. 栅格

（1）功能　栅格是在屏幕上可以显示出来的具有指定间距的点。这些点只是在绘图时提供一种参考作用，其本身不是图形的组成部分，也不会被输出。

（2）命令格式

1）工具栏　对象捕捉→按钮

2）菜单栏　工具→草图设置（图 4-1）

3）快捷菜单　在状态栏上右击“栅格”、“捕捉”、“极轴”、“对象捕捉”、“3DOSNAP”、“对象追踪”、“DYN”、“QP”或“SC”按钮，并单击“设置”。

4）键入命令　GRID↓

当键入命令后，命令行提示：

指定栅格间距（X）或［开(ON)/关(OFF)/捕捉(S)/主(M)/自适应(D)/界限(L)/跟随(F)/纵横向间距(A)］ <当前值>：(输入选项)

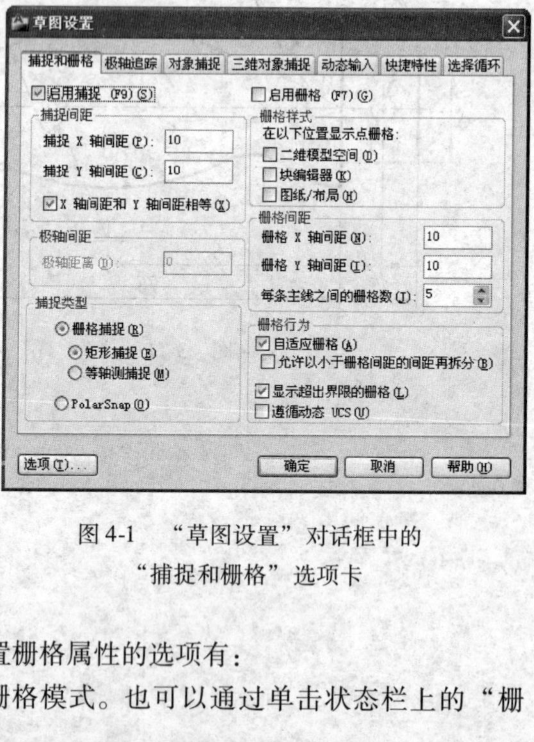

图 4-1　“草图设置”对话框中的“捕捉和栅格”选项卡

可以看出上述提示选项与图 4-1 中“栅格”项内容项基本相同。下面仅介绍“捕捉和栅格”选项卡内的相关内容。

（3）“捕捉和栅格”选项卡设置栅格属性选项说明　在“捕捉和栅格”选项卡中，设置栅格属性的选项有：

1）“启用栅格”复选按钮　打开或关闭栅格模式。也可以通过单击状态栏上的“栅格”，按 F7 键，来打开或关闭栅格模式。

2）“栅格样式”区　用于设置栅格样式。栅格样式分为点栅格和线栅格。

3）“栅格间距”区　用于设置栅格点在 X 轴方向和 Y 轴方向上的距离，以及控制栅格的显示。

4）“栅格行为”区

①“自适应栅格”复选框　选中此项，则可允许以小于栅格间距的距离再拆分。

②“显示超出界线的栅格”复选框　选中此项，则可显示超出界限部分的栅格。

③“跟随动态 UCS”复选框　设置是否跟随动态 UCS。

在 AutoCAD 默认的新图设置中，窗口显示的范围比较大，因此打开栅格显示后，全部栅格将出现在左下角，此时只需要执行 ZOOM 命令中的“全部（A）”项，就可以将栅格显示在绘图区域。

2. 捕捉

（1）功能　捕捉工具的作用是准确地对准到设置的捕捉间距点上，用于准确定位和控制间距，捕捉和栅格设置位于同一个选项卡内，如图 4-1 所示。

（2）命令格式

1）工具栏　对象捕捉→按钮

2）菜单栏　工具→草图设置（图 4-1）

3）快捷菜单　在状态栏上右击“栅格”、“捕捉”、“极轴”、“对象捕捉”、“3DOSNAP”、“对象追踪”、“DYN”、“QP”或“SC”按钮，并单击“设置”。

4）键入命令　SNAP↓

当键入命令后，命令行提示：

指定捕捉间距或［开(ON)/关(OFF)/纵横向间距(A)/样式(S)/类型(T)］<当前值>：(输入选项)

可以看出上述提示选项与图 4-1 中“捕捉”项内容基本相同。下面仅介绍“捕捉和栅格”选项卡内的相关内容。

（3）“捕捉和栅格”选项卡设置捕捉属性选项说明　在“捕捉和栅格”选项卡中，设置捕捉属性的选项有：

1）“启用捕捉”复选按钮　打开或关闭捕捉模式。也可以通过单击状态栏上的“捕捉”，按 F9 键，来打开或关闭捕捉模式。

2）“捕捉间距”区　控制捕捉位置的不可见矩形栅格，以限制光标仅在指定的 X 向和 Y 向间隔内移动。间距值必须为正实数。如果间距设置得太小，可能在屏幕上无法显示。

3）极轴间距　控制“PolarSnap”增量距离。只有当“捕捉类型”选定为“PolarSnap”（极轴捕捉）后，该项才可用。如果该值为 0，则 PolarSnap 距离采用“捕捉 X 轴间距”的值。如果启用了“捕捉”模式，并在极轴追踪打开的情况下指定点，光标将沿着“极轴追踪”选项卡上相对于极轴追踪起点设置的极轴对齐角度进行捕捉。

“极轴距离”设置与“极轴追踪”和“捕捉”功能应结合使用，否则“极轴距离”设置无效。

（4）“捕捉类型”区　设置捕捉样式和捕捉类型。

栅格捕捉　设置栅格捕捉类型，分为矩形捕捉和等轴测捕捉两种方式。

① 矩形捕捉　将捕捉样式设置为“矩形捕捉”模式。当捕捉类型设置为“栅格捕捉”并且打开“捕捉”模式时，光标将捕捉矩形捕捉栅格，如图 4-2 所示。

② 等轴测捕捉　将捕捉样式设置为“等轴测捕捉”模式。当捕捉类型设置为“栅格捕捉”并且打开“捕捉”模式时，光标将捕捉等轴测捕捉栅格。

当用户需要在二维平面上绘制正等轴测图时，可将十字光标切换为正等轴测光标。正等轴测光标有三种形式，分别对应于三个正等轴测平面，如图 4-3 所示。它们之间的切换可通过功能键 F5 或组合键“Ctrl + E”来实现。

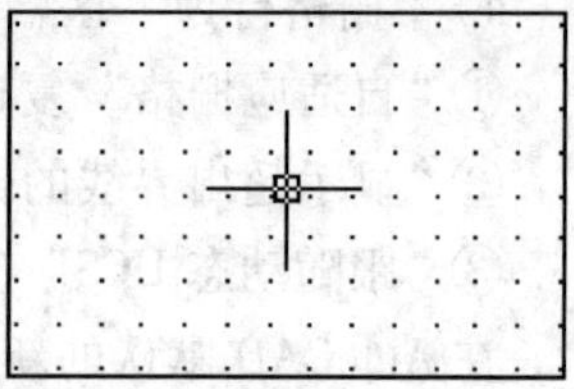

图 4-2　矩形捕捉栅格

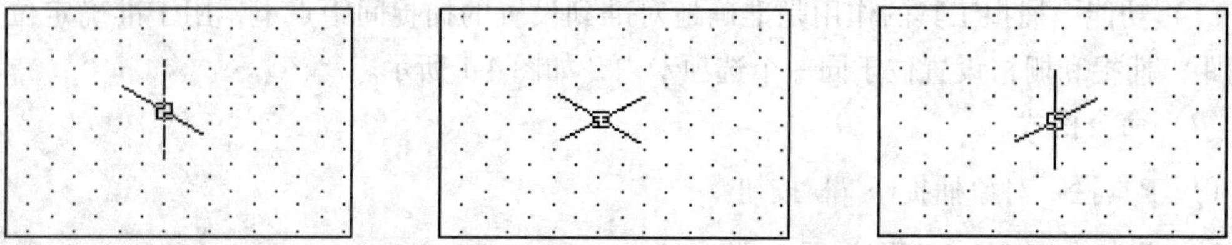

a)　　b)　　c)

图 4-3　等轴测捕捉栅格的三种样式

a）等轴测平面　左视　b）等轴测平面　俯视　c）等轴测平面　右视

例如，一个 100×80×60 的长方体，在其前面（100×60）的中点有一半径为 25 的圆，左面（80×60）的中点有一半径为 20 的圆，顶面（100×80）的中点有一半径为 30 的圆。试画出其正等轴测图（图 4-4c）。

操作过程如下：

a. 选择“工具→草图设置”，打开“草图设置”对话框，从中选择“捕捉和栅格”选项卡。

b. 选中“启用捕捉”复选框，在“捕捉类型”区内选择“栅格和捕捉”和“等轴测捕捉”单选按钮。然后单击“确定”按钮，关闭“草图设置”对话框。

c. 连续按 F5 键，直至命令行显示“<等轴测平面　右视>”，将等轴测面的右平面设置为当前平面。

d. 在“绘图”工具栏中单击“直线”按钮，在绘图窗口中适当位置单击确定直线的起点，依次指定点（@100<30）、（@60<90）、（@100< -150）和（@60< -90），便绘出长方体前面（100×60）的等轴测图（图 4-4a）。亦可用正交方式绘出。

e. 在长方体前面的中点作半径为 25 的圆的等轴测图（等轴测圆）（图 4-4b）。方法是连接四边形对角线，并以其交点作为圆心画等轴测圆。画等轴测圆的方法如下：

命令：ELLIPSE↓

指定椭圆轴的端点或［圆弧(A)/中心点(C)/等轴测圆(I)］：I↓

指定等轴测圆的圆心：(取对角线的交点)

指定等轴测圆的半径或［直径（D)］：25↓

结束命令，结果如图 4-4b 所示。

f. 连续按 F5 键，直至命令行显示“<等轴测平面左视>”，将等轴测面的左平面设置为当前平面。作出长方体左侧面（80×60）的等轴测图及以其中点为圆心的半径为20的等轴测圆（过程略）。

g. 连续按F5键，直至命令行显示“<等轴测平面 俯视>”，将等轴测面的顶平面设置为当前平面。作出长方体顶面（100×80）的等轴测图及以其中点为圆心的半径为30的等轴测圆（过程略）。

结束命令，结果如图4-4c所示。

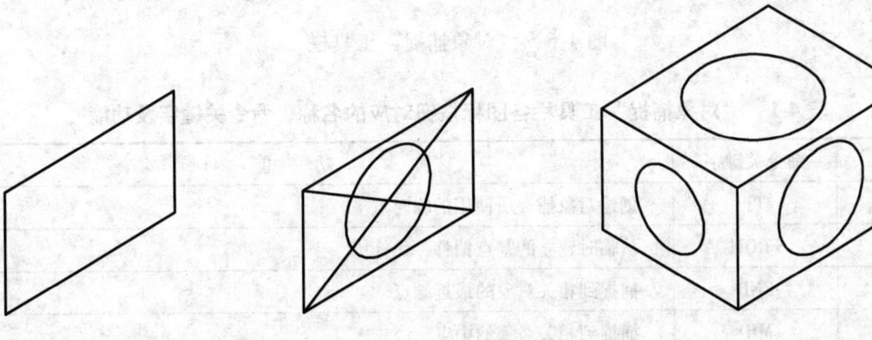

a)　　b)　　c)

图4-4　画正等轴测图

4.2　正交模式

所谓正交，是指在作图时，当指定第一个点后，连接光标和起点的橡皮筋线总是平行于X轴或Y轴，从而迫使第二个点与第一个点的连线平行于X轴或Y轴，如图4-5所示。当捕捉类型设为“等轴测捕捉”时，该模式将使绘制的直线平行于三个等轴测坐标轴中的一个。

可通过单击状态栏上的“正交”按钮、使用ORTHO命令、按F8键或“Ctrl+O”打开或关闭正交模式。

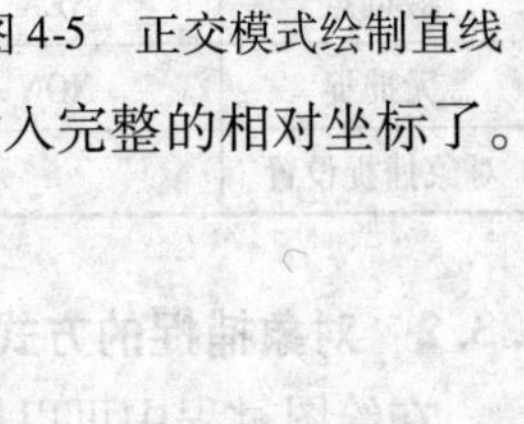

图4-5　正交模式绘制直线

图4-5所示为常用的使用正交模式绘制直线。这时，系统就只能画出水平或垂直的直线。由于正交功能已经限制了直线的方向，所以要绘制一定长度的直线时，只需直接输入长度值，而不再需要输入完整的相对坐标了。

4.3　对象捕捉

4.3.1　对象捕捉的概念

在绘图过程中，如果启用对象捕捉功能，当命令行提示输入点时，只要将光标移到某些特征点（如直线的端点、圆心、两直线的交点、垂足等）附近，系统就会自动地捕捉到这些点的位置。因此，对象捕捉的实质是对对象特征点的捕捉。对象捕捉模式共13种，其工具栏如图4-6所示。“对象捕捉”工具栏各图标按钮对应的名称、命令关键字及功能见表4-1。

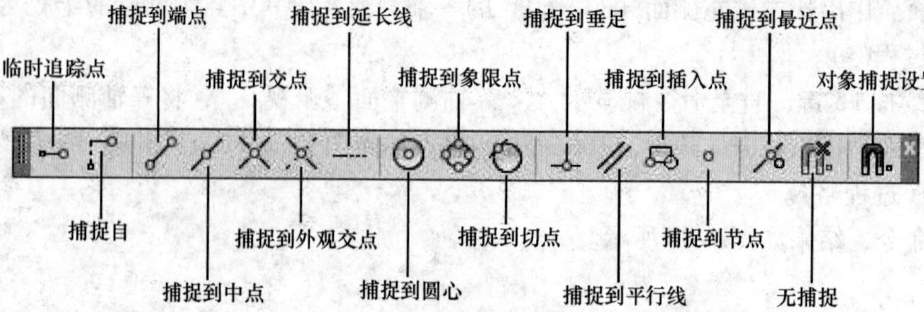

图 4-6 “对象捕捉”工具栏

表 4-1 “对象捕捉”工具栏各图标按钮对应的名称、命令关键字及功能

名　称	命令关键字	功　能
临时追踪点	TT	创建对象捕捉所使用的临时点
捕捉自	FROM	从临时建立的基点偏移
端点	END	捕捉到相关对象的最近端点
中点	MID	捕捉到相关对象的中点
交点	INT	捕捉到相关对象之间的交点
外观交点	APP	捕捉空间两个对象的投影交点
延长线	EXT	捕捉直线和圆弧的延长线路径上的点
圆心	CEN	捕捉到相关对象的圆心
象限点	QUA	捕捉到位于圆、椭圆或弧段上 0°、90°、180°、270°处的点
切点	TAN	捕捉与圆、圆弧、椭圆、椭圆弧或样条曲线相切的点
垂足	PER	捕捉到与圆弧、圆、椭圆、椭圆弧、直线、多线、多段线、射线、及样条曲线等正交的点
平行线	PAR	选定路径上一点，使通过该点的直线与已知直线平行
插入点	INS	捕捉相关对象（块、图形、文字或属性）的插入点
到节点	NOD	捕捉到点对象、标注定义点或标注文字起点
最近点	NEA	捕捉到相关对象离拾取点最近的点
无捕捉	NON	关闭下一个点的对象捕捉模式
对象捕捉设置		设置对象捕捉模式

4.3.2 对象捕捉的方式

在绘图过程中可以用两种方式设置对象捕捉：单点捕捉和自动捕捉。

1. 单点捕捉　单点捕捉是一种一次性的捕捉模式，是在 AutoCAD 提示指定一点时选择的一个特定的捕捉点。这种捕捉模式是一次性的，不能反复使用。

设置单点捕捉模式有以下三种方法：

（1）输入关键字　当 AutoCAD 提示指定一点时，用键盘输入某一对象捕捉的关键字（表 4-1），即可进行单点捕捉。

（2）单击“对象捕捉”工具栏图标按钮　当 AutoCAD 提示指定一点时，单击“对象捕捉”工具栏中的某一图标按钮（图 4-6）即可进行单点捕捉。

（3）选择“对象捕捉”快捷菜单选项　当 AutoCAD 提示指定一点时，按 Shift 键或 Ctrl 键，并在绘图区内单击鼠标右键便打开“对象捕捉”快捷菜单（图 4-7）。单击选择需要的对象捕捉点，系统将会捕捉到该点。

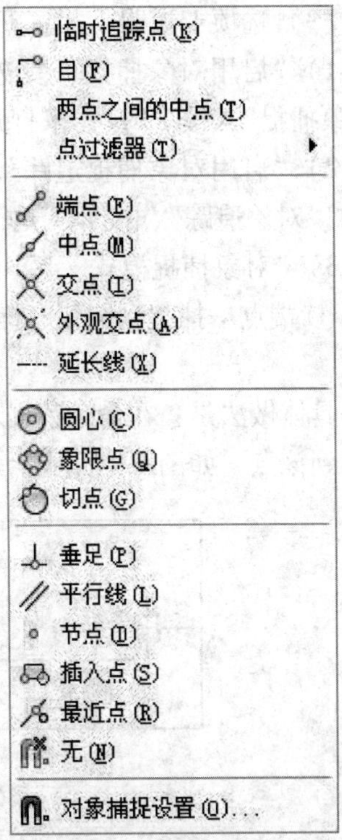

图 4-7　“对象捕捉”快捷菜单

2. 自动捕捉

（1）功能　在 AutoCAD 提示指定一点时，可利用已设置的自动对象捕捉功能连续、准确地捕捉到某些特殊点。在命令操作中只要对象捕捉打开，捕捉方式即可生效。

（2）命令格式

1）工具栏　对象捕捉→ 按钮

2）菜单栏　工具→草图设置→“对象捕捉”选项卡

3）快捷菜单　在状态栏上右击“栅格”、“捕捉”、“极轴”、“对象捕捉”、“3DOSNAP”、“对象追踪”、“DYN”、“QP”或“SC”按钮，并单击“设置”。

4）键入命令　OSNAP↓

执行上述命令后，系统弹出“草图设置”对话框，其“对象捕捉”选项卡如图 4-8 所示。

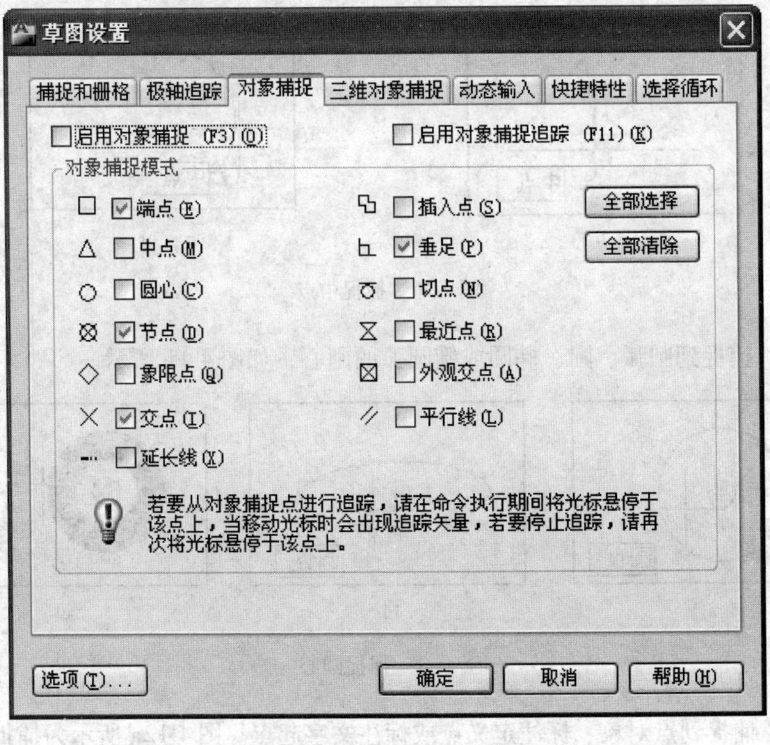

图 4-8　“草图设置”对话框的“对象捕捉”选项卡

（3）选项卡说明

1）“启用对象捕捉”复选框　打开或关闭执行对象捕捉。也可以通过单击状态栏上的“对象捕捉”，按 F3 键，来打开或关闭对象捕捉。

2）“启用对象捕捉追踪”复选框　打开或关闭对象捕捉追踪。也可以通过单击状态栏上的“对象追踪”，按 F11 键，来打开或关闭对象捕捉追踪。

3）“对象捕捉模式”区

① 端点　捕捉到圆弧、椭圆弧、直线、多线、多段线线段、样条曲线或射线等最近的端点。

具体做法是：在命令行提示指定点时，将光标移至需要捕捉的点附近，单击鼠标左键即捕捉到该点，如图 4-9 所示。

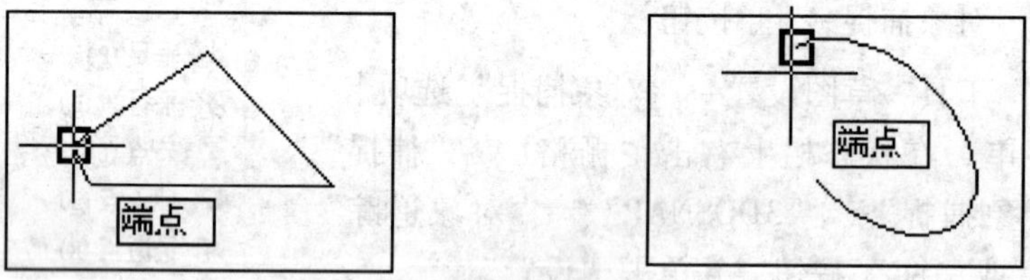

a)　　b)

图 4-9　捕捉端点

② 中点　捕捉到圆弧、椭圆、椭圆弧、直线、多线、多段线线段等的中点，如图 4-10 所示。

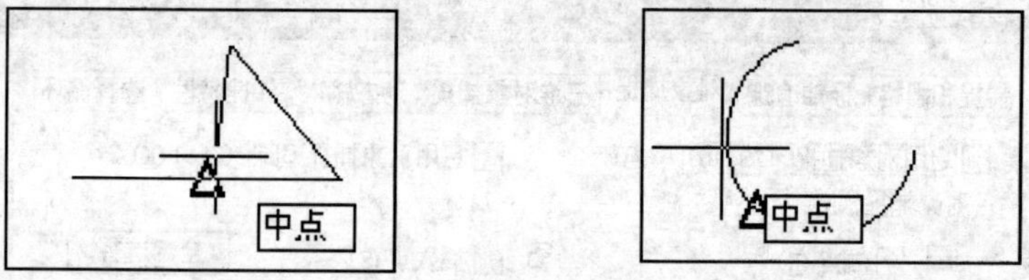

a)　　b)

图 4-10　捕捉中点

③ 圆心　捕捉到圆弧、圆、椭圆或椭圆弧的圆心，如图 4-11 所示。

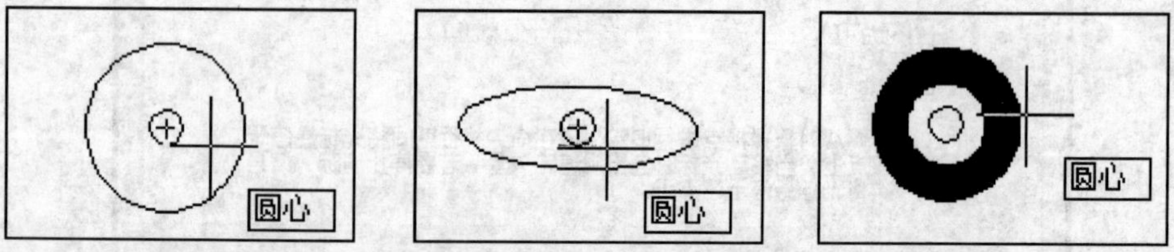

a)　　b)　　c)

图 4-11　捕捉圆心

④ 节点　捕捉到点对象、标注定义点或标注文字起点。图 4-12a 所示为捕捉到定数等分点、图 4-12b 所示为捕捉文字的起点。

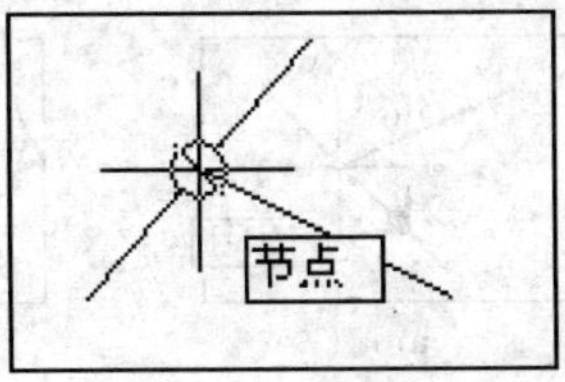

a)

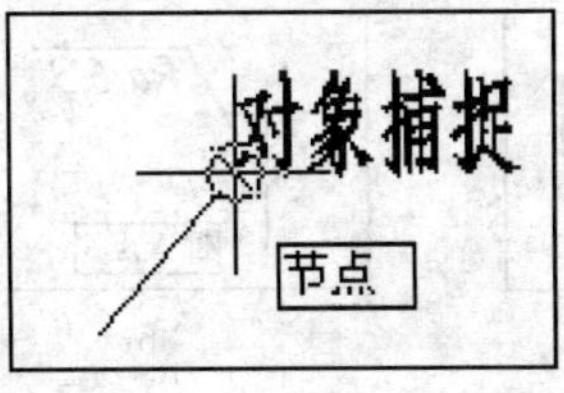

b)

图 4-12　捕捉节点

⑤ 象限点　捕捉到圆、圆弧、椭圆或椭圆弧上 0°、90°、180°、270°处的点，如图 4-13 所示。

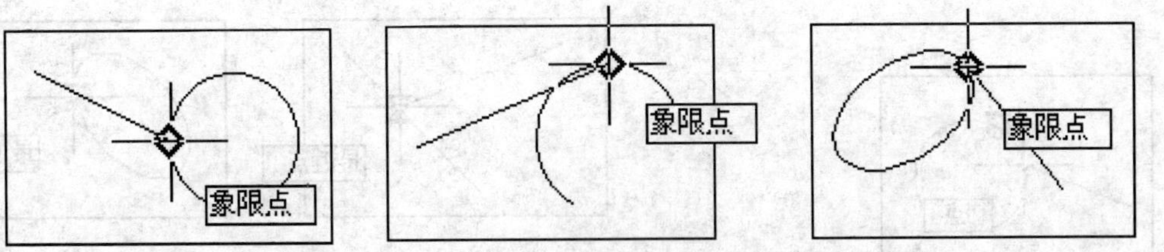

a)　b)　c)

图 4-13　捕捉象限点

⑥ 交点　捕捉到两图形元素的交点，这些对象包括圆弧、圆、椭圆、椭圆弧、直线、多线、多段线、射线或样条曲线等，如图 4-14 所示。

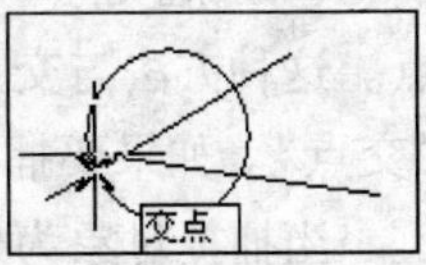

图 4-14　捕捉交点

⑦ 延长线　捕捉到直线或圆弧的延长线路径上的点。在命令行提示指定点时，首先将光标放于延长段的一端，端点上会出现一个“+”标记，表示延长线已经选定，可以用于延长。沿着延长路径移动光标将显示一个临时延长路径，以便用户使用延长线路径上的点绘制对象。图 4-15a 所示为延长直线、图 4-15b 所示为延长圆弧。该模式与“交点”或“外观交点”一起使用，可以获得延长线交点，如图 4-15c 所示。

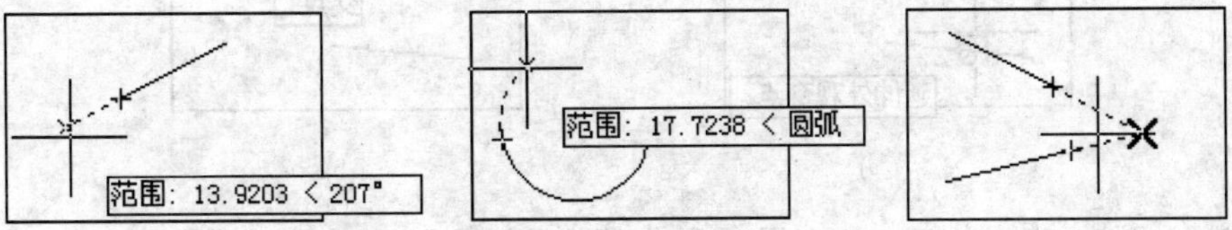

a)　b)　c)

图 4-15　捕捉延长线上的点及捕捉延长线交点

⑧ 插入点　捕捉属性、块、形或文字等的插入点。图 4-16a 所示为捕捉文字插入点、图 4-16b所示为捕捉块的插入点。

⑨ 垂足　捕捉到与圆弧、圆、椭圆、椭圆弧、直线、多线、多段线、射线、样条曲线等正交的点，如图 4-17 所示。

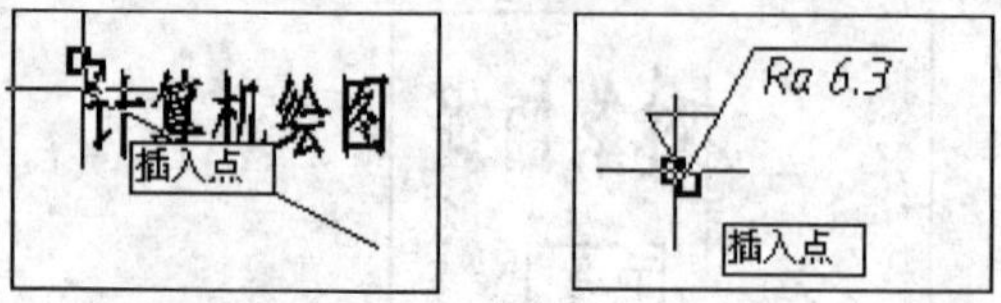

a) b)

图 4-16　捕捉插入点

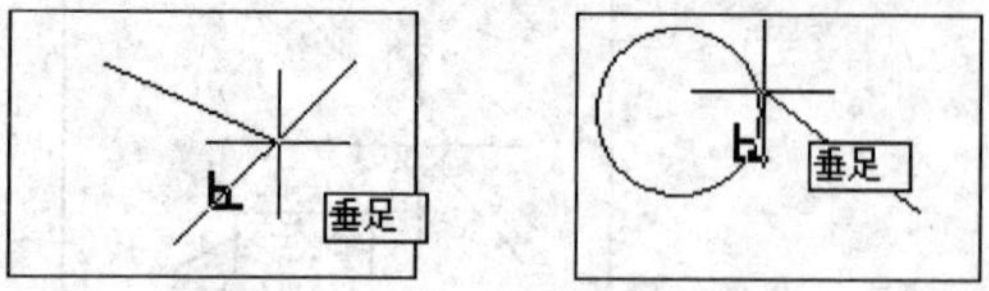

a) b)

图 4-17　捕捉垂足

⑩ 切点　捕捉与圆、圆弧、椭圆、椭圆弧或样条曲线相切的点，如图 4-18 所示。

⑪ 最近点　捕捉该对象上和拾取点最靠近的点。这些对象包括圆、圆弧、椭圆、椭圆弧、直线、多线、点、多段线、射线或样条曲线等，如图 4-19 所示。

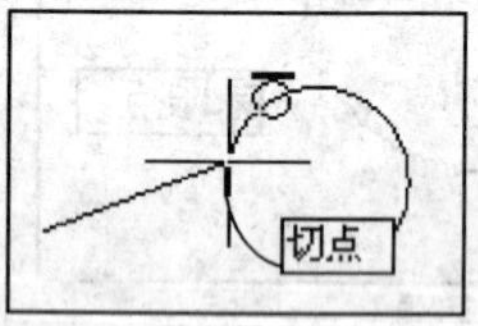

图 4-18　捕捉切点

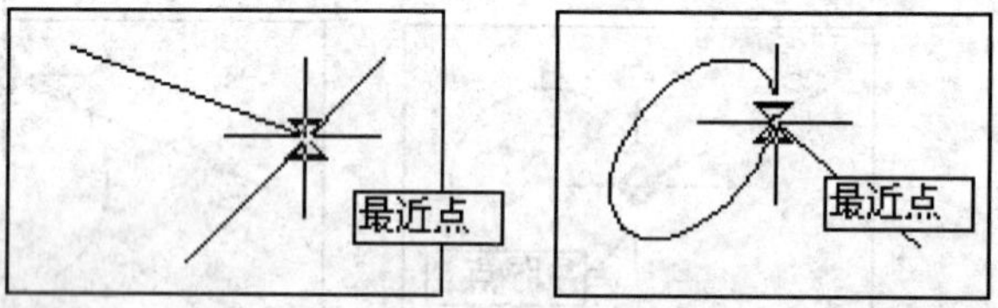

a) b)

图 4-19　捕捉最近点

⑫ 外观交点　捕捉不在同一平面上但是可能看起来在当前视图中相交的两个对象的交点。这种方法与交点设定类似，但这两个对象并不真正相交，用“交点”模式无法捕捉该“交点”。如果要捕捉该点，应该设定成“外观交点”。

当捕捉对象为外观交点时，在命令行提示指定点时，首先将光标移至其中一个对象上，这时显示“延长外观交点”的捕捉标记，如图 4-20a 所示；拾取一点后，再将光标移至另一个对象附近，那么在外观交点处即出现“交点”的捕捉标记，单击鼠标左键即捕捉到该外观交点，如图 4-20b 所示。

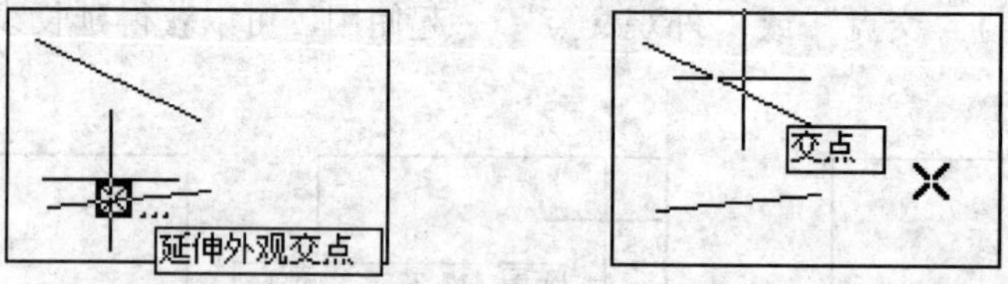

a) b)

图 4-20　捕捉外观交点

⑬ 平行线　使绘制的直线段和选定的对象平行。具体做法是：在命令行提示指定点时，首先指定直线的起点，再选择“平行线”模式（亦可采用自动捕捉），然后移动光标到想与之平行的直线上，光标处会出现一个“//”符号，如图 4-21a 所示；移开光标后，直线段上仍留有“ + ”标记，如图 4-21b 所示；当移动光标使橡皮筋线与平行对象平行时，屏幕显示一条虚线与所选直线段平行，并动态显示光标所处位置相对于前一点的极坐标值，用户可在虚线上拾取一点，或采用直接输入距离法确定一点，该点与前一点的连线必须平行于所选的

平行对象，如图 4-21c 所示。这种对象捕捉类型只用于第一点以后的点的输入，且必须在非正交状态下进行。

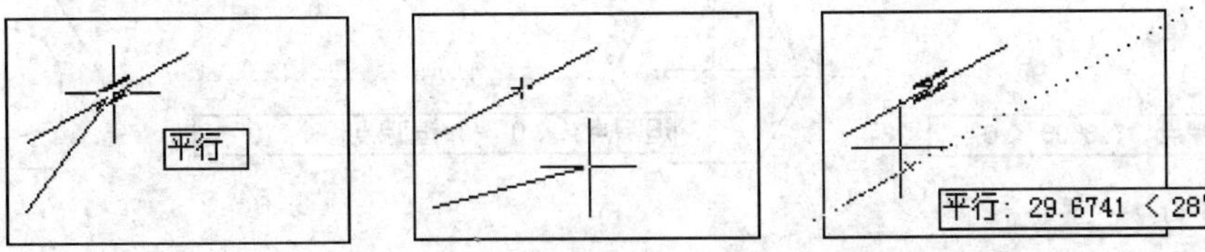

a)　　b)　　c)

图 4-21　捕捉平行线的操作

3. “临时追踪点”和“捕捉自”工具

在“对象捕捉”工具栏中，还有两个非常有用的工具，即“临时追踪点”和“捕捉自”。

(1)“临时追踪点”工具　是用来创建对象捕捉所使用的临时点。利用临时追踪点，用户可在一次操作中创建多条追踪线，然后根据这些追踪线确定所要定位的点。

例 1　使用“临时追踪点”工具，从 P_1 点临时追踪到 P_3 点（图 4-22）。

操作过程如下：

命令：_ line

指定第一点：<对象捕捉　开>TT↓（或按钮 ）（启用“临时追踪点”工具）

指定临时对象追踪点：（拾取 P_1 点）

指定第一点：TT↓

指定临时对象追踪点：20↓（使用直接距离输入方法确定 P_2 点）

指定第一点：30↓（使用直接距离输入方法确定 P_3 点）

指定下一点或［放弃（U）］：（后面步骤与绘制直线方法相同）

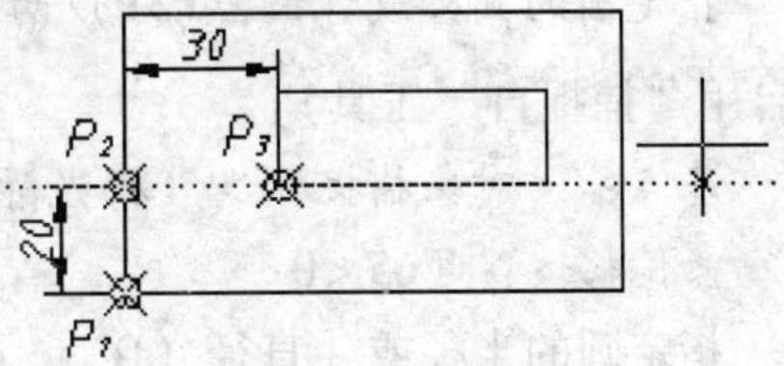

图 4-22　“临时追踪点”功能的应用

“临时追踪点”与“对象追踪捕捉”的不同是：捕捉点之前的追踪不画出线段，这可以在绘图时减少线条的重叠和编辑工作。

例 2　以正六边形的中心为圆心作一圆。

操作过程如下：

命令：CIRCLE↓

指定圆的圆心或［三点(3P)/两点(2P)/切点、切点、半径(T)］：TT↓

指定临时对象追踪点：（拾取 A 点——端点，右移光标，如图 4-23a 所示）

指定圆的圆心或［三点(3P)/两点(2P)/切点、切点、半径(T)］：TT↓

指定临时对象追踪点：（拾取 B 点——中点，下移光标，让两条追踪线垂直相交，如图 4-23b所示）

指定圆的圆心或［三点(3P)/两点(2P)/切点、切点、半径(T)］：（左击确认）

指定圆的半径或［直径（D）］<7.4869>：（输入半径）

结果如图 4-23c 所示。

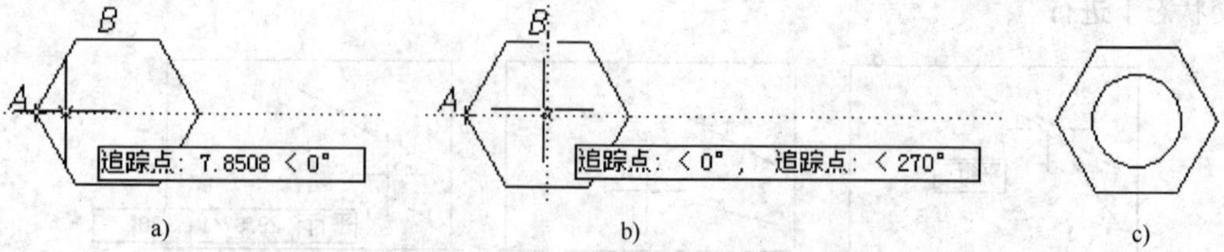

图 4-23 “临时追踪点”功能的应用

(2)“捕捉自”工具 定义从某对象偏移一定距离的点。从技术上讲，它并不是对象捕捉模式，但它经常与对象捕捉一起使用。当使用相对坐标指定下一个应用点时，“捕捉自”工具提示输入使用的基点。它建立一个临时参考点，这与通过输入前缀@ 使用最后一个点作为参考点类似。

例 3 如图 4-24a 所示，绘制一个与当前圆圆心相距 65（正右方），半径为 18 的圆。

操作过程如下：

命令：CIRCLE↓

指定圆的圆心或［三点(3P)/两点(2P)/切点、切点、半径(T)］：FROM↓（或 按钮）（启用“捕捉自”工具）

基点：<对象捕捉开>（将光标移到当前圆的周边附近捕捉圆心，如图 4-24b 所示）

<偏移>：@65 <0↓

指定圆的半径或［直径（D）］ <6.0000>：18↓

结果如图 4-24c 所示。

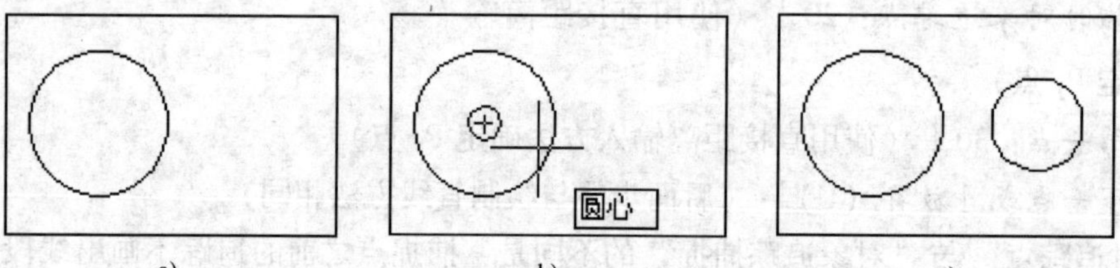

图 4-24 “捕捉自”功能的应用

4.4 极轴追踪

(1) 功能 极轴追踪实际上是极坐标的一个应用。该功能可以使光标沿着指定角度的方向移动，从而很快找到需要的点。

(2) 命令格式

1) 工具栏 对象捕捉→ 按钮

2) 菜单栏 工具→草图设置

3) 快捷菜单 在状态栏上右击“栅格”、“捕捉”、“极轴”、“对象捕捉”、“3DOSNAP”、

“对象追踪”、“DYN”、“QP”或“SC”按钮，并单击“设置”。

4）键入命令　DSETTINGS↓

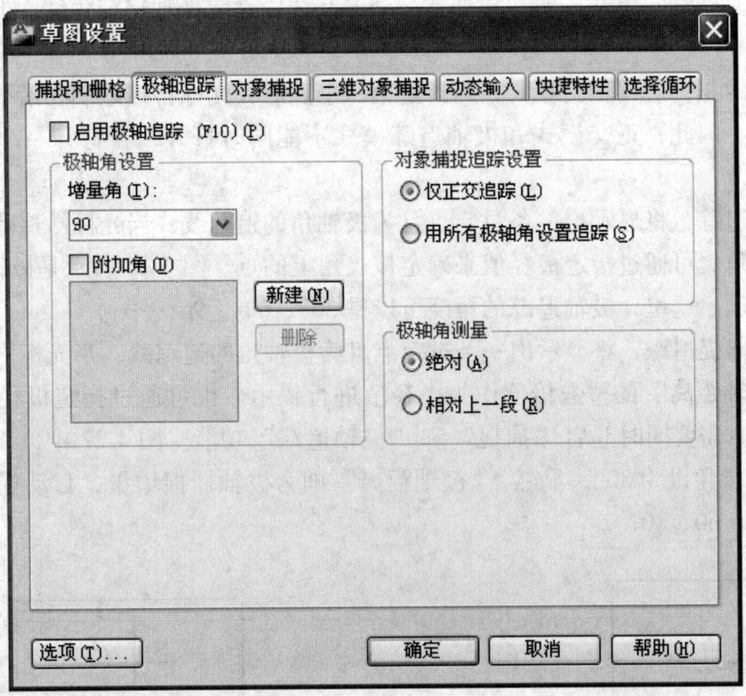

图 4-25　“草图设置”对话框的“极轴追踪”选项卡

执行上述命令后，系统弹出“草图设置”对话框，其中“极轴追踪”选项卡如图 4-25 所示。

（3）选项卡说明

1）“启用极轴追踪”复选框　打开或关闭极轴追踪功能。也可以通过单击状态栏上的“极轴”，按 F10 键，来打开或关闭极轴追踪。

2）“极轴角设置”区　用于设置极轴追踪角度。

①“增量角”下拉列表框　用于选择极轴追踪角度。当光标的相对角度等于该角，或者是该角的整数倍时，屏幕上将显示追踪路径——追踪线（虚线）。单击右侧箭头，用户可以从下拉列表框中选择一个角度值。用户也可以从文本框中输入角度，自行设置其他角度作为极轴追踪的增量角。

②“附加角”复选框　增加任意角度值作为极轴追踪角度。当选中该复选框后，单击“新建”按钮，或“删除”按钮，可以加入或删除一个附加的角度值。

3）“对象捕捉追踪设置”区　设置对象捕捉追踪选项。

①“仅正交追踪”单选按钮　当对象捕捉追踪打开时，仅显示已获得的对象捕捉点的正交（如水平和垂直方向）对象捕捉追踪路径。

②“用所有极轴角设置追踪”单选按钮　将极轴追踪设置应用于对象捕捉追踪。使用对象捕捉追踪时，光标将从获取的对象捕捉点起沿极轴对齐角度进行追踪。

4）“极轴角测量”区　用于设置极轴追踪的角度测量基准。

①“绝对”单选按钮　以当前用户坐标系为基准确定极轴追踪角度。

②“相对上一段”单选按钮　根据上一个绘制线段确定极轴追踪角度。上一段直线所在的方向为0°。

值得注意的是，启用正交模式，当指定第一个点后，光标将被限制在沿平行于X轴或Y轴的方向移动。因此，正交模式和极轴追踪模式不能同时打开，若打开一个，另一个自动关闭。

使用极轴追踪，将显示出一条过定点且为极轴角的追踪线，当光标沿追踪线移动时将提示极径值和极角。可通过指定极径值来确定该极角上的点。图4-26所示是极轴增量角为30°的极轴追踪示例。这里，极轴追踪的角度可以是30°、60°、90°……。

使用极轴捕捉追踪，将显示出一条过定点且为极轴角的追踪线，当光标沿追踪线移动时系统将按“极轴距离”的整数倍值作为极径值进行提示。也可通过指定极径值来确定该极角上的点。这时需要同时开启“捕捉”和“极轴追踪”功能。图4-27中，“极轴距离”设为20，极轴增量角设为30°，显然，“极轴距离”即为极轴捕捉增量，自动捕捉点的极轴距离可为20、40、60、80…。

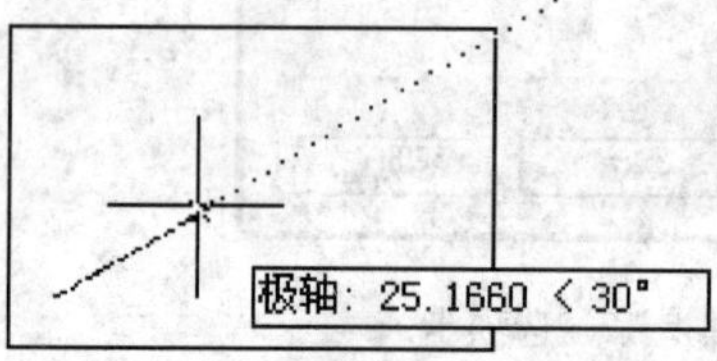

图4-26　极轴追踪示例

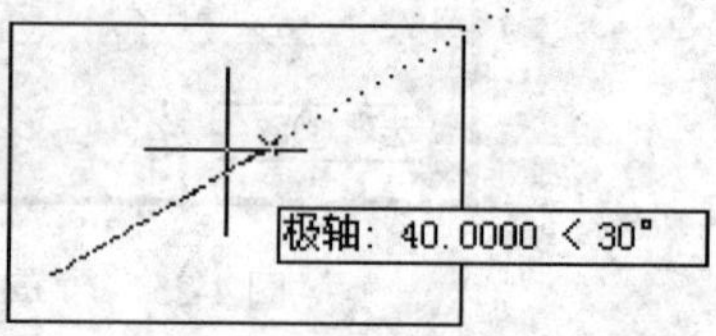

图4-27　极轴捕捉追踪示例

4.5　对象捕捉追踪

对象捕捉追踪是在对象捕捉功能基础上发展起来的，该功能可以使光标从对象捕捉点开始，沿着对齐路径进行追踪，并找到需要的精确位置。对齐路径是指和对象捕捉点水平对齐、垂直对齐，或者按设置的极轴追踪角度对齐等的方向。

对象捕捉追踪应与对象捕捉功能配合使用。使用对象捕捉追踪功能之前，必须先设置好对象捕捉点。

对象捕捉追踪功能的设置见4.4极轴追踪。

打开/关闭对象捕捉追踪的方法有：

1）按功能键F11。

2）单击状态栏上的“对象追踪”按钮。

3）选中“对象捕捉”选项卡中的“启用对象捕捉追踪”复选框。

在绘图过程中，当要求输入点的位置时，将光标移动到一个对象捕捉点附近，不要单击鼠标，只需暂时停顿即可获取该点。已获取的点显示为一个蓝色靶框标记。可以同时获取多个点。获取点之后，当在绘图路径上移动光标时，相对点的水平、垂直或极轴对齐路径将会显示出来，如图4-28所示。

当对齐路径出现时，极坐标的极角就已经确定了。这时可以在命令行中直接输入极径值以确定点的位置。

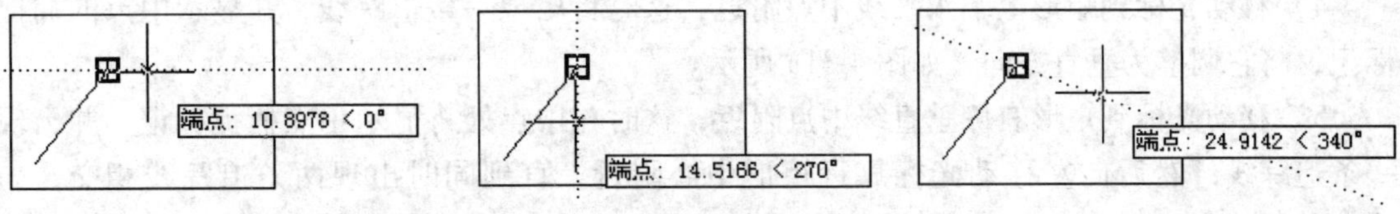

a)　　b)　　c)

图 4-28　对象捕捉追踪

a）水平对齐　b）垂直对齐　c）极轴对齐

对象捕捉追踪可以捕捉到追踪线上的点或两条追踪线的交点，如图 4-29 所示。

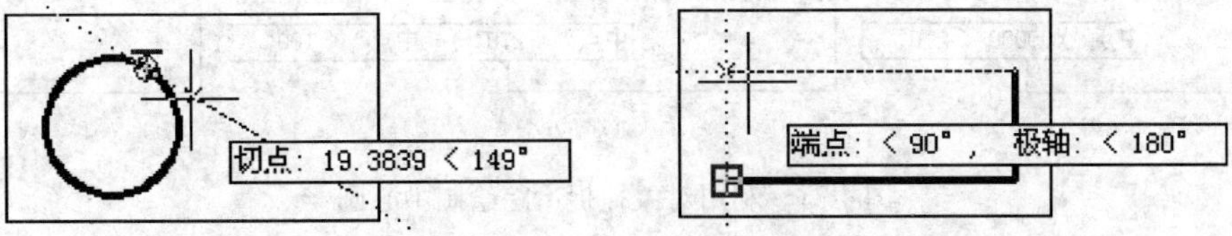

a)　　b)

图 4-29　对象捕捉追踪

a）基于切点捕捉一条追踪线上的点　b）基于端点捕捉两条追踪线的交点

例 1　已知直线 AB，再画以 A 为起点、C 为终点的直线，而 B、C 两点与 X 轴成 15°角，且相距 30（图 4-30）。

操作过程如下：

1）打开“草图设置”对话框，在“极轴追踪”选项卡的“极轴角设置”栏中选择 15°为增量角，在“对象捕捉追踪设置”栏选中“用所有极轴角设置追踪”。

在“捕捉和栅格”选项卡的“捕捉类型”栏选中“PolarSnap”项即极轴捕捉，在“极轴间距”栏中设置极轴距离为 30。

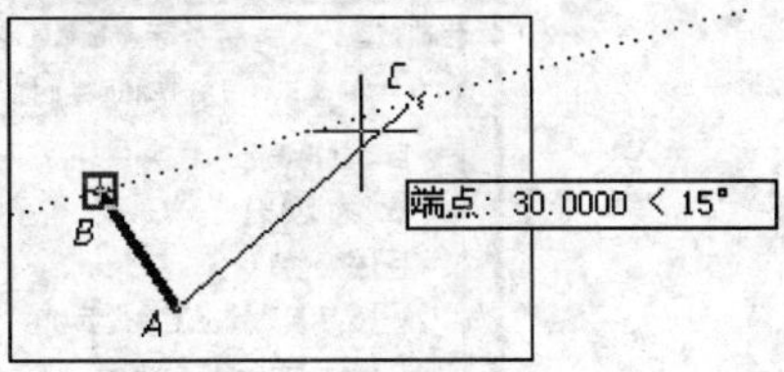

图 4-30　“对象捕捉追踪”的应用

在“对象捕捉”选项卡中设置“端点”对象捕捉模式，并选取“启用对象捕捉”、“启用对象捕捉追踪”和“启用极轴追踪”复选框。

单击状态栏上的“捕捉”按钮，打开“捕捉”功能，以便捕捉极轴距离 30。

2）调用直线命令，并捕捉点 A，确定 A 为 AC 的起点。

3）移动光标到 B 点并临时获取它。

4）从 B 点向大致 C 点的方向移动光标，将显示一条过 B 点的追踪线。沿追踪线方向移动光标，直到追踪提示为 30 时单击鼠标左键确定点 C，即为所画 AC 直线。

例 2　画一个以已知矩形中心为圆心、半径为 10 的圆（图 4-31）。

操作过程如下：

1）选择绘制圆命令。

2）打开状态栏上的“对象追踪”功能。

3）设置自动对象捕捉的中点捕捉模式并打开状态栏上的对象捕捉功能。

4）移动光标到矩形上端水平线中点附近，这时将出现一条追踪线，并显示中点的捕捉标记，将它调整为垂直方向，如图4-31a所示。

5）移动光标到矩形右侧垂直线中点附近，这时在中点处将显示中点捕捉标记，并出现一条追踪线，然后向左移动光标靠近矩形中心附近，直到同时出现两条追踪线相交，如图4-31b所示。

6）单击鼠标左键，定位两条追踪辅助线的交点为圆心。

7）在命令行提示下，输入10，即在矩形中心绘出一半径为10的圆，如图4-31c所示，

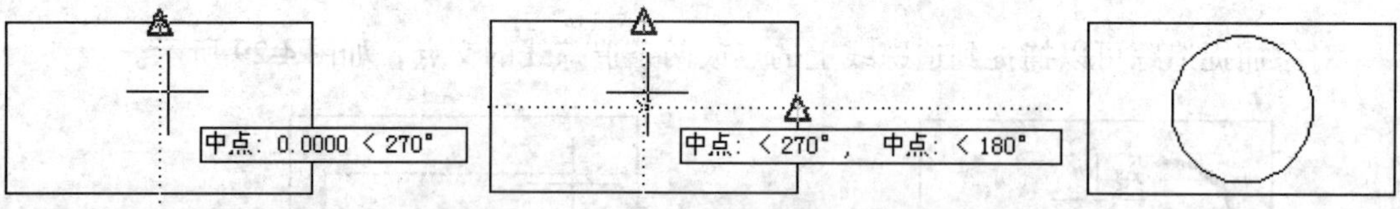

a)　　b)　　c)

图4-31　利用对象捕捉追踪绘制中心圆

4.6　“选项”对话框中的“草图”选项卡

要在AutoCAD中设置自动捕捉和自动追踪编辑功能的选项，可在“选项”对话框中的“草图”选项卡内进行。可通过“工具→选项→草图”或“工具→草图设置→选项(T)...→草图”进入其选项卡，“选项”对话框的“草图”选项卡如图4-32所示。

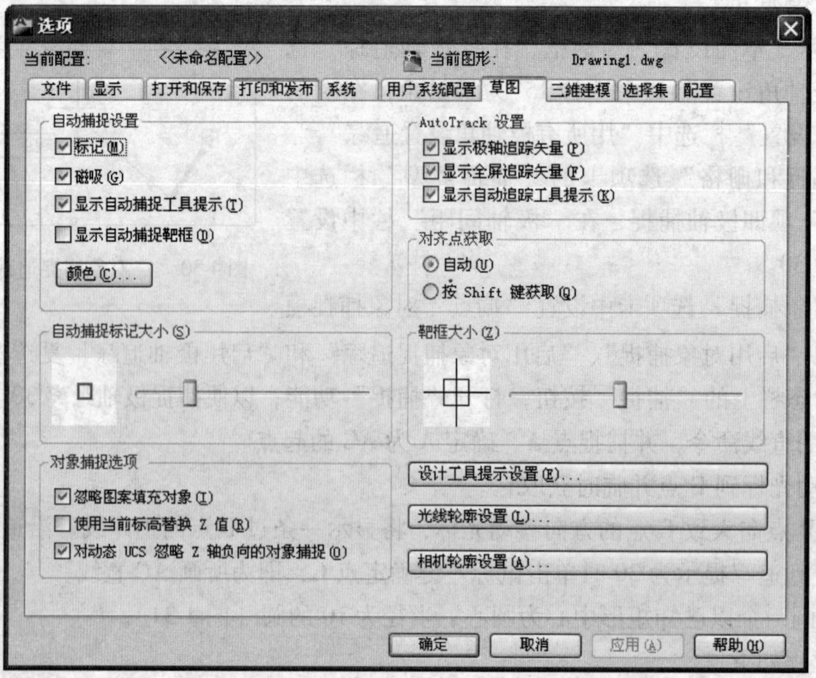

图4-32　“选项”对话框的“草图”选项卡

“选项”对话框中的“草图”选项卡说明：

(1)“自动捕捉设置”区　控制使用对象捕捉时显示的形象化辅助工具（称作自动捕捉）的相关设置。

1)“标记”复选框　控制自动捕捉标记的显示。该标记是当十字光标移到捕捉点上时显示的几何符号。

2)“磁吸”复选框　打开或关闭自动捕捉磁吸。磁吸是指十字光标自动移动并锁定到最近的捕捉点上。

3)“显示自动捕捉工具提示”复选框　控制自动捕捉工具提示的显示。工具提示是一个标签，用来描述捕捉到的对象部分。

4)“显示自动捕捉靶框”复选框　控制自动捕捉靶框的显示。靶框是捕捉对象时出现在十字光标内部的方框。

5) 颜色(C)... 按钮　单击该按钮将显示“图形窗口颜色”对话框（图 4-33）。用来设置应用程序中每个上下文的界面元素的显示颜色。

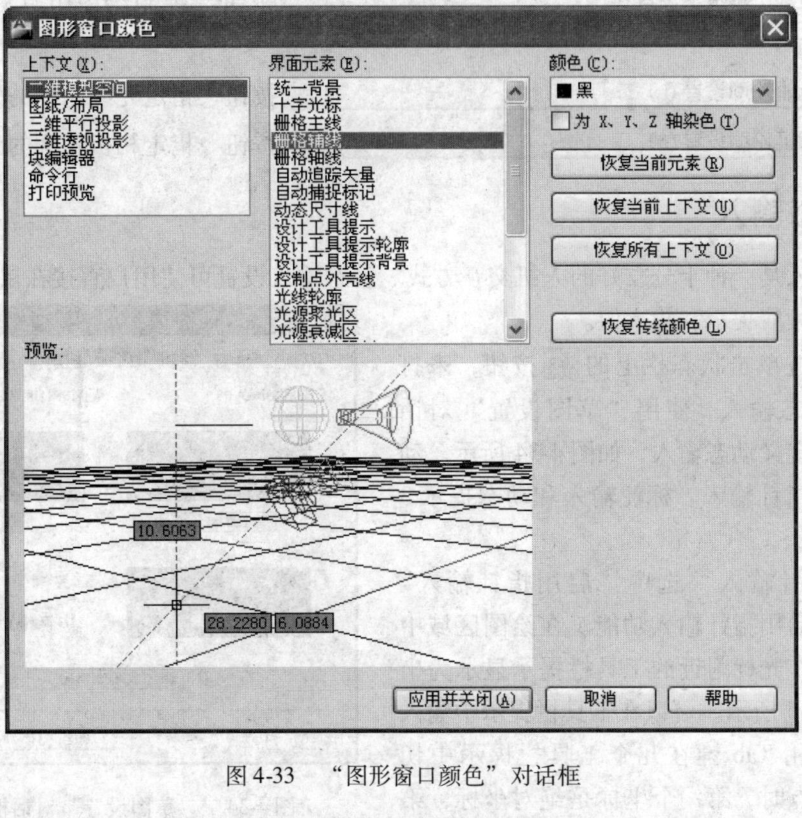

图 4-33　“图形窗口颜色”对话框

(2)“自动捕捉标记大小”区　设置自动捕捉标记的显示尺寸。

(3)“对象捕捉选项”区　用来指定对象捕捉的选项。

1)“忽略图案填充对象”复选框　指定在打开对象捕捉时，对象捕捉忽略填充图案。

2)“使用当前标高替换 Z 值”复选框　指定对象捕捉忽略对象捕捉位置的 Z 值，并使用当前 UCS 设置的标高的 Z 值。

3）“对动态 UCS 忽略负 Z 对象捕捉”复选框　指定使用动态 UCS 期间对象捕捉忽略具有负 Z 值的几何体。

(4)“AutoTrack 设置”即“自动追踪设置”区　控制与“AutoTrack”（自动追踪）方式相关的设置，此设置在极轴追踪或对象捕捉追踪打开时可用。

1）“显示极轴追踪矢量”复选框　用于设置是否显示极轴追踪的矢量数据。

2）“显示全屏追踪矢量”复选框　用于设置是否显示全屏追踪的矢量数据。

3）“显示自动追踪工具栏提示”复选框　用于设置在追踪特征点时，是否显示工具栏上相应按钮的提示文字。

(5)“对齐点获取”区　控制在图形中显示对齐矢量的方法。

1）“自动”按钮　当靶框移到对象捕捉上时，自动显示追踪矢量。

2）“用 Shift 键获取”按钮　当按 Shift 键并将靶框移到对象捕捉上时，将显示追踪矢量。

(6)“靶框大小”区　设置自动捕捉靶框的显示尺寸。

(7) 设计工具提示设置(E)... 按钮　控制绘图工具提示的颜色、大小和透明度。

(8) 光线轮廓设置(L)... 按钮　指定光线轮廓的外观。

(9) 相机轮廓设置(A)... 按钮　指定相机轮廓的外观。

4.7　动态输入

动态输入是一种十分友好的人机交互方式。动态输入设置可使用户直接在鼠标点处快速启动命令、读取提示和输入值。

可以通过单击状态栏上的 DYN 按钮，来打开或关闭动态输入。使用“草图设置”对话框，可以自定义动态输入，如图 4-34 所示。动态输入包括指针输入、标注输入和动态提示 3 项功能。

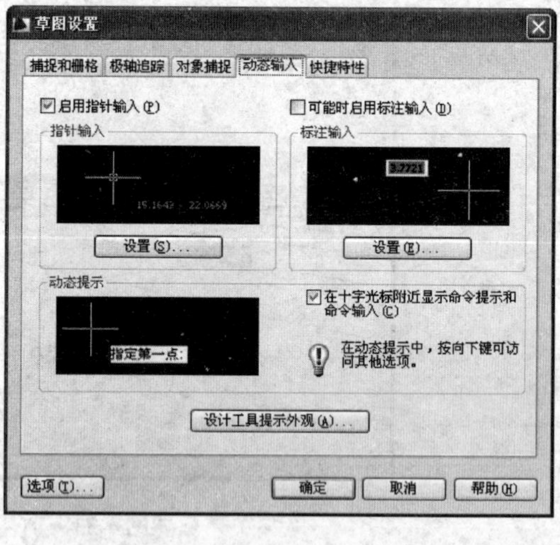

图 4-34　“草图设置”对话框的“动态输入”选项卡

(1) 指针输入　选中“启用指针输入”复选框，则启用指针输入功能。在绘图区域中移动光标时，光标附近的工具栏提示显示为坐标，如图 4-35 所示。可以在工具栏提示中输入坐标值，并用 Tab 键在几个工具栏提示中切换。在指定点时，第一个坐标是绝对坐标，第二个或下一个点的格式是相对极坐标。如果需要输入绝对值，应在其值前加“#”。

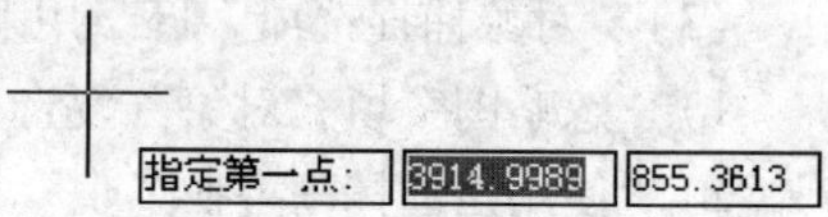

图 4-35　动态指针输入形式

(2) 标注输入　选中“可能时启用标注输入”复选框，则启用标注输入功能。当命令提示输入第二点时，工具栏提示中的距离和角度将随着光标的移动而改变，如图4-36所示。可以在工具栏提示中输入距离和角度值，并用Tab键在它们之间切换。

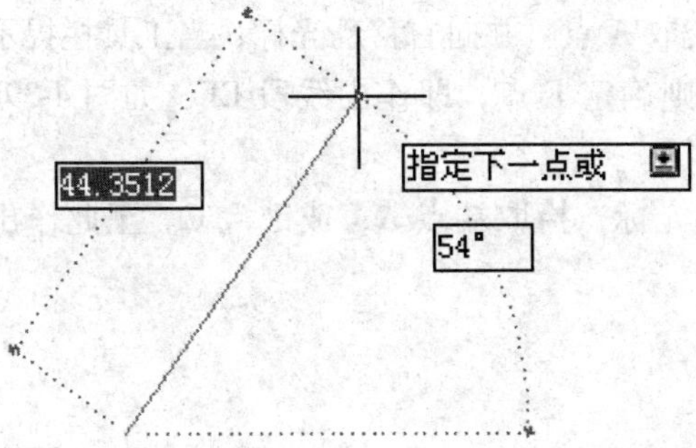

图4-36　动态标注输入形式

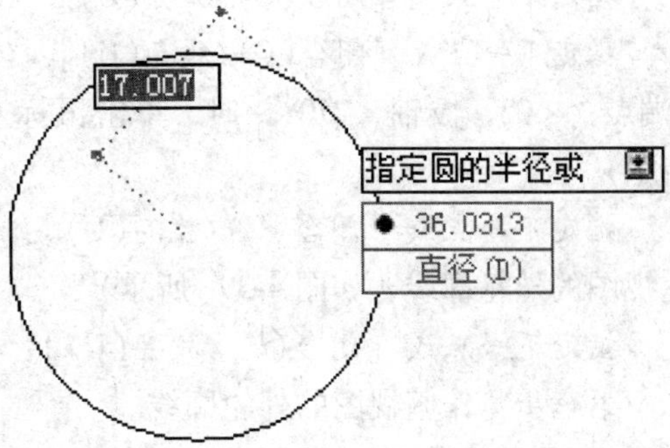

图4-37　动态提示

（3）动态提示　选中“在十字光标附近显示命令提示和命令输入”复选框，则启用动态提示。在光标附近会显示命令提示，可以使用键盘上的“↓”键显示命令其他选项，如图4-37所示，然后在工具栏提示中作出响应。

4.8　应用举例

例1　试用极轴追踪、对象捕捉、对象追踪等工具，完成图4-38所示图形。

作图步骤如下：

第一步：设置自动追踪。

在“草图设置”对话框的“捕捉和栅格”选项卡中，选中“PolarSnap”单选按钮，并将“极轴距离”设置为1；在“极轴追踪”选项卡中，选中“用所有极轴角设置追踪”单选按钮。在“对象捕捉”选项卡中，视作图需要，选用“端点”、“交点”。单击“确定”按钮，关闭“草图设置”对话框。

单击状态栏中的“捕捉”、“极轴（极轴追踪）”、“对象捕捉”、“对象追踪（对象捕捉追踪）”按钮，启用捕捉与追踪功能。

第二步：作主视图的外轮廓线，如图4-39a、b所示。

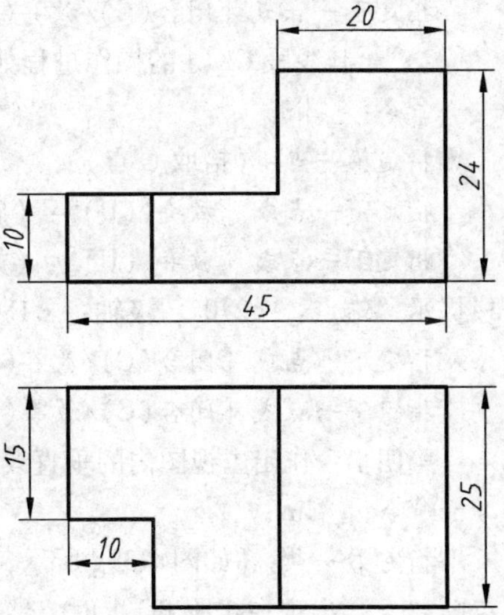

图4-38　平面体图形

操作过程如下：

命令：_ line

指定第一点：（指定A点）

指定下一点或［放弃（U）］：（向下移动光标，这时显示一条追踪线，当自动追踪工具栏提示”极轴：10.0000＜270°“时，单击鼠标左键，则确定B点，即作出线段AB）

指定下一点或［放弃（U）］：（向右移动光标，当工具栏提示“极轴：45.0000＜0°”

时，单击鼠标左键，则确定 C 点，即作出线段 BC）

指定下一点或［闭合(C)/放弃(U)］：（用类似的方法，作出线段 CD）

指定下一点或［闭合(C)/放弃(U)］：（用类似的方法，作出线段 DE，如图 4-39a 所示）

指定下一点或［闭合(C)/放弃(U)］：（临时获取 A 点，并向右移动光标，当工具栏提示“端点：<0°，极轴 <270°”时，单击鼠标左键，则确定 F 点，即作出线段 EF，如图 4-39b 所示）

指定下一点或［闭合(C)/放弃(U)］：（左移光标，拾取端点 A，或键入 C。至此作出主视图的外轮廓线，如图 4-39c 所示）

指定下一点或［闭合(C)/放弃(U)］：↓

第三步：作俯视图的外轮廓线。

1）绘制线段 GHIJ 的操作过程如下：

命令：_ line

指定第一点：（如图 4-39c 所示，临时获取 C 点，向下移动光标，这时显示一条追踪线，当工具栏提示“交点：14.0000 <270°”时，单击鼠标左键，则确定 G 点。这里，主、俯视图间应留出适当的位置，以满足标注尺寸等的要求。也可取其他值）

指定下一点或［放弃（U）］：（如图 4-39d 所示，临时获取 B 点，向下移动光标，当工具栏提示“交点：<270°，极轴：<180°”时，单击鼠标左键，则确定 H 点，即作出线段 GH）

指定下一点或［放弃（U）］：（确定 I 点，即绘出线段 HI）

指定下一点或［闭合(C)/放弃(U)］：（确定 J 点，即作出线段 IJ，如图 4-39e 所示）

指定下一点或［闭合(C)/放弃(U)］：↓

2）绘制线段 GKLJ 的操作过程如下：

命令：_ line

指定第一点：（拾取 G 点）

指定下一点或［放弃（U）］：（确定 K 点，即作出线段 GK 点，如图 4-39f 所示）

指定下一点或［放弃（U）］：（如图 4-39f 所示，临时获取 J 点，向下移动光标，当工具栏提示“端点：<270°，极轴：<180°”时，单击鼠标左键，则确定 L 点，即作出线段 KL）

指定下一点或［闭合(C)/放弃(U)］：（拾取端点 J，即作出线段 LJ，如图 4-39g 所示）

指定下一点或［闭合(C)/放弃(U)］：↓

第四步：作出主视图内的垂直线。操作过程如下：

命令：_ line

指定第一点：（如图 4-39g 所示，临时获取 J 点，并向上移动光标，直到追踪线上的交点即“×”出现在线段 BC 上时，然后拾取即得交点 M）

指定下一点或［放弃（U）］：（向上移动光标，确定 N 点，便作出线段 MN，如图 4-39h 所示）

指定下一点或［放弃（U）］：↓

第五步：作出俯视图内的垂直线（图 4-39h）。操作过程如下：

命令：_ line

指定第一点：（如图 4-39h 所示，临时获取 F 点，并向下移动光标，直到追踪线上的交

点即“×”出现在线段 GH 时，然后拾取即得交点 O）

指定下一点或［放弃（U）］：（向下移动光标，确定 P 点，便作出线段 OP，如图 4-39i 所示）

指定下一点或［放弃（U）］：↓

第六步：去掉字母符号后，便到图 4-39j。

经编辑修改、标注尺寸等，便得到如图 4-38 所示的图形（过程略）。

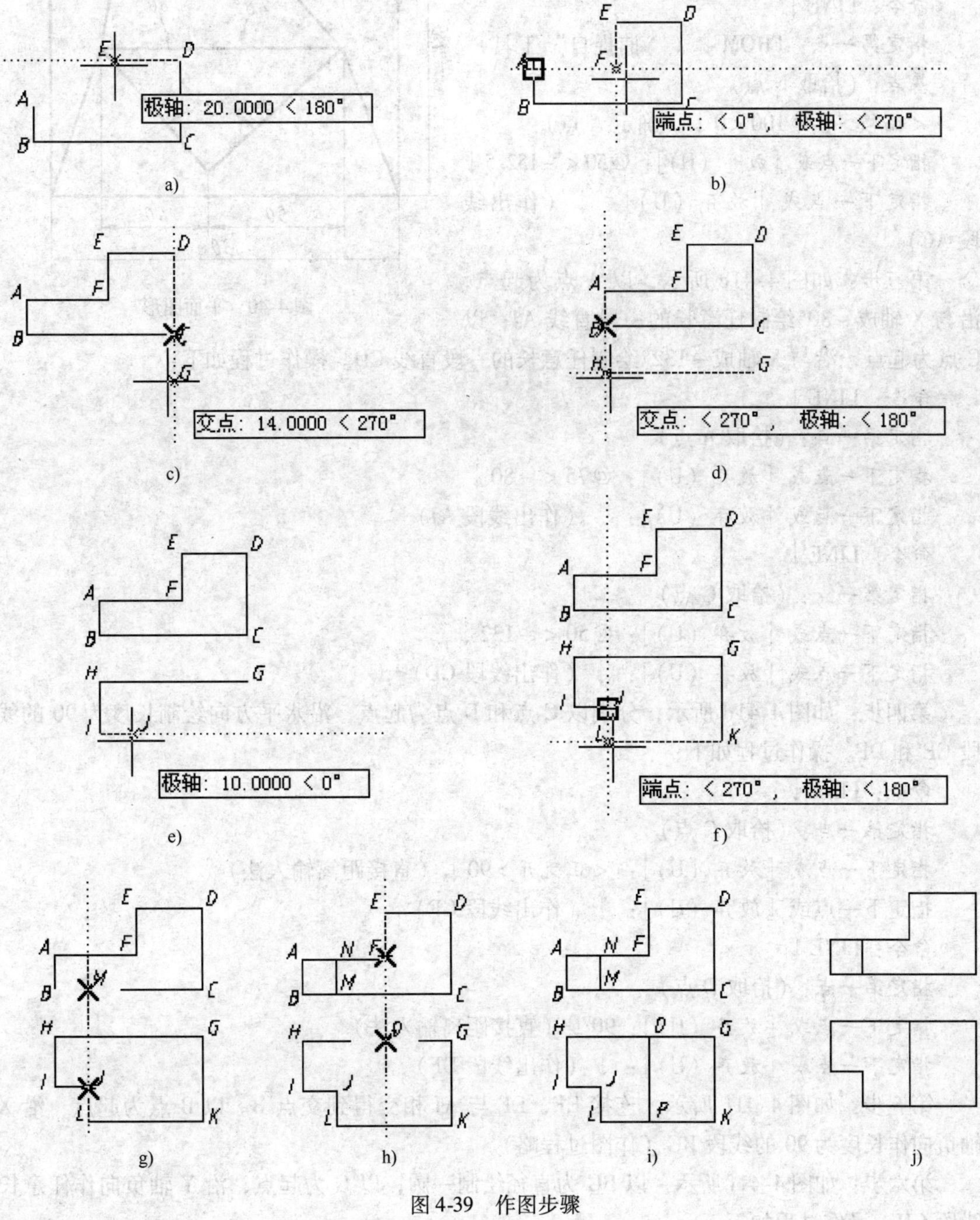

图 4-39　作图步骤

例 2 绘制图 4-40 所示的图形。

作图步骤如下：

第一步：如图 4-41a 所示，绘制四边形（过程略）。

第二步：如图 4-41b 所示，绘制长度为 50 的线段 AC。操作过程如下：

命令：LINE↓

指定第一点：FROM↓（“捕捉自”工具）

基点：（拾取 N 点）

<偏移>：@100 <0↓（确定 A 点）

指定下一点或［放弃（U）］：@50 < -152.5↓

指定下一点或［放弃（U）］：↓（作出线段 AC）

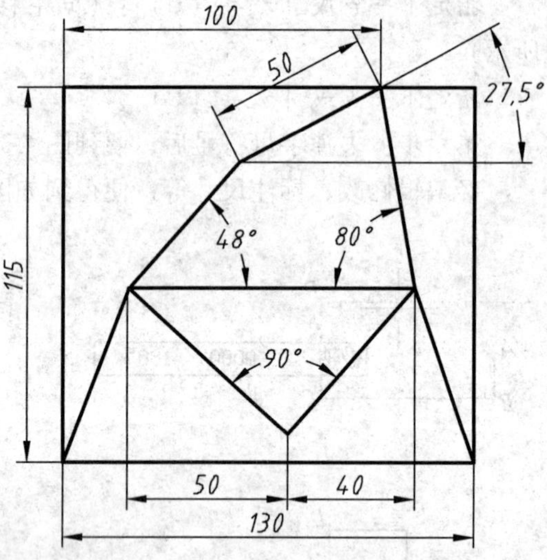

图 4-40 平面图形

第三步：如图 4-41c 所示，以 A 点为起点，沿与 X 轴成 -80°绘制任意长的一段直线 AJ；以 C 点为起点，沿与 X 轴成 -132°绘制任意长的一段直线 CD。操作过程如下：

命令：LINE↓

指定第一点：（拾取 A 点）

指定下一点或［放弃（U）］：@75 < -80↓

指定下一点或［放弃（U）］：↓（作出线段 AJ）

命令：LINE↓

指定第一点：（拾取 C 点）

指定下一点或［放弃（U）］：@50 < -132↓

指定下一点或［放弃（U）］：↓（作出线段 CD）

第四步：如图 4-41d 所示，分别以 C 点和 D 点为起点，沿水平方向绘制长度为 90 的线段 CE 和 DF。操作过程如下：

命令：LINE↓

指定第一点：（拾取 C 点）

指定下一点或［放弃（U）］：<正交开>90↓（直接距离输入法）

指定下一点或［放弃（U）］：↓（作出线段 CE）

命令：LINE↓

指定第一点：（拾取 D 点）

指定下一点或［放弃（U）］：90↓（直接距离输入法）

指定下一点或［放弃（U）］：↓（作出线段 DF）

第五步：如图 4-41e 所示，连接 EF，EF 与 AJ 相交得到交点 B。以 B 点为起点，沿 X 轴负向作长度为 90 的线段 BG（作图过程略）。

第六步：如图 4-41f 所示，以 BG 为直径绘制一圆；以 G 为起点，沿 Y 轴负向作任意长线段 GH。操作过程如下：

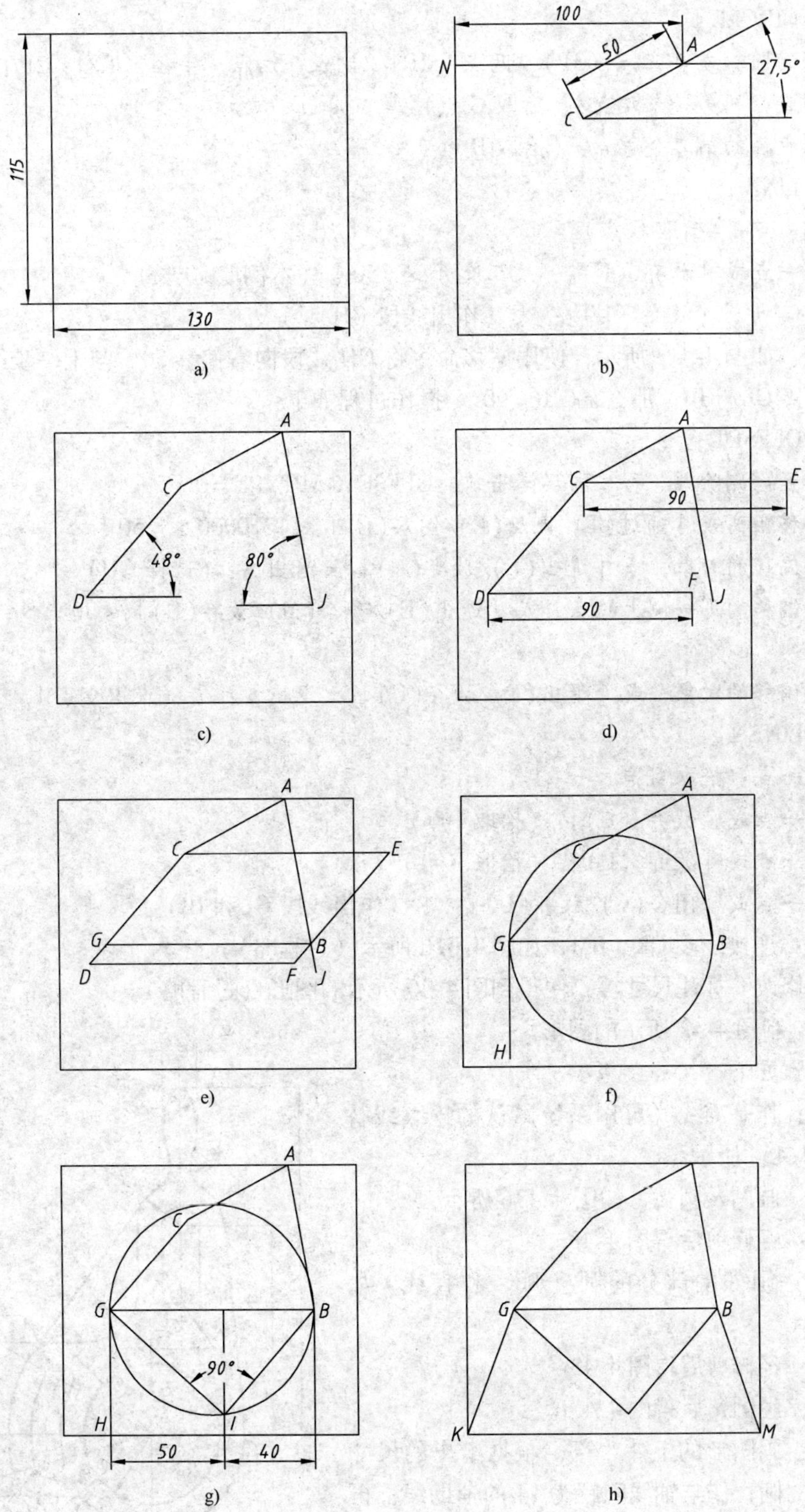

115
130
a)
100
50
A
N
27,5°
C
b)
A
C
48°
80°
D
J
c)
A
C
E
90
F
D
J
90
d)
A
C
E
G
B
D
F
J
e)
A
C
G
B
H
f)
A
C
G
B
90°
H
I
50
40
g)
G
B
K
M
h)

图 4-41　作图步骤

命令：CIRCLE↓

指定圆的圆心或［三点（3P）/两点（2P）/切点、切点、半径（T）］：2P↓

指定圆直径的第一个端点：(拾取 G 点)

指定圆直径的第二个端点：(拾取 B 点)

命令：LINE↓

指定第一点：(拾取 G 点)

指定下一点或［放弃（U）］：＜正交开＞ 50↓（本例取 50 长）

指定下一点或［放弃（U）］：↓（作出线段 GH）

第七步：如图 4-41g 所示，使用偏移命令将 GH 线段向右偏移 50，与上一步绘制的圆交于 I 点，连接 GI 与 IB，那么∠GIB＝90°。操作过程如下：

命令：OFFSET↓

当前设置：删除源＝否 图层＝当前 OFFSETGAPTYPE＝0

指定偏移距离或［通过(T)/删除(E)/图层(L)］＜12.0000＞：50↓

选择要偏移的对象，或［退出(E)/放弃(U)］＜退出＞：(选择 GH)

指定要偏移的那一侧上的点，或［退出(E)/多个(M)/放弃(U)］＜退出＞：(指定 GH 右侧一点)

选择要偏移的对象，或［退出(E)/放弃(U)］＜退出＞：↓（求得交点 I）

命令：LINE↓

指定第一点：拾取 G 点

指定下一点或［放弃（U）］：(拾取 I 点)

指定下一点或［放弃（U）］：(拾取 B 点)

指定下一点或［闭合(C)/放弃(U)］：↓（作出线段 GI 和 IB）

第八步：连接线段 GK、BM，如图 4-41h 所示（过程略）。

经编辑修改、标注尺寸等，便得到图 4-40 所示的图形（过程略）。

例 3 绘制图 4-42 所示的图形。

作图步骤如下：

第一步：作基准线（可用系统默认的连续线替代），如图 4-43a 所示。

第二步：画圆及圆弧，如图 4-43b 所示。

第三步：经修剪后得图 4-43c。

第四步：画外围部分的圆（弧）和直线，如图 4-43d所示。

第五步：经修剪后得图 4-43e。

第六步：经圆角后得图 4-43f。

第七步：画图形的上左半部。根据给出的尺寸作半径为 9 的圆；作与轴线间距为 14 的辅助线；再利用画圆命令的“相切、相切、半径（T）”方式画左边的两个圆（R60、R18），如图 4-43g 所示。

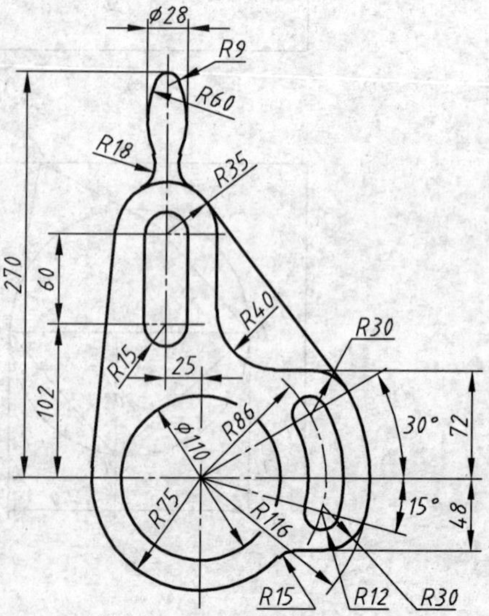

图 4-42 平面图形

第八步：分别利用修剪命令、镜像命令完成图形的上部，如图 4-43h 所示。

经编辑修改、标注尺寸等，便得到图 4-42 所示图形（过程略）。

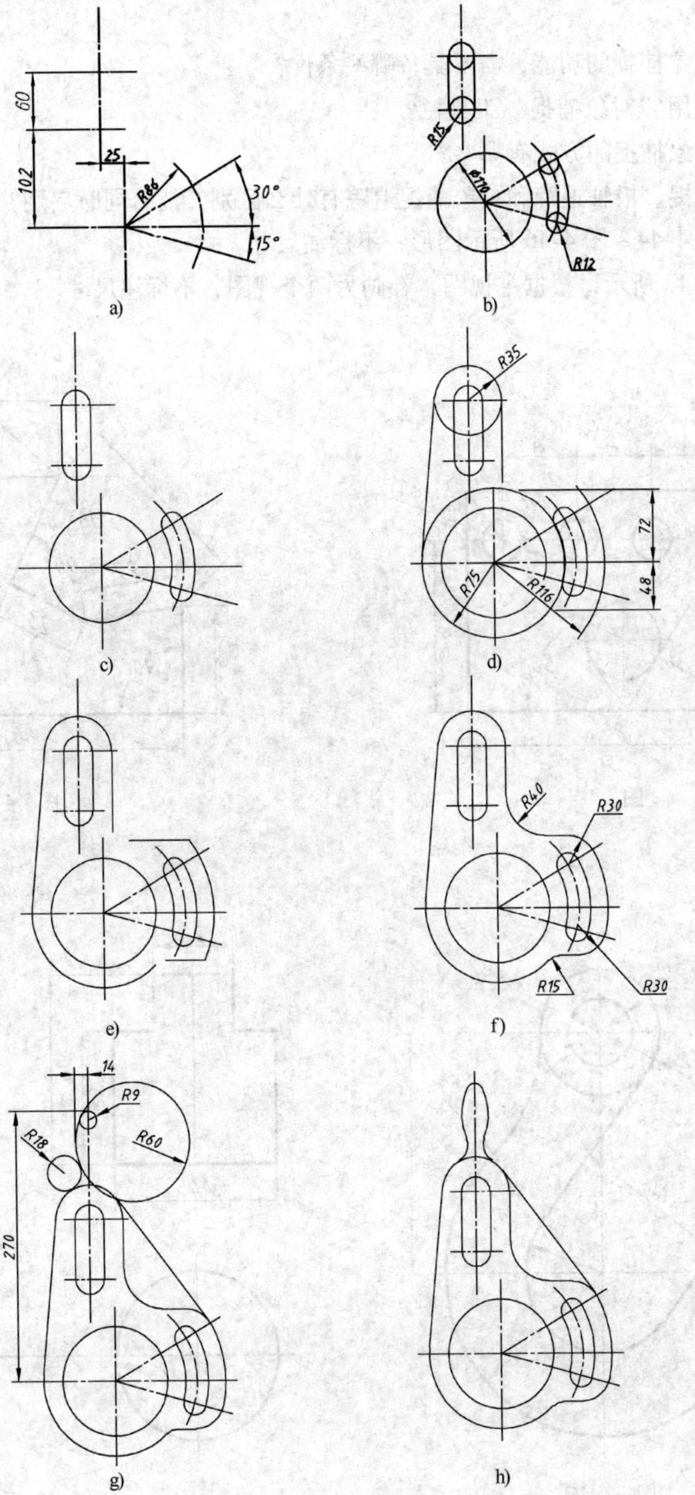

图 4-43　作图步骤

思考与练习题四

1. 实现对象捕捉的功能，需要具备哪些条件？
2. 怎样调用“对象捕捉”工具栏？
3. 执行对象捕捉的方式有哪些？
4. 对象捕捉、极轴追踪和对象捕捉追踪有什么区别？能否同时启用？
5. 绘制图 4-44 ~ 图 4-46 所示图形，不标注尺寸。
6. 如图 4-47 所示，根据主视图，补画另两个视图，不标注尺寸。

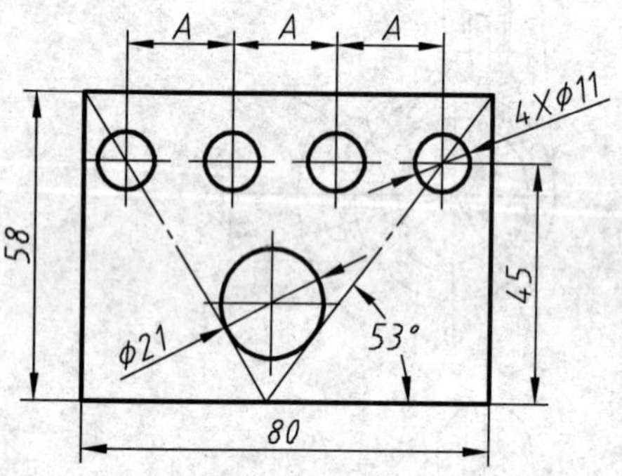

图 4-44

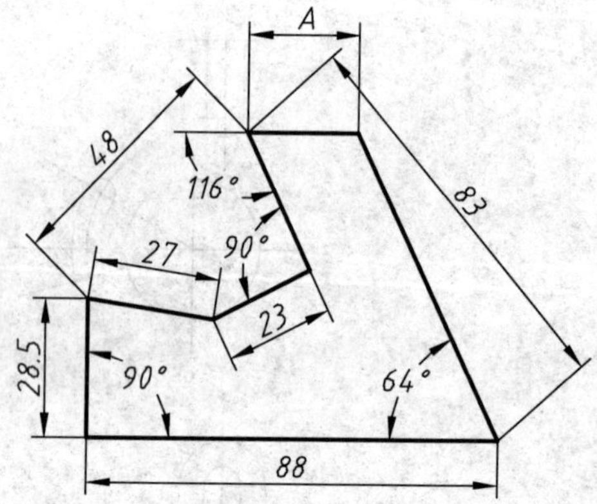

图 4-45

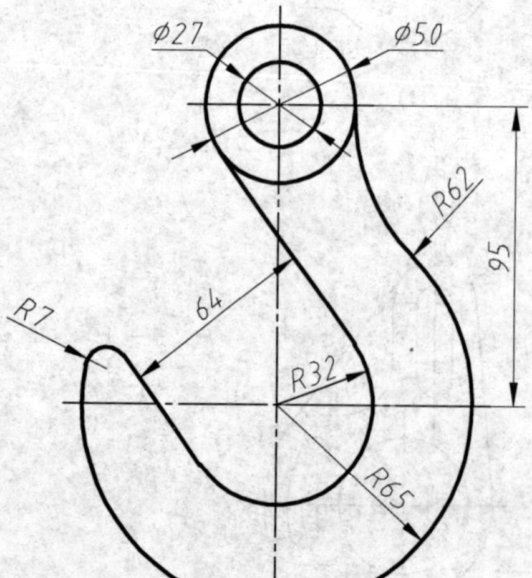

图 4-46

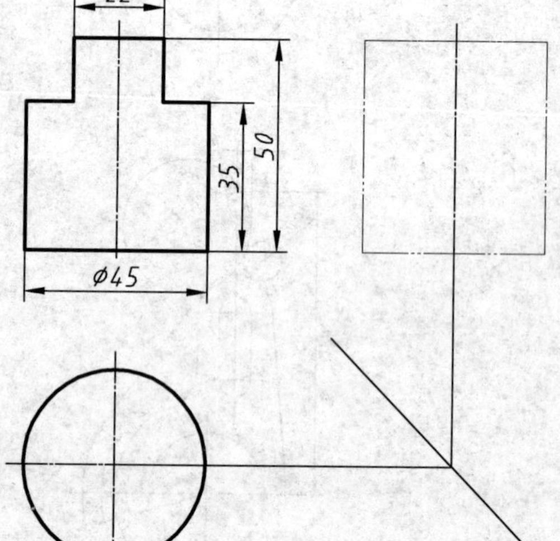

图 4-47

7. 绘制图 4-48、图 4-49 所示图形，不标注尺寸。

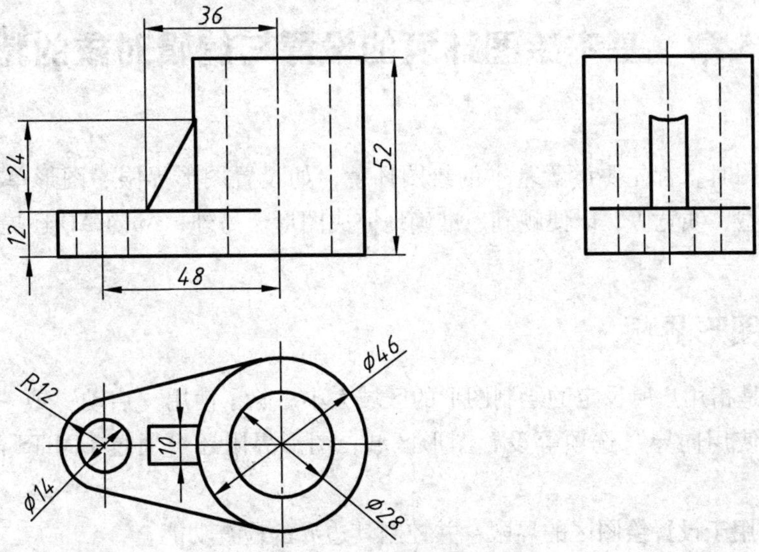

图 4-48

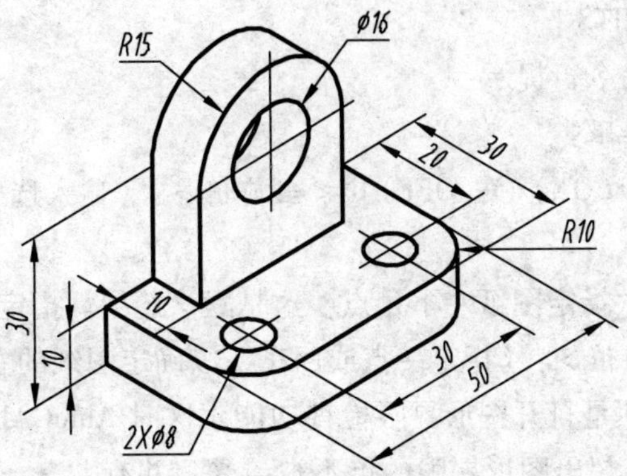

图 4-49

第5章　基本绘图环境的设置与编辑对象的特性

在实际绘图时，首先要设置基本的绘图环境，如设置图形界限、图形单位、用户坐标系、图层、线型、线宽等，以便顺利、准确地完成图形。另外，AutoCAD还提供了对象特性的编辑功能。

5.1　设置图形界限

图形界限是指用户所设定的绘制图形的区域大小。除了使用“启动”或“创建新图形”对话框中的“使用向导”选项等设置图形区域，图形界限还可通过LIMITS命令实现随时改变。

1. 功能　用于设置绘图区的界限，并控制其边界的检查功能。

2. 命令格式

（1）菜单栏　格式→图形界限

（2）键入命令　LIMITS↓

执行上述命令后，命令行提示：

重新设置模型空间界限：

指定左下角点或［开(ON)/关(OFF)］<当前值>：(输入选项)

3. 选项说明

（1）指定左下角点　指定图纸左下角点。这是默认选项。指定一点后，命令行提示：

指定右上角点<当前值>：(指定一点或回车，以确定图纸的右上角点)

（2）开（ON）　此项是打开图形界限检查功能。这时AutoCAD检查用户输入的点是否在设置的图形界限之内，超出图形界限的点不被接受，并有“**超出图形界限”的提示，提醒操作者不要将图画到“图纸”外面去。

因为界限检查只测试输入点，所以对象（例如圆）的某些部分可能会延伸出图形界限。

（3）关（OFF）　关闭图形界限检查。

设置好图形界限后，一般还要执行缩放命令中的“全部（A）”项，然后打开“栅格显示”，可观察到图形界限范围。

5.2　设置图形单位

1. 功能　用来设置长度和角度的显示格式及精度等。

2. 命令格式

（1）菜单栏　格式→单位

（2）键入命令　UNITS↓

执行上述命令后，系统弹出“图形单位”对话框，如图5-1所示。

3. 对话框说明

(1)“长度”区　设置长度单位类型和精度。

1)“类型”下拉列表框　用来设置测量长度单位的类型。其测量类型有分数、工程、建筑、科学和小数。

2)“精度”下拉列表框　用来设置当前长度单位的精度。

若选定的长度测量类型是“小数”，那么“精度”下拉列表框中选择显示的精度，就是状态栏上坐标值的小数位数，其默认精度是小数点后 4 位。

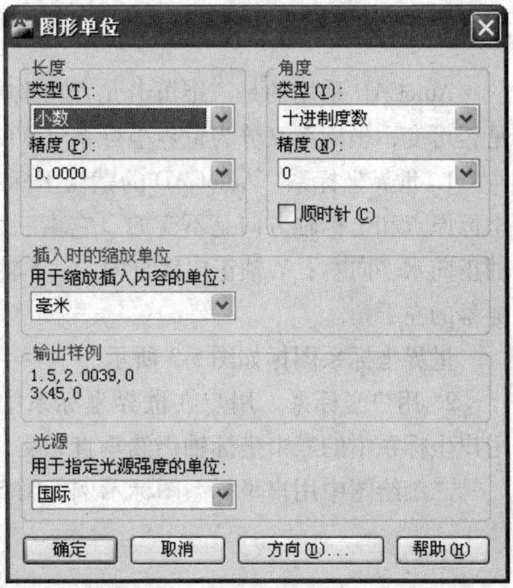

图 5-1　“图形单位”对话框

(2)　“角度”区　设置角度单位类型和精度。

1)“类型”下拉列表框　用来设置测量角度单位的类型。其测量类型有百分度、度/分/秒、弧度、勘测单位、十进制度数。

2)“精度”下拉列表框　用来设置当前角度单位的精度。

3)“顺时针”复选框　用来确定角度的正方向。选择此项，顺时针方向为角度正向，否则，逆时针方向为角度正向，此为默认选项。

(3)“插入比例”区　用来设置插入块或图形文件的单位。如果一个块在创建时定义的单位与列表框中所确定的单位不同，在插入时将会按照列表框中设置的单位进行插入与缩放。如果选择“无单位”选项，那么在插入块时，将不按指定的单位进行缩放。

(4)“输出样例”区　显示用当前单位和角度设置的例子。

(5)“光源”区　控制当前图形中光度控制光源强度的测量单位。

(6)　“方向”按钮　单击此按钮，屏幕上弹出“方向控制”对话框（图 5-2），从中可设置起始角度（0°角）的方向。

AutoCAD 的默认设置中，0°方向是指向右（即正东方或 3 点钟）的方向，逆时针方向为角度增加的正方向。可以选择 5 个单选按钮中的任意一个来改变角度测量的起始位置。

如果不用上述方式确定 0°方向，则要选中“其他”单选按钮，然后在“角度”文本框中键入角度值就确定了 0°方向；也可以选中“其他”单选按钮后，单击“拾取角度”按钮，在绘图窗口中通过输入两个点的方法，来确定 0°方向。

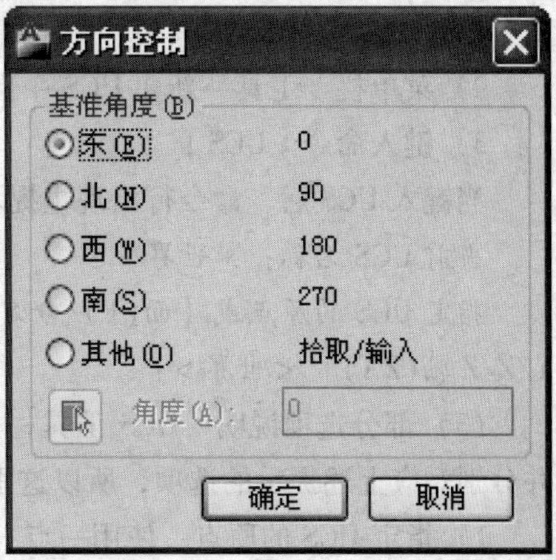

图 5-2　“方向控制”对话框

在“图形单位”对话框中完成了设置后，单击“确定”按钮，AutoCAD 将所作的设置保存在当前图形中并关闭“图形单位”对话框。

5.3 二维绘图坐标系

AutoCAD 采用的是三维笛卡儿直角坐标系统来确定点的位置。按坐标系统的方向、位置是否可变，坐标系又分为世界坐标系（WCS）和用户坐标系（UCS）。

1. 世界坐标系　AutoCAD 的默认坐标系为世界坐标系（WCS），又称为通用坐标系。其坐标原点和坐标轴方向是不变的。它由三个互相垂直并相交的 X、Y、Z 轴组成。其中，X 轴正向水平向右；Y 轴正向垂直向上；Z 轴的正向为垂直屏幕指向使用者。默认坐标原点在屏幕的左下角。

世界坐标系图标如图 5-3 所示。

2. 用户坐标系　用户在世界坐标系中，按照需要定义的坐标系统，称为用户坐标系。用户坐标系中的三个坐标轴仍然垂直相交，但在方向及位置上有了很大的灵活性。

二维绘图中用户坐标系图标示例如图 5-4 所示。

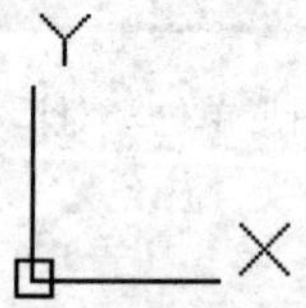

图 5-3　世界坐标系图标

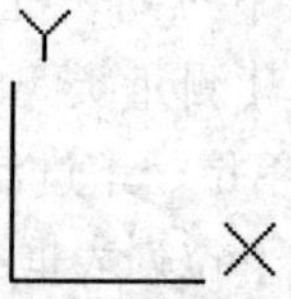

图 5-4　用户坐标系图标示例

3. 在二维绘图中设置用户坐标系　为了方便绘图，AutoCAD 提供了功能丰富的用户坐标系。用户可以使用 UCS 命令，通过对世界坐标系的平移、旋转等操作，建立用户坐标系。下面仅介绍二维绘图中常用到的建立坐标系的方法。

（1）功能　定义用户坐标系。

（2）命令格式

1）工具栏　UCS 工具栏

2）菜单栏　工具→新建 UCS→子菜单选项

3）键入命令　UCS↓

当键入 UCS 后，命令行出现主提示：

当前 UCS 名称：*世界*

指定 UCS 的原点或［面(F)/命名(NA)/对象(OB)/上一个(P)/视图(V)/世界(W)/X/Y/Z/Z 轴(ZA)］<世界>：

（3）部分选项说明　UCS 工具栏的功能与“工具→新建 UCS→子菜单选项”相一致，并分别对应上述提示的选项，所以这里仅介绍上述提示中的有关选项的功能。

1）指定 UCS 的原点　使用一点、两点或三点定义一个新的 UCS。当指定一点后，命令行提示：

指定 X 轴上的点或<接受>：

① 若回车，则所指定点为 UCS 的原点，X、Y 和 Z 轴的方向不变。

② 如果指定第二点，命令行提示：

指定 XY 平面上的点或 <接受>：

若回车，UCS 将绕先前指定的原点旋转，并使 UCS 的 X 轴正半轴通过该点。

③ 如果指定第三点，UCS 将绕 X 轴旋转，以使 UCS 的 XY 平面的 Y 轴正半轴包含该点。

2）对象（OB） 根据选定对象定义新的坐标系。键入 OB 后，命令行提示：

选择对齐 UCS 的对象：（选择对象，建立新的坐标系）

对于圆，圆的圆心为新 UCS 的原点，X 轴通过拾取点，如图 5-5a 所示。

对于圆弧而言，圆弧的圆心为新 UCS 的原点，X 轴通过距拾取点最近的圆弧的端点，如图 5-5b 所示。

对于直线，距拾取点最近的端点成为新 UCS 的原点，X 轴过拾取点，如图 5-5c 所示。

……。

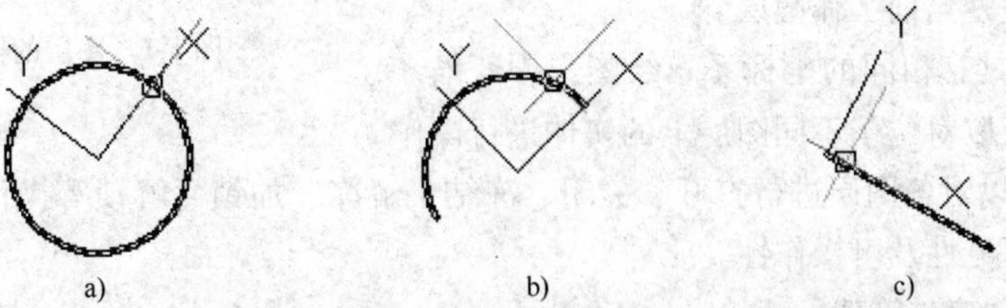

图 5-5 选择一个对象来定义新的坐标系

3）Z 轴 绕 Z 轴旋转当前 UCS。键入 Z 后，命令行提示：

指定绕 Z 轴的旋转角度 <90>：（输入旋转角度）

一旦用户坐标系旋转一个角度后，光标、栅格、捕捉、正交等都旋转相同的角度（图 5-6）。这样便于绘制倾斜结构的图形等。

4）回车，则恢复世界坐标系。

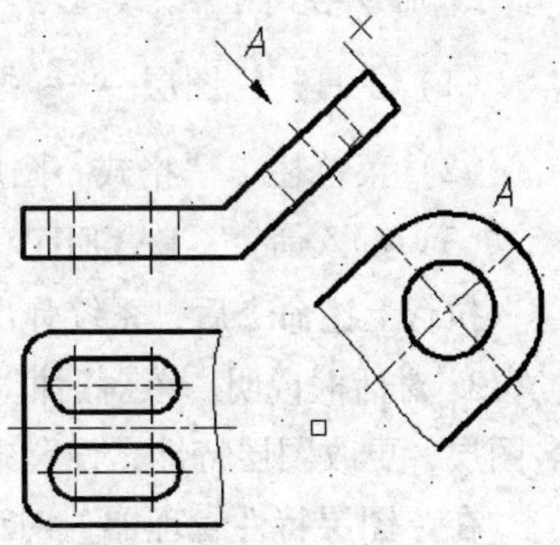

图 5-6 用户坐标系的应用

5.4 图层

5.4.1 图层的概念及特性

1. 图层的概念 用户绘图都是在图层上进行的，虽然前面没有接触图层的概念，但用户已经使用了 AutoCAD 提供的默认层“0”层。

一幅图样可能有许多对象（如各种线型、符号、文字等），诸对象的属性可能不同，它们都绘制在图层上。如果把图层想象为一张没有厚度的透明纸，且各层之间都具有相同的坐标系、绘图界限和缩放比例。在画图时，将图形中的对象进行分类，把具有相同属性的对象（如相同的线型、颜色、尺寸标注、文字等）放在同一图层，这些图层叠放在一起就构成一幅完整的图样。使绘图、编辑等操作变得十分方便。

如图 5-7 所示，可以设想在 C 层绘出了图形轮廓线（粗实线层）、在 B 层绘出点画线（点画线层），那么在 A 层则显示出整个图形。

2. 图层的特性

1）用户可以在一幅图中使用任意数量的图层。系统对图层没有任何限制，对每一图层上的实体数量也没有任何限制。

2）每一图层均应有不同的名字，用户新建一幅图时，CAD 自动生成名为“0”的层，层名不能被修改，其余图层由用户根据需要创建。

3）一个图层只能设置一种线型、一种颜色及一个状态，但一个图层下的不同实体可以使用不同的线型、颜色。

4）用户只能在当前图层上绘图，用户可通过图层操作功能改变当前工作图层。

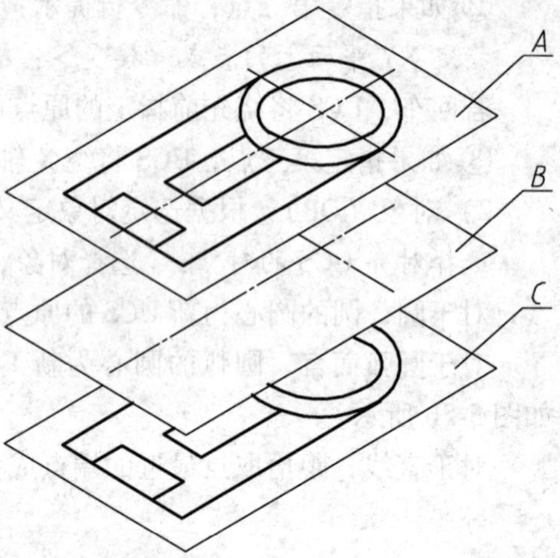

图 5-7　图层的概念

5）各图层具有相同的坐标系、绘图界限、缩放系数，用户可以对位于不同图层上的实体进行操作。

6）用户可以对各图层进行打开、关闭、冻结、解冻、加锁、解锁等操作，以决定各图层上的对象的可见性及可操作性。

5.4.2　图层的创建与管理

1. 功能　用于创建和管理图层及图层特性。

2. 命令格式

（1）工具栏　图层→按钮

（2）菜单栏　“格式→图层”或“工具→选项板→图层”

（3）键入命令　LAYER↓

执行上述命令后，系统弹出“图层特性管理器”对话框，如图 5-8 所示。

3. 对话框说明　该对话框显示图形中的图层的列表及其特性。可以添加、删除和重命名图层，更改图层特性、设置布局视口的特性替代或添加说明并实时应用这些更改。

在“图层特性管理器”对话框中，包括操作按钮、树状图和列表框两个窗口等。

（1）操作按钮　通过操作图层特性管理器中的相应按钮，可以完成图层的管理。

1）“新建特性过滤器”按钮　单击该按钮，将显示“图层过滤器特性”对话框，从中可以根据图层的一个或多个特性创建图层过滤器。

2）“新建组过滤器”按钮　用于创建图层过滤器，其中包含选择并添加到该过滤器的图层。

3）“图层状态管理器”按钮　单击该按钮，将显示“图层状态管理器”对话框，从中可以将图层的当前特性设置保存到一个命名图层状态中，以后可以再恢复这些设置。

4）“新建图层”按钮　用于创建新图层。单击该按钮，列表将显示名为“图层 1”的图层。该名称处于选定状态，因此可以立即输入新图层名。新图层将继承图层列表中当前选定图层的特性（颜色、开或关状态等）。

5）“在所有视口中都被冻结的新图层视口”按钮　创建新图层，然后在所有现有布局

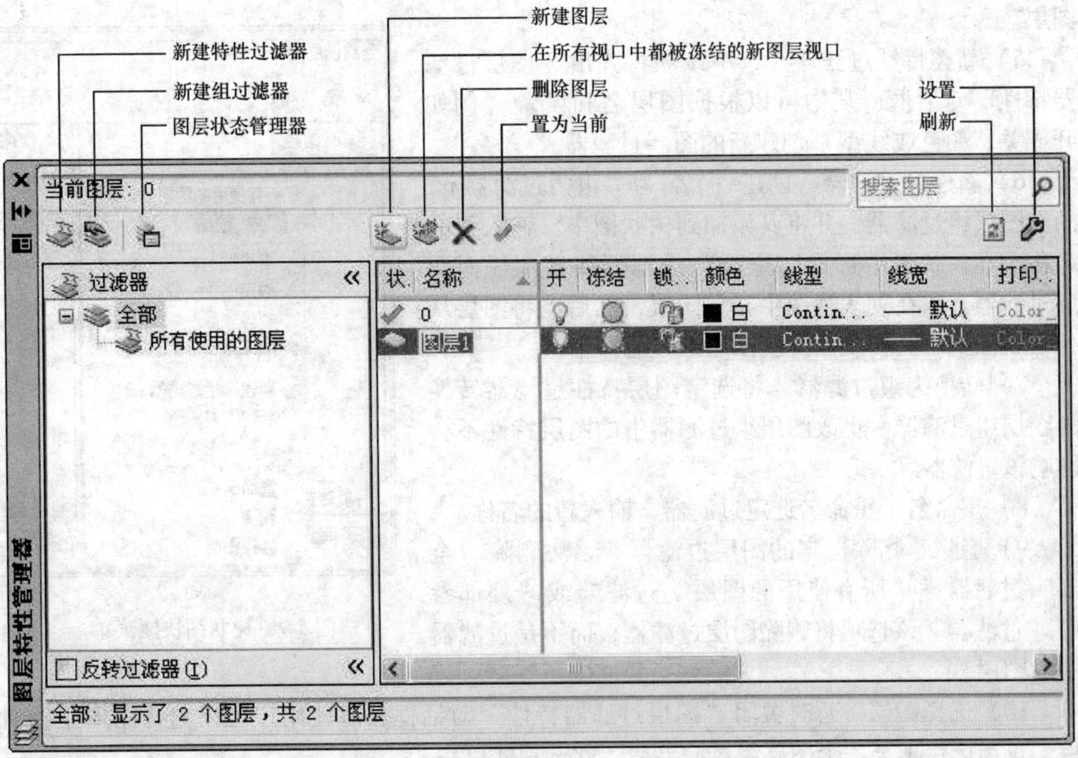

图 5-8 “图层特性管理器”对话框

视口中将其冻结。可以在“模型”选项卡或布局选项卡上访问此按钮。

6）“删除图层”按钮 将选定图层标记为要删除的图层。单击“应用”或“确定”时，将删除这些图层。只能删除未被参照的图层。参照的图层包括图层“0”和“DEF-POINTS”、包含对象（包括块定义中的对象）的图层、当前图层以及依赖外部参照的图层。

局部打开图形中的图层也被视为已参照并且不能删除。

7）“置为当前”按钮 将选定图层设置为当前图层。将在当前图层上绘制创建的对象。

8）“刷新”按钮 通过扫描图形中的所有图元来刷新图层使用信息。

9）“设置”按钮 单击该按钮，将显示“图层设置”对话框，从中可以设置新图层通知设置、是否将图层过滤器更改应用于“图层”工具栏以及更改图层特性替代的背景色。

（2）树状图 显示图形中图层和过滤器的层次结构列表。顶层节点（“全部”）显示图形中的所有图层。过滤器按字母顺序显示。“所有使用的图层”过滤器是只读过滤器。

对“反转过滤器”复选框，选中则显示所有不满足选定图层特性过滤器中条件的图层。

在树状图窗口内，单击鼠标右键将弹出树状图快捷菜单（图 5-9），并可完成下列操作：

1）可见性 更改选定过滤器中所有图层的可见性状态。如图层的开、关、冻结、解冻。

2）锁定 指是否可以修改选定过滤器中的图层上的对象。

3）视口 当前布局视口中，控制选定图层过滤器中的图层的“视口冻结”设置。此选项对于模型空间视口不可用。

4）隔离组 关闭所有不在选定过滤器中的图层。只有选定过滤器中的图层是可见图层。

5）新建特性过滤器　选中该项将弹出“图层过滤器特性”对话框，从中可以根据图层名和设置（例如开或关、颜色或线型）创建新的图层过滤器。

6）新建组过滤器　创建一个名为“组为过滤器 n”的新图层组过滤器，并将其添加到树状图中。输入新的名称。在树状图中选择“全部”过滤器或其他任何图层过滤器，以在列表视图中显示图层，然后，将图层从列表视图拖动到树状图的新图层组过滤器中。

7）转换为组过滤器　将选定图层特性过滤器转换为图层组过滤器。更改图层组过滤器中的图层特性不会影响该过滤器。

8）重命名　重命名选定过滤器，输入新的名称。

9）删除　删除选定的图层过滤器。无法删除“全部”过滤器、“所有使用的图层”过滤器或“外部参照”过滤器。该选项将删除图层过滤器，而不是过滤器中的图层。

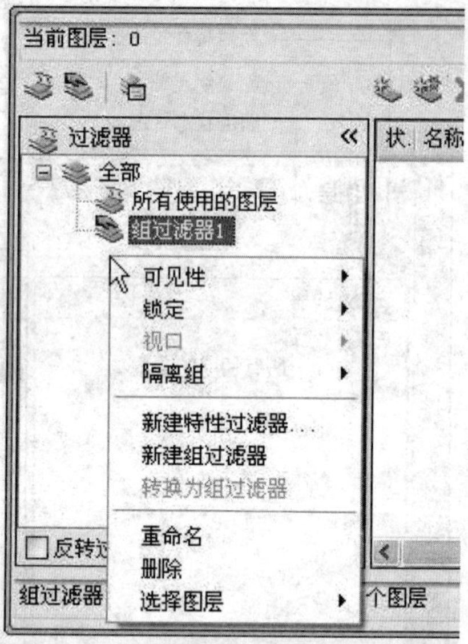

图 5-9　树状图快捷菜单

10）选择图层　暂时关闭“图层过滤器特性”对话框，以使用户可以选择图形中的对象。仅当选定了某一个图层组过滤器后，此选项才可用。

（3）列表框　显示满足图层过滤条件的所有图层。列表框中的内容含义如下：

1）状态　指示项目的类型。如正在使用的图层、空图层或当前图层。

2）名称　显示图层的名称。按 F2 键输入新名称。

3）开　打开和关闭选定图层。当图层打开时，该图层上的对象可见并且可以打印。当图层关闭时，其对象不可见并且不能打印，且与“打印”设置无关。由于绘图机不能输出关闭层上的对象，利用这一点可以使用单色绘图机输出彩色图。如果用户绘制的图形较复杂，或不想输出图形中的某些对象，则可以关闭相应的图层。图 5-10 显示出图层打开、关闭对图形显示的影响，其中 a、b、c 分别为打开三个图层、打开两个图层、打开一个图层时的情形。

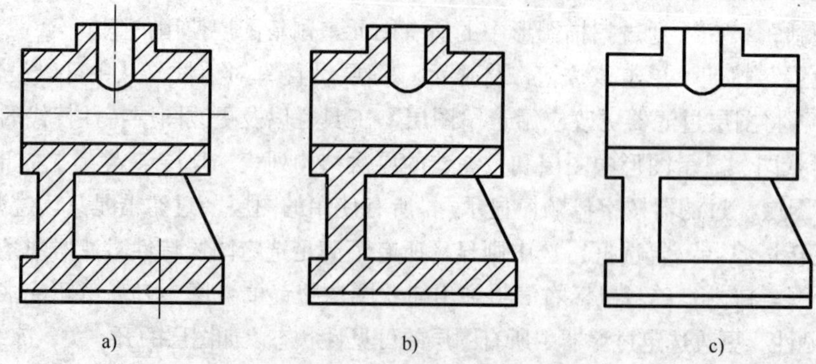

图 5-10　打开与关闭图层

4）冻结　冻结和解冻所有视口中选定的图层。可以冻结图层来提高 ZOOM、PAN 命令和其他若干操作的运行速度，提高对象选择性能并减少复杂图形的重生成时间。

冻结图层上的实体对象不可见，也不能打印输出。当前层不能被冻结。

5）锁定　锁定和解锁选定图层。锁定图层上的对象虽然可以显示出来，但不能对其进行编辑，在被锁定的当前图层上仍可以绘图并改变颜色和线型等。该图层上的图形对象可以打印输出。

6）颜色　设置与选定图层关联的颜色。在实际绘图时，为了区分不同的图层，可将不同图层设置为不同的颜色。图层的颜色是指该图层上面的图形对象的颜色。单击“颜色”列对应图标，系统弹出“选择颜色”对话框（图5-11），从中可设置图层颜色。

7）线型　设置与选定图层关联的线型。线型是指图形基本元素中线条的组成方式，如中心线和实线等。单击“线型”列对应图标，系统弹出“选择线型”对话框，如图5-12所示。在该对话框中，单击“加载”按钮，弹出“加载或重载线型”对话框（图5-13），通过相关操作完成线型的设置。

8）线宽　设置与选定图层关联的线宽。线宽设置就是改变线条的宽度。单击“线宽”列对应图标，系统弹出“线宽”对话框（图5-14），可在其下拉列表中选择所需的线宽。

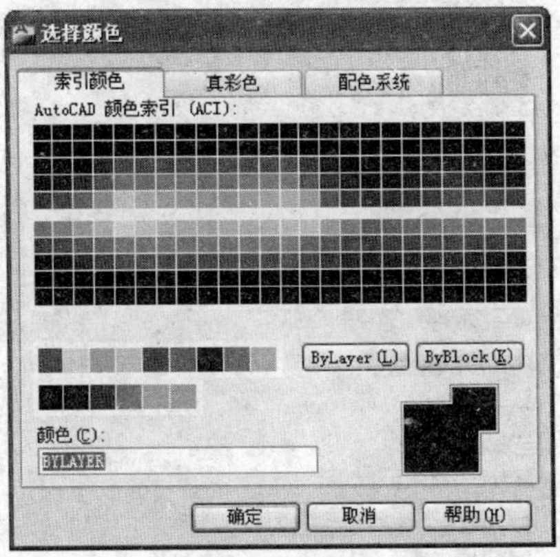

图5-11　“选择颜色”对话框中的“索引颜色”选项卡

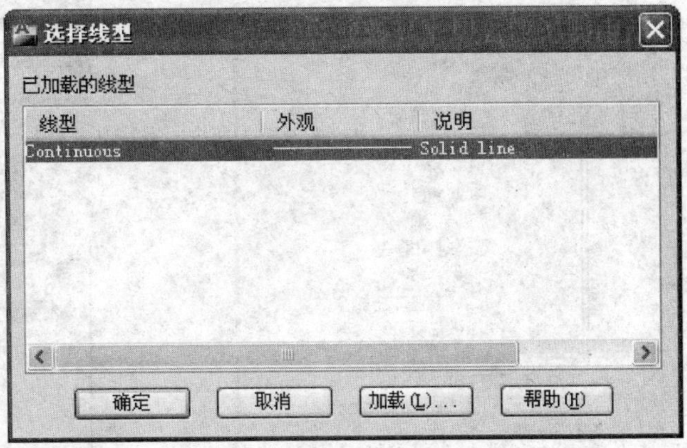

图5-12　“选择线型”对话框

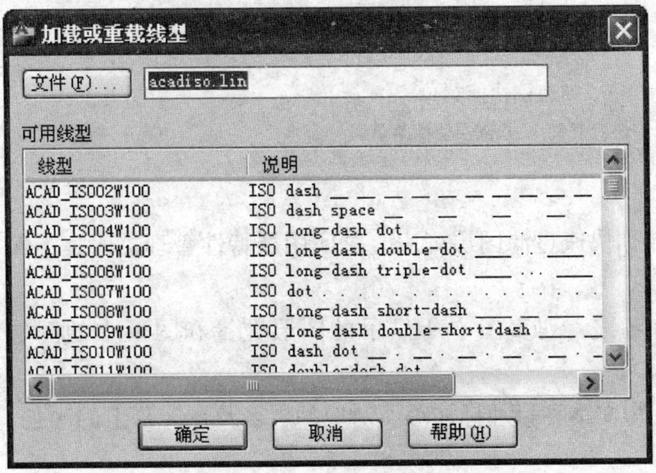

图5-13　“加载或重载线型”对话框

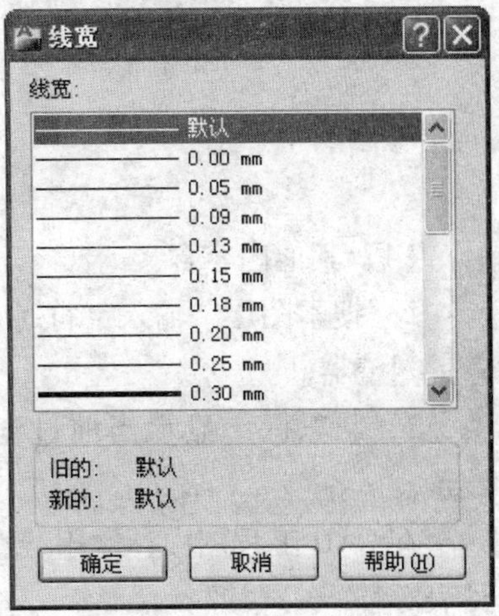

图5-14　“线宽”对话框

9）打印样式　设置与选定图层关联的打印样式。如果正在使用颜色相关打印样式（PSTYLEPOLICY 系统变量设置为 1），则无法更改与图层关联的打印样式。单击打印样式可以显示“选择打印样式”对话框。

10）打印　控制是否打印选定图层。即使关闭图层的打印，仍将显示该图层上的对象。将不会打印已关闭或冻结的图层，这与“打印”设置无关。

11）新视口冻结　在新布局视口中冻结选定图层。

12）说明描述图层或图层过滤器（可选）。

此外，在列表框内单击右键将弹出快捷菜单，它提供用于修改列表和选定图层以及图层过滤器的选项。

列表框快捷菜单分为列标签快捷菜单和图层快捷菜单，如图 5-15 所示。通过该菜单可完成相关的操作。

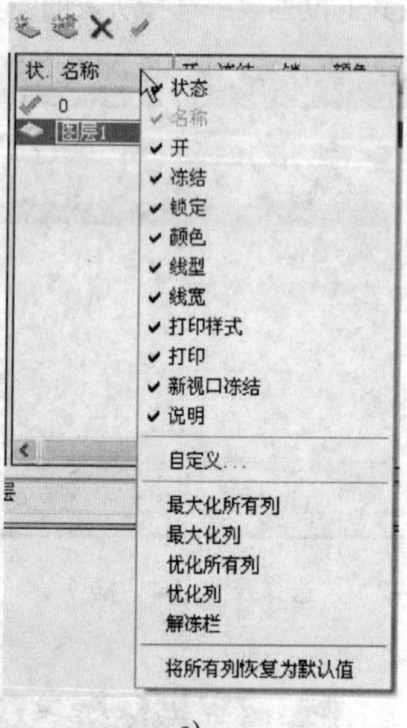

a)

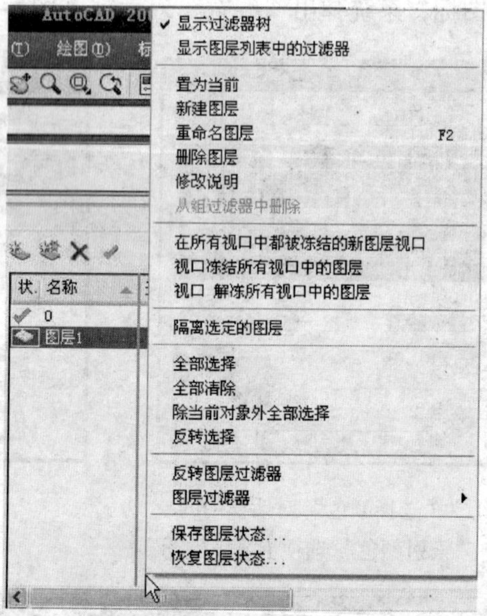

b)

图 5-15　列表框快捷菜单

a）列标签快捷菜单　b）图层快捷菜单

（4）其他内容含义

1）搜索图层　输入字符时，按名称快速过滤图层列表。关闭图层特性管理器时，不保存此过滤器。

2）状态行　显示当前过滤器的名称、列表图中所显示的图层数量和图形中的图层数量。

在 CAD 工程图中，常用线型、注写文本和尺寸标注等所对应的层名及在屏幕上的颜色，见表 5-1。

表 5-1 CAD 工程图的图层管理（GB/T 18229—2000、GB/T 14665—1998）

层号	描述	屏幕上的颜色	层号	描述	屏幕上的颜色
01	粗实线 剖切面的粗剖切线	绿色	08	尺寸线、投影连线、尺寸终端与符号细实线	白色
02	细实线 细波浪线 细折断线	白色	09	参考圆，包括引出线和终端（如箭头）	白色
03	粗虚线	黄色	10	剖面符号	白色
04	细虚线	白色	11	文本，细实线	白色
05	细点画线 剖切面的剖切线	红色	12	尺寸值和公差	绿色
06	粗点画线	棕色	13	文本，粗实线	绿色
07	细双点画线	粉红色	14,15,16	用户选用	用户选用

5.5 颜色设置

颜色在图形中具有非常重要的作用，可用来表示不同的组件、功能和区域。图层的颜色实际上是图层中对象的颜色，一般由图层设定的颜色来控制。不同图层的颜色可以设置成相同或不同，但在同一图层上绘制对象时，对不同的对象也可使用不同的颜色来加以区别，这时要采用颜色命令来设置新的颜色。采用此方法进行颜色设置后，以后所绘制的对象全为该颜色，即使改变当前图层，所绘对象的颜色也不会改变。

1. 功能　用于设置新对象的颜色。

2. 命令格式

（1）菜单栏　格式→颜色

（2）键入命令　COLOR↓

执行上述命令后，系统弹出“选择颜色”对话框，如图 5-16 所示。该对话框包括“索引颜色”、“真彩色”和“配色系统”三个选项卡，用于设置新对象的颜色。

3. 对话框说明

（1）“索引颜色”选项卡（图 5-16）　从 AutoCAD 颜色索引中指定颜色。用户可以在 255 种颜色中选择一种。如果将光标悬停在某种颜色上，该颜色的编号及其红、绿、蓝值将显示在调色板下面。单击一种颜色以选中它，或在“颜色”框里输入该颜色的编号或名称。

1） ByLayer(L) 按钮　单击该按钮颜色为随层方式。表示绘制的新对象的颜色与所在图层的颜色相同，同一层上的实体对象具有相同的颜色。该方式是系统的默认方式。选中 BYLAYER 时，当前图层的颜色将显示在“旧颜色和新颜色”颜色样例中。

2） ByBlock(K) 按钮　单击该按钮颜色为随块方式。表示绘制的新对象的颜色为默认颜色（白色或黑色，取决于背景色）。

（2）“真彩色”选项卡　用于选择需要的颜色。“真彩色”选项卡有 RGB 和 HSL 两种颜色模式。

HSL 颜色模式如图 5-16a 所示，可以拖动调色板中的颜色指示光标和“亮度”滑块选择颜色及其亮度。也可通过“色调”、“饱和度”和“亮度”调节钮来选择需要的颜色。所选择的颜色的红、绿、蓝值显示在下面的“颜色”文本框中，也可以直接在该文本框中输入自己设定的红、绿、蓝值来选择颜色。

RGB 颜色模式如图 5-16b 所示。在该模式下选择颜色方式与 HSL 颜色模式类似。

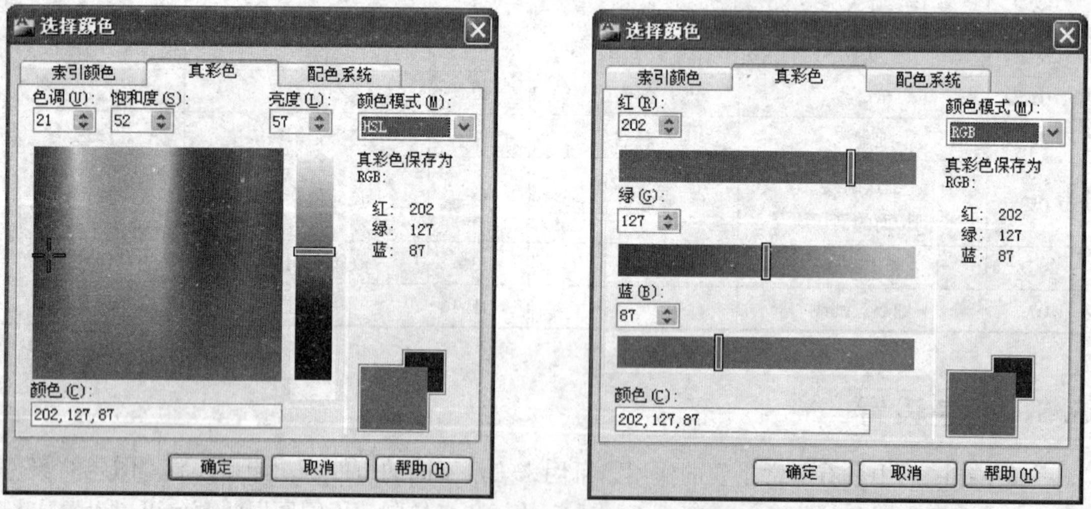

a) b)

图 5-16 “选择颜色”对话框的“真彩色”选项卡
a）HSL 颜色模式 b）RGB 颜色模式

(3)“配色系统”选项卡（图 5-17） 用于从“配色系统”中选择预定义的颜色。可以在“配色系统”下拉列表框中选择需要的系统，然后拖动右边的滑块来选择具体的颜色，所选择的颜色编号显示在下面的“颜色”文本框中，也可以直接在该文本框中输入编号值来选择颜色。

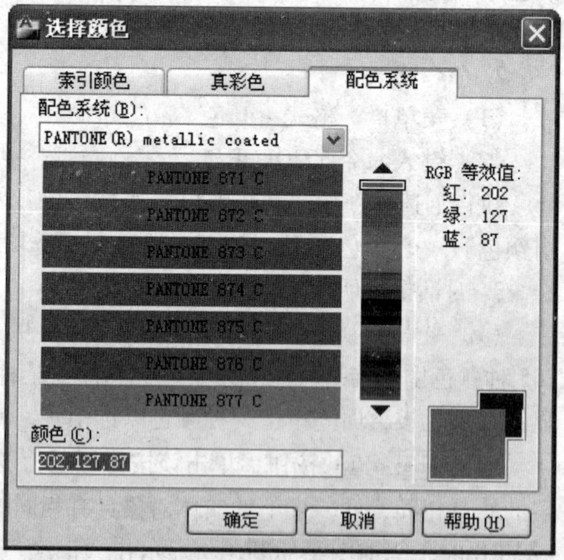

图 5-17 “选择颜色”对话框的“配色系统”选项卡

5.6 线型设置

一幅图样往往由不同的线型构成，在绘图时根据需要可从系统的线型库中加载标准线型，也可自定义线型来满足使用需要。不同图层上的线型可设置成相同或不同。同一图层上的对象也可用不同的线型绘制，这就需要进行线型设置。线型设置后所绘制的对象为该线型，即使改变当前层，所绘对象的线型也不改变。

1. 功能 加载线型和设置当前线型。

2. 命令格式

（1）菜单栏　格式→线型

（2）键入命令　LINETYPE↓

执行上述命令后，系统弹出“线型管理器”对话框，如图5-18所示。

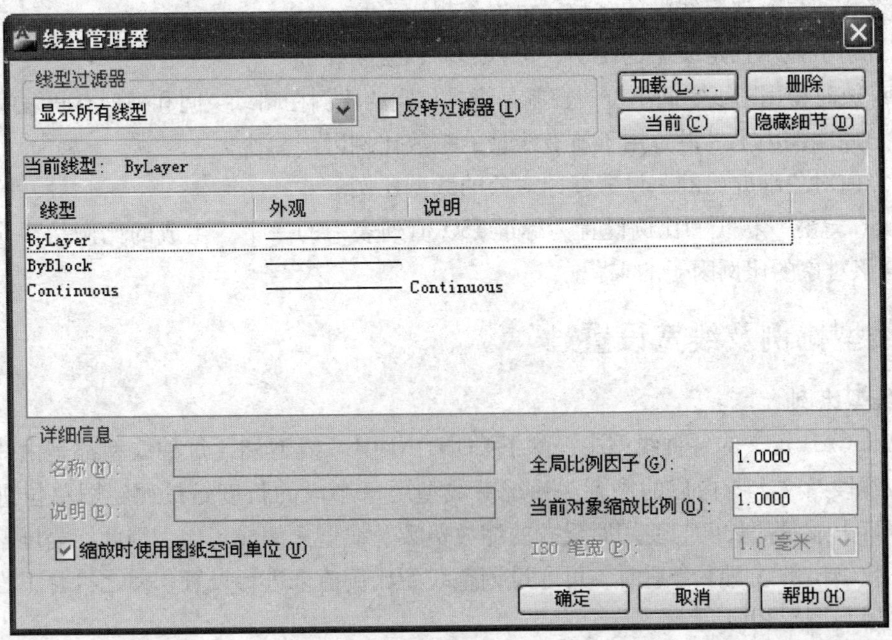

图5-18　“线型管理器”对话框

3. 对话框说明

（1）“线型过滤器”下拉列表框　用于设置过滤条件，以确定在线型列表框中显示哪些线型。

（2）“反向过滤器”复选框　根据与选定的过滤条件相反的条件显示线型。符合反向过滤条件的线型显示在线型列表框中。

（3）“加载”按钮　用于加载新的线型。单击该按钮后，系统弹出“加载或重载线型”对话框（图5-13），从中可以将从“acadiso. lin”文件中选定的线型加载到图形并将它们添加到线型列表。

（4）“当前”按钮　用于将在线型列表框中选中的线型设置为当前线型。

（5）“删除”按钮　用于删除在线型列表框中选中的线型。被删除的线型是在作图时没有用过的线型。

（6）“显示细节”或“隐藏细节”按钮　控制是否显示“线型管理器”的“详细信息”部分。

（7）“当前线型”状态行　显示当前线型的名称。

（8）线型列表框窗口　在“线型过滤器”中，根据指定的选项显示已加载的线型。要迅速选定或清除所有线型，请在线型列表中单击鼠标右键以显示快捷菜单。

1）线型　显示已加载的线型名称。要重命名线型，请选择线型，然后两次单击该线型并输入新的名称。不能重命名随层、随块、CONTINUOUS 和依赖外部参照的线型。

2）外观　显示选定线型的样例。

3）说明　显示线型的说明，可以在“详细信息”区中进行编辑。

（9）详细信息区　提供访问特性和附加设置的其他途径。

1）名称　显示选定线型的名称，可以编辑该名称。

2）说明　显示选定线型的说明，可以编辑该说明。

3）缩放时使用图纸空间单位　控制是否按相同的比例在图纸空间和模型空间缩放线型。

4）全局比例因子　设置用于所有线型的缩放比例因子。

5）当前对象缩放比例　设置新建对象的线型比例。

6）ISO 笔宽　将线型比例设置为标准 ISO 值列表中的一个。生成的比例是“全局比例因子”与该对象的比例因子的乘积。

5.7　线型比例及线宽设置

5.7.1　线型比例

在 AutoCAD 定义的各种线型中，除了 CONTINUOUS 线型外，每种线型都是由线段、间隔、点或线段及文本所构成的序列。系统对线型中每小段的长度是按照绘图单位进行定义的，在屏幕上显示的长度与使用时设置的缩放倍数及线型比例成正比。因此，当屏幕上显示或从绘图仪输出的线型不合适时，可通过调整线型比例值来进行设置，使之符合工程制图的要求，同时与图形相协调。

1. 设置全局比例因子

（1）功能　用于设置图形中所有线型的比例。

（2）命令格式　键入命令：　LTSCALE↓

执行上述命令后，命令行提示：

输入新线型比例因子 <当前值>：（输入正实数或回车）

正在重生成模型。

（3）说明　当输入一个新的比例值后，系统以输入的新比例值乘以线型定义的每小段长度，然后将图形重新生成。显然线型比例值越大，线型中的要素也越大。图 5-19 显示出不同线型比例因子的效果。

也可通过“线型管理器”对话框中“详细信息”区（图 5-18）中的“全局比例因子”文本框，设置全局线型比例。

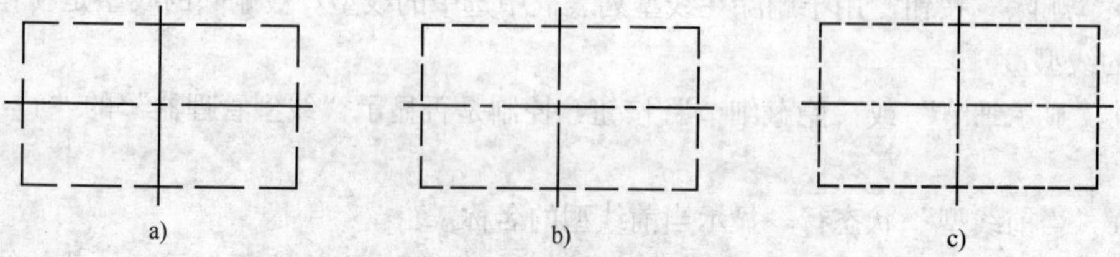

a)　　b)　　c)

图 5-19　线型比例的作用

a）线型比例因子为 1.5　b）线型比例因子为 1　c）线型比例因子为 0.5

2. 设置当前对象的线型比例

（1）功能　设置该线型比例后，此后所绘图形对象的线型比例均为该值，对原有线型不产生影响。

（2）命令格式　键入命令：CELTSCALE↓

执行该命令后，命令行提示：

输入 CELTSCALE 的新值 <当前值>：（输入正实数或回车）

（3）说明　当输入一个新比例值后，系统会以该值作为此后所绘图形对象的线型比例。也可通过“线型管理器”对话框中“详细信息”区（图 5-18）中的“当前对象缩放比例”文本框，设置当前对象的线型比例。

5.7.2　线宽设置

1. 功能　设置当前线宽、设置线宽单位、控制线宽的显示和显示比例，以及设置图层的默认线宽值。

2. 命令格式

（1）菜单栏　格式→线宽

（2）快捷菜单　在状态栏上的“线宽”上单击鼠标右键，并选择“设置”。

（3）键入命令　LWEIGHT↓

执行上述命令后，系统弹出“线宽设置”对话框，如图 5-20 所示。

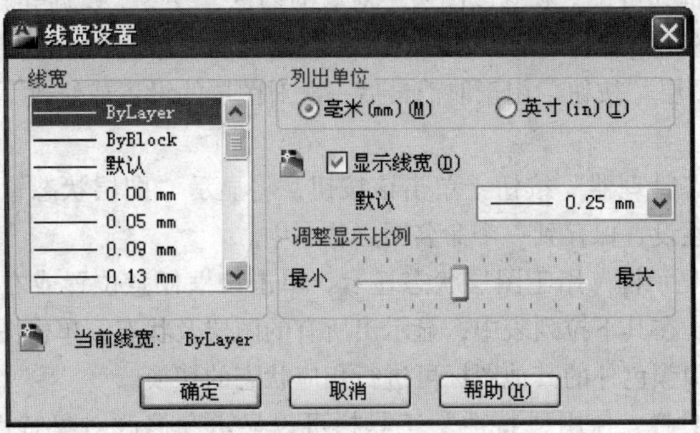

图 5-20　“线宽设置”对话框

3. 对话框说明

（1）“线宽”列表框　设置当前线宽。从列表中选择合适的线宽来作为当前线宽。

（2）“列出单位”区　指定线宽是以毫米显示还是以英寸显示。

（3）“显示线宽”复选框　控制线宽是否在当前图形中显示。通过单击状态栏上的“线宽”按钮也可进行显示与不显示的切换。

（4）“默认”设置框　控制图层的默认线宽。初始的默认线宽是 0.01 英寸或 0.25 毫米。通过单击该设置框右边的下拉列表箭头，从下拉列表框中选择一个数值作为系统线宽的默认值。

（5）“调整显示比例”滑块　控制“模型”选项卡上线宽的显示比例。

（6）“当前线宽”显示框　显示当前线宽值。

5.8 “图层”工具栏和“特性”工具栏

“图层”工具栏和“特性”工具栏可以让用户更为方便、快捷地对图层、颜色、线型、线宽进行设置和修改。

1. “图层”工具栏 “图层”工具栏（图 5-21）中有关操作按钮的功能如下：

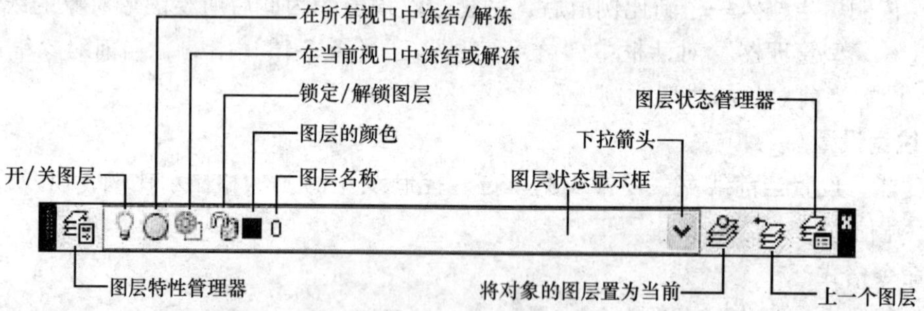

图 5-21 “图层”工具栏

（1）“图层特性管理器”按钮 用于图层的创建与管理。单击该按钮，系统弹出“图层特性管理器”对话框，可设置和修改图层中对象的颜色、线型、线宽等。

（2）“将对象的图层置为当前”按钮 用于将选择的对象所在的图层置为当前层。

（3）“上一个图层”按钮 用于取消最后一次对图层的设置或修改，返回到上一次图层的设置。

（4）“图层状态管理器”按钮 单击该按钮，将显示“图层状态管理器”对话框，从而将图层的当前特性设置保存到一个命名图层状态中。

（5）图层状态显示框 用于图层状态显示。单击该框任意位置或右侧的下拉箭头，都会弹出一下拉列表。在其下拉列表中，显示出所有的图层及状态。单击图层名，则该层被设置为当前层；单击除颜色外的其他图标可进行相应状态的切换。

2. “特性”工具栏 使用“特性”工具栏可以显示和修改对象特性，如图层、颜色、线型和线宽。“特性”工具栏如图 5-22 所示，其功能如下：

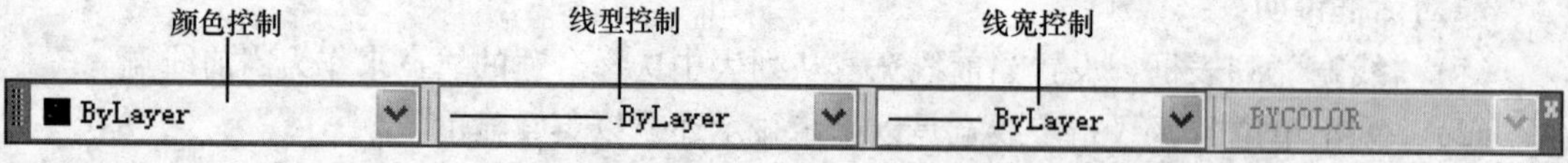

图 5-22 “特性”工具栏

（1）“颜色控制”框 用于设置颜色。单击该框中任意位置或右侧的下拉箭头，弹出颜色设置下拉列表。从中可设置当前图形对象的颜色。

（2）“线型控制”框 用于设置线型。单击该框中任意位置或右侧的下拉箭头，弹出线型设置下拉列表。从中可设置当前图形对象的线型，亦可加载线型。

（3）“线宽控制”框 用于设置线宽。单击该框中任意位置或右侧的下拉箭头，弹出线宽设置下拉列表。从中可设置当前图形对象的线宽。

在实际绘图中，有时当绘制完某一图形后，发现该图形对象没有在预先设置的图层上，这时可首先选中该对象，然后在“图层”工具栏的下拉列表框中用光标选择预设的层名，即可将选择的对象转换到预设的图层。

5.9 编辑对象的特性

在 AutoCAD 中，绘制的每个对象都具有自己的特性，有些特性是基本特性、是共有的，适用于多数对象，例如图层、颜色、线宽、线型和打印样式。有些特性是某些对象专有的，例如圆的特性包括半径和面积，直线的特性包括长度和角度，尺寸标注中的文字样式和公差格式等。改变对象特性值，实际上就改变了相应的对象。对象的基本特性和其他特性都可以编辑修改。

特性编辑命令主要有 PROPERTIES、MATCHPROP、CHANGE 等。而对于图层、颜色、线宽、线型等特性，除上节介绍的“特性”工具栏外，也可以通过“特性”选项板、“快捷特性”面板、“特性匹配”工具直接修改。

1. 利用“特性”选项板编辑对象特性

（1）功能　用于查看和编辑对象的特性。

（2）命令格式

1）工具栏　标准→ 按钮

2）菜单栏　“修改→特性”或“工具→选项板→特性”

3）快捷菜单　选择要查看或修改其特性的对象，在绘图区域中单击鼠标右键，然后单击“特性”。

4）双击对象　双击多数对象

5）键入命令　PROPERTIES↓

执行上述命令后，系统弹出“特性”选项板。当未选定任何对象时，“特性”选项板中仅显示常规特性的当前设置；如果选择多个对象时，仅显示所有选定对象的公共特性。若选择某对象，“特性”选项板中就会显示该对象的特性。可以在选项板中直接修改对象的特性。

例如将图 5-23 中的半径为 12 的圆，改画成半径为 10 的圆。方法是：首先选中半径为 12 的圆，然后在“特性”选项板（图 5-23）的“几何图形”选项区的“半径”文本框中将 12 改为 10，再单击该文本框以外任何处（或关闭“特性”选项板），即可完成修改。可以看到，在这里还可以对圆的圆心位置，以及圆的图层、颜色、线型等几乎全部设置进行编辑。

2. 利用“快捷特性”面板编辑对象特性　“快捷特性”面板是“特性”选项板的简化形式。单击状态栏上的 QP 按钮，可以控制快捷特性的打开和关闭。当用户选择对象时，即可显示“快捷特性”面板，如图 5-24 所示，从而方便编辑对象的特性。

通过“草图设置”对话框中的“快捷特性”选项卡，也可启用快捷特性功能以及对其进行设置等。

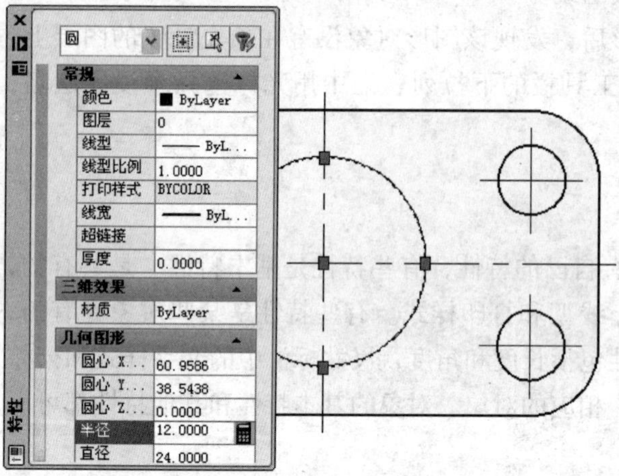

图5-23　利用“特性”选项板编辑对象特性

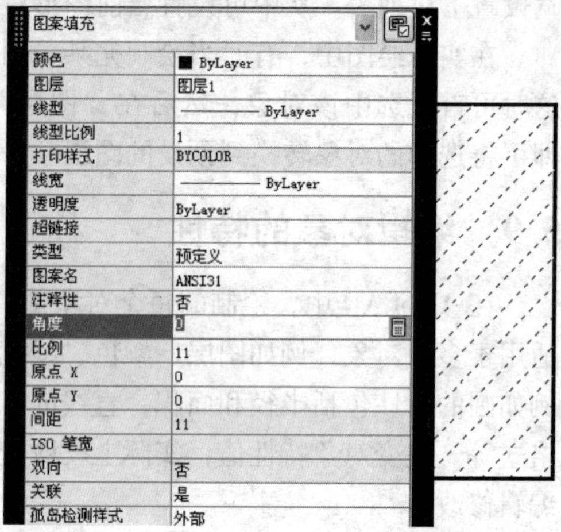

图5-24　利用“快捷特性”面板编辑对象特性

通过CUI命令，可定义快捷特性的显示对象及特性。

3. 利用“特性匹配”功能编辑对象特性

（1）功能　将选定的一个对象（源对象）的特性“复制”给另外一个（或一组）对象（目标对象），使这些对象的部分特性或全部特性和源对象相同。可“复制”的特性类型包含颜色、图层、线型、线型比例、线宽、打印样式、透明度和其他指定的特性（如标注样式、文字样式、图案填充样式等）。

（2）命令格式

1）工具栏　标准→按钮

2）菜单栏　修改→特性匹配

3）键入命令　MATCHPROP↓

执行上述命令后，命令行提示：

选择源对象：（选择某一对象为源目标，命令行提示）

当前活动设置：颜色　图层　线型　线型比例　线宽　厚度　打印样式　标注　文字　填充图案　多段线　视口　表格材质　阴影显示　多重引线

选择目标对象或［设置（S）］：（输入选项）

（3）选项说明

1）选择目标对象　选择目标对象，可以立即将源对象的特性“复制”到其上。此时，在绘图区，光标变为小“刷子”形状，可直接选择一个或多个对象作为目标对象，同时源对象的特性将“复制”给目标对象。

2）设置（S）　控制要将哪些对象特性复制到目标对象。选择该项，系统弹出一个“特性设置”对话框（图5-25）。

“特性设置”对话框用于匹配内容的设置，其中“基本特性”区域用于基本特性设置，它包括颜色、图层、线型、线型比例、线宽、厚度、打印样式等复选框；“特殊特性”区域用于特殊特性设置，它包括标注（尺寸）、文字、填充图案、多段线、视口等复选框。

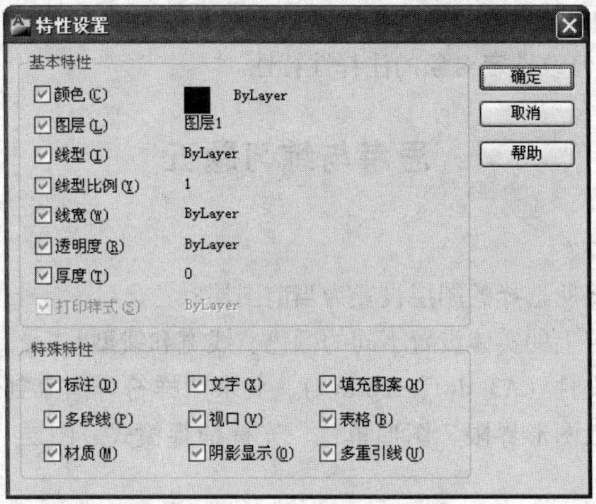

图 5-25 “特性设置”对话框

属性匹配不仅可用于在同一文件中进行源对象和目标对象的属性匹配，而且还可以用于在不同的图形文件中进行源对象和目标对象的属性匹配。

4. 使用 CHANGE 命令编辑对象特性

(1) 功能　用于编辑现有对象的特性。

(2) 命令格式　键入命令：CHANGE↓

执行该命令后，命令行提示：

选择对象：(选择对象)

……

选择对象：↓

指定修改点或［特性（P）］：(输入选项)

(3) 选项说明

1) 指定修改点　编辑所选的对象。其结果取决于选定对象的类型。

① 对直线的修改　当指定修改点后，直线离指定点较近的一端移到指定点。

② 对圆的修改　在圆心不变的情况下，修改圆的半径，改变圆的大小。

③ 对块的修改　可重新确定块的插入点和旋转角度。

2) 特性（P）　编辑现有对象的特性。键入 P 后，命令行提示：

输入要更改的特性［颜色(C)/标高(E)/图层(LA)/线型(LT)/线型比例(S)/线宽(LW)/厚度(T)/透明度(TR)/材质(M)/注释性(A)］：

① 颜色（C）　修改选定对象的颜色。

② 标高（E）　修改选定对象所在高度。

③ 图层（LA）　修改选定对象的图层。

④ 线型（LT）　修改选定对象的线型。

⑤ 线型比例（S）　修改选定对象的线型比例。

⑥ 线宽（LW）　修改选定对象的线宽。

⑦ 厚度（T）　修改二维对象的 Z 向厚度。

⑧ 透明度（TR）　更改选定对象的透明度级别。

⑨ 材质（M） 如果附着材质，将会更改选定对象的材质。

⑩ 注释性（A） 修改选定对象的注释性特性。

思考与练习题五

1. 图层有哪些特性?

2. 有哪些方法可将所选择的图层设置为当前图层?

3. 怎样为同一图层上的实体设置不同的颜色、线宽和线型?

4. 创建两个样板文件（A3. dwt、A4. dwt），要求图样符合国家制图标准规定的 A3、A4 图幅及其他要求（包括图形界限、图形单位、光标捕捉模式、图层、线型、线型比例、线宽、标题栏等内容）。

5. 绘制如图 5-26 所示的图形，要求：

1）图中的不同线型，分别画在相应的图层中。

2）开/关某图层，观察图层的变化。

3）利用改变图层将虚线圆改为粗实线圆，将点画线圆改为虚线圆。

6. 绘制图 5-27 ~ 图 5-31 所示的图形，不标注尺寸。

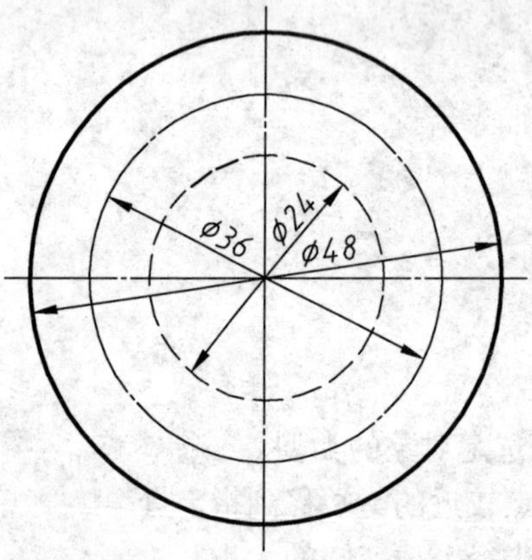

图 5-26

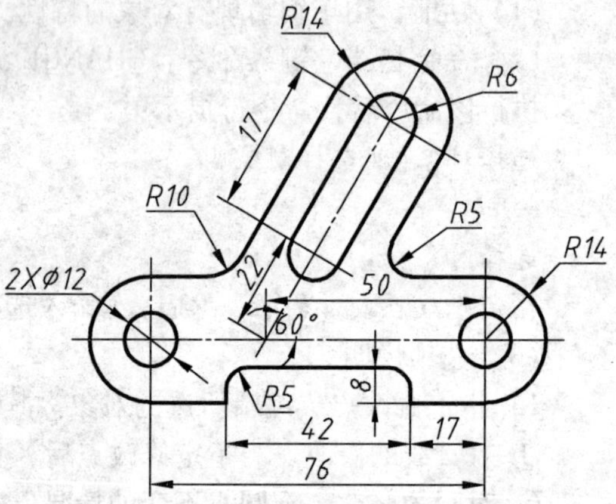

图 5-27

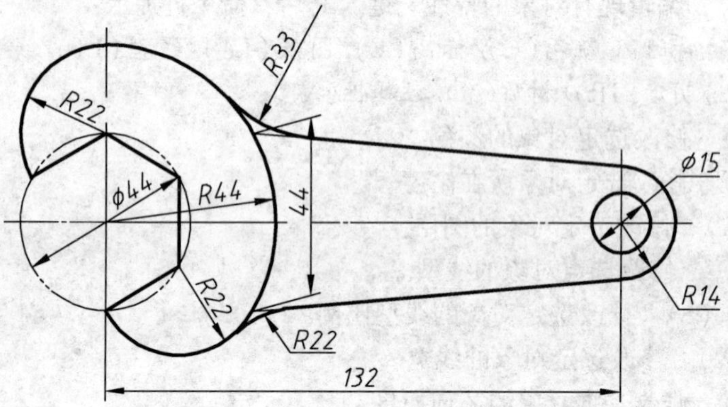

图 5-28

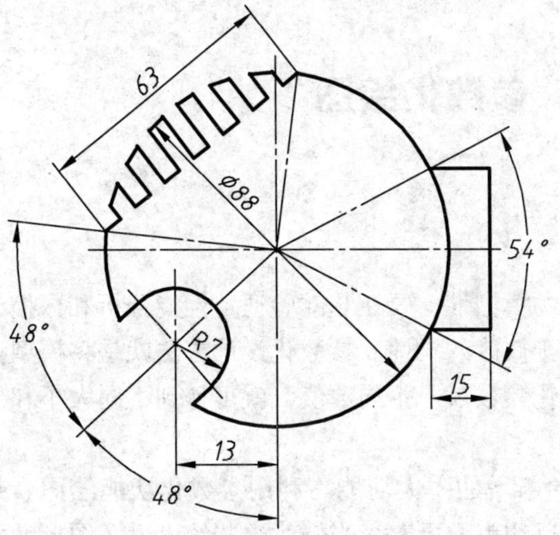

图 5-29

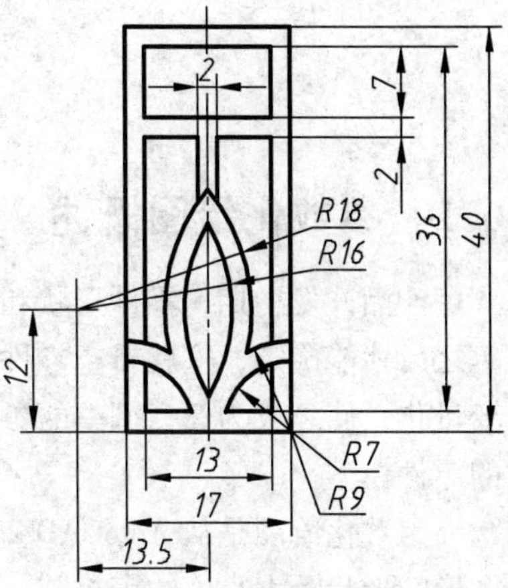

图 5-30

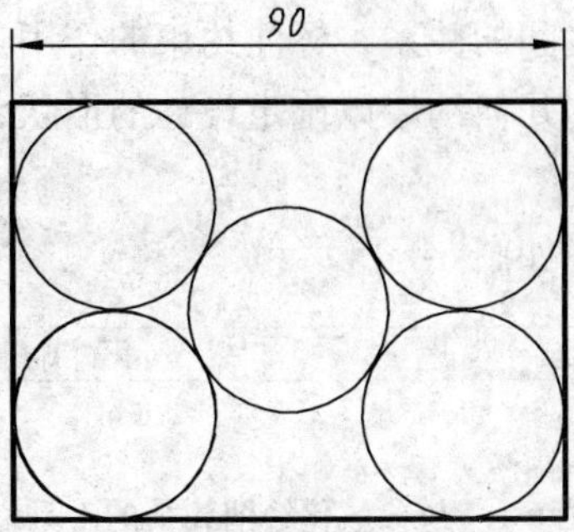

图 5-31

* 第 6 章　参数化绘图

6.1　参数化绘图概述

产品开发初期，零件形状和尺寸有一定的模糊性，要在装配验证、性能分析和数控编程等之后才能确定，这就希望零件模型具有易于修改的柔性。参数化设计方法就是将模型信息变量化，使之成为任意调整的参数，对变量化参数赋予不同数值，就可得到不同大小和形状的零件模型。

参数化绘图是从 AutoCAD 2010 版本开始新增的一大功能。利用参数化功能绘图，几何图形的形状及大小由约束控制，只允许不违反约束的更改，当修改这些约束后，图形就发生相应变化，这就加快了设计工作流程。

二维几何图形有两种常用的约束类型：几何约束和标注约束。几何约束的作用是确定二维几何对象之间或对象上的点之间的关系，标注约束的作用是控制对象的距离、长度、角度和半径值。建议在设计中先应用几何约束以确定设计的形状，然后应用标注约束确定对象的大小。

与参数化绘图相关的工具栏如图 6-1 所示。

a)　　　　b)　　　　c)

图 6-1　与参数化绘图相关的工具栏

a)“几何约束”工具栏　b)“参数化”工具栏　c)“标注约束”工具栏

6.2　常用的几何约束

几何约束确定二维几何对象之间或对象上的点之间的关系。当需要在对象上指定约束点而非选择对象时，与对象捕捉类似，但是位置限制为端点、中点、中心点以及插入点。常用的几何约束如下所述。

6.2.1　平行约束

1. 功能　约束两个对象彼此平行，具有相同的角度。有效的约束对象是直线、多段线线段、椭圆和多行文字。

2. 命令格式

(1) 工具栏　几何约束→ // 按钮

(2) 菜单栏　参数→几何约束→平行

(3) 键入命令　GCPARALLEL↓

执行该命令后，选择两个对象，第二个对象被调整为平行于第一个对象。

例 1　对图 6-2a 所示的直线和文字行添加平行约束。

操作过程如下：

命令：GCPARALLEL↓

选择第一个对象：（选择直线，命令行提示）

选择第二个对象：（选择文字行）

结果如图 6-2b 所示，文字行被调整为与直线平行。

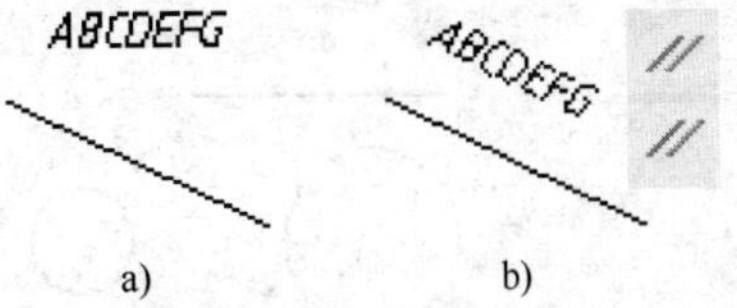

图 6-2　平行约束

a）约束前　b）约束后

6.2.2　垂直约束

1. 功能　约束两个对象彼此垂直，夹角始终保持为 90°。有效的约束对象是直线、多段线线段、椭圆和多行文字。

2. 命令格式

（1）工具栏　几何约束→ 按钮

（2）菜单栏　参数→几何约束→垂直

（3）键入命令　GCPERPENDICULAR↓

执行该命令后，选择两个对象，第二个对象被调整为垂直于第一个对象。

例 2　对图 6-3a 所示的两个直线添加垂直约束。

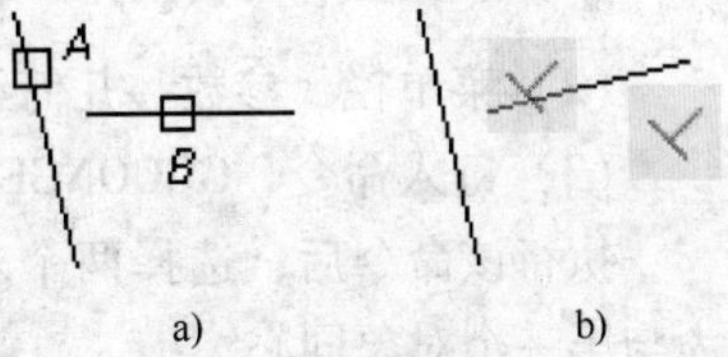

图 6-3　垂直约束

a）约束前　b）约束后

操作过程如下：

命令：GCPERPENDICULAR↓

选择第一个对象：（在 A 点拾取左侧直线，命令行提示）

选择第二个对象：（在 B 点拾取右侧直线）

结果如图 6-3b 所示，右侧直线被调整为与左侧直线垂直。

6.2.3　相切约束

1. 功能　约束两条曲线或其延长线保持彼此相切。有效的约束对象是直线、多段线直线、多段线圆弧、圆、圆弧、椭圆。

2. 命令格式

（1）工具栏　几何约束→ 按钮

（2）菜单栏　参数→几何约束→相切

（3）键入命令　GCTANGENT↓

执行该命令后，选择两个对象，第二个对象被调整为与第一个对象相切，即使它们实际上并没有公共点。

例 3　对图 6-4a 所示的直线和圆添加相切约束。

操作过程如下：

命令：GCTANGENT↓

选择第一个对象：（选择大圆，命令行提示）

选择第二个对象：（选择直线）

这时创建直线与大圆相切约束，如图 6-4b 所示。

同样的方法，先选择直线再选择小圆，可创建直线与小圆相切约束，如图 6-4c 所示。

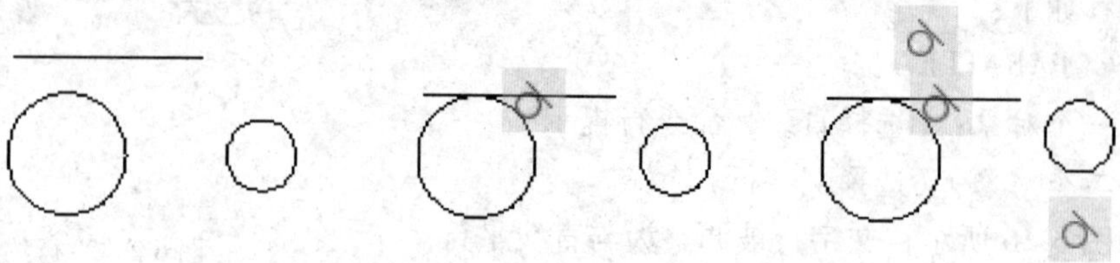

a)　　　　b)　　　　c)

图 6-4　相切约束

a）原图　b）直线与大圆相切约束　c）直线与小圆相切约束

6.2.4　同心约束

1. 功能　约束两个对象具有相同的中心点。有效的约束对象和约束点是圆、圆弧、多段线圆弧、椭圆。

2. 命令格式

（1）工具栏　几何约束→◎按钮

（2）菜单栏　参数→几何约束→同心

（3）键入命令　GCCONCENTRIC↓

执行该命令后，选择两个对象，第二个对象被调整为与第一个对象同心。

例 4　对图 6-5a 所示的圆弧和圆添加同心约束。

操作过程如下：

命令：GCCONCENTRIC↓

选择第一个对象：（选择圆弧，命令行提示）

选择第二个对象：（选择圆）

结果如图 6-5b 所示，圆被调整为与圆弧同心。

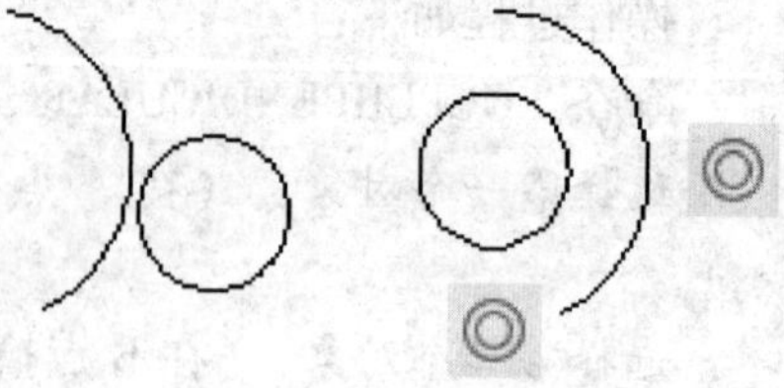

a)　　b)

图 6-5　同心约束

a）约束前　b）约束后

6.2.5　固定约束

1. 功能　约束点或曲线锁定在特定的位置和方向上。有效的约束对象和约束点是直线、多段线线段、圆、圆弧、多段线圆弧、椭圆、样条曲线。

2. 命令格式

（1）工具栏　几何约束→🔒按钮

（2）菜单栏　参数→几何约束→固定

（3）键入命令　GCFIX↓

执行上述命令后，命令行提示：

选择点或［对象（O）］＜对象＞：（输入选项）

3. 选项说明

（1）选择点　选择对象上的约束点，将约束点锁定，可以围绕锁定点移动对象。如图 6-6a 所示，锁定直线的端点后，可拖动下端点使直线围绕上端点移动。

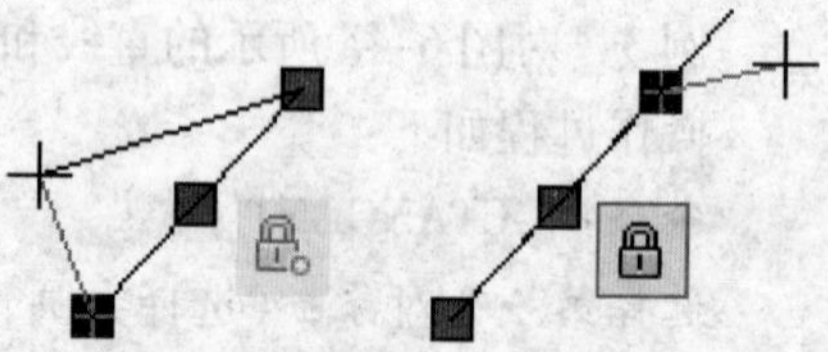

a)　　b)

图 6-6　固定约束

a）固定直线的端点　b）固定直线

（2）对象（O）　选择对象，将其锁定且无法移动，同时固定直线的角度或圆弧/圆的中心。如图 6-6b 所示，锁定直线后，拖动上下端点可改变直线长度，但其位置和方向不可改变。

为了对设计进行更改时无需重新定位图形，通常要为重要的几何特征添加固定约束。

6.2.6　重合约束

1. 功能　约束两个点重合，或约束一个点位于曲线（或曲线的延长线）上。有效的约束对象和约束点是直线、多段线线段、圆、圆弧、多段线圆弧、椭圆、样条曲线、两个有效约束点。

2. 命令格式

（1）工具栏　几何约束→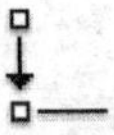按钮

（2）菜单栏　参数→几何约束→重合

（3）键入命令　GCCOINCIDENT↓

执行上述命令后，命令行提示：

选择第一个点或［对象(O)/自动约束(A)］＜对象＞：(输入选项)

3. 选项说明

（1）选择第一个点　选择第一个点后，命令行提示

选择第二个点或［对象（O)］＜对象＞：(输入选项)

1）选择第二个点　选择第二个点，约束其与第一个点重合。

2）对象（O）　选择对象，约束对象或其延长线通过第一个点。

（2）对象（O）　选择对象，选择后，命令行提示：

选择点或［多个（M)]：(输入选项)

1）选择点　选择一个点，约束该点位于对象或其延长线上。

2）多个（M）　连续选择多个点，约束这些点位于对象或其延长线上。

（3）自动约束（A）　约束选定对象相互重合的点重合。

例 5　对图 6-7a 所示的直线中点 B、直线端点 C 添加与直线 MN 重合的约束。

操作过程如下：

命令：GCCOINCIDENT↓

选择第一个点或［对象(O)/自动约束(A)］＜对象＞：(输入选项 O，命令行提示)

选择对象：(在 A 点拾取直线 MN，命令行提示)

选择点或［多个（M)]：(输入选项 M，命令行提示)

选择点：(拾取中点 B，命令行提示)

选择点：(拾取端点 C，命令行提示)

选择点：↓

结果如图 6-7b 所示，对象被调整至中点 B 与端点 C 位于直线 MN 或其延长线上。

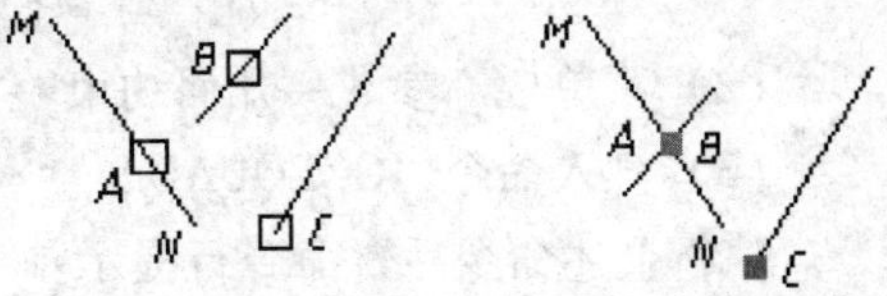

a)　　b)

图 6-7　重合约束

a）约束前　b）约束后

6.2.7　共线约束

1. 功能　约束两个或多个直线段沿同一直线方向。有效的约束对象是直线、多段线

段、椭圆、多行文字。

2. 命令格式

（1）工具栏　几何约束→ 按钮

（2）菜单栏　参数→几何约束→共线

（3）键入命令　GCCOLLINEAR↓

执行上述命令后，命令行提示：

选择第一个对象或［多个（M）］：（输入选项）

3. 选项说明

（1）选择第一个对象　选择两个对象，约束这两个对象共线。

（2）多个（M）　选择多个对象，使其与第一个对象共线。

例6　对图6-8a所示的多段线段和直线添加共线约束。

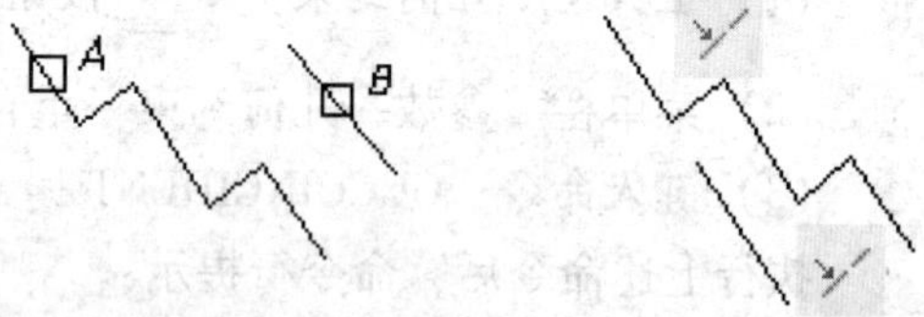

图6-8　共线约束

a）约束前　b）约束后

操作过程如下：

命令：GCCOLLINEAR↓

选择第一个对象或［多个（M）］：（在A点拾取多段线段，命令行提示）

选择第二个对象：（在B点拾取直线）

结果如图6-8b所示，直线被调整为与多段线线段（A点所在线段）沿同一直线方向。

6.2.8　相等约束

1. 功能　约束选定的圆弧和圆为半径相等，或约束选定的直线为长度相等。有效的约束对象是直线、多段线线段、圆、圆弧、多段线圆弧。

2. 命令格式

（1）工具栏　几何约束→ = 按钮

（2）菜单栏　参数→几何约束→相等

（3）键入命令　GCEQUAL↓

执行上述命令后，命令行提示：

选择第一个对象或［多个（M）］：（输入选项）

3. 选项说明

（1）选择第一个对象　选择两个对象，第二个对象被调整为与第一个对象相等。如图6-9所示，先后选择右侧圆和左侧圆，结果是左侧圆被调整为与右侧圆半径相等。

（2）多个（M）　选择多个对象，约束这些对象相等。

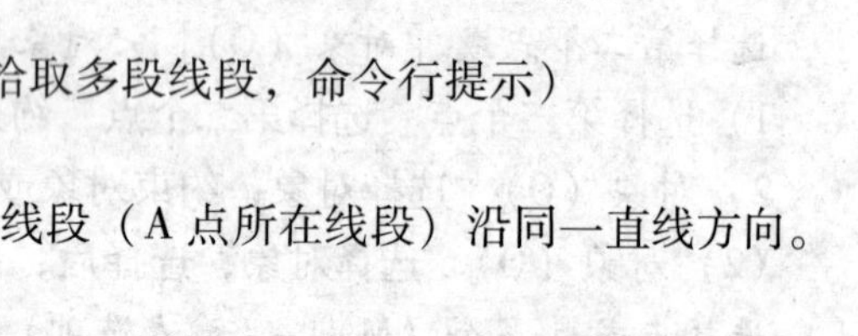

图6-9　相等约束

a）约束前　b）约束后

6.2.9　水平约束

1. 功能　约束直线或两个点处于与X轴平行的位置。有效的约束对象和约束点是直线、多段线线段、椭圆、多行文字、两个有效约束点。

2. 命令格式

（1）工具栏　几何约束→ 按钮

（2）菜单栏　参数→几何约束→水平

（3）键入命令　GCHORIZONTAL↓

执行上述命令后，命令行提示：

选择对象或［两点（2P）］<两点>：（输入选项）

3. 选项说明

（1）选择对象　选择一个对象，将其调整为与 X 轴平行，如图 6-10 所示。

（2）两点（2P）　选择两个点，约束这两点处于与 X 轴平行的位置。

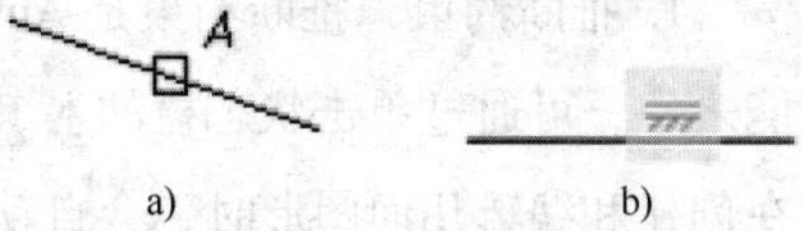

图 6-10　水平约束
a）约束前　b）约束后

6.2.10　竖直约束

1. 功能　约束直线或两个点处于与 Y 轴平行的位置。有效的约束对象和约束点是直线、多段线线段、椭圆、多行文字、两个有效约束点。

2. 命令格式

（1）工具栏　几何约束→ 按钮

（2）菜单栏　参数→几何约束→竖直

（3）键入命令　GCVERTICAL↓

执行上述命令后，命令行提示：

选择对象或［两点（2P）］<两点>：（输入选项）

3. 选项说明

（1）选择对象　选择一个对象，将其调整为与 Y 轴平行。

（2）两点（2P）　选择两个点，约束这两点处于与 Y 轴平行的位置。如图 6-11 所示，椭圆被调整至圆心 B 与直线端点 A 处于与 Y 轴平行的位置。

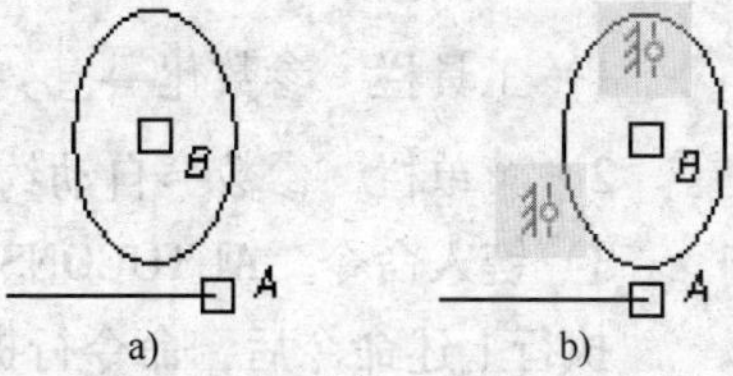

图 6-11　竖直约束
a）约束前　b）约束后

6.2.11　对称约束

1. 功能　约束两个对象或两个点相对于对称直线对称。有效的约束对象和约束点是直线、多段线线段、圆、圆弧、多段线圆弧、椭圆。

2. 命令格式

（1）工具栏　几何约束→ 按钮

（2）菜单栏　参数→几何约束→对称

（3）键入命令　GCSYMMETRIC↓

执行上述命令后，命令行提示：

选择第一个对象或［两点（2P）］<两点>：（输入选项）

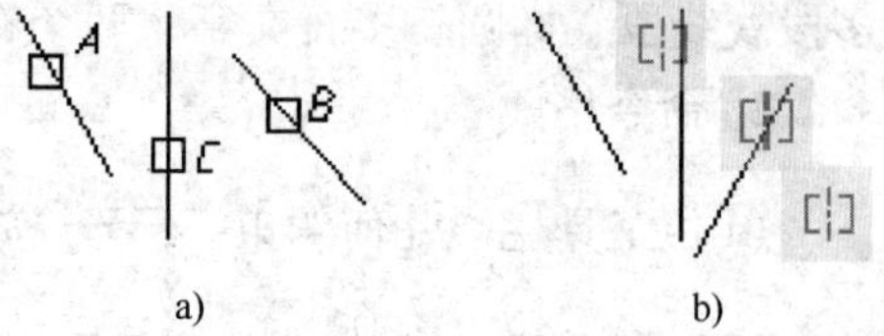

图 6-12　对称约束

a）约束前　b）约束后

3. 选项说明

（1）选择第一个对象　选择两个对象和一个对称直线，约束这两个对象相对于对称直线对称，如图 6-12 所示。

（2）两点（2P）　选择两个点和一个对称直线，约束这两个点相对于对称直线对称。

6.2.12　推断约束和自动约束

1. 推断约束　推断约束是 AutoCAD 2011 新增功能之一，可通过单击状态栏的上 INFER 按钮开启和关闭此功能。启用“推断约束”模式后，在创建和编辑几何图形时，会自动对指定的对象捕捉的关联对象或点之间应用约束。但是，不支持下列对象捕捉：交点、外观交点、延长线和象限点。无法推断下列约束：固定、平滑、对称、同心、相等、共线。

如图 6-13a 所示，启用“推断约束”功能后，绘制长方形时会自动应用水平约束和垂直约束。如图 6-13b 所示，启用“推断约束”功能后，将圆以圆心为基点移动到直线中点时，会自动对圆心和直线中点应用重合约束。

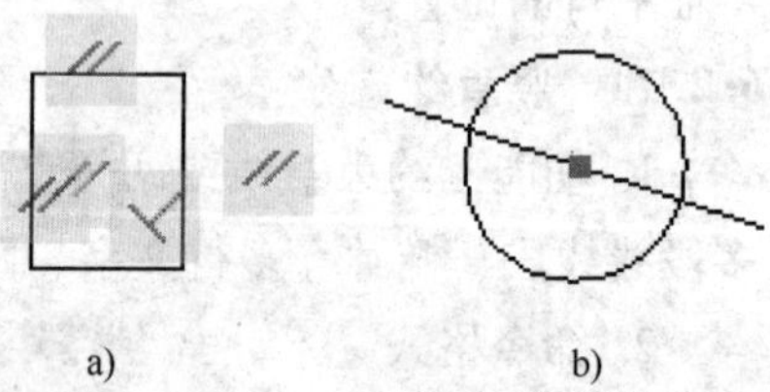

图 6-13　推断约束

a）创建对象时应用推断约束

b）编辑对象时应用推断约束

2. 自动约束

（1）功能　根据对象彼此的方位关系添加多种几何约束。

（2）命令格式

1）工具栏　参数化→按钮

2）菜单栏　参数→自动约束

3）键入命令　AUTOCONSTRAIN↓

执行上述命令后，命令行提示：

选择对象或［设置（S）］：（输入选项）

（3）选项说明

1）设置（S）　显示“约束设置”对话框，如图 6-14 所示，可以更改应用的约束类型、顺序以及适用的公差。

2）对象　选择对象，对选择对象自动添加如图 6-14 所示设置的几何约束。

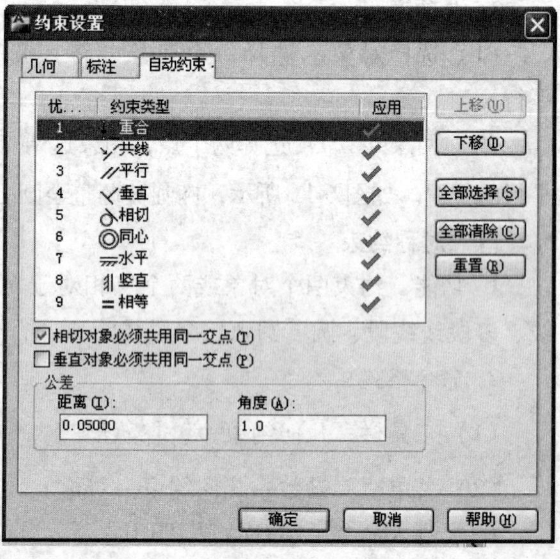

图 6-14　约束设置

例 7　对图 6-15a 所示的 V 形槽图形添加自动约束。

操作过程如下：

命令：AUTOCONSTRAIN↓

选择对象或［设置（S）］：（选择对象）

指定对角点：（如图 6-15b 所示）

找到 12 个

选择对象或［设置（S）］：↓

已将 26 个约束应用于 12 个对象

结果如图 6-15c 所示。

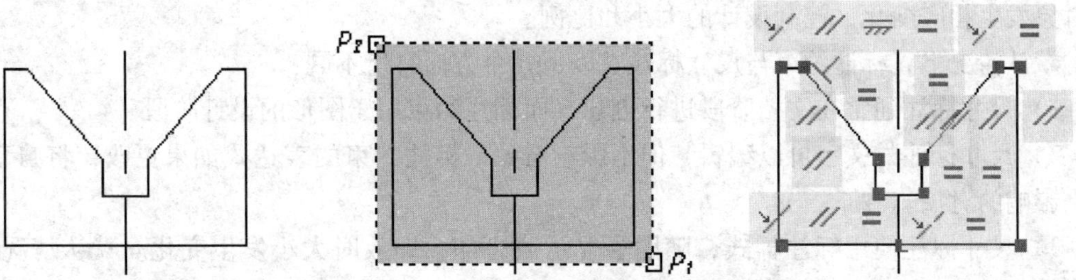

a)　　b)　　c)

图 6-15　自动约束

a）约束前　b）选择对象　c）约束后

6.3　显示或隐藏几何约束

添加几何约束后，在对象的旁边出现约束图标，将光标置于约束栏的图标上可亮显相关几何图形，将光标置于受约束对象上（在约束栏处于显示状态时）可亮显与选定对象关联的约束图标。

在如图 6-1b 所示的“参数化”工具栏上，有可以显示或隐藏几何约束的工具按钮。也可通过“参数→约束栏→子菜单项”（图 6-16）来控制几何约束的显示与隐藏。

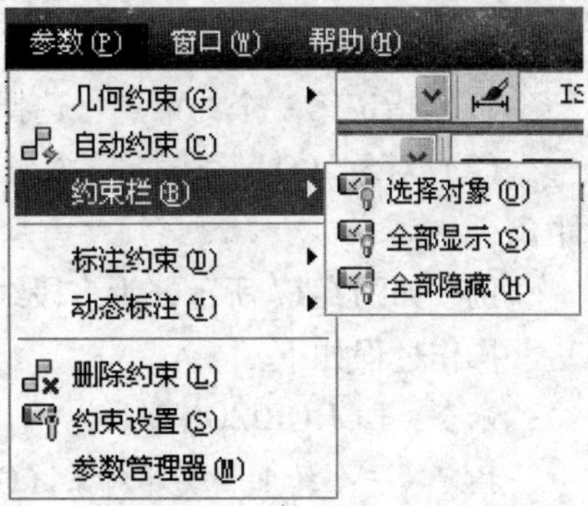

图 6-16　“约束栏”的子菜单

6.4　编辑应用了几何约束的对象

可以通过以下方法编辑应用了几何约束的对象：使用夹点、编辑命令，或者先删除约束，编辑过后应用新约束。

1. 使用编辑命令修改　可以使用编辑命令（如 MOVE、COPY、ROTATE、SCALE 和 STRETCH）来修改受约束的几何图形。

2. 使用夹点修改　选择受约束对象，单击夹点并拖动以编辑几何图形。

已选定夹点或在执行编辑命令期间，按 Ctrl 键以交替释放约束和保留约束。编辑完成后，约束会自动恢复，但是，不再有效的约束将被删除。

3. 先删除约束，编辑过后应用新约束　将光标悬停在几何约束图标上时，可以使用 Delete 键或快捷菜单删除该约束，编辑过后应用新约束。

6.5 常见的标注约束

标注约束可以约束以下内容：对象之间或对象上的点之间的距离、角度，圆弧和圆的大小等。将标注约束应用于对象时，会自动创建一个约束变量以保留约束值，但用户可以对其进行重命名。标注约束的表达式可以是常量，也可以是函数。改变标注约束的表达式，将驱动对象发生相应变化，控制设计的大小和比例。

默认情况下，标注约束与尺寸标注在以下几个方面有所不同：

1）尺寸标注通常在文档阶段进行创建，而标注约束用于图形的设计阶段。

2）尺寸标注的文字可以编辑，但不影响对象。标注约束的表达式如果更改，将自动更新受影响的对象。

3）尺寸标注使用标注样式，随图层显示或打印，缩放时大小发生变化。默认情况下，标注约束并不是对象，有预先定义的不能修改的样式，在缩放操作过程中保持大小相同，且不能打印。

6.5.1 水平标注约束

1. 功能　约束两点之间 X 方向的距离。

2. 命令格式

（1）工具栏　标注约束→按钮

（2）菜单栏　参数→标注约束→水平

（3）键入命令　DCHORIZONTAL↓

执行上述命令后，命令行提示：

指定第一个约束点或［对象（O）］<对象>：（输入选项）

3. 选项说明

（1）指定第一个约束点　选择两个约束点，约束两点间 X 方向的距离。

（2）对象（O）　选择一个对象，系统自动确定两个约束点，约束两点间 X 方向的距离。

例　如图 6-17 所示，为多段线的下边线段添加水平标注约束。

操作过程如下：

命令：DCHORIZONTAL↓

指定第一个约束点或［对象（O）］<对象>：↓

选择对象：（如图 6-17a 所示，在 A 点拾取矩形多段线的下边）

指定尺寸线位置：（如图 6-17a 所示，拾取 B 点）

标注文字 = 25（如图 6-17a 所示，系统自动创建一个约束变量 d1，表达式“25”为系统的测量值，也可如图 6-17b 所示更改表达式以驱动对象）

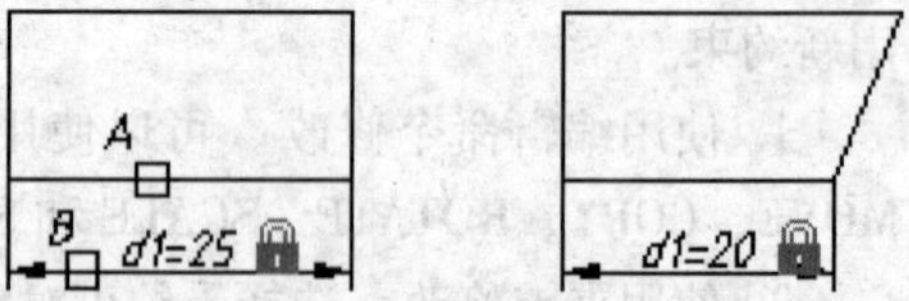

a)　　b)

图 6-17　水平标注约束

a）未改变表达式　b）改变表达式

6.5.2 竖直标注约束

1. 功能　约束两点之间 Y 方向的距离。

2. 命令格式

（1）工具栏　标注约束→按钮

（2）菜单栏　参数→标注约束→竖直

（3）键入命令　DCVERTICAL↓

执行上述命令后，命令行提示：

指定第一个约束点或［对象（O）］<对象>：（输入选项）

3. 选项说明

（1）指定第一个约束点　选择两个约束点，约束两点间 Y 方向的距离。

（2）对象（O）　选择一个对象，系统自动确定两个约束点，约束两点间 Y 方向的距离。

图 6-18 所示为多段线的右边线段添加竖直标注约束。

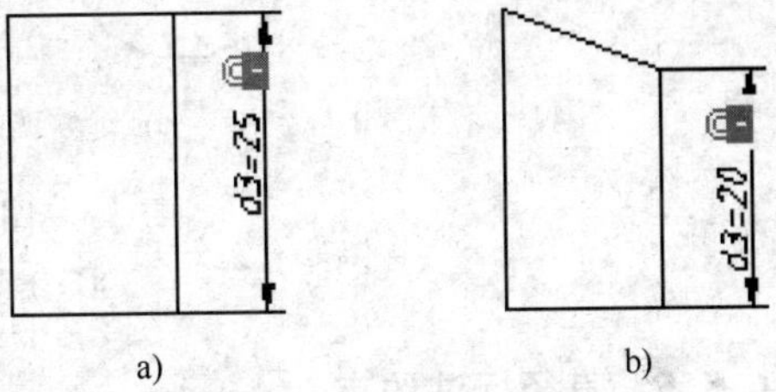

图 6-18　竖直标注约束

a）未改变表达式　b）改变表达式

6.5.3　对齐标注约束

1. 功能　约束两个点之间的距离。

2. 命令格式

（1）工具栏　标注约束→按钮

（2）菜单栏　参数→标注约束→对齐

（3）键入命令　DCALIGNED↓

执行上述命令后，命令行提示：

指定第一个约束点或［对象（O）/点和直线（P）/两条直线（2L）］<对象>：（输入选项）

3. 选项说明

（1）指定第一个约束点　选择两个点，约束这两点间的距离。

（2）对象（O）　选择一个直线或圆弧，约束其端点的距离。

（3）点和直线（P）　选择一个点和一个直线，约束点和直线的最近距离。

（4）两条直线（2L）　选择两个直线，将这两个直线设为平行，约束其距离。

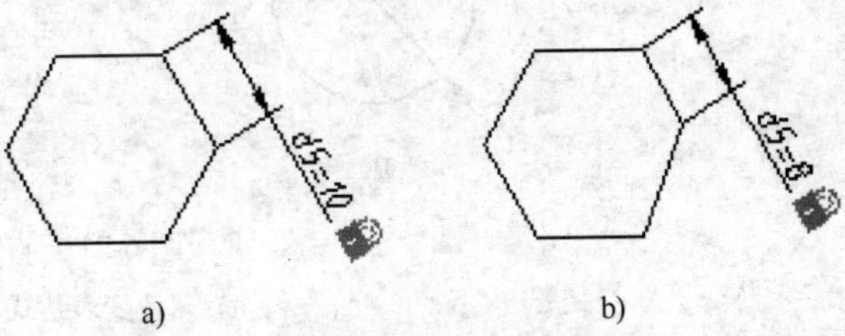

图 6-19　竖直标注约束

a）未改变表达式　b）改变表达式

图 6-19 所示为多段线上方右侧线段添加对齐标注约束。

6.5.4　半径标注约束

1. 功能　约束圆或圆弧的半径。

2. 命令格式

（1）工具栏　标注约束→按钮

（2）菜单栏　参数→标注约束→半径

（3）键入命令　DCRADIUS ↓

执行上述命令后，对选择的圆或圆弧添加半径标注约束。图 6-20 所示为圆添加半径标注约束。

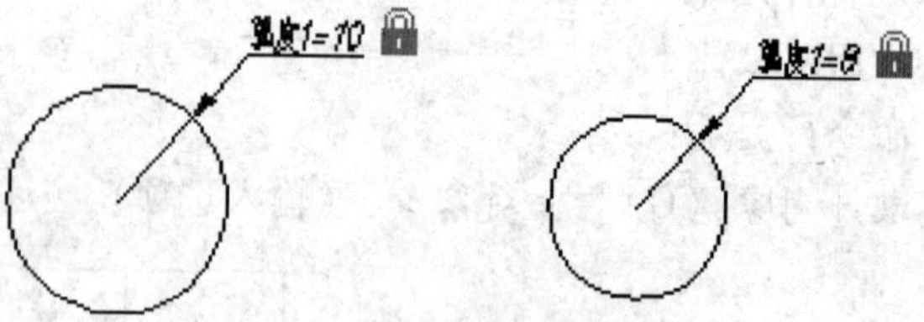

a)　　b)

图 6-20　半径标注约束

a）未改变表达式　b）改变表达式

6.5.5　直径标注约束

1. 功能　约束圆或圆弧的直径。

2. 命令格式

（1）工具栏　标注约束→按钮

（2）菜单栏　参数→标注约束→直径

（3）键入命令　DCDIAMETER ↓

执行上述命令后，对选择的圆或圆弧添加直径标注约束。图 6-21 所示为圆添加直径标注约束。

a)　　b)

图 6-21　直径标注约束

a）未改变表达式　b）改变表达式

6.5.6　角度标注约束

1. 功能　约束直线段或多段线段之间的角度、由圆弧或多段线圆弧扫掠得到的角度，或三个点之间的角度。

2. 命令格式

（1）工具栏　标注约束→按钮

（2）菜单栏　参数→标注约束→角度

（3）键入命令　DCANGULAR ↓

执行上述命令后，命令行提示：

指定第一条直线或圆弧或［三点（3）（3P）］＜三点＞：（输入选项）

3. 选项说明

（1）直线　选择两个直线，约束直线间的角度。

（2）圆弧　选择圆弧，约束顶点位于圆弧的中心、端点位于圆弧端点的角度。

（3）三点　选择三个点，约束顶点为第一点，端点为第二和第三点的角度。

图6-22所示为已经添加几何约束的V形槽图形的两条直线添加角度标注约束。

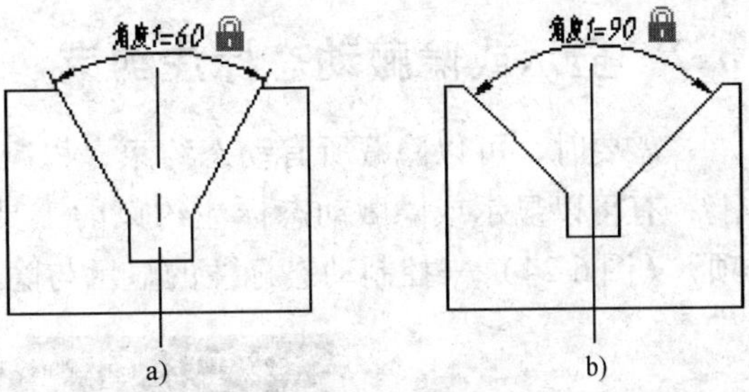

图6-22　角度标注约束

a）未改变表达式　b）改变表达式

6.6　标注约束的形式

标注约束有两种：动态约束或注释性约束。默认情况下，标注约束是动态的。可以将动态约束转换为注释性约束，也可以将动态约束或注释性约束转换为参照参数。

1. 动态约束　动态约束具有以下特征：

1）缩小或放大时保持大小相同。

2）可以在图形中轻松全局打开或关闭。

3）使用固定的预定义标注样式进行显示。

4）自动放置文字信息，拖动正方形夹点可以更改文字及其他元素的位置，拖动三角形夹点可以更改约束值。

5）打印图形时不显示。

2. 注释性约束　注释性约束具有以下特征：

1）缩小或放大时大小发生变化。

2）随图层单独显示。

3）使用标注样式控制标注的外观，如箭头样式、文字位置和尺寸公差等。

4）拖动三角形夹点可以更改约束值，与动态标注约束相比，注释性约束在拖动正方形夹点以更改文字及其他元素的位置中受的限制少。

5）打印图形时显示。

选择动态约束，在“特性”选项板单击“约束形式”特性右侧的下箭头键，并选择“注释性”，可以将动态约束转换为注释性约束。反之，可将注释性约束转换为动态约束。

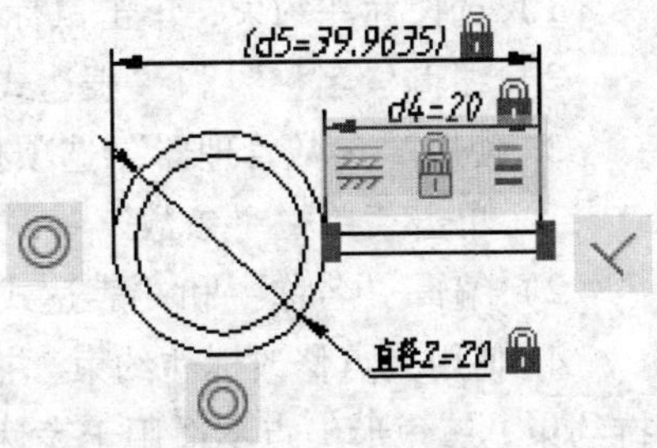

图6-23　参照参数

3. 参照参数　参照参数是一种从动标注约束（动态或注释性），不控制关联的几何图形，其文字信息显示在括号中，显示计算结果的测量值。例如，图6-23中的图形的宽度由参照参数“d5”显示，受约束“直径2”和约束“d4”的约束。

选择动态约束或注释性约束，在“特性”选项板单击“参照”特性右侧的下箭头键，并选择“是”，可以将动态约束或注释性约束转换为参照参数。

6.7 显示或隐藏动态标注约束

需要时，可以隐藏所有动态约束，以减少混乱。在图6-1b所示的“参数化”工具栏上，有可以显示或隐藏动态标注约束的工具按钮。也可通过“参数→动态标注→子菜单项”（图6-24）来控制动态标注的显示与隐藏。

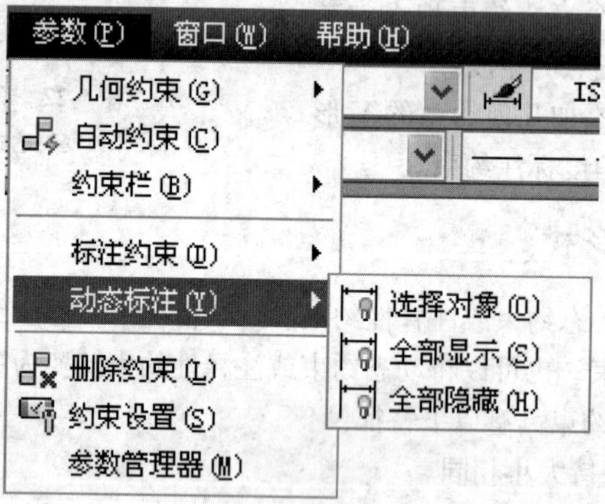

图6-24 “动态约束”的子菜单

6.8 修改应用了标注约束的对象

可以通过以下方法修改应用了标注约束的对象：编辑标注约束的名称和表达式，或使用夹点操作标注约束。

1. 在位编辑标注约束

1）双击标注约束显示在位文字编辑器。

2）输入新的名称或表达式。

3）按回车键确认更改。

2. 使用特性选项板编辑标注约束

1）选择标注约束，单击鼠标右键，然后单击“特性”。

2）编辑“名称”和“表达式”文本框中的内容。

3. 使用“参数管理器”选项板编辑标注

1）单击菜单栏“参数”→“参数管理器”。

2）编辑“名称”和“表达式”文本框中的内容。

4. 使用夹点修改标注约束　拖动关联标注约束上的三角形夹点可以更改约束值同时保持约束。三角形夹点不适用于表达式中参照了其他约束变量的标注约束。

6.9 应用举例

例　利用参数化绘图的方法绘制图6-25所示的图形。

作图步骤如下：

第一步：设置图形界限。过程略。

第二步：设置图层。过程略。

第三步：利用直线和圆命令绘制草图并添加几何约束。

1）在状态栏打开“推断约束”功能。

2）用“正交模式”绘出水平直线和铅垂直线，“推断约束”自动对直线添加水平和竖直约束，如图 6-26a 所示。

3）添加重合约束和相等约束，使两直线中点重合，长度相等，如图 6-26b 所示。

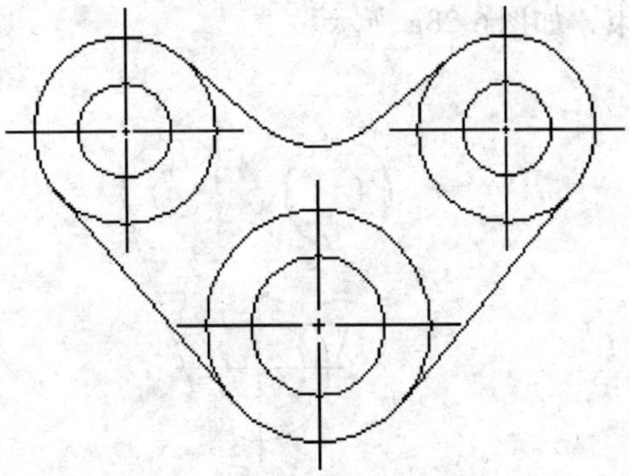

图 6-25

4）选择直线中点为圆心，绘出两个同心圆，“推断约束”自动对圆心和直线中点添加重合约束，如图 6-26c 所示。

5）绘出上面的两组同心圆，“推断约束”自动对圆心添加重合约束，如图 6-26d 所示。

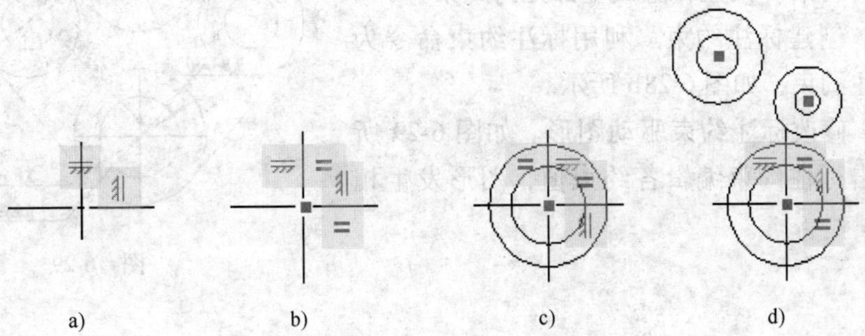

图 6-26

6）添加相等约束，使图中上方的两组同心圆中，两大圆直径相等，两小圆的直径相等，如图 6-27a 所示。

7）添加对称约束，使两组同心圆的圆心对称于下方圆的铅垂中心线，如图 6-27b 所示。

8）绘出四条切线，“推断约束”自动对圆和切线添加重合约束和相切约束，如图 6-27c 所示。

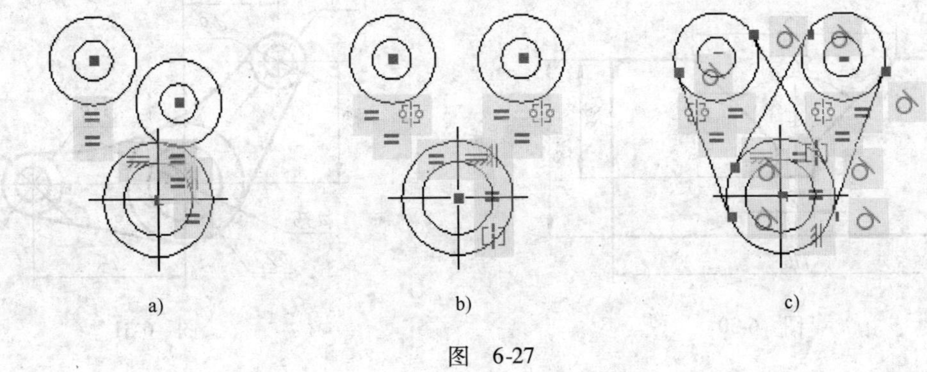

图 6-27

9）对中间的两条切线倒圆角，“推断约束”自动对圆角和切线添加重合约束和相切约束，如图 6-28a 所示。

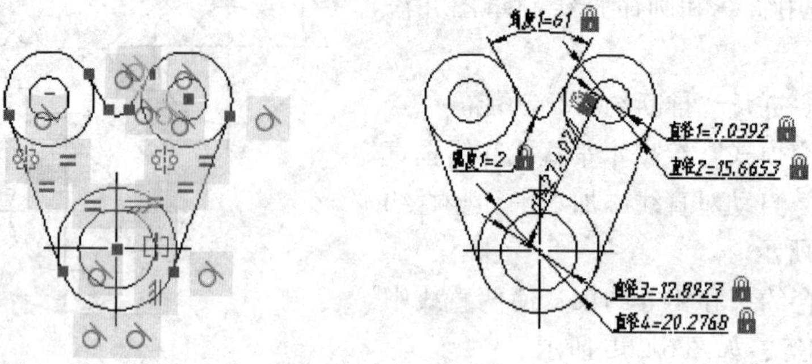

a)　　　　　　　　b)

图　6-28

第四步：单击“参数化”工具栏的“隐藏图形中的所有几何约束”按钮，隐藏全部几何约束。

第五步：创建标注约束。利用标注约束命令为图形添加标注约束，如图 6-28b 所示。

第六步：修改标注约束驱动图形。如图 6-29 所示，通过双击标注约束编辑各约束值，图形发生相应改变。

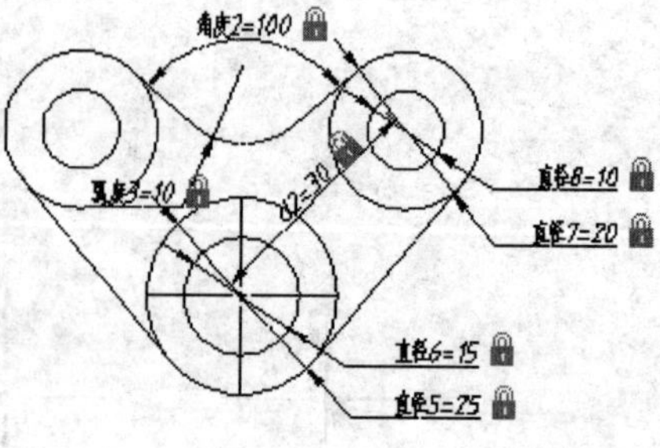

图　6-29

思考与练习题六

1. 常用的几何约束有哪些？
2. 标注约束与尺寸标注有何差异？常用的标注约束有哪些？
3. 标注约束的形式有哪几种？
4. 利用参数化绘图的方法绘制图 6-30、图 6-31 所示的图形。

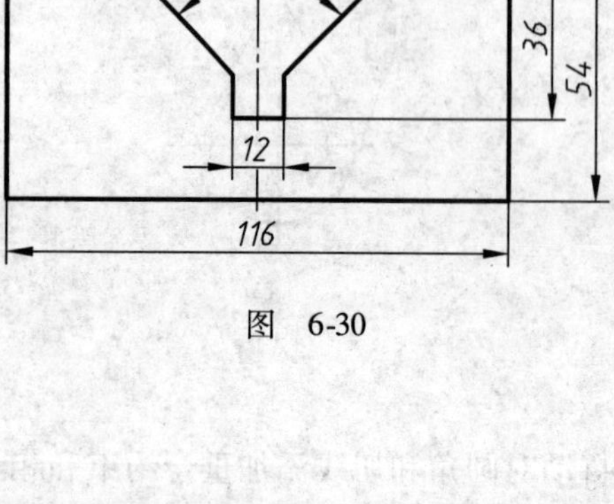

图　6-30

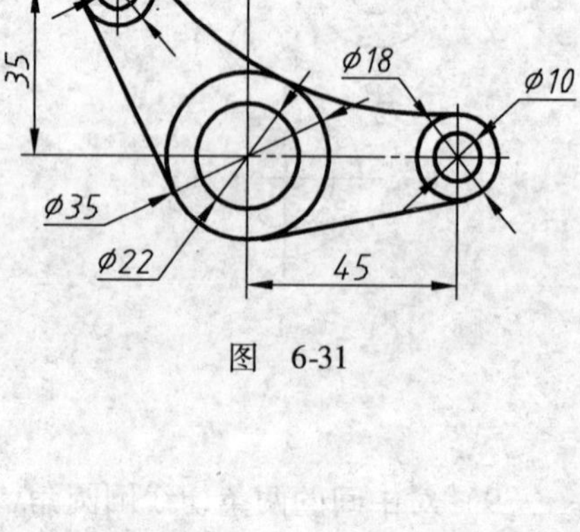

图　6-31

第7章　图形显示控制与图形参数查询

在使用 AutoCAD 绘图时，经常需要对当前图形进行缩放、移动、刷新和再生等。这些操作，其实只改变图形在屏幕上的显示效果即视觉效果，并不改变图形的实际大小和位置。

绘图时，系统将图形或文本等若干数据及状态存放在一个数据库中，如点的坐标、线段的长度、区域面积、当前绘图环境等，可利用图形参数显示命令查询这些数据和参数。

7.1　缩放视图命令

1. 功能　在当前窗口内缩放图形，以改变其视觉大小。

2. 命令格式

（1）工具栏　标准→按钮（图 7-1）、“缩放”工具栏（图 7-2）

（2）菜单栏　视图→缩放→子菜单选项（图 7-3）

（3）快捷菜单　没有选定对象时，在绘图区域单击鼠标右键并选择“缩放”选项进行实时缩放。

（4）键入命令　ZOOM↓（或 Z）

当键入 ZOOM 后，命令行出现主提示：

指定窗口的角点，输入比例因子（nX 或 nXP），或者

[全部(A)/中心(C)/动态(D)/范围(E)/上一个(P)/比例(S)/窗口(W)/对象(O)] <实时>：(输入选项)

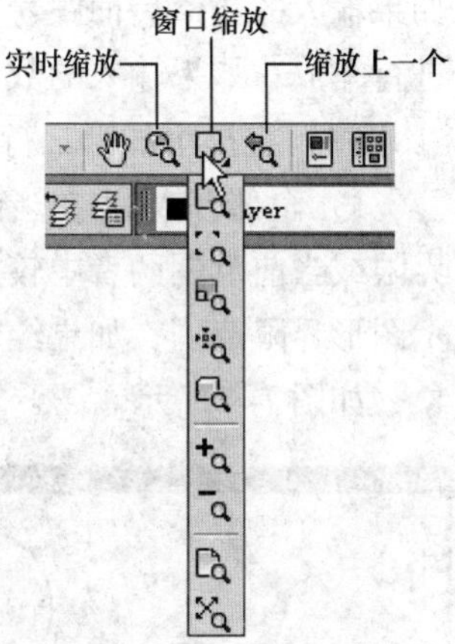

图 7-1　“标准”工具栏中“缩放”子工具栏

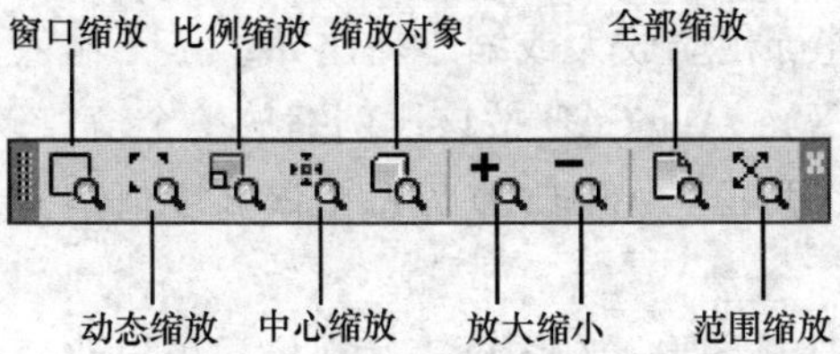

图 7-2　“缩放”工具栏

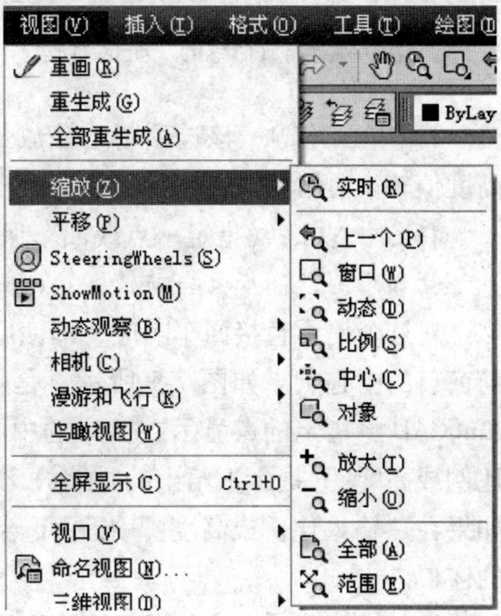

图 7-3　“缩放”命令的子菜单

3. 选项说明　图 7-1 与图 7-2 所示的两个工具栏的图标按钮一样。上述提示的每一个选项分别对应工具栏的一个按钮，所以与 ZOOM 命令有关的工具栏按钮功能不再单独介绍。

（1）主提示的第一行说明　缩放指定窗口内的图形或使用比例因子缩放视图。

1）如果直接确定窗口的一角点，即在绘图区域内确定一点，命令行提示：

指定对角点：

在该提示下确定窗口的对角位置后，AutoCAD 把以这两个角点确定的矩形窗口区域中的图形放大，以占满显示屏幕。

2）输入比例因子（nX 或 nXP）　用于以指定的比例因子（必须为正且非零）缩放显示。如果输入一数值，则图形将按该比例因子实现绝对缩放，即相对于实际尺寸进行缩放；如果输入的数值后面跟着“X”，那么图形将实现相对缩放，即相对于当前显示图形的大小进行缩放；如果输入的数值后面跟着“XP”，则图形相对于图纸空间缩放。

（2）主提示的第二行说明　各选项的含义如下：

1）全部（A）　在当前视口中缩放显示整个图形。在平面视图中，AutoCAD 缩放为图形界限或当前范围两者中较大的区域。即如果绘制的图形对象不超出图形界限范围，绘图区显示图形界限范围；如果绘制的图形对象超出图形界限范围，在绘图区域中显示所有图形对象，如图 7-4 所示。

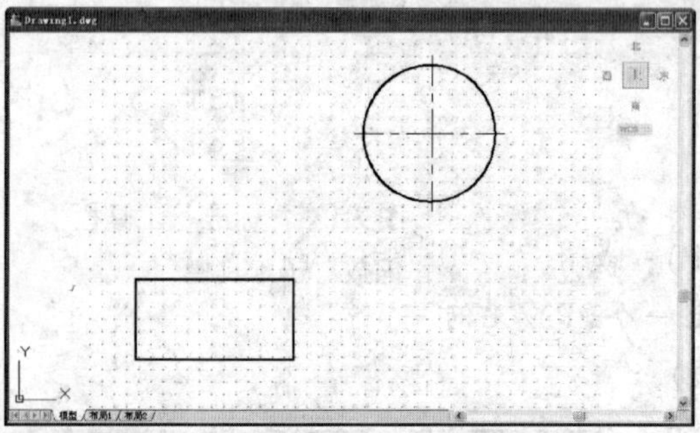

图 7-4　缩放命令的“全部缩放”

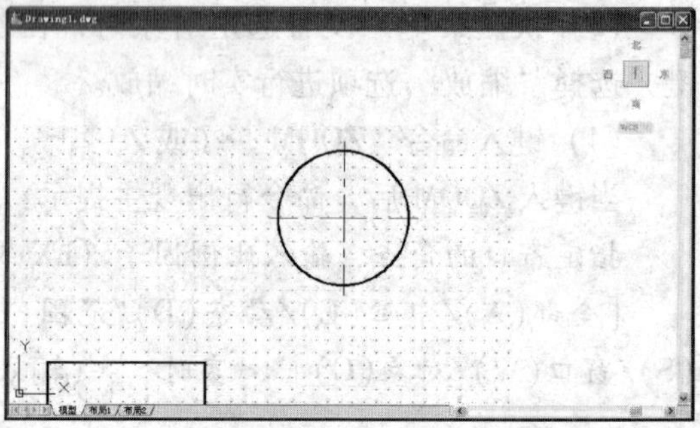

图 7-5　缩放命令的“中心缩放”

2）中心（C）　该选项用于缩放显示由中心点和放大比例（或高度）所定义的窗口。高度值较小时增加放大比例，高度值较大时减小放大比例。执行该选项，命令行提示：

指定中心点：（指定一点或回车保持当前窗口的中心不变）

输入比例或高度 <当前值>：（输入一个值或回车）

对这个提示直接回车响应，即使用的高度不变，这时对象不放大，只是指定的点成为当前窗口的中心点。如图 7-5 所示，是把图 7-4 中的圆心作为窗口的中心点显示的；否则，AutoCAD 将指定的点显示在窗口的中心，并对图形进行相应放大或缩小。比如，在“输入比例或高度：”提示下给出的是缩放比例（数值后跟 X），AutoCAD 按该比例缩放整个窗口；如果在“输入比例或高度：”提示下给出的是高度值，那么，AutoCAD 显示由该高度值定义的窗口。

3）动态（D）　该项用于缩放显示在视图框中的部分图形。视图框表示视口，可以改变它的大小，或在图形中移动。移动视图框或调整它的大小，可将其中的对象平移或缩放，以充满整个视口。

执行上述命令后，系统弹出三个矩形框：蓝色的虚线框、绿色的虚线框和中心带有一个“×”的视图框（图7-6）。如果所绘对象占据的区域大于图形界限，蓝色的虚线框表示用户所绘对象的区域，否则是图形界限；绿色的虚线框表示的是动态缩放前屏幕显示的范围；单击鼠标左键，视图框中的“×”将消失，而显示一个位于右边框的方向箭头“→”（图7-7a），拖动鼠标可改变视图框的大小；再次单击鼠标左键，“×”回到视图框的中心，此时用“×”确定图形显示的中心位置（图7-7a），回车，将视图框内的图形显示到整个屏幕上（图7-7b）。视图框的尺寸越小，放大倍数越大。

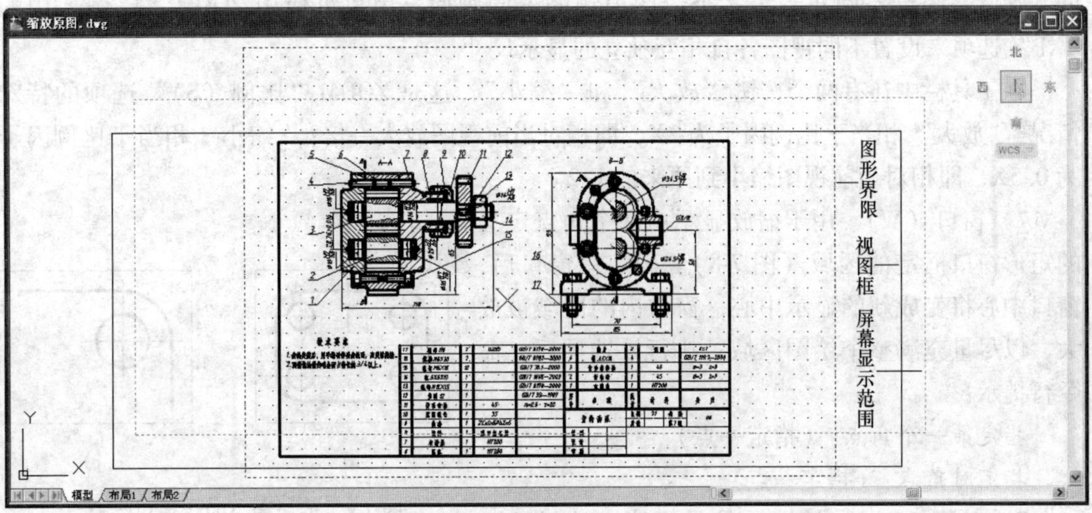

图7-6 “动态缩放”的图形界限、视图框和当前显示范围

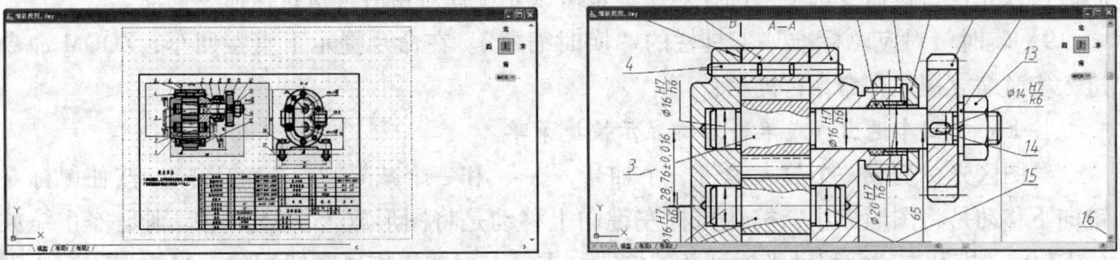

a) b)

图7-7 动态缩放

4）范围（E） 用于在屏幕内尽可能大地显示所有对象。与全部缩放选项不同的是，范围缩放使用的显示边界只是图形范围而不是图形界限。

5）上一个（P） 用于缩放显示上一个视图。该选项可连续使用，最多可恢复此前的10个视图。

6）比例（S） 用于以指定的比例因子缩放显示。执行该选项后，命令行提示：

输入比例因子（nX 或 nXP）：（指定值）

这里，缩放比例因子有三种含义：

① 相对整个图形界限　直接输入一个正值即可。如果输入不等于 1 的值，则表示相对整个图形界限放大或缩小显示，例如，输入 2，则所有对象相对整个图形界限放大一倍显示；输入 0.5，则将所有对象相对整个图形界限缩小一半显示。

② 相对于当前视图　如果输入的值后面跟着字母“X”，则表示输入的比例因子是相对于当前视图而言。例如，输入 0.5X，则屏幕上的每个对象显示为原大小的 1/2；输入 2X，则对原对象放大一倍显示。

③ 相对于图纸空间单位　如果输入的值后面跟着“XP”，则表示输入的比例因子是相对于图纸空间单位而言。例如，输入 0.5XP，则以图纸空间单位的二分之一来显示模型空间。通常在图纸空间布置了多个绘图模型的不同画面，用户可使用 ZOOM“比例”中的“XP”选项来设置不同视图各自相互独立的显示尺寸。

在工具栏中还有两个按钮“放大”和“缩小”，这是 ZOOM“比例（S）”选项的特殊情况，“放大”相当于比例因子为 2X，即相对当前视图放大一倍；“缩小”相当于比例因子为 0.5X，即相对当前视图缩小到原来的 1/2。

7）窗口（W）　用于缩放显示由两个角点定义的矩形窗口框定的区域（图 7-8）。确定一窗口后，窗口中心将变成新的显示中心，窗口内的区域被放大，以尽量充满整个绘图区域。执行该选项后，命令行提示：

指定第一个角点：(指定一点)

指定对角点：(指定一点)

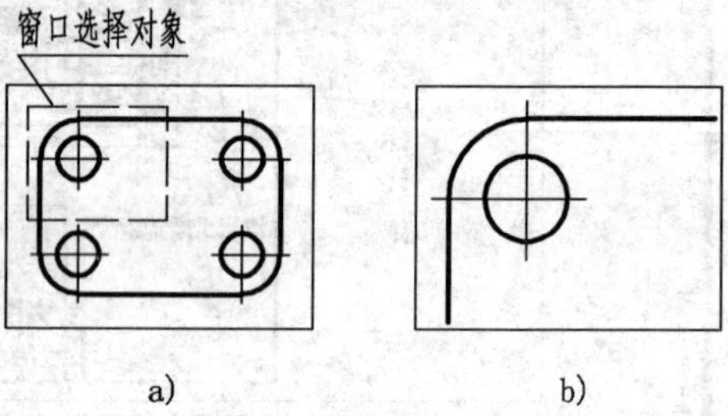

图 7-8　缩放命令的“窗口缩放”

a)“窗口缩放”前　b)“窗口缩放”后

8）对象（O）　该选项是尽可能大地显示一个或多个选定的对象，并使其位于绘图区域的中心。可以先执行该命令选项再选择对象，也可以先选择对象后再执行该命令选项。

9）实时　对应“标准”工具栏的“实时缩放”。在命令提示下直接回车，ZOOM 命令进入实时缩放模式，命令行提示：

按 Esc 或回车退出，或单击右键显示快捷菜单。

绘图区光标变成一个放大镜带一个加号“+”和一个减号“-”的形式。按住鼠标左键向下移动是将图形缩小，按住鼠标左键向上移动是将图形放大，松开左键则是停止缩放（图 7-9）。松开左键后移动光标到新的位置，重复上面的操作可继续缩放。当放大或缩小到极限时，继续移动光标则不能再放大或缩小，按住鼠标左键移动时相应的“+”或“-”消失，状态栏提示“已无法进一步缩放（缩小)”。

在光标呈现带“+”和“-”的放大镜形状时，若单击鼠标右键，弹出一个快捷菜单（图 7-10），通过菜单选项可以改变缩放方式或转成其他图形显示方式。

另外，还可借助鼠标实时缩放图形。在任何状态下，鼠标滚轮向下滚动，则全图缩小；向上滚动会使全图放大。缩放的基准点是光标当前的位置。在绘图过程中，充分利用鼠标可提高绘图效率。

也可在没有选定对象时，在绘图区域单击鼠标右键并选择“缩放”选项进行实时缩放图形。

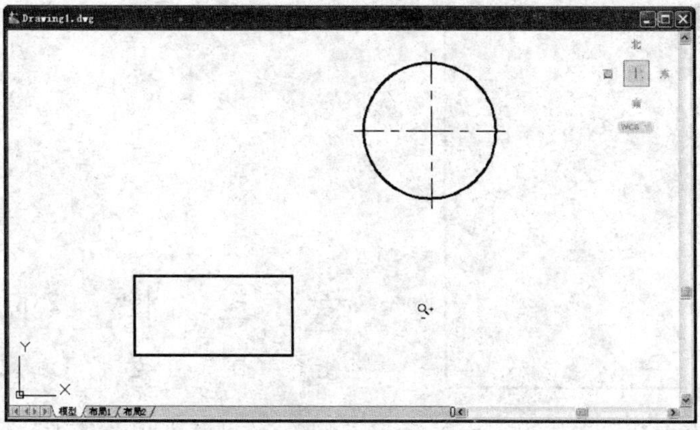

图 7-9　实时缩放

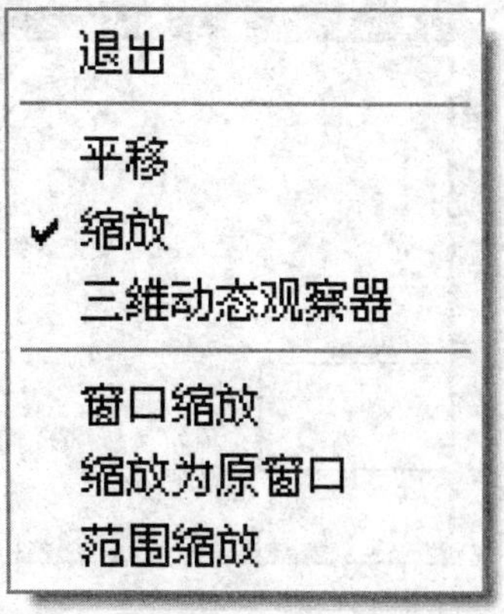

图 7-10　“实时缩放”快捷菜单

7.2　平移视图命令

1. 功能　在当前视口中移动视图，以观察图形的不同部分。

2. 命令格式

(1) 工具栏　标准→按钮

(2) 菜单栏　视图→平移→子菜单选项（图 7-11）

(3) 快捷菜单　不选定任何对象，在绘图区域单击鼠标右键并选择“平移”。

(4) 键入命令　PAN↓（或 P）

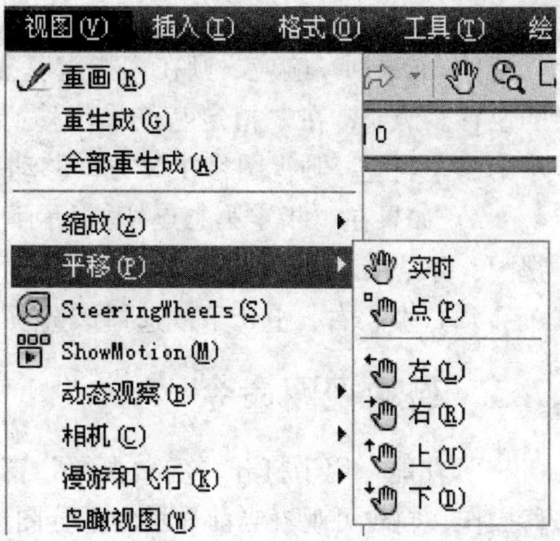

图 7-11　“平移”子菜单

3. 说明　平移命令的默认选项为实时平移模式。命令输入后，光标呈一个手形标志，表明当前正处于平移模式，按住鼠标左键在各个方向上移动光标，图形也随着光标移动的方向平行移动（图 7-12）。当移动到逻辑扩展边界（图形空间的边缘）时，在手形光标抵达的边界那一边显示一个阻挡符号，根据上、下、左、右四方向的边界位置，阻挡符号相应地显示在手形光标的上、下、左、右位置（图 7-13）。

松开鼠标左键则停止平移模式，用户可将光标移动到新的位置重新进行平移操作。要退出平移状态可按 Esc 键或回车，也可单击鼠标右键，从右键快捷菜单中选取“退出”项退出平移模式。

另外，在任何状态下可以按下鼠标滚轮或鼠标中键，然后拖动光标进行平移。或拖动滚动条上滑块的方法实时平移视图。

也可在没有选定对象时，在绘图区域单击鼠标右键并选择“缩放”选项进行实时平移图形。

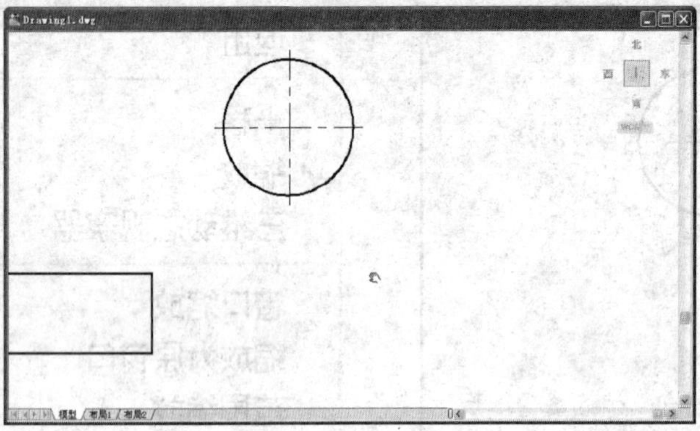

图 7-12　实时平移

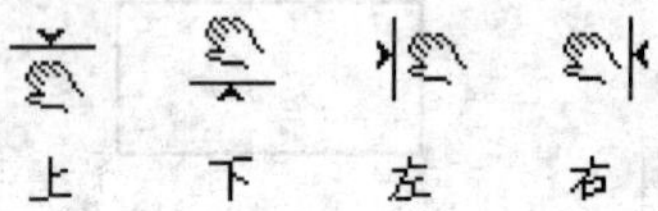

图 7-13　平移边界阻挡符号

AutoCAD 中还提供了 PAN 命令的其他选项，这些选项可从“视图→平移”的子菜单中选择。

(1) 定点　根据指定的点来确定视图的位移。

操作过程如下：

命令:'_ -pan 指定基点或位移:(指定一点)

指定第二点:(回车或指定点)

1）如果回车响应，则在“指定基点或位移:”提示下指定的点将被认为是相对 X、Y 的位移。例如，在“指定基点或位移:”提示下指定点（2，2），并在“指定第二点:”提示下回车响应，则视图将在 X 方向移动 2 个单位，在 Y 方向移动 2 个单位。

2）如果在“指定第二点:”提示下指定一个点，这时系统用指定两点定义的矢量移动视图，并结束命令。

(2) 左、右、上、下　选择该选项，可分别实现视图向左、向右、向上和向下移动。

7.3　鸟瞰视图命令

1. 功能　用于打开“鸟瞰视图”窗口。利用该窗口可方便地对视图进行实时缩放和平移操作，同时可观察当前显示的部分图形在整个图形中的位置。

2. 命令格式

(1) 菜单栏　视图→鸟瞰视图

(2) 键入命令　DSVIEWER↓

执行上述命令后，在屏幕上弹出“鸟瞰视图”窗口（图 7-14）。在该窗口内显示整个图形，用一个宽边框标记当前视图。

3. 菜单说明

(1)“视图”菜单　通过放大、缩小图形或在“鸟瞰视图”窗口显示整个图形来改变“鸟瞰视图”的缩放比例。

在“鸟瞰视图”窗口中显示整幅图形时，“缩小”菜单选项和按钮不可用。当前视图几乎充满“鸟瞰视图”窗口时，“放大”菜单选项和按钮不可用。所有菜单选项也可通过在“鸟瞰视图”窗口中单击鼠标右键从快捷菜单选择。

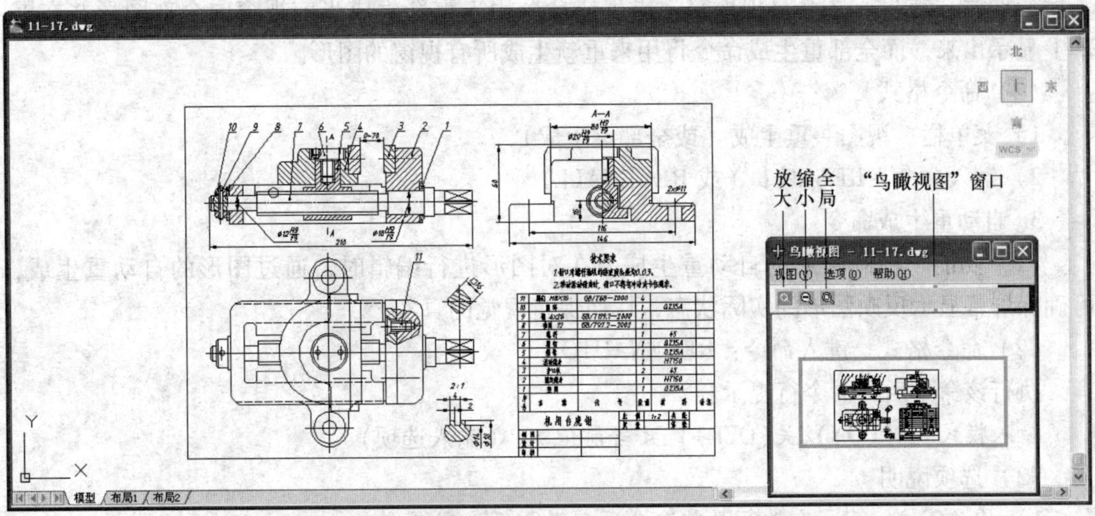

图 7-14 “鸟瞰视图”窗口

该下拉菜单包括“放大”、“缩小”、“全局”三个选项。

1）放大 指以当前视图框为中心，将“鸟瞰视图”窗口中的图形放大一倍显示。

2）缩小 指以当前视图框为中心，将“鸟瞰视图”窗口中的图形缩小一半显示。

3）全局 指在“鸟瞰视图”窗口显示整个图形和当前视图。

（2）“选项”菜单 用于切换图形的自动视口显示和动态更新。所有菜单选项也可通过在“鸟瞰视图”窗口中单击鼠标右键从快捷菜单选择。

该下拉菜单包括“自动视口”、“动态更新”、“实时缩放”三个选项。

1）自动视口 指当显示多重视口，在屏幕上切换视口时会自动显示当前视口的模型空间视图。关闭“自动视口”时，将不更新“鸟瞰视图”窗口以匹配当前视口。

2）动态更新 指编辑图形时（如缩放、平移当前视图等）更新“鸟瞰视图”窗口。关闭“动态更新”时，将不更新“鸟瞰视图”窗口。

3）实时缩放 指在“鸟瞰视图”窗口进行缩放时实时更新绘图区的图形显示。

“鸟瞰视图”窗口中有“放大”、“缩小”和“全局”三个按钮，其功能同该窗口“视图”中的选项。

7.4 重画和重生成命令

1. 重画命令

（1）功能 刷新屏幕显示，清除屏幕上的标识点及光标点，以便使屏幕图形清晰。

（2）命令格式

1）菜单栏 视图→重画

2）键入命令 REDRAW↓

2. 重生成和全部重生成命令

（1）功能 用于重生成屏幕上的图形数据。该命令不仅刷新显示，而且更新图形数据库中所有图形对象的屏幕坐标，以提供更精确的图形。如点画线，当重新设置了线型比例因子后，通过“重生”才会显现出来。重生成命令用来重新生成当前视窗内全部图形并在屏幕上显示出来，而全部重生成命令将用来重新生成所有视窗的图形。

（2）命令格式

1）菜单栏　视图→重生成（或全部重生成）

2）键入命令　REGEN↓（或 REGENALL）

3. 自动重生成命令

（1）功能　控制图形的自动重生成。在对图形进行编辑时，通过图形的自动重生成，可确保屏幕显示反映图形的实际状态，从而保持视觉的真实。

（2）命令格式　键入命令：REGENAUTO↓

执行该命令后，命令行提示：

输入模式［开(ON)/关(OFF)］<当前值>：（输入选项）

（3）选项说明

1）开（ON）　表示在执行某些命令后自动重新生成图形。

2）关（OFF）　表示关闭自动重生成功能。

一般情况下，重新生成操作不会影响 AutoCAD 的性能，因此也没必要关闭该命令。

改变系统变量 REGENMODE 的值，也可控制自动重新生成的状态（0，不自动生成；1，自动生成）。

7.5　填充显示命令

1. 功能　控制诸如图案填充、二维实体和宽多段线等对象的填充。即：是全部填充还是只画出轮廓线，以控制其显示和图形输出。

2. 命令格式　键入命令：FILL↓

执行该命令后，命令行提示：

输入模式［开(ON)/关(OFF)］<当前值>：（输入选项）

3. 选项说明

（1）开(ON)　表示打开“填充”模式。

（2）关(OFF)　表示关闭“填充”模式。仅显示并打印对象的轮廓。

但应注意：

1）改变 FILL 的当前值后，并不影响当前实体的显示，直到执行了重生成命令后才改变显示。

2）改变系统变量 FILLMODE 的值，也可控制填充状态（0，不填充；1，填充）。

7.6　图形参数查询

1. 创建面域

（1）功能　将封闭区域的对象转换为面域对象。这里，闭合的图形可由多条直线、多条曲线、多段线等组成，其中曲线包括圆弧、圆、椭圆弧、椭圆和样条曲线。

（2）命令格式

1）工具栏　绘图→按钮

2）菜单栏　绘图→面域

3）键入命令　REGION↓

执行上述命令后，命令行提示：

选择对象：(选择对象)

……

选择对象：↓

已提取×个环。

已创建×个面域。

创建为面域后的封闭图形，自然是二维多段线。但它与多段线围成的封闭图形不同，除包括面积、周长外，它还包含了边界框、质心、惯性矩、惯性积、旋转半径等特性信息。

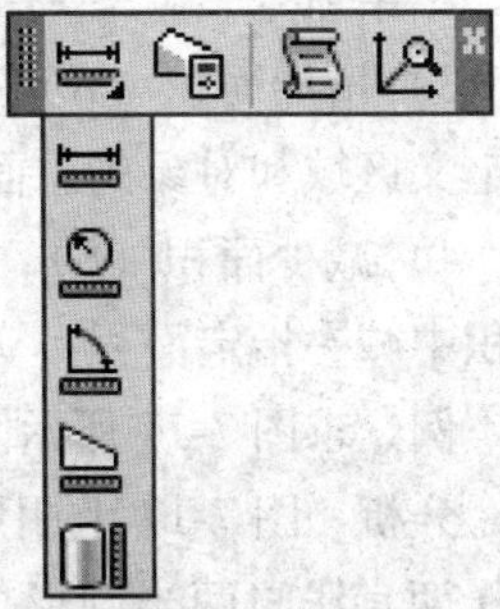

图 7-15　“查询”工具栏

（3）查询面域等

1）功能　计算并显示面域或三维实体的质量特性。如面积、周长、边界框、形心、质量、体积、惯性矩、旋转半径等。

2）命令格式

① 工具栏　查询→按钮（图 7-15）

② 菜单栏　工具→查询→面域/质量特性（图 7-16）

③ 键入命令　MASSPROP↓

执行上述命令后，命令行提示：

选择对象：(选择面域)

……

选择对象：↓

这时，MASSPROP 在文本窗口中显示质量特性，并询问是否将分析结果写入文本文件。

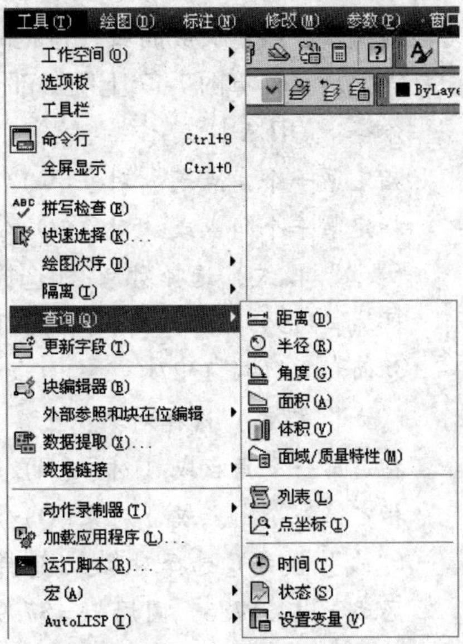

图 7-16　“查询”子菜单

2. 查询面积

（1）功能　查询对象或指定区域的面积和周长。该命令可查询圆、椭圆、样条曲线、多段线、面域和三维实体的面积和周长，以及非封闭的多段线或样条曲线所围区域的面积和周长。

（2）命令格式

1）工具栏　查询→按钮（图 7-15）

2）菜单栏　工具→查询→面积（图 7-16）

3）键入命令　AREA↓

当键入 AREA 后，命令行提示：

指定第一个角点或［对象(O)/增加面积(A)/减少面积(S)］<当前值>：(输入选项)

（3）选项说明

1）指定第一个角点　为默认选项，计算由指定点所定义的面积和周长。如果选择非封闭的多段线或样条曲线，将假设从最后一点到第一点绘制了一条直线，然后计算所围区域中的面积。计算周长时，该直线的长度也会计算在内。

2）对象（O） 选择该选项，可计算出选定对象的面积和周长。如果选择非封闭的多段线或样条曲线，将假设从最后一点到第一点绘制了一条直线，然后计算所围区域中的面积。计算周长时，将忽略该直线的长度，即仍是其实际长度。选择该选项后，命令行提示：

选择对象：(选择对象，命令行提示)

区域 = （对象的面积），周长 = （对象的周长）

结束命令。

3）增加面积（A） 选择该选项，可计算出各个定义区域和对象的面积、周长，以及所有定义区域和对象的总面积。

4）减少面积（S） 该项与“增加面积”选项类似，但减少面积。可以使用该选项从总面积中减去指定面积。

例 求图 7-17 所示阴影部分的面积。

分析 图 7-17 上阴影部分的面积，是外围图形（两直线与两半圆形成）的面积与两个小圆面积之差。在计算外围图形的面积时，其轮廓应由多段线组成，或定义成面域。此过程略。

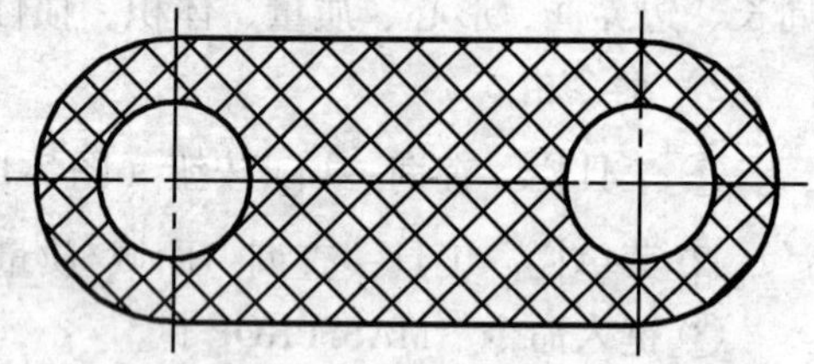

图 7-17 计算图形上阴影部分的面积

操作过程如下：

第一步：将图 7-17 所示外围图形轮廓线进行多段线编辑，或定义成面域（过程略）。

第二步：计算图 7-17 上阴影部分的面积。

命令：AREA↓

指定第一个角点或［对象(O)/增加面积(A)/减少面积(S)］ <对象（O） >：A↓

指定第一个角点或［对象(O)/减少面积(S)］：O↓

(“加”模式）选择对象：(选择由多段线组成的外轮廓线，命令行提示)

区域 =1194.1327，周长 =143.1150

总面积 =1194.1327

(“加”模式）选择对象：↓

指定第一个角点或［对象(O)/减少面积(S)］：S↓

指定第一个角点或［对象(O)/增加面积(A)］：O↓

(“减”模式）选择对象：(选择其中一个圆，命令行提示)

区域 =114.5786，圆周长 =37.9452

总面积 =1079.5541

(“减”模式）选择对象：(选择另一个圆，命令行提示)

区域 =114.5786，圆周长 =37.9452

总面积 =964.9756

(“减”模式）选择对象：↓

指定第一个角点或［对象(O)/增加面积(A)］：↓

总面积 =964.9756（结束命令）

3. 查询距离

（1）功能　查询指定两点之间的距离和角度。

（2）命令格式

1）工具栏　查询→按钮（图 7-15）

2）菜单栏　工具→查询→距离（图 7-16）

3）键入命令　DIST↓

当键入 DIST 后，命令行提示：

指定第一点：（指定一点，命令行提示）

指定第二个点或［多个点（M）］：（输入选项）

（3）选项说明

1）指定第二个点　指定第二个点后，系统使用当前单位格式来显示第一点与第二点之间的距离和角度等。命令行提示：

距离 =（两点间的距离），XY 平面中的倾角 =（两点连线与 X 轴间的夹角），与 XY 平面的夹角 =（两点连线与 XY 平面的夹角）

X 增量 =（两点的 X 坐标差），Y 增量 =（两点的 Y 坐标差），Z 增量 =（两点的 Z 坐标差）

并结束命令。

2）多个点（M）　选择此项，基于现有直线段和当前橡皮线的总距离将显示在工具提示中。还会显示动态标注。距离随光标移动随时更新。

4. 查询点的坐标

（1）功能　查询指定点的坐标值。

（2）命令格式

1）工具栏　查询→按钮（图 7-15）

2）菜单栏　工具→查询→点坐标（图 7-16）

3）键入命令　ID↓

执行上述命令后，命令行提示：

指定点：（指定一点，命令行提示）

X =（指定点的 X 坐标值）　Y =（指定点的 Y 坐标值）　Z =（指定点的 Z 坐标值）

并结束命令。

思考与练习题七

1. 重生成和重画有什么区别？
2. 视图缩放中通过比例因子来改变屏幕显示效果，n 和 nX 以及 nXP 之间有什么区别？
3. 使用“鸟瞰视图”命令与使用“缩放”命令中的“动态（D）”选项有何异同点？
4. 绘制图 7-18 ~ 图 7-20 所示图形，不标注尺寸。
5. 将绘图单位设置为精度到小数点后四位，绘制图 7-21 所示图形，并回答下面问题。

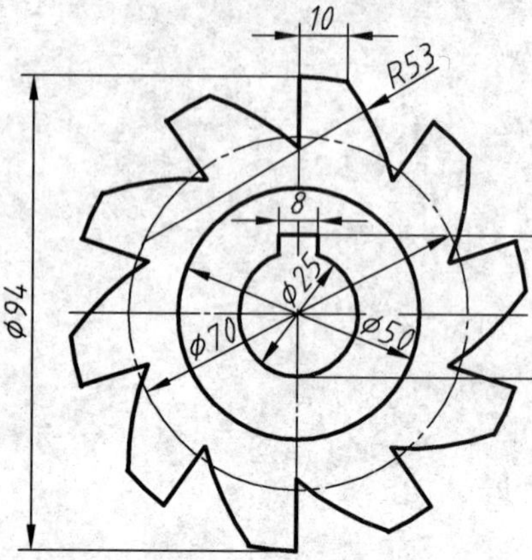

图 7-18

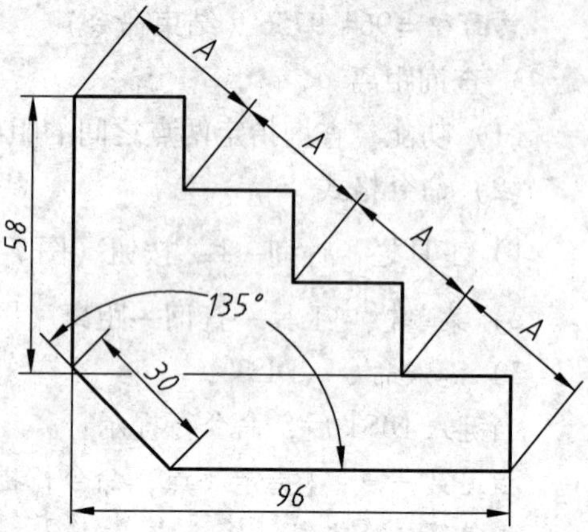

图 7-19

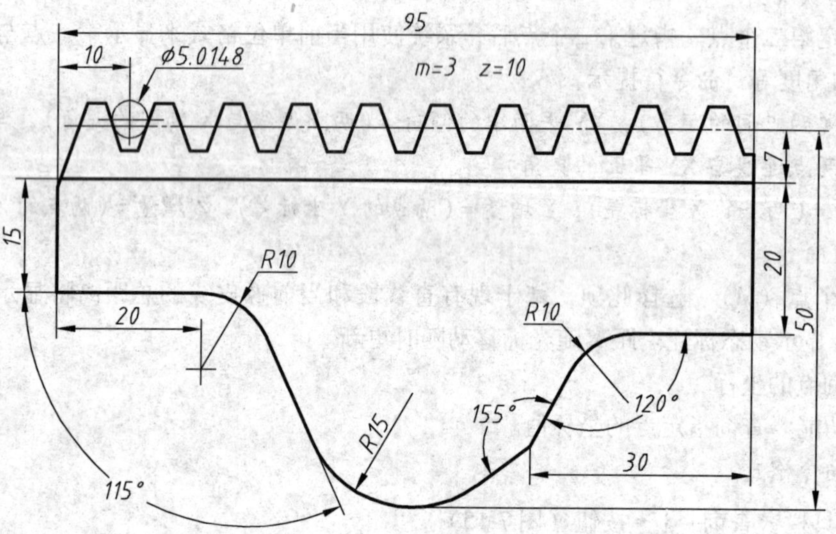

图 7-20

1）填充区域的面积是多少？

2）圆弧 A 中心到圆弧 B 中心的距离是多少？

3）圆弧 C 的长度是多少？

4）最外围周长是多少？

6. 绘制图 7-22 所示图形，不标注尺寸。

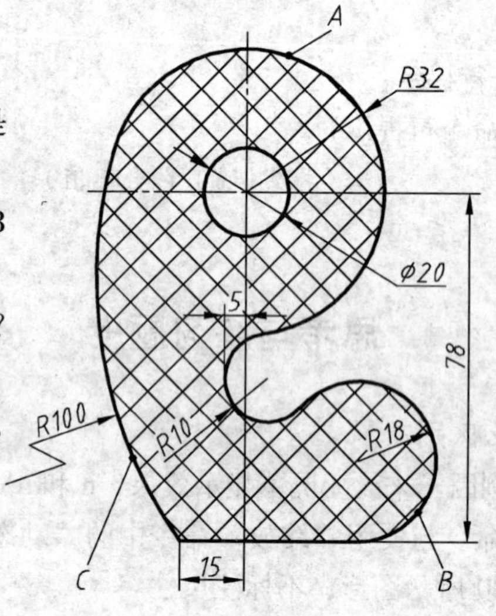

图 7-21

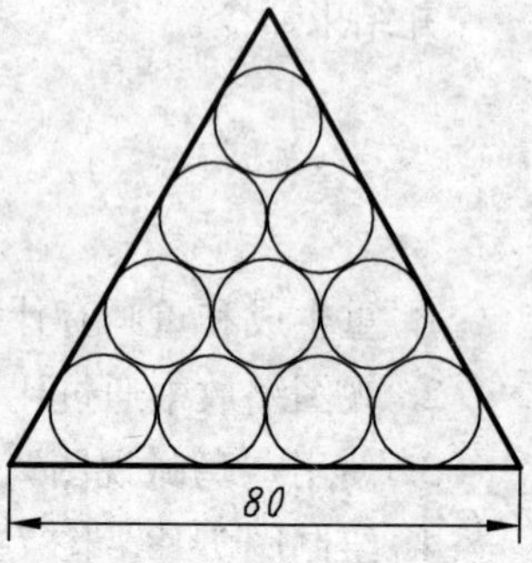

图 7-22

第 8 章　图案填充和编辑

在绘制机械图、建筑图、地质构造图等图样时，经常需要对某些图形区域填入剖面符号或其他图案，从而表达该区域的特征。AutoCAD 提供了快捷有效的图案填充和编辑功能。

8.1　图案填充

1. 功能　选择图案并填充图形中的指定区域。

2. 命令格式

（1）工具栏　“绘图→按钮”

（2）菜单栏　绘图→图案填充

（3）键入命令　HATCH↓（BH 或 BHATCH）

执行上述命令后，系统弹出“图案填充和渐变色”对话框，如图 8-1 所示。

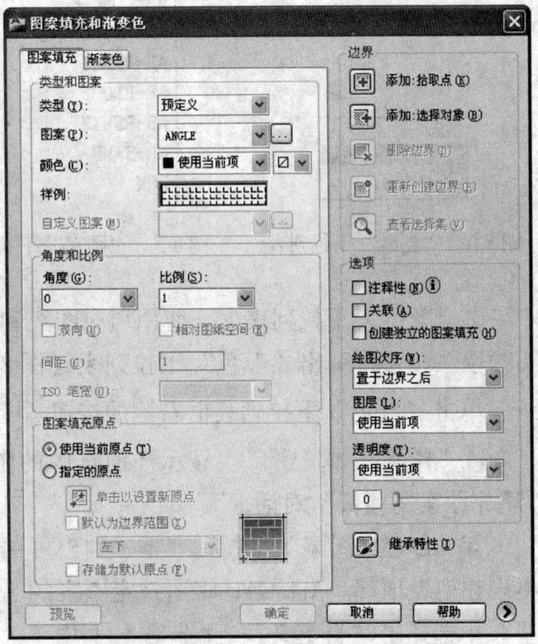

图 8-1　“图案填充和渐变色”对话框的“图案填充”选项卡

3. 对话框说明　“图案填充和渐变色”对话框有“图案填充”和“渐变色”两个选项卡及其他一些选项等，现分别进行介绍。

（1）“图案填充”选项卡（图 8-1）　主要用来设置填充图案的形状、比例、线宽等。

1）“类型和图案”区　用于设置图案填充的类型和图案。

①“类型”下拉列表框　设置填充图案的类型。单击其右侧的下拉箭头，系统弹出“预定义”、“用户定义”和“自定义”三个选项（图 8-2）。

“预定义”选项是指使用 AutoCAD 提供的图案。用户可以控制其角度和比例系数。

“用户定义”选项是让用户用当前线型定义一个简单的图案（一组平行线或相互垂直的两组平行线），可以控制用户定义图案中直线的角度和间距。

“自定义”选项用于从其他定制的 . pat 文件中指定一个图案。用户可以控制自定义填充图案的比例系数和旋转角度。

②“图案”下拉列表框　设置填充的图案。选择“实体”可创建实体填充。当在“类型”下拉列表框中选择“预定义”选项时，该选项才可用。单击右侧下拉箭头，在弹出的图案名称中选择图案（图 8-3）。其中 ANSI31 是机械图样中最为常用的 45°平行线的图案。

单击“图案”下拉列表框右侧的按钮…，系统弹出“填充图案选项板”对话框（图 8-4）。可从中选择一个填充图案。

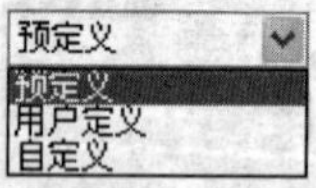

图 8-2 “类型”下拉列表

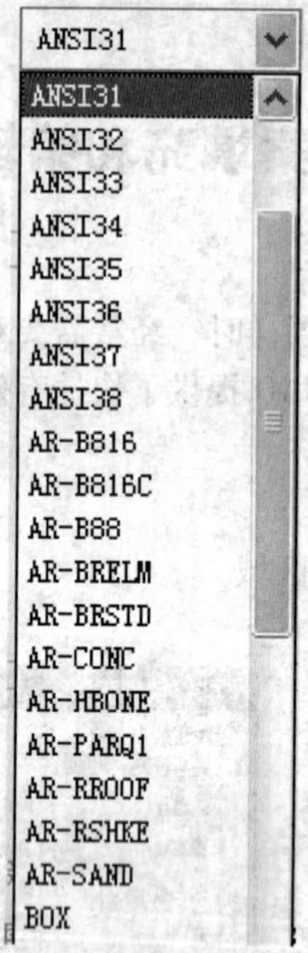

图 8-3 “图案”下拉列表

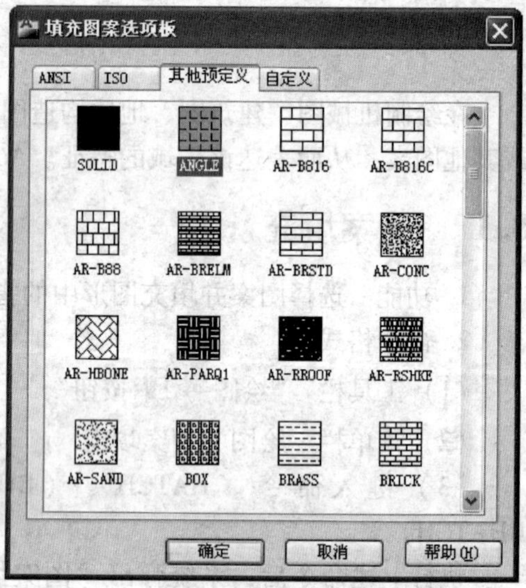

图 8-4 “填充图案选项板”对话框

③“颜色”下拉列表框　使用填充图案和实体填充的指定颜色替代当前颜色。单击右侧下拉箭头，系统弹出“颜色”下拉列表（图 8-5），从中可选择一种颜色。

单击“颜色”下拉列表框右侧的按钮 ，可为新图案填充对象指定背景色。

④“样例”预览窗口　显示当前选中的图案样例。单击该窗口的样例图案，也可弹出“填充图案选项板”对话框。

⑤“自定义图案”下拉列表框　列出可用的自定义图案。六个最近使用的自定义图案将出现在列表顶部。AutoCAD 将所选定图案的名称存储在 HPNAME 系统变量中。只有在“类型”中选择了“自定义”，此选项才可用。

2)“角度和比例”区　用于设置选定填充图案的角度、比例等参数。

①“角度”下拉列表框　用于设置填充图案相对于当前用户坐标系 UCS 的 X 轴的角度。图 8-6 所示是用 ANSI31 图案填充时，不同的填充图案角度的情形。

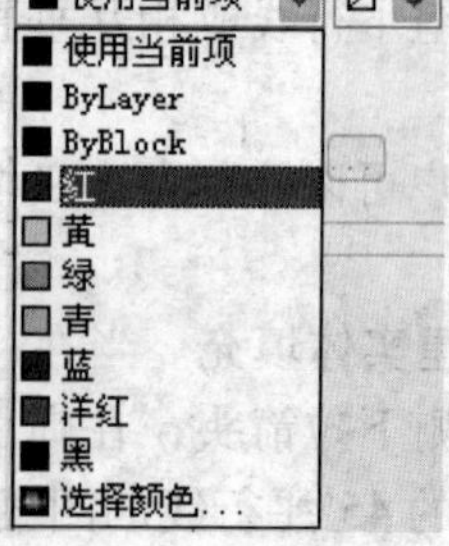

图 8-5 “颜色”下拉列表

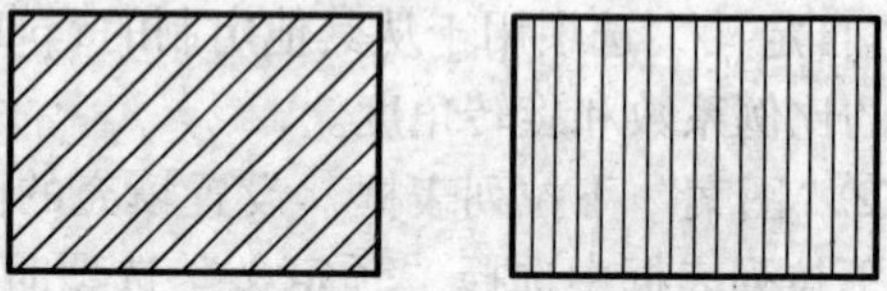

a)　b)

图 8-6 同一图案不同角度的图案填充

a）角度为 0°　b）角度为 45°

②“比例”下拉列表框　用于放大或缩小预定义或自定义图案。该选项只有将“类型”设置为“预定义”或“自定义”才可用。图 8-7 所示为不同比例因子下的同一图案的填充。

③“双向”复选框　对于用户定义的图案，将绘制第二组直线，这些直线与原来的直线成 90°角，从而构成交叉线（图 8-8）。只有在“图案填充”选项卡上将“类型”设置为“用户定义”时，此选项才可用。AutoCAD 将该信息存储在系统变量 HPDOUBLE 中。

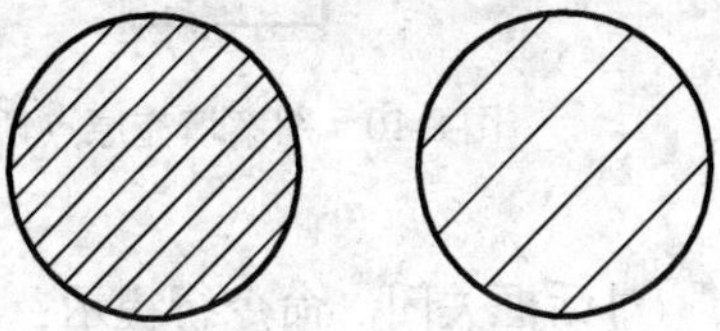

a)　　　　b)

图 8-7　同一图案不同比例的图案填充

a）比例因子为 0.5　b）比例因子为 1.5

a)　　　　b)

图 8-8　“双向”复选框设置示例

a）“单向”填充效果　b）“双向”填充效果

④“相对图纸空间”复选框　相对于图纸空间单位缩放填充图案。使用此选项，可很容易地做到以适合于布局的比例显示填充图案。该选项仅适用于布局。

⑤“间距”文本框　设置用户定义图案中的直线间距。AutoCAD 将间距值保存在系统变量 HPSPACE 中。只有将“类型”设置为“用户定义”，该选项才可用。

⑥“ISO 笔宽”下拉列表框　用于设置“预定义”的 ISO 图案的笔宽。只有将“类型”设置为“预定义”，并将“图案”设置为可用的 ISO 图案的一种，此选项才可用。

3）“图案填充原点”区　控制填充图案生成的起点位置。默认情况下，所有图案填充原点都对应于当前的 UCS 原点。但是，有时可能需要移动图案填充的起点（称为原点）。例如，如果创建砖形图案，可能希望在填充区域的左下角以完整的砖块开始（图 8-9b）。在这种情况下，可使用“图案填充原点”中的选项。

①“使用当前原点”单选按钮　使用当前坐标系的原点作为填充图案生成起点位置。如图 8-9a 所示。

②“指定的原点”单选按钮　指定新的图案填充原点。单击此选项可使以下选项可用。

- “单击以设置新原点”按钮　直接指定新的图案填充原点。
- “默认为边界范围”复选框　根据图案填充对象边界的矩形范围计算新原点。可从该下拉列表中选择该范围的四个角点或中心点之一作为新原点。图 8-9b 是用“左下”点为原点进行填充的。
- 选择“存储为默认原点”复选框　将新图案填充原点的值存储在 HPORIGIN 系统变量中，作为下一次图案填充的默认原点。
- 原点预览　显示原点的当前位置。如图 8-1 所示，显示填充原点（“+”符号）在左下，图 8-10 显示填充原点在正中。

(2)“边界”及“选项”等项

1）“边界”区　在“边界”选项区域中，包括“添加：拾取点”、“添加：选择对象”等按钮，其功能如下：

①“添加：拾取点”按钮　根据围绕指定点构成封闭区域的现有对象确定边界。单击该按钮，对话框将暂时关闭，系统将会提示拾取一个点。具体操作如下：

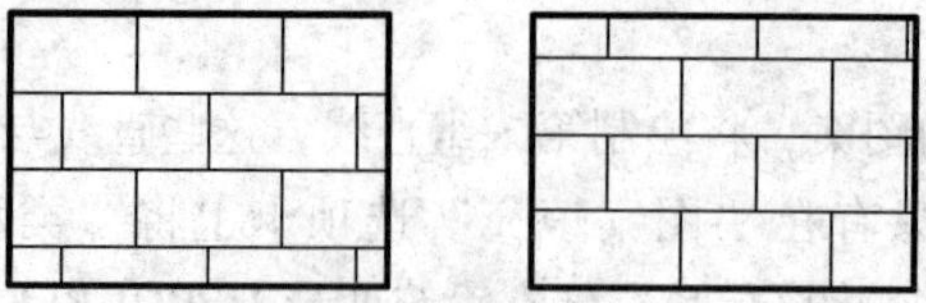

a)　　b)

图 8-9　“图案填充原点”设置示例

a）“使用当前原点”填充　b）“指定“左下”为原点填充

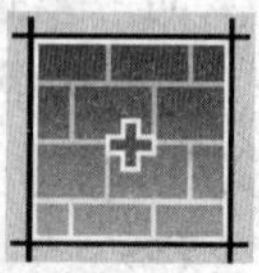

图 8-10　图案填充原点预览

单击“添加：拾取点”按钮后，“图案填充和渐变色”对话框关闭。命令行提示：

命令：_ hatch

拾取内部点或［选择对象(S)/删除边界(B)］：

• 对上述提示以“拾取内部点”回答，是指根据围绕指定点构成封闭区域的现有对象来确定边界。即在要图案填充或填充的区域内单击，那么 AutoCAD 自动确定边界（虚线醒目显示）并进行填充，如图 8-11 所示。

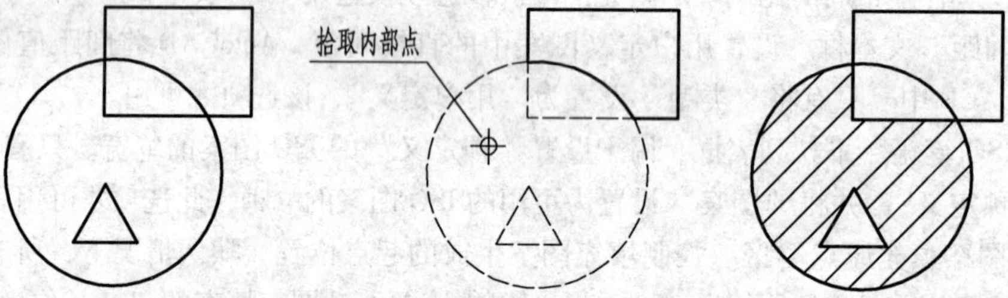

a)　　b)　　c)

图 8-11　“拾取点”确定边界填充图案

a）原图　b）选择边界　c）填充结果

图 8-12 所示为通过拾取内部点来定义填充边界进行图案填充。拾取点位置不同，边界不同，填充结果也不同。

a)　　b)　　c)

图 8-12　在对象内部拾取点进行图案填充

拾取内部点时，可以随时在绘图区域单击鼠标右键以显示包含多个选项的快捷菜单。可通过该快捷菜单取消最近或所有的拾取点，改变选择方式，改变孤岛检测样式或预览图案填充等多项功能。

如果打开了“孤岛检测”，最外层边界内的封闭区域对象将被检测为孤岛。BHATCH 使用此选项检测对象的方式取决于在对话框的“孤岛”区域中选择的孤岛检测方法。

在拾取内部点时，如果 AutoCAD 发现所拾取的点在边界外时，系统将弹出“图案填充—边界定义错误”对话框（图 8-13），提示未找到有效的图案填充边界。

若拾取内部点，但 AutoCAD 发现对象边界并非完全闭合且边界间隔小于“允许的间隔”时，系统将弹出“图案填充—开放边界警告”对话框（图 8-14），可以单击“继续填充此区域”继续填充，或单击“不填充此区域”放弃刚才指定的边界，或单击“取消”放弃本次操作返回“图案填充和渐变色”对话框。还可以选择“始终执行我的当前选择”复选框，以便下次再有类似问题时采取与这次一致的选择。

图 8-13　“图案填充—边界定义错误”对话框

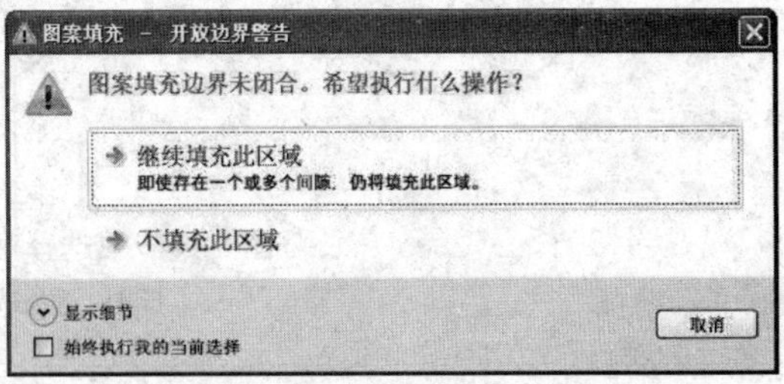

图 8-14　“图案填充—开放边界警告”对话框

若拾取内部点，但 AutoCAD 发现对象边界并非完全闭合且边界间隙大于“允许间隙”时，系统将弹出“图案填充—边界定义错误”对话框（图 8-15），并用红色圆标识出边界中可能的间隙。这时可增大“允许间隙”设置，或取消图案填充命令并修改边界内的对象以闭合间隙，进行填充等。

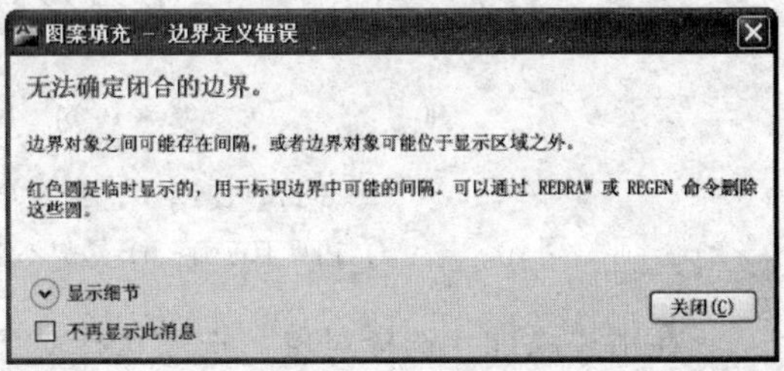

图 8-15　“图案填充—边界定义错误”对话框

- 对上述提示键入 S，是把当前的“拾取内部点”方式改为“选择对象”方式来确定填充边界。
- 对上述提示键入 B，是转到“删除边界”选项。即从已经选定的填充边界中去掉某些边界。

②“添加：选择对象”按钮　根据构成封闭区域的选定对象确定边界。具体操作如下：

单击“添加：选择对象”按钮后，“图案填充和渐变色”对话框关闭。命令行提示：

命令：_ hatch

选择对象或［拾取内部点(K)/删除边界(B)］：

- 对上述提示以“选择对象”回答，是指根据构成封闭区域的选定对象确定边界。图 8-16 所示为选择一矩形作为边界，进行图案填充。
- 对上述提示键入 K，则将当前的选择方式改为拾取内部点，同时前面选择的填充边界也被取消。
- 对上述提示键入 B，则转到“删除边界”选项，即从已经选中的填充边界中去掉某些边界。

使用“添加：选择对象”选项时，AutoCAD 不再自动地建立一个闭合的边界。因此被选定的对象都要作为边界，这就要求所有选中对象的端点必须在填充边界上，且端点重合构成一个封闭的图形，否则可能填充不正确，如图 8-17 所示。

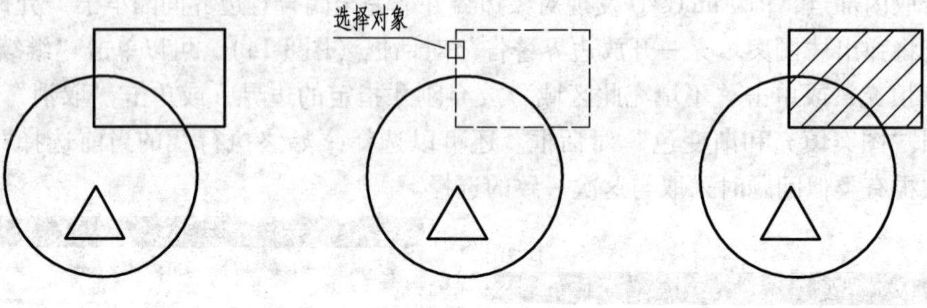

图 8-16 “选择对象”确定边界填充图案

a）原图 b）选择边界 c）填充结果

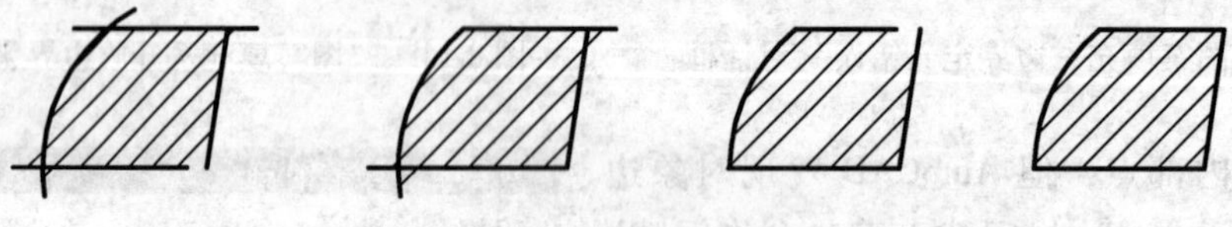

图 8-17 使用“选择对象”选项，边界须构成封闭图形

a）边界不正确 b）边界不正确 c）边界不正确 d）边界正确

在用“添加：选择对象”选项选择对象来定义填充边界时，AutoCAD 不会自动检测边界内部的孤岛（指填充区域内的对象）。内部孤岛是否作为边界，由用户自己确定，并根据当前设置的孤岛检测样式来进行图案填充，如图 8-18 所示。

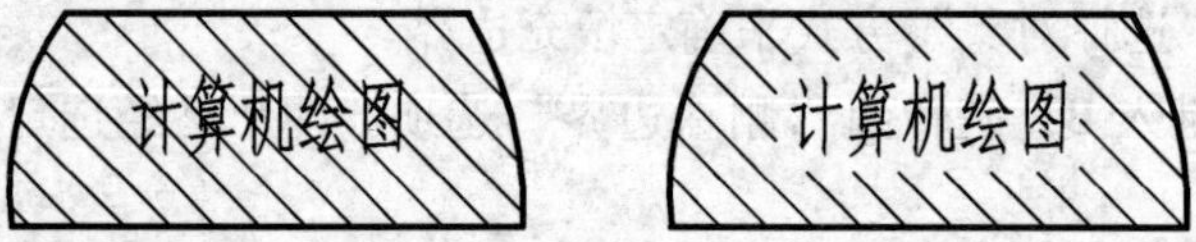

图 8-18 使用“选择对象”选项，遇到孤岛时的图案填充

a）不选文字作为边界 b）选择文字作为边界

③“删除边界”按钮 从已经定义的边界中去掉某些边界（图 8-19）。单击“删除边界”时，“图案填充和渐变色”对话框关闭，命令行提示：

选择对象或［添加边界（A）］：（选择要从边界定义中删除的对象，或键入 A，或回车返回对话框）

④“重新创建边界”按钮 围绕选定的图案填充或填充对象创建多段线或面域，并使其与图案填充对象相关联。

⑤“查看选择集”按钮 用于查看已选择的边界。单击该按钮，切换到绘图窗口，已选

择的填充边界将会显亮。如果未定义边界，则此选项不可用。

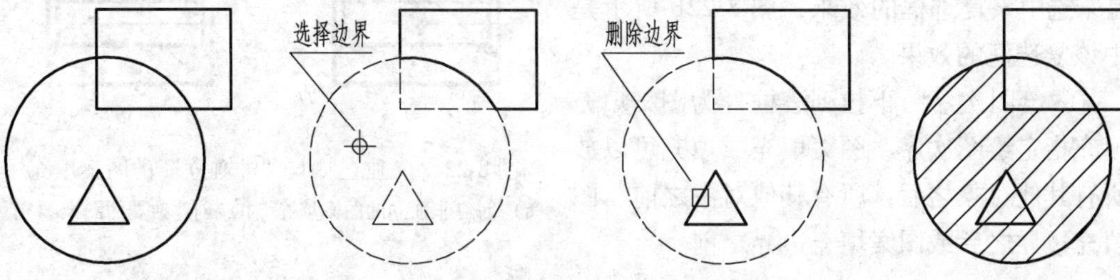

a)　　b)　　c)　　d)

图 8-19　“删除边界”与填充图案

a）原图　b）选取边界　c）删除边界　d）填充结果

2）“选项”区　用于设置图案填充的一些附属功能。

①“注释性”复选框　创建注释性图案填充。注释性图案填充是按照图纸尺寸进行定义的。可以创建单独的注释性填充对象和注释性填充图案。

②“关联”复选框　用于控制图案填充或填充与边界“关联”或“非关联”。关联的图案填充或填充随边界的变化而自动更新，非关联的图案填充或填充则不会随边界的变化而变化。图 8-20 所示是用夹点拉伸多段线边界顶点。其中，图 8-20a 所示为“关联”时的拉伸效果，图 8-20b 所示是“非关联”时的拉伸效果。

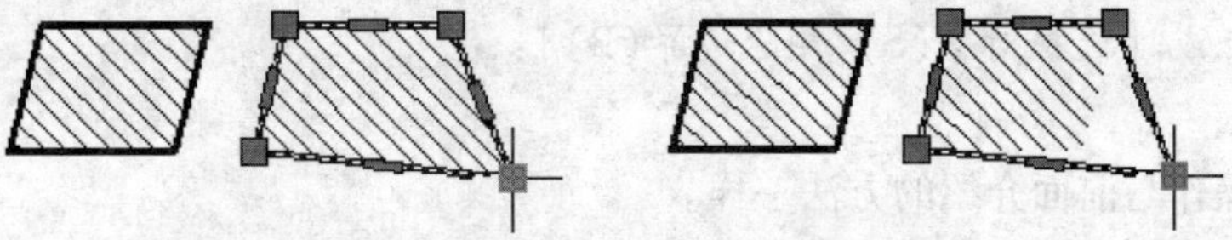

a)　　b)

图 8-20　“关联”与“非关联”图案填充

a）填充图案与填充边界关联　b）填充图案与填充边界非关联

值得注意的是，当填充图案与填充边界不关联时，若同时选中图案填充和边界，这时可通过编辑边界夹点延伸非关联图案，如图 8-21 所示。

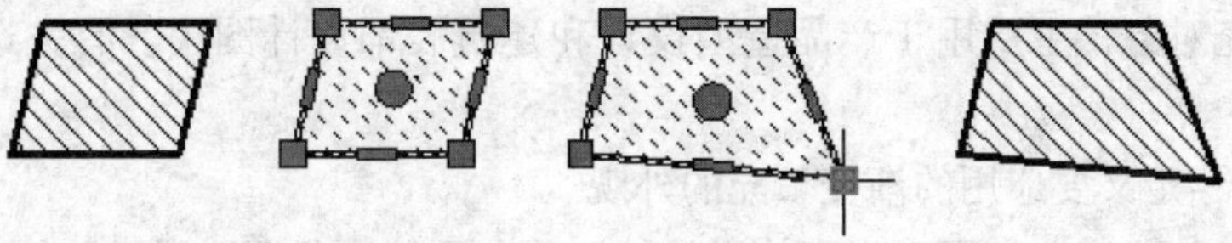

a)　　b)　　c)　　d)

图 8-21　选中图案填充和边界，通过编辑边界夹点延伸非关联填充图案

a）原图（填充图案与填充边界不关联）　b）拾取图形　c）拉伸图案填充边界夹点　d）编辑结果

③“创建独立的图案填充”复选框　控制当指定了几个单独的闭合边界时，是创建单个图案填充对象，还是创建多个图案填充对象。选中该项时，创建的是多个独立的图案填充对象；否则，多个独立的闭合边界内的图案填充对象将作为一个整体。图 8-22 所示是执行一次命令

填充图形的上下两个区域。其中，图 8-22a 所示是未选中该复选框的效果；图 8-22b 所示是选中该复选框的效果。

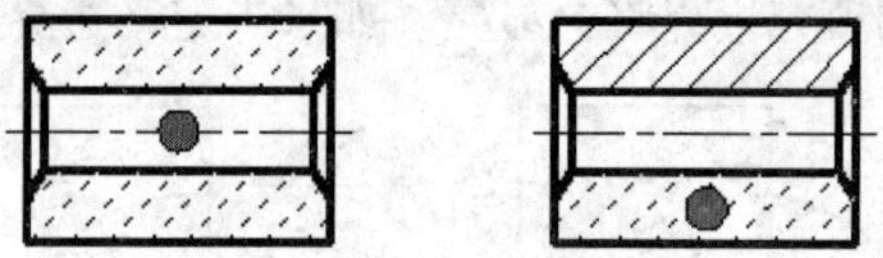

a)　　b)

图 8-22　“独立”与“非独立”的图案填充

a）创建非独立的图案填充　b）创建独立的图案填充

④“绘图次序”下拉列表框　为图案填充或填充指定绘图次序。图案填充或填充可以放在所有其他对象之后、所有其他对象之前、图案填充边界之后或图案填充边界之前。

⑤“图层”下拉列表框　为选定的图层指定新图案填充对象，替代当前图层。选择“使用当前项”可使用当前图层。

⑥“透明度”下拉列表框　设定新图案填充的透明度，替代当前对象的透明度。选择“使用当前项”可使用当前对象的透明度设置。

可直接在文本框内指定透明度值或移动滑块改变透明度值。

3）“继承特性”按钮　使用选定图案填充对象的图案填充或填充特性对指定的边界进行填充。单击“继承特性”时，对话框将暂时关闭并显示命令提示：

命令：_ hatch

选择图案填充对象：(单击图案填充或填充区域，以选择要将其特性用于新图案填充对象的图案填充)

继承特性：名称 <当前值>，比例 <当前值>，角度 <当前值>

拾取内部点或［选择对象(S)/删除边界(B)］：

……

接下来的操作与前面介绍的方法一样。

在选定想要图案填充继承其特性的图案填充对象之后，也可以在绘图区域中单击鼠标右键，并使用快捷菜单在“选择对象”和“拾取内部点”选项之间进行切换以创建边界。

4）“预览”按钮　选择该项，将关闭对话框，并使用当前图案填充设置显示当前定义的边界。单击图形或按 Esc 键返回到对话框，若单击鼠标右键或按回车键则接受图案填充。如果没有边界被选定，则此选项不可用。

(3)“渐变色”选项卡（图 8-23）　该选项卡用于定义要应用的渐变填充的外观。用渐变颜色来填充对象，主要用于产品造型设计和建筑装饰设计图中。有关选项的功能介绍如下：

1）颜色区　定义要应用的渐变填充的外观。

①“单色”单选按钮　用于指定使用从较深着色到较浅色调平滑过渡的单色填充。选择“单色”时，将显示图 8-23a 中的“颜色样本”（水平颜色条），其右侧是“浏览”按钮，单击该按钮，将打开“选择颜色”对话框，从中可以选择 AutoCAD 索引颜色、真彩色或配色系统的颜色。显示的默认颜色为图形的当前颜色。

“暗—明”是“色调”滑动条，拖动滑块或单击两侧的箭头或，“渐变图案”显示的九块颜色样例可以在“渐深”和“渐浅”之间变化。

可以使用由一种颜色产生的由深到浅的渐变色来填充图形。在下面的颜色显示框中双击左键或单击其右侧的按钮，将弹出“选择颜色”对话框，可以选择 AutoCAD 索引颜色、真彩色或配色系统中的颜色，通过其右侧的“渐浅”滑块来调整渐变色的色调。

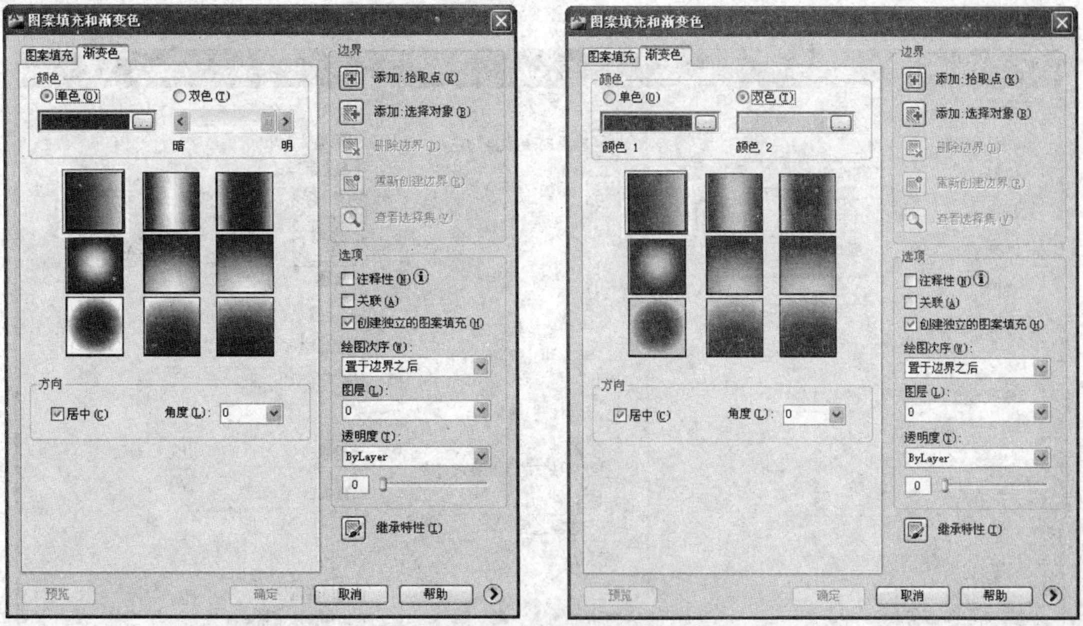

a) b)

图 8-23 “图案填充和渐变色”对话框的“渐变色”选项卡

a)“渐变色”选项卡“单色” b)“渐变色”选项卡“双色”

②“双色”单选按钮 用于指定在两种颜色之间平滑过渡的双色渐变填充。选择“双色”时，将显示图 8-23b 中的“颜色 1”和“颜色 2”颜色样本。在颜色样本的右边都有“浏览”按钮。单击该按钮将打开“选择颜色”对话框，可从中选择颜色。改变“颜色 1”和“颜色 2”，“渐变图案”显示的九块颜色样例也随即改变。

2）“渐变图案”区 显示用于渐变色填充的九种固定图案。这些图案包括线性扫掠状、球状和抛物面状图案。

3）“方向”区 指定渐变色的角度以及其是否对称。

①“居中”复选框 指定对称的渐变配置。如果没有选定此选项，渐变色填充将朝左上方变化，创建光源在对象左边的图案。

②“角度”下拉列表框 指定渐变色填充的角度。相对当前 UCS 指定角度。此选项与指定给图案填充的角度互不影响。

（4）其他选项 单击“图案填充和渐变色”对话框右下角的按钮，可得到展开的对话框以显示其他选项（图 8-24），现介绍如下：

1）“孤岛”区 用于指定在最外面边界内填充对象的方法。填充边界内具有闭合边界的对象，如封闭的图形、文字串的外框等，称为孤岛。

①“孤岛检测”复选框 控制是否检测内部闭合边界（孤岛）。

② 孤岛显示样式 如果 AutoCAD 检测到孤岛，要根据选中的“孤岛显示样式”进行填

充。三种样式分别为“普通”、“外部”和“忽略”。如果没有内部孤岛存在，则定义的孤岛检测样式无效。图 8-25 显示了由四个对象组成的边界，使用三种样式进行图案填充的结果。

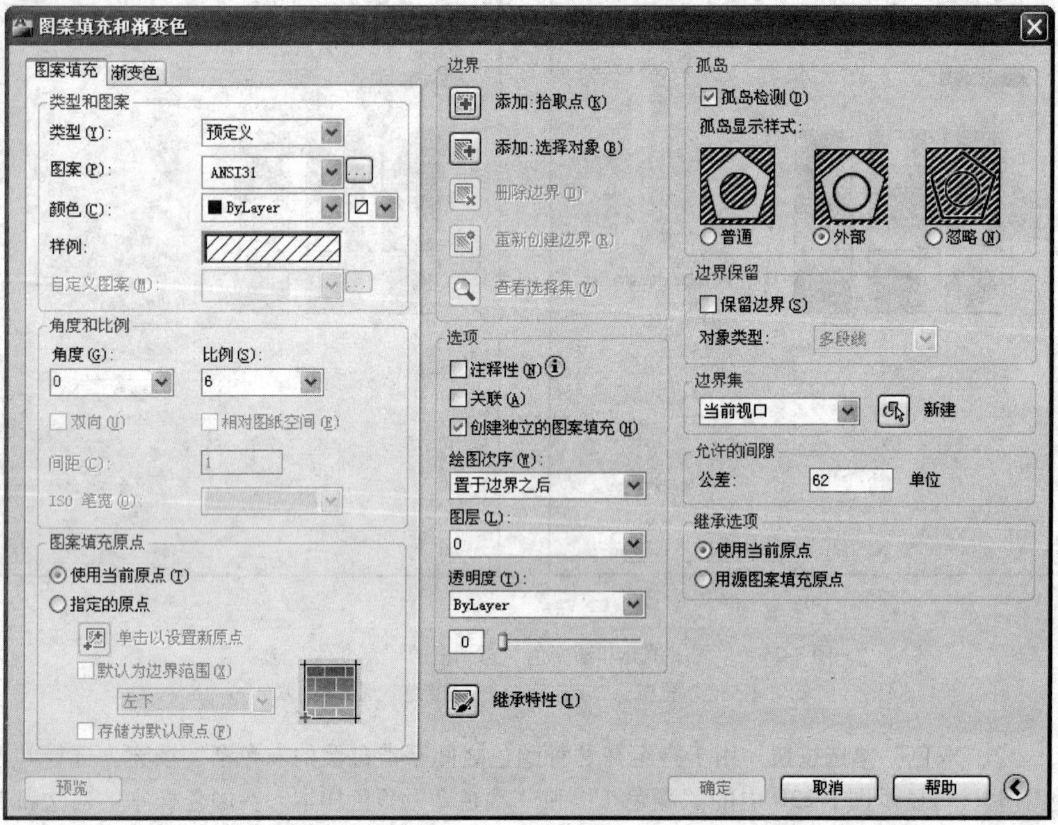

图 8-24　展开的“图案填充和渐变色”对话框中“图案填充”选项卡

• 普通：填充从最外面边界开始往里，在交替的区域间填充图案。这样在由外往里，每奇数个区域被填充，如图 8-25a 所示。

• 外部：填充从最外面边界开始往里进行，遇到第一个内部边界后即停止填充，仅仅对最外边区域进行图案填充，如图 8-25b 所示。

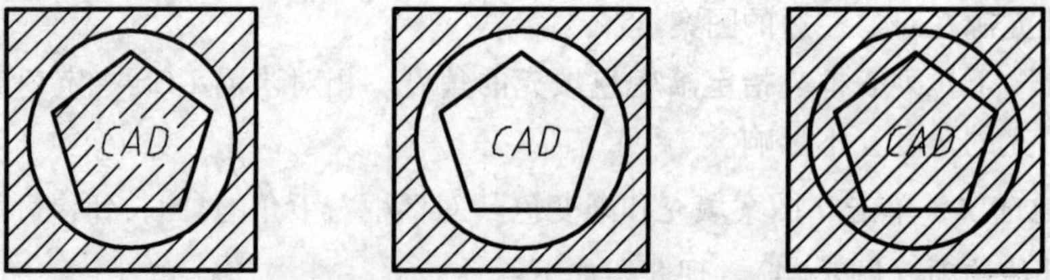

a)　　b)　　c)

图 8-25　孤岛检测样式

a）普通　b）外部　c）忽略

• 忽略：只要最外的边界组成了一个闭合的图形，AutoCAD 将忽略所有的内部对象，对最外端边界所围成的全部区域进行图案填充，如图 8-25c 所示。

实际上，在应用“拾取内部点”进行图案填充和渐变色填充之前，应该选择一种孤岛显示样式。

除可在“图案填充和渐变色”对话框中的其他选项的“孤岛”区里选择“普通”、“外部”和“忽略”三种样式之一外，如果在“选项”对话框的“用户系统配置”选项卡中设置了“绘图区域中使用快捷菜单”，用户还可以在边界内拾取点或选择边界对象时，在绘图区中单击鼠标右键，从弹出的快捷菜单中选择三种样式之一。

2）“边界保留”区　AutoCAD 在图案填充时会在被填充区域的内部用多段线或面域产生一个临时边界，以描述填充区域的边界，默认的情况是图案填充完成后系统自动清除这些临时边界。

①“保留边界”复选框　用于控制填充时是否保留临时边界，选中此项表示保留边界到图形当中，并可作为一个 AutoCAD 对象使用。

②“对象类型”下拉列表　用于指定临时边界对象使用“多段线”还是“面域”。该项只有在选中了“保留边界”复选框时才有效。

图 8-26 所示是两条直线和两条圆弧形成的填充边界。图 8-26a 所示是保留临时边界，对象类型是多段线，在擦除了直线和圆弧后，填充区域仍有一条闭合的多段线；图 8-26b 所示是不保留临时边界，在擦除了直线和圆弧后的效果。

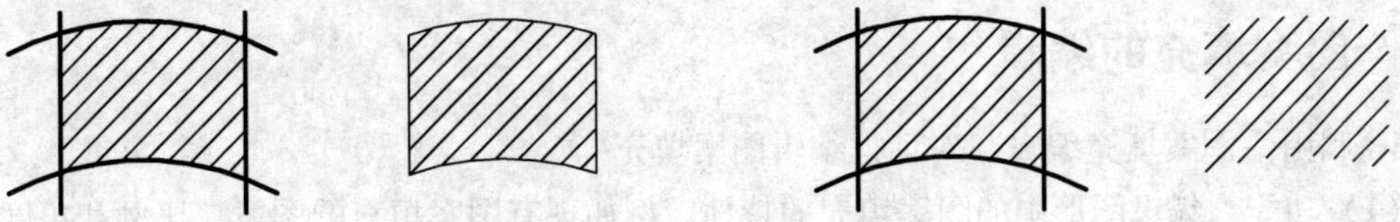

a)　　　　b)

图 8-26　图案填充中的“保留边界”与“不保留边界”

a）保留边界　b）不保留边界

3）“边界集”区　当使用“添加：拾取点”选项来定义边界时，AutoCAD 要分析边界对象集。在默认的情况下，AutoCAD 将分析当前视口中所有可见的对象。用户可以重新定义边界对象集，忽略某些对象，使它们不在对象集内，同时也不用将它们隐藏或删除掉。对于较大的图形来说，重定义边界集可使生成边界的速度加快。但是，如果在图案填充时，通过“选择对象”来定义填充边界，则在此所选的边界对象集没有效果。

①“边界集”下拉列表　该下拉列表有两个选项，即“当前视口”和“现有集合”，默认的是“当前视口”。

• 当前视口：使用当前视口中所有可见对象来定义边界对象集。在已有一个当前边界对象集时，选择此选项将忽略当前边界对象集而使用当前视口中所有可见的对象来定义边界对象集。

• 现有集合：一旦使用“边界集”下拉列表框右边的“新建”按钮选择了某些对象作

为边界集，下拉列表框中将出现“现有集合”，这是采用用户指定的对象作为 AutoCAD 要分析的边界对象集。如果没有使用“新建”按钮选择对象，则选项不可用。

②“新建”按钮　该按钮用于创建一个新的边界对象集。

4）“允许的间隙”区　“公差”文本框　设置将对象用作图案填充边界时可忽略的最大间隙。默认值为 0，此值指定对象必须封闭区域而没有间隙。按图形单位输入一个值（从 0 到 5000），以设置将对象用作图案填充边界时可以忽略的最大间隙。任何小于等于指定值的间隙都将被忽略，并将边界视为封闭，如图 8-27 所示。

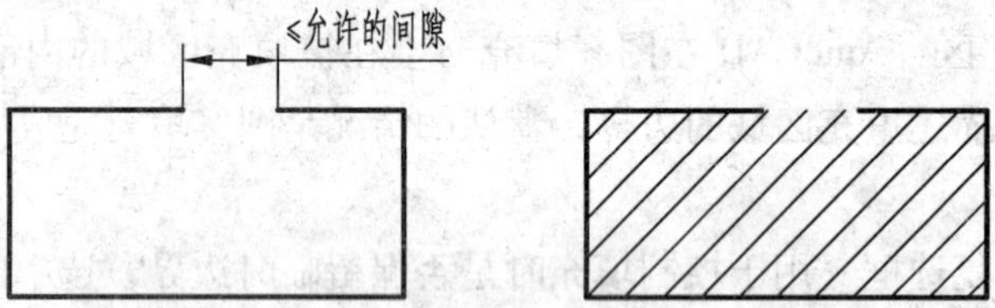

a)　　b)

图 8-27　图案填充边界的允许间隙

a）图案填充边界　b）填充结果

5）“继承选项”区　使用“继承特性”进行图案填充时，控制图案填充的原点位置。

① 使用当前原点　在进行图案填充或渐变色填充时使用当前的原点。

② 使用源图案填充的原点　在进行图案填充或渐变色填充时使用源图案的填充原点。

8.2　图案填充的编辑

1. 利用“图案填充编辑”对话框编辑图案填充

（1）功能　编辑图形中的图案填充的特性。例如现有图案填充的图案、比例和角度等。

（2）命令格式

1）工具栏　修改Ⅱ→▨按钮

2）菜单栏　修改→对象→图案填充

3）快捷菜单　选择要编辑的图案填充对象，在绘图区域单击鼠标右键，从弹出的快捷菜单中选择“图案填充编辑”项。

4）键入命令　HATCHEDIT↓

执行该命令后，命令行提示：

选择图案填充对象：（选择要编辑的图案填充对象）

选择图案填充对象后，系统弹出“图案填充编辑”对话框（图 8-28）。在此可对已填充图案的相关特性进行编辑修改。

“图案填充编辑”对话框与“图案填充和渐变色”对话框完全一样，只是在编辑图案填充时，某些项不可用，而在创建图案填充时“图案填充和渐变色”对话框中不可用的“重新创建边界”按钮现在可用。

图 8-28 “图案填充编辑”对话框

2. 利用夹点编辑图案填充 如图 8-29 所示，选择图案填充后，将光标移至中间夹点(圆点)，这时会出现一动态菜单。利用此菜单选项便可编辑图案填充的原点、角度和比例等。

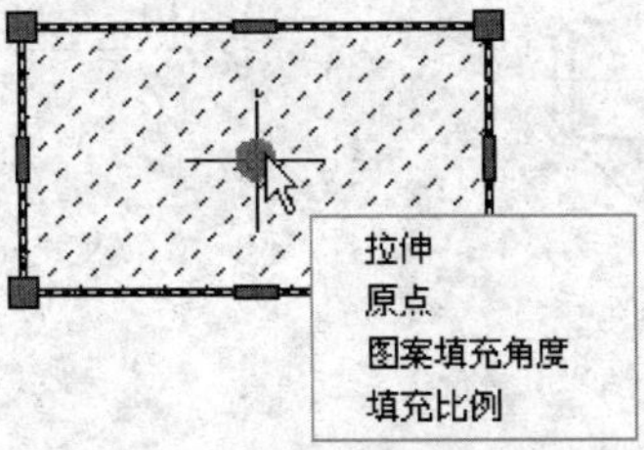

图 8-29 利用夹点编辑图案填充

思考与练习题八

1. 图案填充的功能是什么?
2. 关联图案填充与非关联图案填充在编辑时有什么区别?
3. 图案填充有哪几种方式?
4. 如何控制图案填充的可见性?
5. 绘制图 8-30 ~ 图 8-34 所示的图形，不注尺寸，请保存。

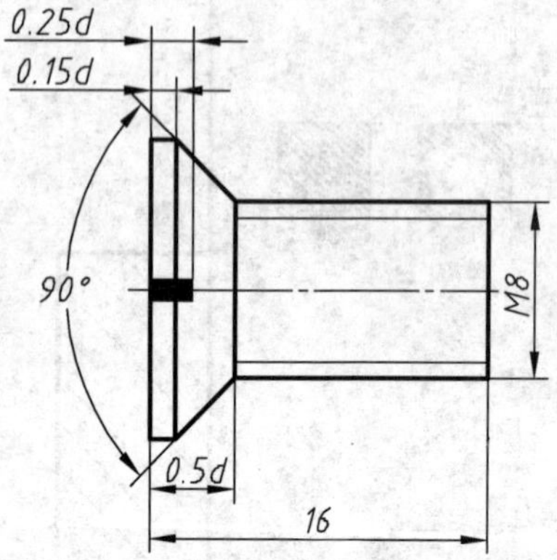

图 8-30　螺钉

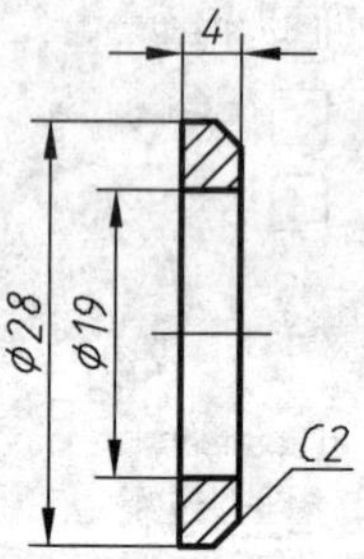

图 8-31　垫圈

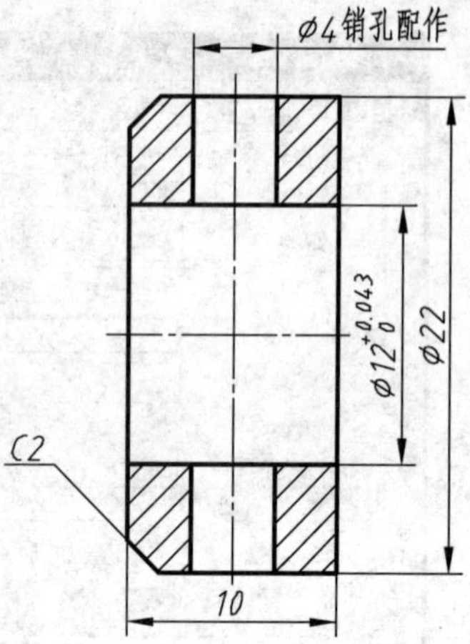

图 8-32　圆环

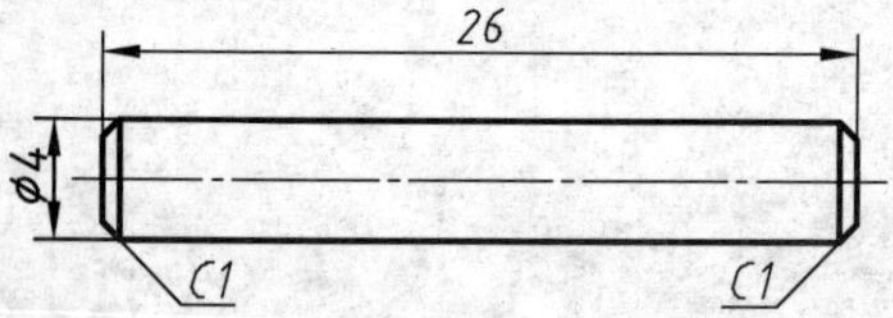

图 8-33　销

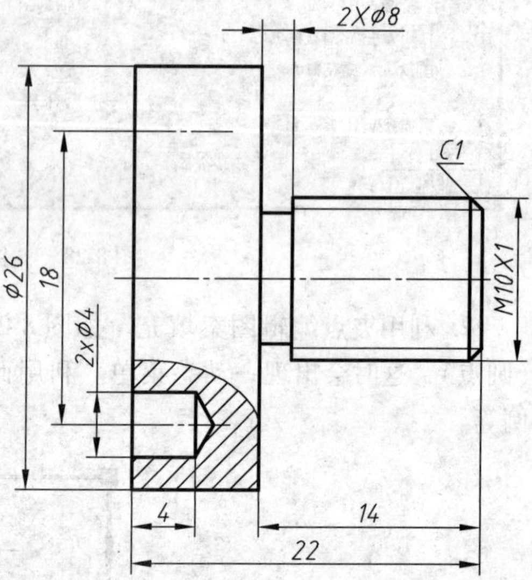

图 8-34　螺钉

第 9 章　文字与表格

在工程图样中，一般都有文字注释和表格，用于表达一些非图形信息，例如技术要求、注释说明、标题栏和明细栏等。AutoCAD 提供了文字注写、表格绘制及编辑功能。本章主要介绍注写文字、插入表格及其编辑的方法等。

9.1　设置文字样式

在文字注写前，首先应设置文字样式，这样才能注写出符合要求的文字。

1. 功能　设置文字样式。包括文字的字体、高度、宽度比例、倾斜角度以及颠倒、反向、垂直等参数。

2. 命令格式

（1）工具栏　样式（或文字）→  按钮

（2）菜单栏　格式→文字样式

（3）键入命令　STYLE↓

执行上述命令后，系统弹出“文字样式“对话框，如图 9-1 所示。

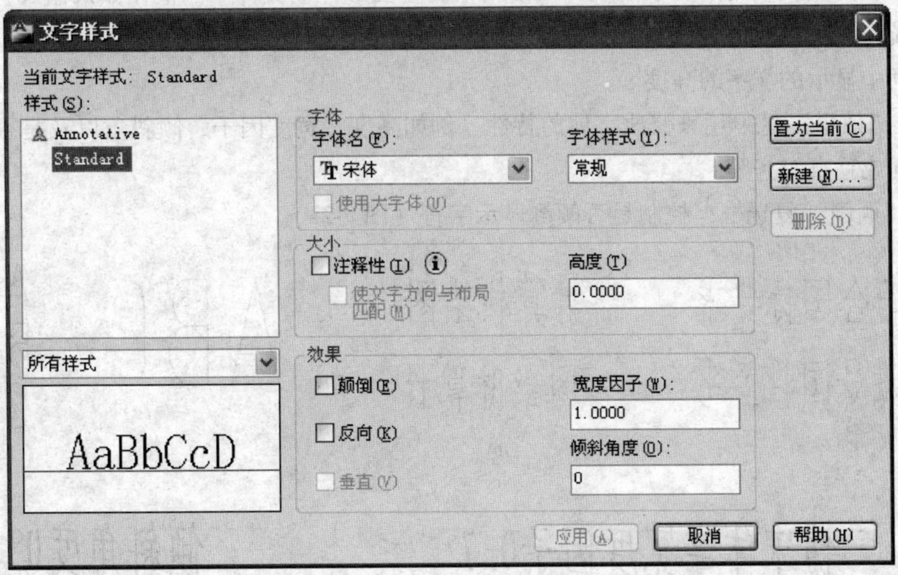

图 9-1　“文字样式”对话框

3. 对话框说明

（1）当前文字样式　列出当前文字样式。

（2）样式　显示图形中的样式列表。列表包括已定义的样式名和默认显示选择的当前样式。要更改当前样式，可从列表中选择另一种样式或选择“新建”以创建新样式。样式

名前的图标表示注释性文字样式。

(3) 样式列表过滤器　用来指定样式列表中显示的是“所有样式”还是“正在使用的样式”。该下拉列表有“所有样式”和“正在使用的样式”两个选项。

(4) 预览　显示随着字体的改变和效果的修改而动态更改的样例文字。

(5) “字体”区　用来选择字体、设置字体样式以及选择是否使用大字体。

1) “字体名”列表框　该列表框中列出所有注册的 TrueType 字体和 Fonts 文件夹中编译的形（. shx）字体的字体族名。单击右侧的下拉箭头，在下拉列表中选取所需要的字体。可以定义使用同样字体的多个样式。

2) “字体样式”列表框　指定字体格式，比如斜体、粗体或者常规字体。选定“使用大字体”后，该选项变为“大字体”，用于选择大字体文件。

3) “使用大字体”复选框　指定亚洲语言的大字体文件。只有在“字体名”中指定. shx 文件，才能使用“大字体”。只有 . shx 文件可以创建“大字体”。

(6) “大小”区　更改文字的大小。

1) “注释性”“复选框　指定为注释性文字样式。

2) “使文字方向与布局匹配”复选框　指定图纸空间视口中的文字方向与布局方向匹配。如果清除“注释性”选项，则该选项不可用。

3) “高度或图纸文字高度”文本框　用于设置文字的高度。如果输入 0，则该样式文字高度将默认为上次使用的文字高度，或使用存储在图形样板文件中的值；如果输入大于 0 的数，系统将自动以此值为该样式设置文字高度。如果选择“注释性”选项，则将设置要在图纸空间中显示的文字的高度。

(7) “效果”区　用来修改字体的特性。例如高度、宽度因子、倾斜角以及是否颠倒显示、反向或垂直对齐等。

1) “颠倒”复选框　控制是否颠倒显示字符（图 9-2a）。

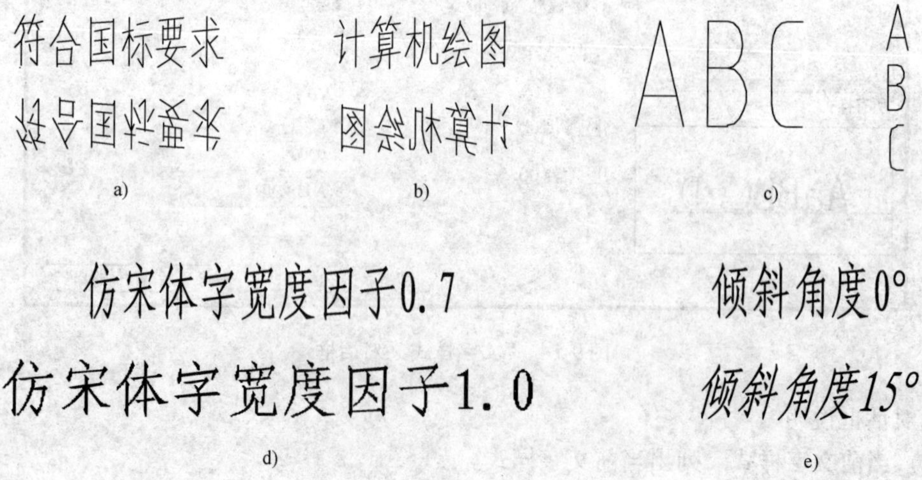

图 9-2　文字样式的设置效果

2）“反向”复选框　控制是否反向显示字符（图9-2b）。

3）“垂直”框　控制是否显示垂直对齐的字符（图9-2c）。只有在选定字体支持双向时“垂直”才可用。TrueType字体的垂直定位不可用。

4）“宽度因子”文本框　用于设置字符的宽度与高度之比（图9-2d）。

5）“倾斜角度”文本框　设置文字的倾斜角。输入一个-85°~85°之间的值将使文字倾斜，如图9-2e所示。

（8）“置为当前”按钮　将在“样式”下选定的样式设置为当前文字样式。

（9）“新建”按钮　用于创建新文字样式。单击该按钮，弹出“新建文字样式”对话框（图9-3）并自动为当前设置提供名称“样式N”（其中N为所提供样式的编号）。可以采用默认值或在该框中输入名称，然后选择“确定”使新样式名使用当前样式设置。

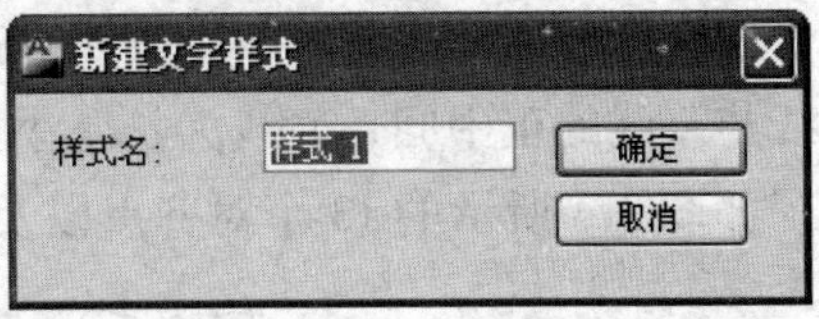

图9-3　“新建文字样式”对话框

（10）“删除”按钮　删除未使用的文字样式（但不能删除Standard样式）。

（11）“应用”按钮　将对话框中所做的样式更改应用到当前样式和图形中具有当前样式的文字。

AutoCAD专门提供了3种符合国标要求的中文字体形文件，即gbenor. shx、gbeitc. shx和gbcbig. shx文件。gbenor. shx和gbeitc. shx文件分别用于标注直体和斜体字母与数字，gbcbig. shx则用于标注中文。此外，用户也可采用长仿宋体字。这时要选用“仿宋_ GB2312”字体，宽度比例设为0.7。

9.2　注写文字

9.2.1　注写单行文字

1. 功能　单行文字命令可以创建一行或多行文字。其中，每行文字都是独立的对象，可对其进行编辑。

2. 命令格式

（1）工具栏　文字→按钮

（2）菜单栏　绘图→文字→单行文字

（3）键入命令　TEXT↓（DTEXT或DT）

执行上述命令后，命令行提示：

当前文字样式：（当前值）文字高度：（当前值）注释性：（当前值）

指定文字的起点或［对正(J)/样式(S)］：（输入选项）

3. 选项说明

（1）指定文字的起点　默认情况下，所指定的起点位置即是文字行基线的起点位置。在指定起点位置后，命令行提示：

指定高度<当前值>：（指定高度）

指定文字的旋转角度<当前值>：（指定角度）

这时，在单行文字的在位文字编辑器中，输入文字。这其中可以按回车键换行，也可以在另外的位置单击左键，以确定一个新的起始位置。

在输入完成后，按两次回车键、Ctrl + Enter 键或按 Esc 键即可结束单行文字的输入。

所谓“单行文字的在位文字编辑器”，是指包含一个高度为文字高度的边框，该边框随文字的输入而展开。

（2）对正（J）　用于设置文字的缩排和对齐方式。选择该项后，命令行提示：

输入选项［对齐(A)/布满(F)/居中(C)/中间(M)/右对齐(R)/左上(TL)/中上(TC)/右上(TR)/左中(ML)/正中(MC)/右中(MR)/左下(BL)/中下(BC)/右下(BR)］：

AutoCAD 为单行文字的水平文本行规定了 4 条定位线：即顶线、中线、基线和底线（图 9-4）。顶线为大写字母顶部所对齐的线，基线为大写字母底部所对齐的线，中线处于顶线与基线的正中间，底线为长尾小写字母底部所在的线。汉字在顶线和基线之间。系统提供了如图 9-4 所示的 13 个对齐点以及 15 种对齐方式。各对齐点即为文本行的插入点。

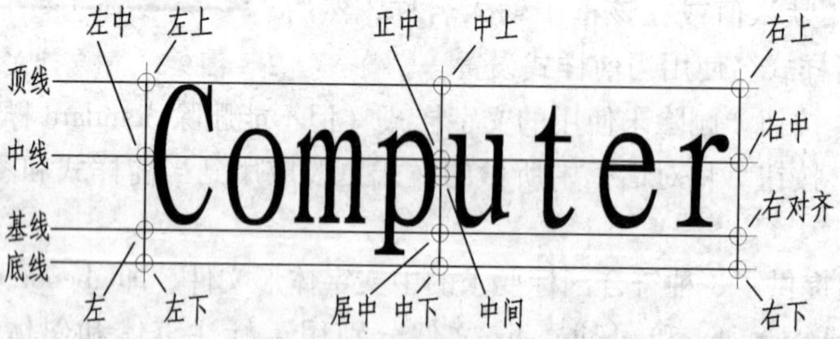

图 9-4　文字的对正方式

另外还有以下两种对正方式。

1）对齐（A）　指定文本行基线的两个端点确定文字的高度和方向。系统将自动调整字符高度使文字在两端点之间均匀分布，而字符的宽高比例不变，如图 9-5 所示。

2）布满（F）　指定文本行基线的两个端点确定文字的方向。系统将调整字符的宽高比例，以使文字在两端点之间均匀分布，而文字高度不变，如图 9-6 所示。

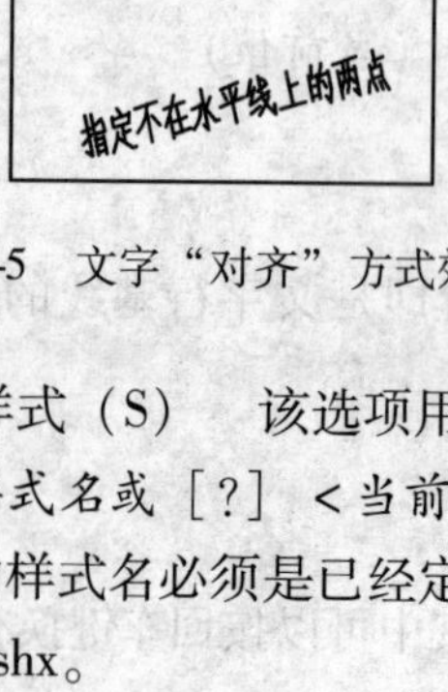

图 9-5　文字“对齐”方式效果

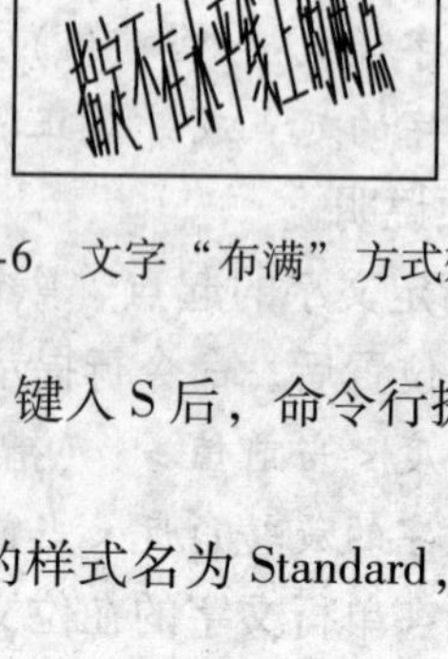

图 9-6　文字“布满”方式效果

（3）样式（S）　该选项用于设置当前使用的文字样式。键入 S 后，命令行提示：

输入样式名或［?］<当前值>：

输入的样式名必须是已经定义的文字样式名。系统默认的样式名为 Standard，其字体文件名为 txt. shx。

在上句提示行中键入“?”，系统弹出“AutoCAD 文本窗口”，列出当前图形已设置的文字样式、关联的字体文件、字体高度及其他参数。

9.2.2 注写多行文字

1. 功能　用于注写文字段落。与单行文字不同的是，多行文字整体是一个文字对象，每一单行不再是单独的文字对象，也不能进行单独编辑。

2. 命令格式

（1）工具栏　绘图→A按钮

（2）菜单栏　绘图→文字→多行文字

（3）键入命令　MTEXT↓（或 MT）

执行上述命令后，命令行提示：

当前文字样式：（当前值）文字高度：（当前值）　注释性：（当前值）

指定第一角点：（指定多行文字矩形边界的第一个角点，命令行提示）

指定对角点或［高度（H）/对正（J）/行距（L）/旋转（R）/样式（S）/宽度（W）/栏（C）］：（输入选项）

3. 选项说明

（1）指定对角点　指定多行文字矩形边界的另一个角点。矩形边界宽度即为段落文本的宽度，多行文字对象每行中的单字可自动换行，以适应文字边界的宽度。如图 9-7 所示，矩形框底部向下的箭头说明整个段落文本的高度可根据文字的多少自动伸缩，不受边界高度的限制。

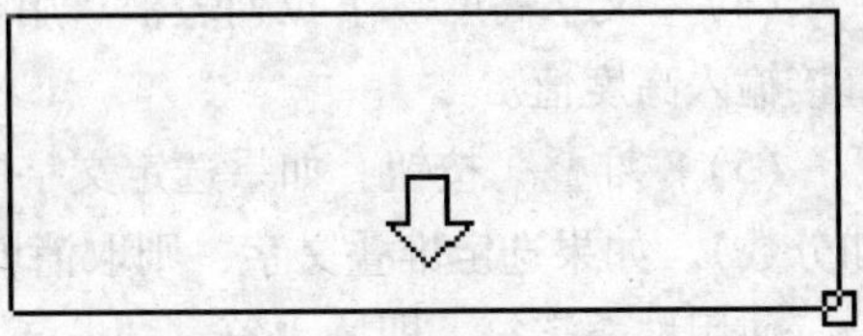

图 9-7　多行文字矩形边界框

当指定对角点后，系统弹出“在位文字编辑器”（图 9-8）。

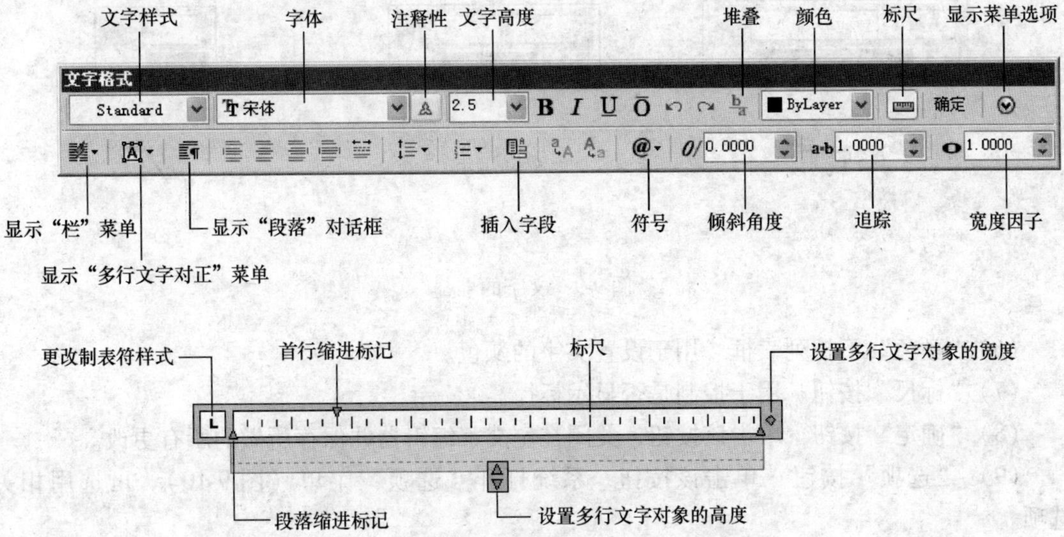

图 9-8　在位文字编辑器

（2）高度（H）　用于设置多行文字的高度。

（3）对正（J） 用于设置多行文字对象的对正方式。与单行文字类似，系统默认对齐方式为“左上”。

（4）行距（L） 用于在当前段落或选定段落中设置行距。

（5）旋转（R） 用于设置文字段落的旋转角度。

（6）样式（S） 用于设置多行文字样式。

（7）宽度（W） 用于设置矩形多行文字框的宽度。

（8）栏（C） 用于创建分栏格式的多行文字。可以指定每一栏的宽度、两栏之间的距离、每一栏的高度等。

4. 在位文字编辑器 当指定了输入文字范围的矩形对角点后，系统弹出“在位文字编辑器”（图9-8）。“在位文字编辑器”相当于一个文字处理软件，通过它可以创建或修改多行文字对象，从其他文件输入或粘贴文字、调整段落和行距与对齐等，可以完成在一般文字编辑中常用的一些操作。

（1）“文字样式”下拉列表框 用于设置文字样式。

（2）“字体”下拉列表框 用于设置字体。

（3）注释性 打开或关闭当前多行文字对象的“注释性”。

（4）“文字高度”下拉列表框 用于设置文字高度。可以从下拉列表框中选择，也可以直接输入高度值。

（5）“堆叠”按钮 如果选定文字中包含堆叠字符，单击该按钮，则创建堆叠文字（例如分数）。如果选定堆叠文字，则取消堆叠。

使用堆叠字符，即插入符（^）、正向斜杠（/）和磅符号（#）时，堆叠字符左侧的文字将堆叠在字符右侧的文字之上。默认情况下，包含堆叠字符的文字转换形式如图9-9所示。

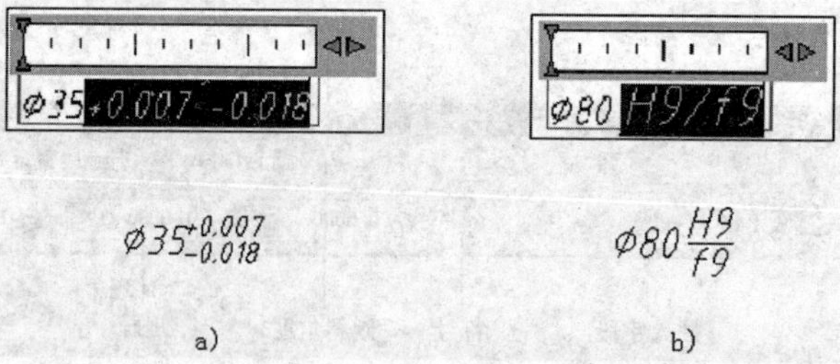

图9-9 文字的堆叠

（6）“颜色”下拉列表框 用于设置文字的颜色。

（7）“标尺”按钮 用于控制是否显示标尺。

（8）“确定”按钮 单击该按钮，关闭在位文字编辑器并保存所做的所有更改。

（9）“选项”按钮 单击该按钮，系统打开“选项”菜单（图9-10）。可选用相关选项。

（10）“宽度因子”下拉列表框 用于设置文字的宽度与高度之比。

（11）“追踪”下拉列表框 增大或减小新输入的文字或选中文字的字符之间的间距。其值在0.75~4.0之间。

（12）“倾斜角度”下拉列表框　用于设置文字的倾斜角度。其值在－85°～85°之间。

（13）“符号”按钮　在光标位置插入符号或不间断空格。也可以手动插入符号。单击该按钮，系统打开“符号”菜单，如图9-11所示。可从中选择符号插入到文本中。

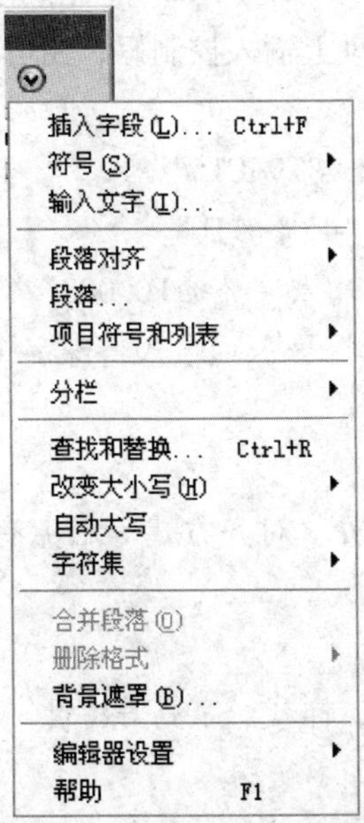

图9-10　“选项”菜单

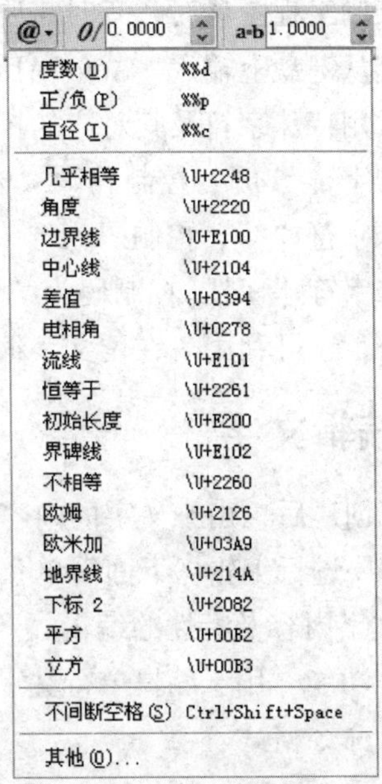

图9-11　“符号”菜单

（14）“插入字段”按钮　单击该按钮，系统打开“字段”对话框，从中可以选择要插入到文字中的字段。关闭该对话框后，字段的当前值将显示在文字中。

（15）“段落”按钮　单击该按钮，系统打开“段落”对话框。可为段落和段落的第一行设置缩进。指定制表位和缩进，控制段落对齐方式、段落间距和段落行距。

（16）“多行文字对正”按钮　单击该按钮，系统打开“多行文字对正”菜单（图9-12）并且有九个对齐选项可用。“左上”为默认。

（17）“栏”按钮　单击该按钮，系统打开“栏”菜单（图9-13）。可以将多行文字对象的格式设置为多栏。可以指定栏和栏间距的宽度、高度及栏数。可以使用夹点编辑栏宽和栏高。

图9-12　“多行文字对正”菜单

图9-13　“栏”菜单

（18）其他选项　对于粗体、斜体、下画线、放弃、重做、行距、大写、小写、制表符样式设置等按钮开关，与一般软件按钮含义一样，这里不再重述。

9.2.3　特殊字符的输入

在绘制工程图样时，有时需要标注一些特殊字符，如 φ、°（度）、± 等。由于这些字符不能直接从键盘上输入，AutoCAD 提供了一些控制码。从键盘上输入控制码，便可得到特殊字符。常用特殊字符及其对应的控制码如下：

特殊字符"φ"，控制码为"%%C"。例如：φ15，输入"%%C15"。

特殊字符"°"，控制码为"%%D"。例如：45°，输入"45%%D"。

特殊字符"±"，控制码为"%%P"。例如：±0.008，输入"%%P0.008"。

此外，还可利用"在位文字编辑器"中的"选项"或"符号"项输入特殊字符。

9.3　编辑文字

文字创建后，由于文字的内容、样式、字高以及比例设置、对齐方式等难免有所差异，一般都需要进行编辑。下面简单介绍文字编辑的方法。

1. 文字内容及特性的编辑

（1）功能　用于编辑单行文字的内容及多行文字的内容、样式、字高等特性。

（2）命令格式

1）工具栏　文字→ 按钮

2）菜单栏　修改→对象→文字→编辑

3）快捷菜单　选择文字对象，在绘图区域中单击鼠标右键，然后选择"编辑"（选择对象为单行文字）或"编辑多行文字"（选择对象为多行文字）。

4）双击文字对象

5）键入命令　DDEDIT↓

执行上述命令后，命令行提示：

选择注释对象或［放弃（U）］：(输入选项)

（3）选项说明

1）选择注释对象　根据所选择的文字类型显示相应的编辑方法。对于注写的文字将显示文字编辑器，可对文字进行编辑。

其中，对于单行文字只能对其内容进行修改，若需要修改文字的字体样式、字高等特性，用户可以通过修改该单行文字所采用的文字样式等方法来修改。

2）放弃（U）　放弃上一次操作，返回到文字或属性定义的先前值。

2. 文字的缩放

（1）功能　用于缩放选定的文字对象。

（2）命令格式

1）工具栏　文字→ 按钮

2）菜单栏　修改→对象→文字→比例

3）键入命令　SCALETEXT↓

执行上述命令后，命令行提示：

选择对象：（选择文字对象）

……

选择对象：↓

输入缩放的基点选项

［现有(E)/左对齐(L)/居中(C)/中间(M)/右对齐(R)/左上(TL)/中上(TC)/右上(TR)/左中(ML)/正中(MC)/右中(MR)/左下(BL)/中下(BC)/右下(BR)］<当前值>:（指定一个位置作为缩放的基点）

指定新模型高度或［图纸高度(P)/匹配对象(M)/比例因子(S)］<当前值>：（输入选项）

（3）选项说明

1）指定新模型高度　以指定文字高度缩放所选文字对象。

2）图纸高度（P）　根据注释性特性缩放文字高度。

3）匹配对象（M）　缩放最初选定的文字对象以与选定文字对象的大小匹配。

4）比例因子（S）　按参照长度和指定的新长度缩放所选文字对象。

3. 文字的对正

（1）功能　更改选定文字对象的对正点而不改变其位置。

（2）命令格式

1）工具栏　文字→按钮

2）菜单栏　修改→对象→文字→对正

3）键入命令　JUSTIFYTEXT↓

执行上述命令后，命令行提示：

选择对象：（可以选择单行文字对象、多行文字对象、引线文字对象和属性对象）

……

选择对象：↓

输入对正选项

［左对齐(L)/对齐(A)/布满(F)/居中(C)/中间(M)/右对齐(R)/左上(TL)/中上(TC)/右上(TR)/左中(ML)/正中(MC)/右中(MR)/左下(BL)/中下(BC)/右下(BR)］<右下>：

选项内容说明略。

4. 文字的查找与替换

（1）功能　指定要查找、替换的文字和控制搜索的范围及结果。

（2）命令格式

1）工具栏　文字→按钮

2）菜单栏　编辑→查找

3）快捷菜单　终止所有活动命令，在绘图区域单击鼠标右键然后选择“查找”。

4）键入命令　FIND↓

执行上述命令后，系统弹出“查找和替换”对话框，如图 9-14 所示。

（3）对话框中常用选项的说明

1）“查找内容”文本框　用于指定要查找的内容。

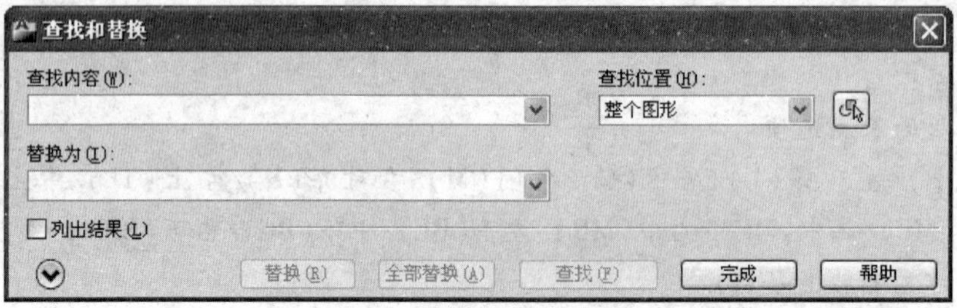

图 9-14　“查找和替换”对话框

2）“替换为”文本框　指定用于替换查找内容的文字。

3）“查找位置”下拉列表框　用于指定查找范围是在整个图形中查找还是仅在当前选择中查找。

通过该对话框，输入要查找的字符串，指定搜索范围，就可以进行查找操作了。如果要进行字符串替换，则在“替换为”文本框中输入新的字符串，单击“替换”按钮即可。其他操作和一般的文本编辑器中的“查找替换”基本一致。

9.4　注写多行文字实例

注写如图 9-15 所示的多行文字。其中，汉字字体为 gbcbig. shx，阿拉伯数字字体为 gbenor. shx，标题字高为 7，其余字高均为 5。

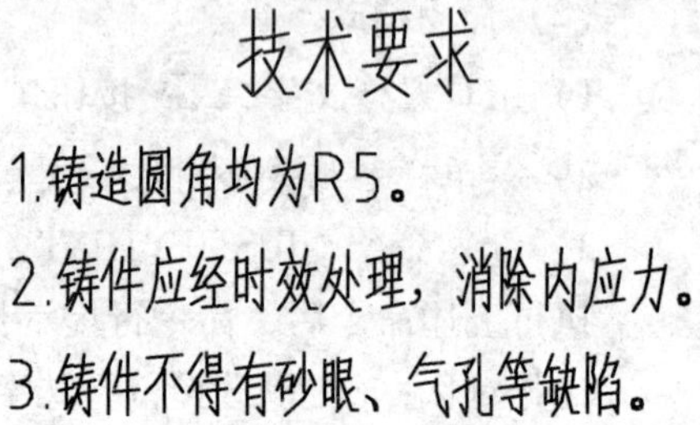

图 9-15　多行文字

第一步：打开 AutoCAD 2011，可使用默认样板创建新图形文件。

第二步：设置文字样式。可通过“格式→文字样式”，在“文字样式”对话框内进行设置，如图 9-16 所示。其中取样式名为“样式 1”，且“置为当前”。

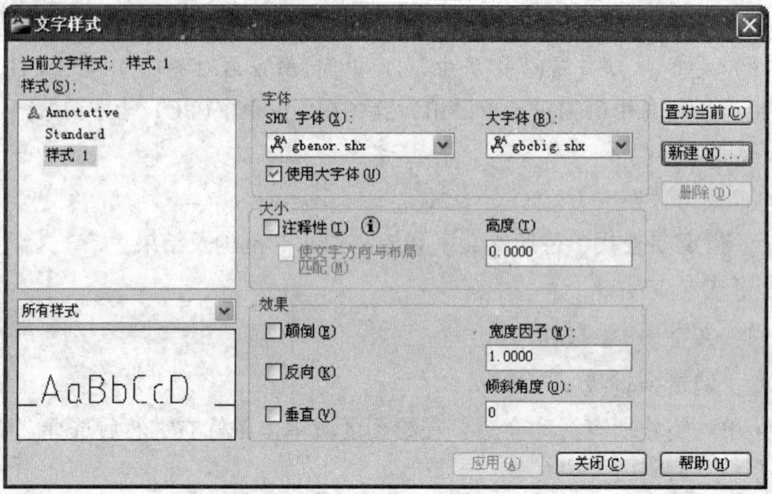

图 9-16　设置文字样式

第三步：输入多行文字。可通过“绘图工具栏→ A ”，在绘图窗口中分别指定文本框的两个对角点。在系统弹出的“多行文字编辑器”的文本框内，输入多行文字，如图 9-17 所示。其中字高设为 5。

第四步：编辑文字。调整列宽（文本框的宽度），选中“技术要求”四个字，将字高改设为 7，并单击“居中”按钮，完成操作后，如图 9-18 所示。

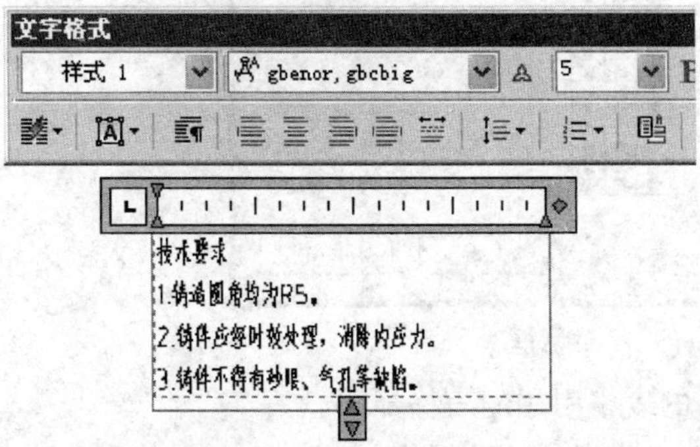

图 9-17　多行文字的输入

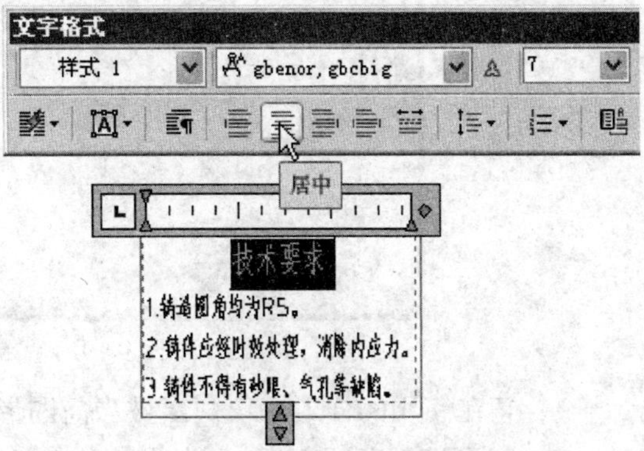

图 9-18　多行文字的编辑

第五步：在多行文字编辑器中，单击“确定”按钮，注写的多行文字效果如图 9-15 所示。

9.5　设置表格样式

在产品设计过程中，表格主要用来展示与图形相关的标准、数据信息、材料和装配信息等内容。不同类型的图形，对应的制图标准也不相同，这就需要设置符合产品设计的表格样式，并利用表格功能准确、快速、清晰地反映出设计思想及创意。

1. 功能　设置表格样式。

2. 命令格式

（1）工具栏　样式→按钮

（2）菜单栏　格式→表格样式

（3）键入命令　TABLESTYLE↓

执行上述命令后，系统弹出“表格样式”对话框，如图 9-19 所示。

3. 对话框说明

（1）当前表格样式　显示当前的表格样式名称。默认的当前表格样式是 Standard。

（2）“样式”列表框　列出已创建的表格样式名。当前样式被亮显。在“样式”列表框中，在一个样式名上单击鼠标右键，将弹出一个快捷菜单（图 9-19），共有三个选项。

1）置为当前　将选定样式名置为当前样式。

2）重命名　对选定样式重命名。

3）删除　删除选定的样式。如果选定样式是当前样式，此选项不可用。

（3）“列出”下拉列表框　控制“样式”列表框的显示内容。有两个选项。

1）所有样式　列出所有表格样式。

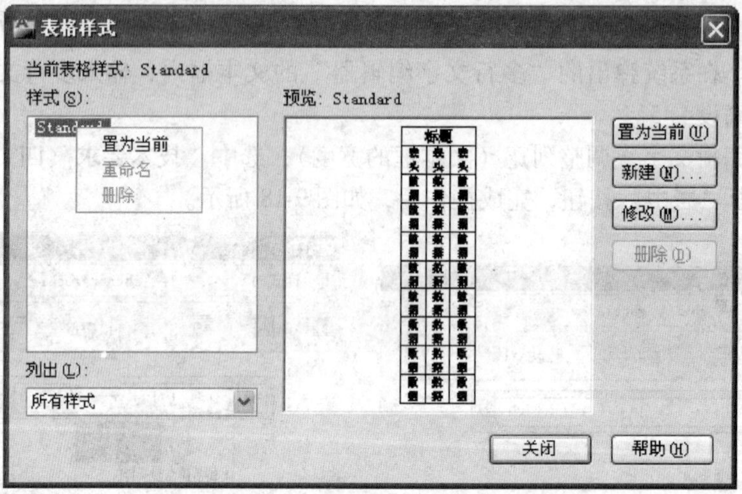

图9-19 “表格样式”对话框

2）正在使用的样式　仅列出被当前图形中的表格引用的表格样式。

（4）“预览”框　显示“样式”列表框中选定样式的预览图像。

（5）“置为当前”按钮　将“样式”列表框中选定的表格样式设置为当前样式。

（6）“新建”按钮　单击该按钮，显示“创建新的表格样式”对话框（图9-20）。从中可以定义新的表格样式。

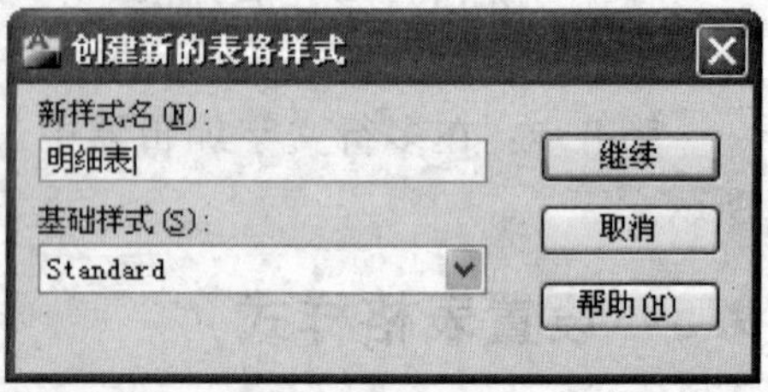

图9-20 “创建新的表格样式”对话框

在“新样式名”中输入新表格样式名称。在“基础样式”下拉列表中选择新表格样式要采用哪一个现有表格样式作为基础样式。单击“继续”按钮，打开“新建表格样式”对话框（图9-21）。

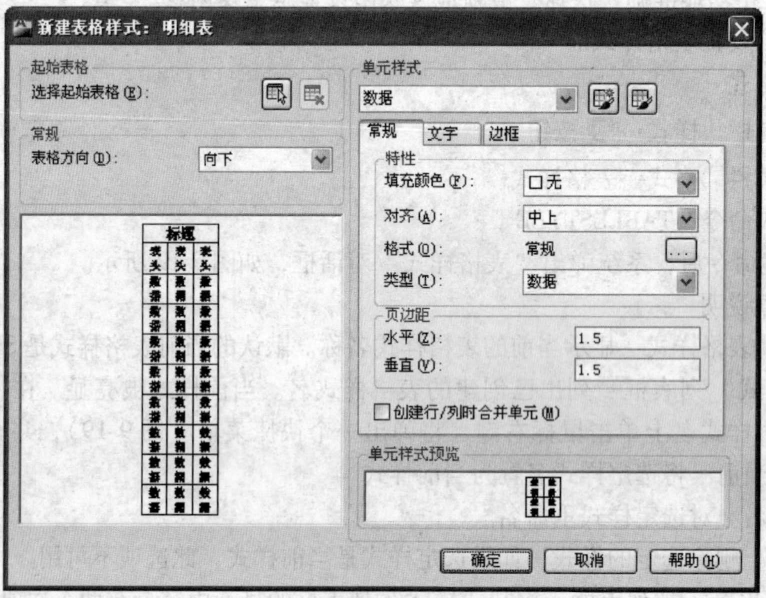

图9-21 “新建表格样式”对话框

在解释“新建表格样式”对话框之前，先从图 9-22 了解表格的各部分名称，以便对其各组成部分进行介绍。

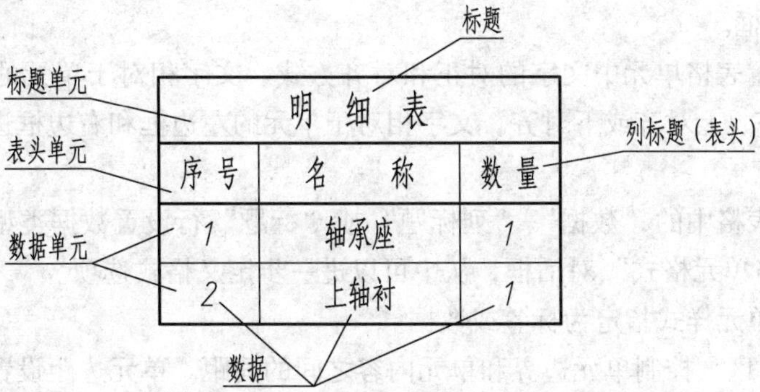

图 9-22 表格的各部分名称

1）“起始表格”区 使用户可以在图形中指定一个表格用作样例来设置此表格样式的格式。选择表格后，可以指定要从该表格复制到表格样式的结构和内容。

使用“删除表格”图标，可以将表格从当前指定的表格样式中删除。

2）“常规”区 更改表格方向。

表格方向是指设置表格的方向。“向下”将创建由上而下读取的表格。“向上”将创建由下而上读取的表格。

① 向下：标题行和列标题行位于表格的顶部。创建由上而下读取的表格。

② 向上：标题行和列标题行位于表格的底部。创建由下而上读取的表格（图 9-23）。

3）预览 显示当前表格样式设置效果的样例。

4）单元样式 定义新的单元样式或修改现有单元样式。可以创建任意数量的单元样式。

“单元样式”菜单 显示表格中的单元样式。

①“创建新单元样式”按钮 用于启动“创建新单元样式”对话框。

②“管理单元样式”按钮 用于启动“管理单元样式”对话框。

5）“单元样式”选项卡 设置数据单元、单元文字和单元边界的外观，取决于处于活动状态的选项卡：“基本”选项卡、“文字”选项卡或“边框”选项卡。

①“常规”选项卡（图 9-24）

2	上轴衬	1
1	轴承座	1
序号	名 称	数量
明 细 表		

图 9-23 由下而上读取的表格

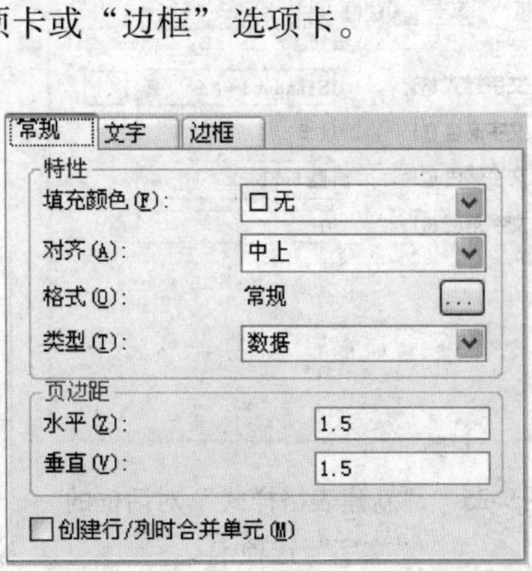

图 9-24 “新建表格样式”对话框的“常规”选项卡

- “特性”区

◆ 填充颜色　指定单元的背景色。默认值为“无”。可以选择“选择颜色”以显示“选择颜色”对话框。

◆ 对齐　设置表格单元中文字的对正和对齐方式。文字相对于单元的顶部边框和底部边框进行居中对齐、上对齐或下对齐。文字相对于单元的左边框和右边框进行居中对正、左对正或右对正。

◆ 格式　为表格中的“数据”、“列标题”或“标题”行设置数据类型和格式。单击该按钮将显示“表格单元格式”对话框，从中可以进一步定义格式选项。

◆ 类型　将单元样式指定为标签或数据。

- “页边距”区　控制单元边界和单元内容之间的间距。单元边距设置应用于表格中的所有单元。

◆ 水平　设置单元中的文字或块与左右单元边界之间的距离。

◆ 垂直　设置单元中的文字或块与上下单元边界之间的距离。

◆“创建行/列时合并单元”复选框　将使用当前单元样式创建的所有新行或新列合并为一个单元。可以使用此选项在表格的顶部创建标题行。

②“文字”选项卡（图9-25）

- 文字样式　列出图形中的所有文字样式。

单击[...]按钮将显示“文字样式”对话框，从中可以创建新的文字样式。

- 文字高度　设置文字高度。数据和列标题单元的默认文字高度为0.18。标题的默认文字高度为0.25。

- 文字颜色　指定文字颜色。选择列表底部的“选择颜色”可显示“选择颜色”对话框。

- 文字角度　设置文字角度。默认的文字角度为0°。可以输入-359°~+359°之间的任意角度。

③“边框”选项卡（图9-26）

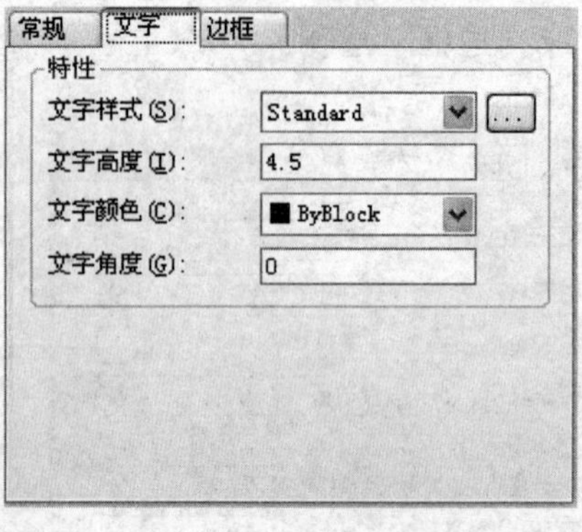

图9-25　“新建表格样式”对话框的“文字”选项卡

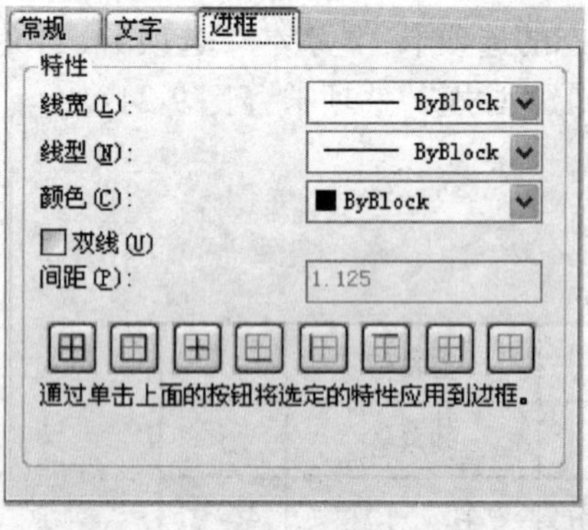

图9-26　“新建表格样式”对话框的“边框”选项卡

- 线宽　通过单击右侧按钮，设置将要应用于指定边界的线宽。

• 线型　通过单击右侧按钮，设置将要应用于指定边界的线型。将显示标准线型随块、随层和连续，或者可以选择“其他”加载自定义线型。

• 颜色　通过单击右侧按钮，设置将要应用于指定边界的颜色。选择“选择颜色”可显示“选择颜色”对话框。

• 双线　将表格边界显示为双线。

• 间距　确定双线边界的间距。默认间距为0.1800。

• 边框按钮　控制单元边界的外观。边框特性包括栅格线的线宽和颜色。

◆ 所有边框按钮　将边界特性设置应用到指定单元样式的所有边界。

◆ 外边框按钮　将边界特性设置应用到指定单元样式的外部边界。

◆ 内边框按钮　将边界特性设置应用到指定单元样式的内部边界。

◆ 底部边框按钮　将边界特性设置应用到指定单元样式的底部边界。

◆ 左边框按钮　将边界特性设置应用到指定的单元样式的左边界。

◆ 上边框按钮　将边界特性设置应用到指定单元样式的上边界。

◆ 右边框按钮　将边界特性设置应用到指定单元样式的右边界。

◆ 无边框按钮　隐藏指定单元样式的边界。

6）单元样式预览　显示当前表格样式设置效果的样例。

9.6 插入表格

1. 功能　在绘图区插入一个表格，并可在此表格中添加相应的文本信息。

2. 命令格式

(1) 工具栏　绘图→按钮

(2) 菜单栏　绘图→表格

(3) 键入命令　TABLE↓

执行上述命令后，系统弹出“插入表格”对话框，如图9-27所示。

3. 对话框说明

(1) 表格样式　确定使用哪一种表格样式。

(2)“插入选项”区　指定插入表格的方式。

1）从空表格开始　创建可以手动填充数据的空表格。

2）自数据链接开始　从外部电子表格中的数据创建表格。

3）自数据提取开始　启动“数据提取”向导。

(3) 预览　显示当前表格样式的样例。

(4)“插入方式”区　指定表格位置。

1）指定插入点　指定表格左上角的位置。可以使用定点设备，也可以在命令提示下输入坐标值。如果表格样式将表格的方向设置为由下而上读取，则插入点位于表格的左下角。

2）指定窗口　指定表格的大小和位置。可以使用定点设备，也可以在命令提示下输入坐标值。选定此选项时，行数、列数、列宽和行高取决于窗口的大小以及列和行设置。

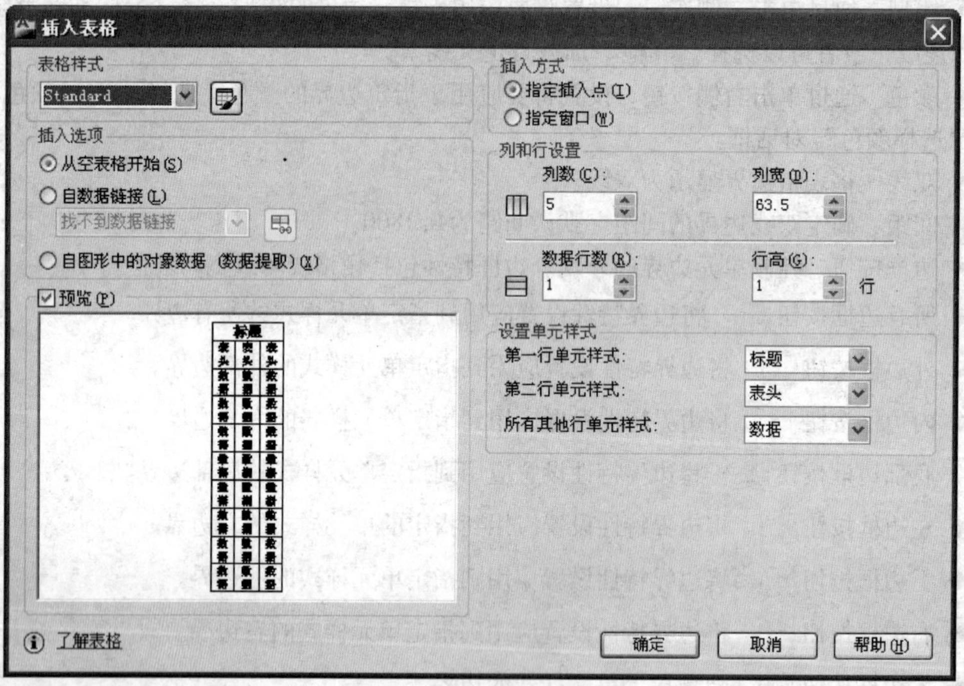

图 9-27　“插入表格”对话框

（5）“列和行设置”区　设置列和行的数目和大小。

1）列　指定列数。选定“指定窗口”选项并指定列宽时，“自动”选项将被选定，且列数由表格的宽度控制。如果已指定包含起始表格的表格样式，则可以选择要添加到此起始表格的其他列的数量。

2）列宽　指定列的宽度。选定“指定窗口”选项并指定列数时，则选定了“自动”选项，且列宽由表格的宽度控制。最小列宽为一个字符。

3）数据行数　指定行数。选定“指定窗口”选项并指定行高时，则选定了“自动”选项，且行数由表格的高度控制。带有标题行和表格头行的表格样式最少应有三行。最小行高为一个文字行。如果已指定包含起始表格的表格样式，则可以选择要添加到此起始表格的其他数据行的数量。

4）行高　按照行数指定行高。文字行高基于文字高度和单元边距，这两项均在表格样式中设置。选定“指定窗口”选项并指定行数时，则选定了“自动”选项，且行高由表格的高度控制。

（6）设置单元样式　对于那些不包含起始表格的表格样式，请指定新表格中行的单元格式。

1）第一行单元样式　指定表格中第一行的单元样式。默认情况下，使用标题单元样式。

2）第二行单元样式　指定表格中第二行的单元样式。默认情况下，使用表头单元样式。

3）所有其他行单元样式　指定表格中所有其他行的单元样式。默认情况下，使用数据单元样式。

（7）表格选项　对于包含起始表格的表格样式，从插入时保留的起始表格中指定表格元素。

1）标签单元文字　保留新插入表格中的起始表格表头或标题行中的文字。

2）数据单元文字　保留新插入表格中的起始表格数据行中的文字。

3）块　保留新插入表格中起始表格中的块。

4）保留单元样式替代　保留新插入表格中起始表格中的单元样式替代。

5）数据链接　保留新插入表格中起始表格中的数据连接。

6）字段　保留新插入表格中起始表格中的字段。

7）公式　保留新插入表格中起始表格中的公式。

在上面的“插入表格”对话框中进行相应设置后，单击“确定”按钮，系统在指定的插入点或窗口自动插入一个空表格，并显示“在位文字编辑器”，用户可以逐行逐列输入相应的文字或数据（图9-28）。若直接单击“在位文字编辑器”的“确定”按钮，则插入一空表格（图9-29）。

在“在位文字编辑器”中输入文本信息的过程中，表格单元的行高会随输入文字的高度或行数的增加而增加。要移动到下一单元，可以按Tab键或使用箭头向左、向右、向上和向下移动。通过在选中的单元中按F2键或双击单元格，可以注写或编辑单元格文字。

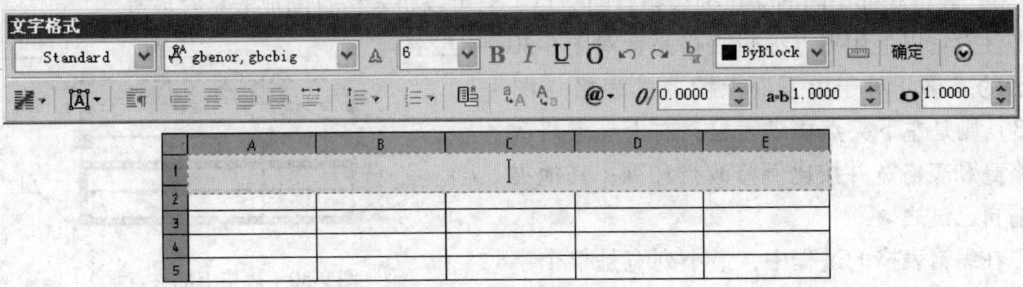

图9-28　在空表格内添加内容

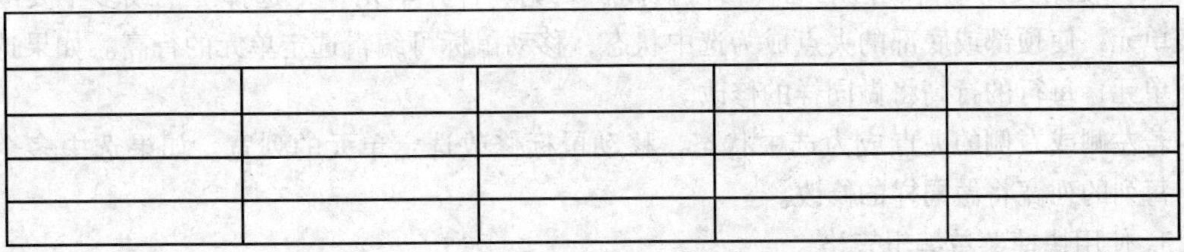

图9-29　插入的空表格

9.7　编辑表格

1. 选择表格和表格单元　AutoCAD提供了灵活的表格编辑方法。在编辑表格或其单元时，首先要选择表格或单元。

（1）选择整个表格　单击表格的任意一根表格线可选择整个表格。

（2）选择一个表格单元　单击表单元内的空白处可以选择一个表格单元。

（3）选择一个表格单元区域　有三种方法可以选择一个表格单元区域。

1）单击选择一个表格单元，按住 Shift 键单击另一个表格单元，可同时选中以这两个表格单元为对角点的所有表格单元。

2）单击选择一个表格单元，按住鼠标左键移动，当松开鼠标时，光标带动的虚线框移过的单元，都被选中。

3）直接在表格单元内按住鼠标左键移动，当松开鼠标时，光标带动的虚线框移过的单元，都被选中。

2. 使用夹点编辑表格

（1）使用夹点编辑整个表格　单击网格线选中表格，使用以下夹点之一编辑表格（即单击夹点，使夹点成为选中状态，移动鼠标）：

1）左上夹点　移动表格。

2）右上夹点　统一拉伸表格宽度。

3）左下夹点　统一拉伸表格高度。

4）右下夹点　统一拉伸表格宽度和高度。

5）列夹点　单击以更改列宽。按住 Ctrl 键并单击以更改列宽并拉伸表格。

6）表格底部中间的夹点为表格打断夹点，它可以将表格打断成表格片段等。

注意：以上用夹点编辑表格是针对图 9-30 所示的表格，对于由下而上读取的表格（图 9-23），则是左下夹点移动表格；右上夹点修改表格高和表格宽并按比例修改行和列；其他夹点请自己试之。

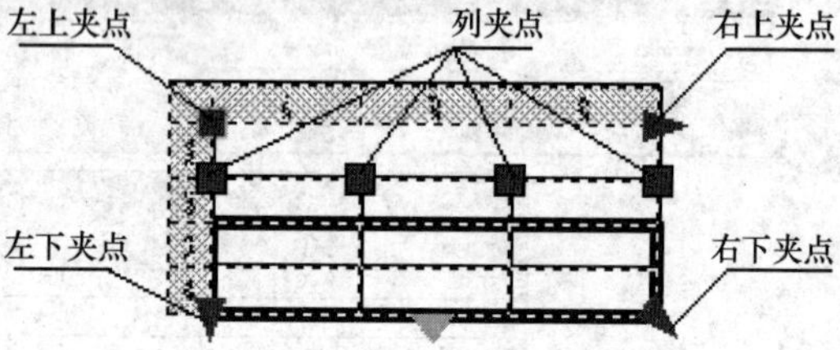

图 9-30　表格上的夹点

在编辑表格的过程中，最小列宽是单个字符的宽度。空白表格的最小行高是文字的高度加上单元边距。

（2）使用夹点编辑表格单元（修改行高、列宽、合并单元）　选择一个或多个要编辑的表单元，使顶部或底部的夹点成为选中状态，移动鼠标可编辑选定单元的行高。如果选中多个单元，每行的行高将做同样的修改。

若左侧或右侧的夹点成为选中状态，移动鼠标修改选定单元的列宽。如果选中多个单元，每列的列宽将做同样的修改。

3. 使用快捷菜单编辑表格

1）编辑表格　选中整个表格，单击鼠标右键，会弹出一个快捷菜单（图 9-31），可选择相应选项编辑表格。

2）编辑表格单元　选中一个表格单元或一个单元区域，单击右键，将弹出快捷菜单（图 9-32），可通过其选项编辑表格单元。

4. 使用“表格”工具栏编辑表格　当选中表格或表格单元后，会弹出一“表格”工具栏。通过其中的选项，可对表格进行修改。图 9-33 将表中右下角的六个单元格合并为一格。

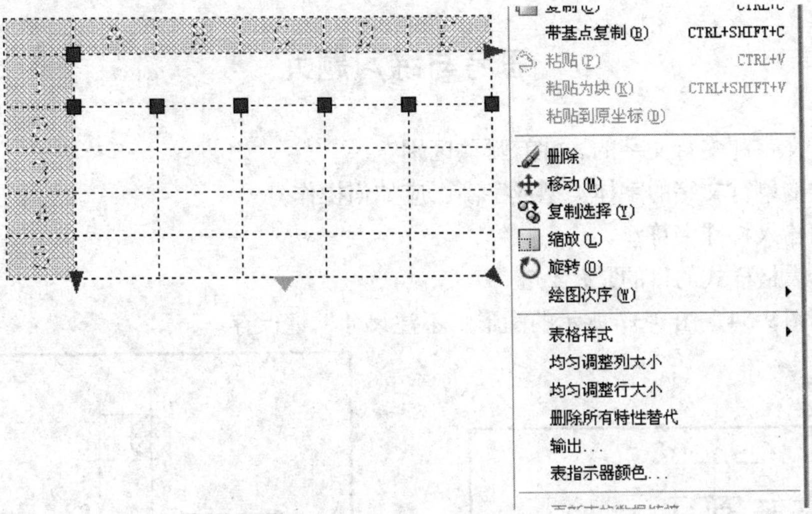

图 9-31　利用快捷菜单编辑表格

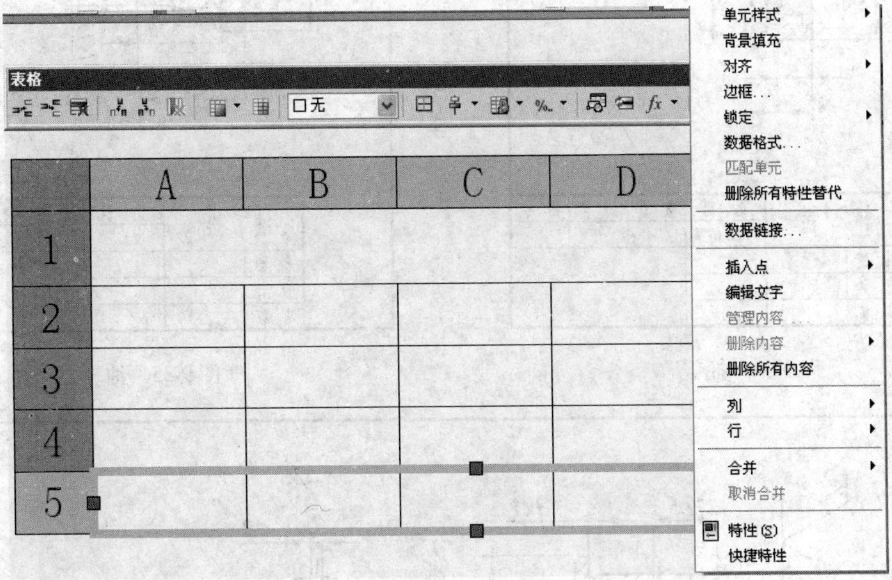

图 9-32　利用快捷菜单编辑表格单元

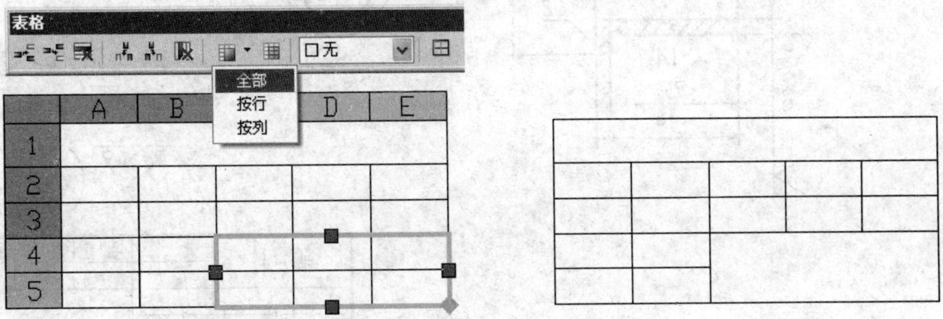

a)　　b)

图 9-33　利用“表格”工具栏合并单元格

思考与练习题九

1. 单行文字和多行文字的属性有哪些区别?
2. 要改变单行文字的字体类型或字高，应如何操作?
3. 如何输入特殊字符?
4. 设置表格样式的目的是什么?
5. 绘制图 9-34 ~ 图 9-37 所示的图形，不注尺寸，请保存。

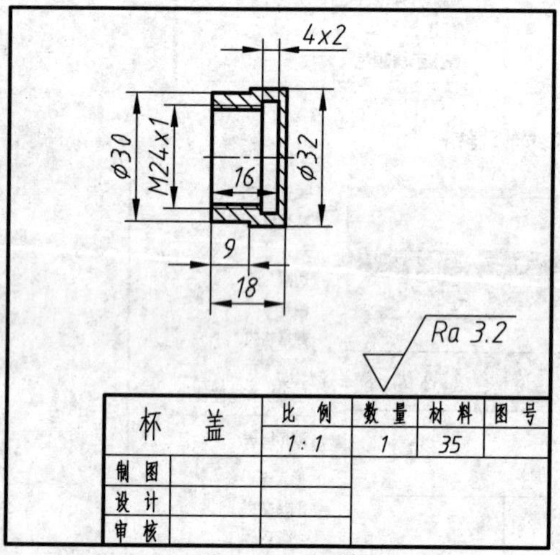

图 9-34　杯盖

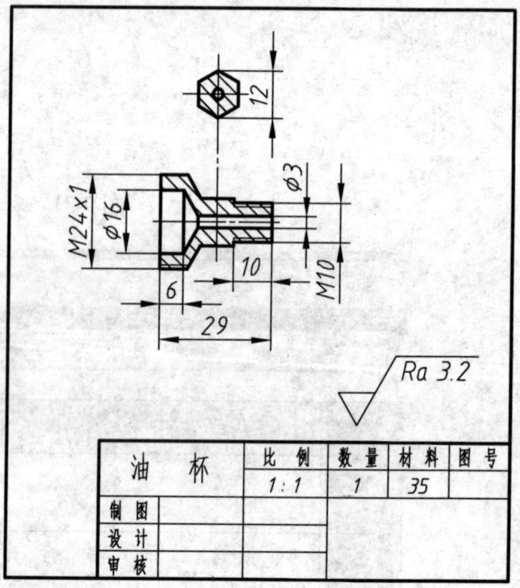

图 9-35　油杯

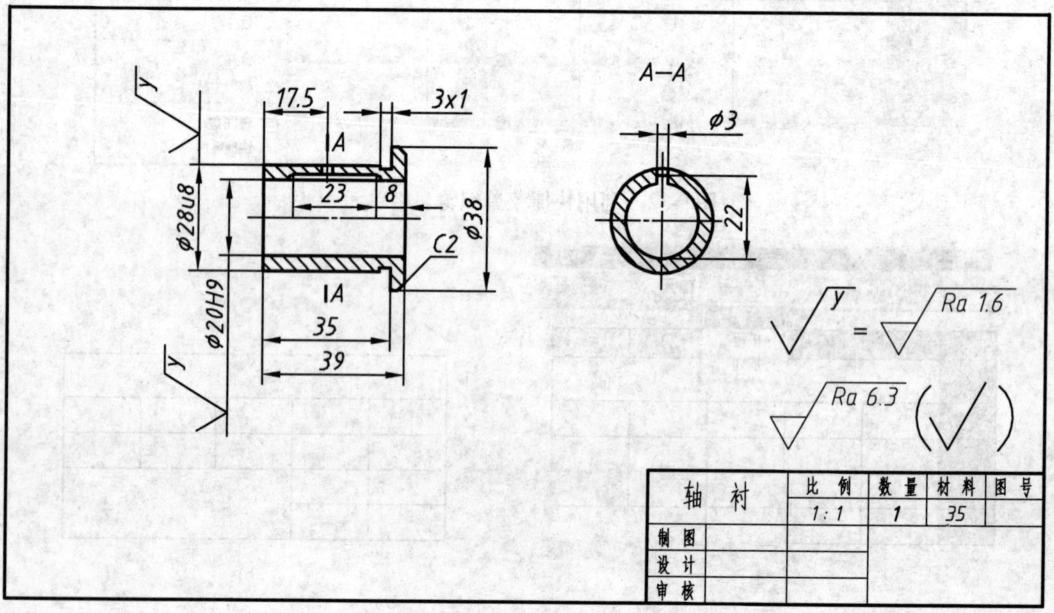

图 9-36　轴衬

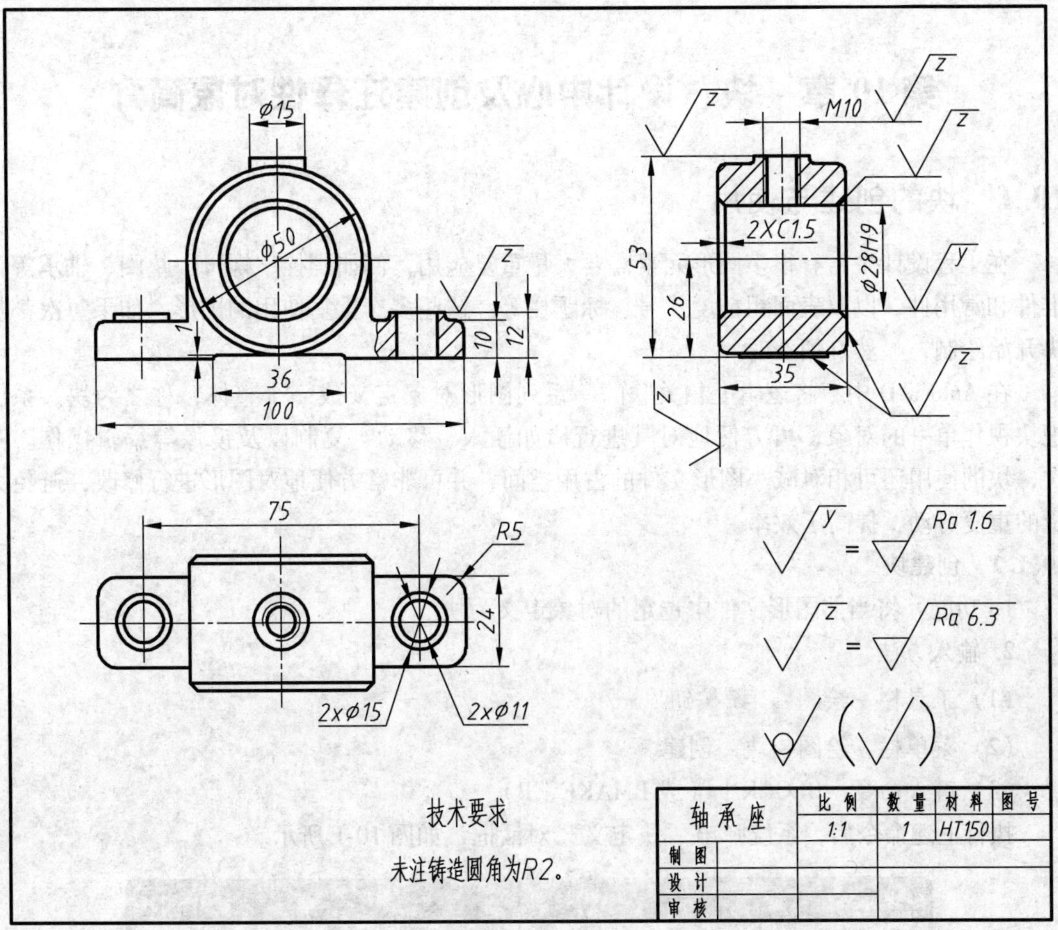

图 9-37　轴承座

6. 设置表格样式并绘制图 9-38 所示的表格。

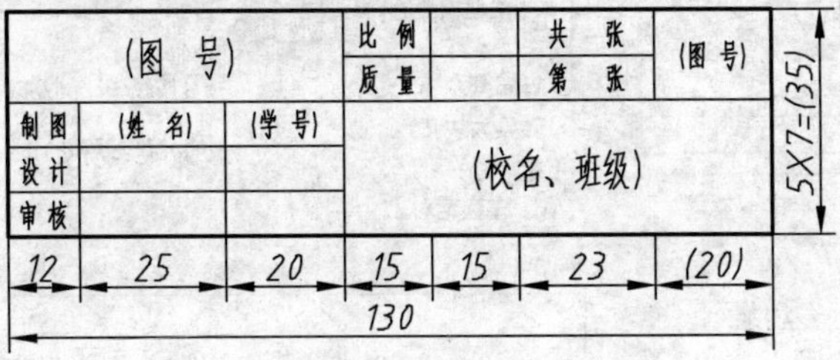

图 9-38　标题栏

第 10 章　块、设计中心及创建注释性对象简介

10.1　块的创建与使用

在工程设计中，有很多图形元素需要大量重复应用，例如螺栓、螺母、垫圈、轴承等标准件和常用件，以及表面粗糙度代号、标题栏等。这些多次重复使用的图形，如果每次都从头开始绘制，显然麻烦费时。

在 AutoCAD 中，将逻辑上相关联的一系列图形对象定义成一个整体，称之为块。系统把块视作单一的对象，可方便地对其进行诸如插入、移动、复制以及镜像等编辑操作。其次，块的使用还可相对减小图形文件的占用空间，并可非常方便地对图形进行修改，避免大量的重复劳动，提高了效率。

10.1.1　创建块

1. 功能　将当前图形文件中选定的对象定义为块。

2. 输入方法

(1) 工具栏　绘图→ 按钮

(2) 菜单栏　绘图→块→创建

(3) 键入命令　BLOCK↓（或 BMAKE、B）

执行上述命令后，系统弹出“块定义”对话框，如图 10-1 所示。

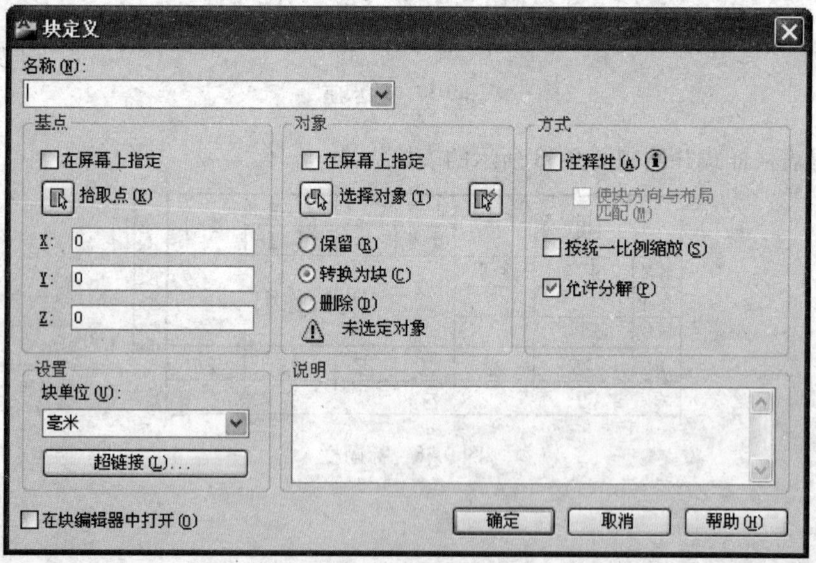

图 10-1　“块定义”对话框

3. 对话框说明

(1)“名称”文本框　指定块的名称。块名称及块定义保存在当前图形中。

（2）“基点”区　指定块的插入基点。默认值是（0，0，0）。定义块时的基点实际上是插入块时的位置基准点。

1）“在屏幕上指定”复选框　选取该项，关闭对话框时，将提示用户指定基点。

2）“拾取插入基点”按钮　单击该按钮，暂时关闭对话框以使用户能在当前图形中拾取插入基点。

3）在 X、Y、Z 三个坐标文本框中直接键入坐标值。

（3）“对象”区　用于选择构成块的对象，以及创建块之后如何处理这些对象，是保留还是删除选定的对象或者是将它们转换成块实例。

1）“在屏幕上指定”复选框　选择该项，将关闭对话框，提示选择块对象。

2）“选择对象”按钮　单击该按钮，将暂时关闭“块定义”对话框，提示选择块对象。完成选择对象后，按回车键重新显示“块定义”对话框。

3）“快速选择”按钮　单击该按钮，将显示“快速选择”对话框，用于定义选择集。

4）“保留”按钮　单击该按钮，创建块以后，将选定对象保留在图形中作为区别对象。

5）“转换为块”按钮　单击该按钮，创建块以后，将选定对象转换成图形中的块实例。

6）“删除”按钮　单击该按钮，创建块以后，从图形中删除选定的对象。

7）选定的对象　显示选定对象的数目。

（4）“方式”区　指定块的行为。

1）“注释性”复选框　创建注释性块。

2）“使块方向与布局匹配”复选框　指定在图纸空间视口中的块参照的方向与布局的方向匹配。如果未选择“注释性”选项，则该选项不可用。

3）“按统一比例缩放”复选框　指定是否阻止块参照不按统一比例缩放。

4）“允许分解”复选框　指定块参照是否可以被分解。

（5）“设置”区　指定块的设置。

1）块单位　指定块参照插入单位。

2）超链接　打开“插入超链接”对话框，可以使用该对话框将某个超链接与块定义相关联。

（6）说明　指定块的文字说明。

（7）“在块编辑器中打开”复选框　选择该项，单击“确定”后，在块编辑器中打开当前的块定义。

例　将图 10-2 定义成块“K1”，基点为图形的中心。

操作过程如下：

1）调用“创建块”命令　系统弹出“块定义”对话框。

2）输入块名　在“名称”文本框内输入块名“K1”。

3）选择基点　单击“拾取点”按钮，在绘图窗口内，选择图形的中心点为块的插入基点。

4）选择对象　单击“选择对象”按钮，在绘图窗口内，选择图 10-2 所示图形并确认，返回“块定义”对话框。

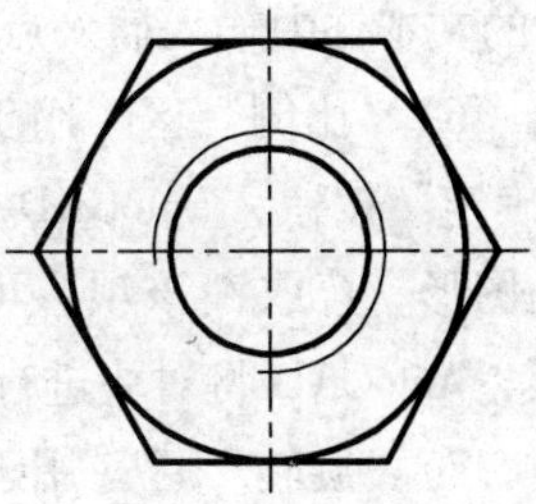

图 10-2　定义块

5）其他设置　如块单位取毫米、按统一比例缩放、允许分解等。

6）单击“确定”按钮，完成创建块。

10.1.2 使用块

1. 使用“块插入”命令插入块。

（1）功能　将图形或已定义的块插入到当前图形中。

（2）命令格式

1）工具栏　绘图→ 按钮

2）菜单栏　插入→块

3）键入命令　INSERT↓（或 I）

执行上述命令后，系统弹出“插入”对话框，如图 10-3 所示。

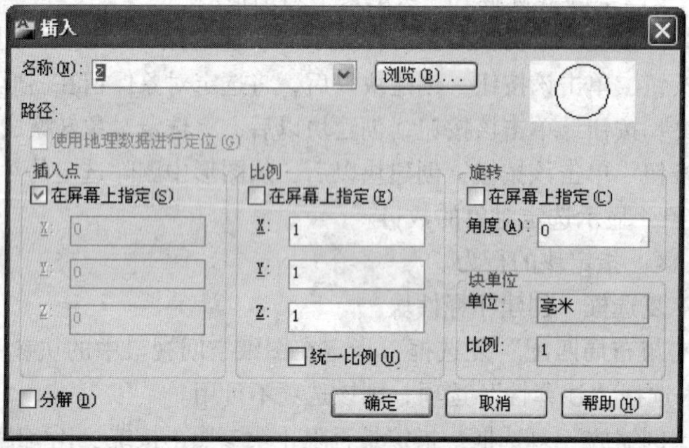

图 10-3　“插入”对话框

（3）对话框说明

1）“名称”下拉列表框　指定要插入块的名称，或指定要作为块插入的文件的名称。

2）浏览　打开“选择图形文件”对话框，从中可选择要插入的块或图形文件。

3）路径　指定块的路径。

4）预览　显示要插入的指定块的预览。

5）“插入点”区　用于指定块的插入点。当选中“在屏幕上指定”复选框，单击“确定”按钮，AutoCAD 会提示指定插入点，可见到拖动的图形。若取消该项，可以在 X、Y、Z 的文本框中输入插入点的坐标值。

6）“比例”区　用于指定插入块的缩放比例。当选中“在屏幕上指定”复选框，单击“确定”按钮，AutoCAD 会提示插入块时的 X、Y、Z 三个方向上的比例因子，可见到拖动的图形。若取消该项，可以在 X、Y、Z 文本框中输入缩放比例。如果选中“统一比例”项，AutoCAD 将对块进行等比例缩放。

7）“旋转”区　用于指定插入块的旋转角度。当选中“在屏幕上指定”复选框，单击“确定”按钮，AutoCAD 会提示输入插入块时的旋转角度。若取消该项，可以直接在“角度”文本框中输入旋转角度值。

8）“块单位”区　显示块的单位和比例。

9）“分解”复选框　用于设置是否在插入块的同时将块分解。选定“分解”时，只可以指定统一比例因子。

最后，单击“确定”按钮，完成插入块的设置。

2. 使用设计中心插入块　在设计中心可以找到并打开任何图形文件（可以是 dwg、dwt、dws 文件）以获得图形里的块定义，并将缩略图直观地显示出来。通过简单地拖动就可以实现在当前图形中插入其他图形中的块。

打开设计中心的方法如下：

（1）工具栏　标准→ 按钮

（2）菜单栏　工具→选项板→设计中心

（3）键入命令　ADCENTER↓

在当前图形中打开设计中心，从其内容窗口中选择对应的块，然后将它拖动到绘图区，放开按键，即可将所选内容插入到当前图形中，如图 10-4 所示。

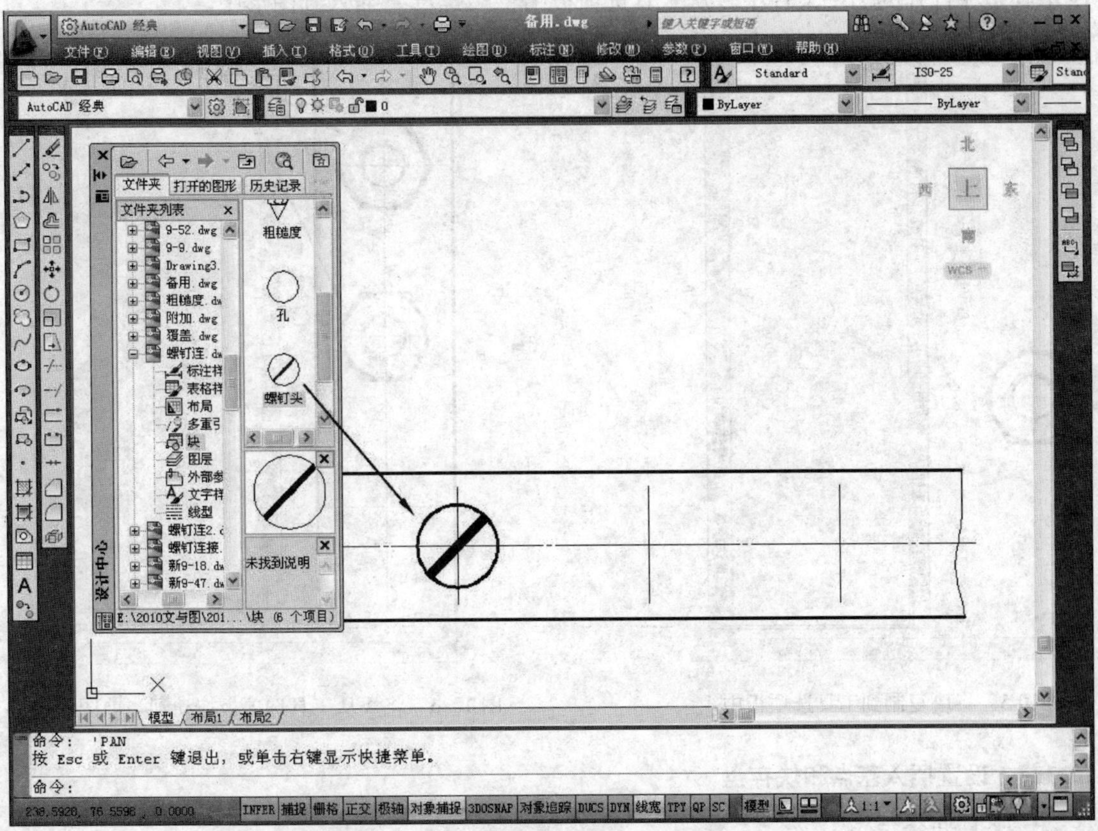

图 10-4　使用设计中心插入块

3. 使用工具选项板插入块　在工具选项板上，将一些常用的块和填充图案集合到一起分类放置，需要的时候只要拖动它们就可插入到图形中，极大地方便了块和填充的使用。同时根据需要还可创建新的工具选项板，以及加入常用的 AutoCAD 命令。

（1）打开工具选项板

1）工具栏　标准→按钮

2）菜单栏　工具→选项板→工具选项板

3）键入命令　TOOLPALETTES↓

执行上述命令后，系统弹出“工具选项板”窗口，这里面已经定义好了很多按专业分类的块，直接拖动就可以将块插入到当前图形中。

（2）接下来在当前文件中，尝试将之前定义好的“螺母”块添加到工具选项板中去，然后在打开的另一文件中从工具选项板将之插入到图形中。

将块添加到工具选项板的方法有如下几种：

1）使用设计中心将块拖动到工具选项板。

2）使用设计中心右键快捷菜单直接创建工具选项板。

3）将块复制到剪贴板中，然后粘贴到工具选项板。

如图 10-5 所示，将定义好的“螺母”块，通过复制然后粘贴到工具选项板上。图 10-6 所示则是在打开的另一文件中，从工具选项板中将“螺母”插入到图形中。

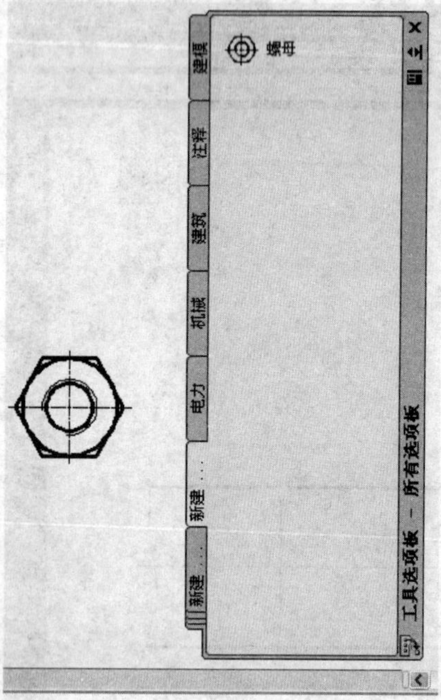

图 10-5　将块复制到工具选项板中

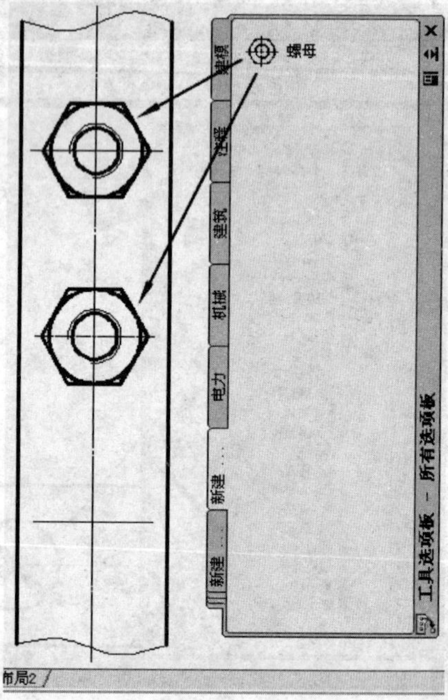

图 10-6　将块从工具选项板拖动到当前图形中

10.1.3　设置插入基点和块存盘

1. 设置插入基点

（1）功能　设置当前图形文件的插入基点。

（2）命令格式

1）菜单栏　绘图→块→基点

2）键入命令　BASE↓

执行上述命令后，命令行提示：

输入基点<当前值>：（指定点或回车）

在插入没有用“块定义”方式生成的图形文件时，系统默认将该图形的坐标原点作为插入基点进行比例缩放、旋转等操作。而使用该命令可以对图形文件指定新的插入基点。

2. 块存盘　用 BLOCK 命令定义的块保存在其所属的图形当中，只能在该图中插入。但是有些块在许多图中经常用到，这时可以用 WBLOCK 命令将由当前图形中定义的块，或选择的对象甚至全部的当前图形保存成一个新的图形文件，并可在任意图形文件中插入。

用 WBLOCK 命令存储的文件，其扩展名也是“. dwg”，这与 SAVE 命令存储的文件格式相同。但两个命令的不同之处是：WBLOCK 命令只存储图形中已用到的信息，例如，一个图形建立了 6 个图层，而只用到了 3 个图层，没有用到的 3 个图层将不被保存；而 SAVE 命令则存储图形中所有信息，不管其是否用到。所以同一个图形，用 WBLOCK 命令存储比用 SAVE 命令存储文件容量要小。

（1）功能　将对象或块以文件的形式保存，以供其他图形调用。

（2）命令格式　键入命令：WBLOCK ↓（或 W）

执行该命令后，系统弹出“写块”对话框，如图 10-7 所示。

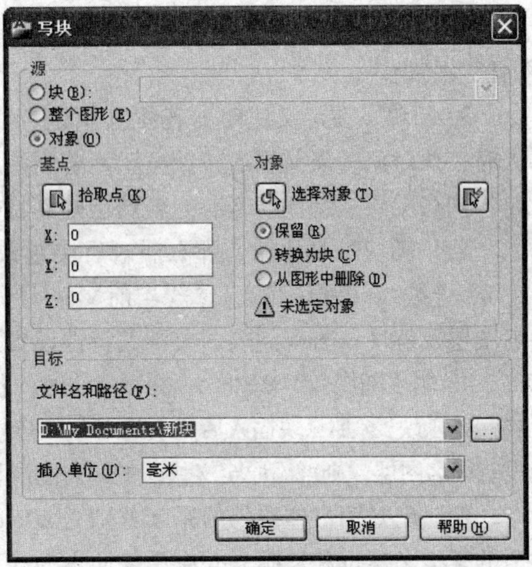

图 10-7　“写块”对话框

（3）对话框说明

1）“源”区　指定块或对象及插入点，以保存为文件。

① 块　指定要保存为文件的现有块。从列表中选择名称。

② 整个图形　选择当前图形作为一个块。

③ 对象　把从当前图形中选择的对象作为块进行存储。

④ 基点　指定块的基点。默认值是（0，0，0）。

- “拾取点”按钮　单击该按钮，暂时关闭对话框以使用户能在当前图形中拾取插入基点。
- 在 X、Y、Z 三个文本框中键入基点的坐标值。

⑤ 对象　用于选择构成块的对象，以及创建块之后如何处理这些对象，是保留还是删除选定的对象或者是将它们转换成块实例。

- “选择对象”按钮　临时关闭该对话框以便可以选择一个或多个对象以保存至文件。
- “快速选择”按钮　打开“快速选择”对话框，从中可以过滤选择集。
- 保留　将选定对象保存为文件后，在当前图形中仍保留它们。
- 转换为块　将选定对象保存为文件后，在当前图形中将它们转换为块。块指定为“文件名”中的名称。
- 从图形中删除　将选定对象保存为文件后，从当前图形中删除它们。
- 选定的对象　指示选定对象的数目。

2）“目标”区　指定文件的新名称和新位置以及插入块时所用的测量单位。

① 文件名和路径　指定文件名和保存块或对象的路径。

② 插入单位　指定从“设计中心”拖动新文件或将其作为块插入到使用不同单位的图形中时用于自动缩放的单位值。如果希望插入时不自动缩放图形，请选择“无单位”。

10.1.4　块插入时对象特性的变化

尽管图块总是创建在当前图层上，但块定义中保存了图块中各个对象的原图层、颜色和线型等特性信息。为了控制插入块对象的特性，在定义块和插入块时有以下几种情况：

1. 0层　对处在0层上的对象，在定义块时，若将其颜色、线型和线宽特性设置为“随层”，那么在块插入后，其对象的颜色、线型和线宽将随当前层的特性显示。

2. 随层　对非0层上的对象，在定义块时，若将其颜色、线型和线宽设置为“随层”，那么在块插入后，若当前文件中有同名图层，则插入后块的对象随当前文件中同名图层所定义的特性显示；若没有同名图层，则插入后块的对象随定义块时的图层特性显示，并增添其图层及特性。

3. 随块　在定义块时，若将其颜色、线型和线宽设置为“随块”，那么当“随层”插入时，块对象随当前层的特性显示。若当前文件中没有同名图层，块插入后则增添原定义块时的同名图层及特性；若有同名图层则其特性设置不变。

若“随块”插入时，那么插入后块对象将随块显示，即图形对象仍为白色（屏幕为黑色）、连续线（默认线宽）。若当前文件中没有同名图层，块插入后则增添原定义块时的同名图层及特性。若有同名图层则其特性设置不变。

4. 非“随层”、“随块”　在定义块时，若将对象的颜色、线型和线宽单独设置，即非“随层”、“随块”，那么块插入后，块的对象一律按原指定的颜色、线型和线宽显示，若当前文件中没有同名图层，则增添原定义块时的同名图层及特性；若有同名图层则其特性设置不变。

例　已知两被连接件的厚度分别为20mm、28mm，被连接件上的孔径为18mm，选用合适的螺栓、螺母和垫圈，并应用块插入的知识，画出装配图（用简化画法画出）。

分析　根据螺栓连接的画法，经计算并查阅相关标准，所用标准件的规格为：螺栓M16×70　GB/T 5781—2000，螺母M16　GB/T 6170—2000，垫圈16　GB/T 97.2—2002。

作图步骤如下：

第一步：画出螺栓、螺母和垫圈的图形，如图10-8所示。并利用WBLOCK命令分别创建成块文件，其中“×”表示插入基点，块文件名分别为LS、LM、和DQ。

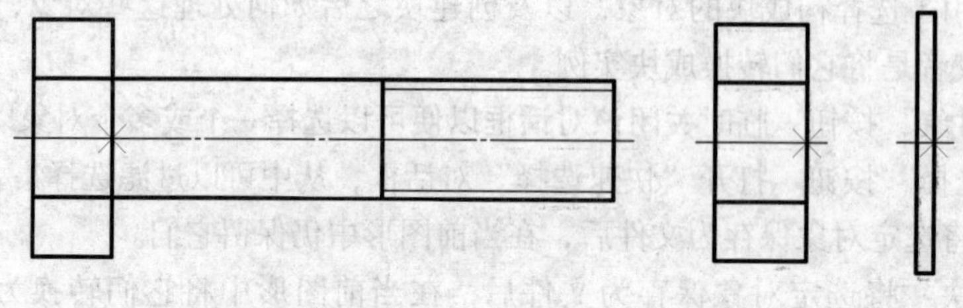

图10-8　块存盘练习

a）螺栓　b）螺母　c）垫圈

第二步：按所给尺寸绘制两被连接件的零件图，并另存为文件“LSLJ. dwg”，如图10-9a所示。

第三步：应用“插入块”命令分别将 LS、DQ、和 LM 插入到图 10-9a 所示的图形中，经过编辑得到图 10-9b 所示的图形。

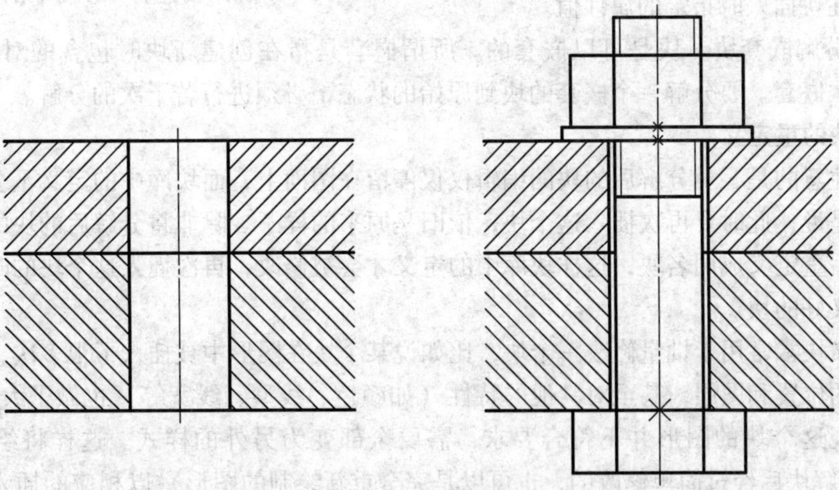

a)　　　　b)

图 10-9　块插入练习

a）未插入块　b）插入块及编辑后——螺栓连接图

10.2　块的编辑

块在插入到图形之后，表现为一个整体，我们可以对这个整体进行删除、复制、镜像、旋转等操作，但是不能直接对组成块的对象进行操作，也就是说不能直接修改块在库中的定义（可以用 PURGE 命令，清理掉没有用的图块）。AutoCAD 提供了对块的定义进行修改的方法，分别是块的分解、块的重定义、块的在位编辑和块编辑器。

10.2.1　块的分解

分解图块可使其变成定义前的各自状态。在 AutoCAD 中，利用分解命令可以分解图块、填充图案、标注等对象。

该命令的激活方法如下：

（1）工具栏　修改→  按钮

（2）菜单栏　修改→分解

（3）键入命令　EXPLODE↓

执行上述命令后，在命令行提示下选择需要分解的块，选择完毕回车，块就被分解。

应注意两点：

（1）分解特殊的块对象　特殊的块对象包括带有宽度的多段线和带有属性的块两种类型。带有宽度特性的多段线被分解后，将转换为宽度为 0 的线，并且分解后相应的信息也将丢失，如图 10-10 所示。

当块定义中包含属性定义时，属性（如名称和数据）作为一种特殊的文本对象也被一同插入。此时包含属性的块被分解时，块中的属性将转换为原来的属性定义状态，即在屏幕上显示属性标记，同时丢失了在块插入时指定的属性值。

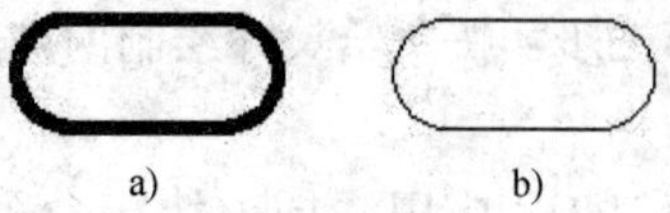

图 10-10　分解带有宽度特性的多段线
a）分解前，线宽为 8　b）分解后，线宽为 0

（2）分解嵌套块　块是可以嵌套的。所谓嵌套是指在创建新块时包含的对象中有块。块可以多次嵌套。要分解一个嵌套的块到原始的状态，必须进行若干次的分解。

10.2.2　块的重定义

需要注意的是，对分解后的块的编辑仅仅停留在图面上，而块库中的定义不会有任何变化，也就是说，此时要再次插入这个块，依旧是原来的样子。除非将分解后的块的原始对象编辑修改后重定义成同名块，这样块库中的定义才会被修改，再次插入这个块的时候，会变成重新定义好的块。

重定义块常常用于批量修改一个块，比如说某个块在图形中被插入了很多次，并且是插入到不同的位置和图层，甚至对其他的特性（如颜色、线型、线宽等）也做了大量的调整，而后来发现这个块的图形并不符合要求，需要全部变为另外的样式。这样将绘制好的块（可以是分解块后经过简单修改的，也可以是完全重新绘制的图形）以相应的插入点重新定义，完成后，图形中全部同名块将被修改为新的样式。

块的重定义实际操作起来很简单，和创建块的过程一样，只是在选择块名的时候可以选择“名称”下拉列表中的已有块。接下来用一个实例来说明如何进行块的重定义操作。

如图 10-11a 所示，已插入三个块（圆），但根据要求应将这三个圆改画为图 10-11b 所示的图形。这时如果使用块的重定义，就可轻而易举地完成这个修改，其过程如下：

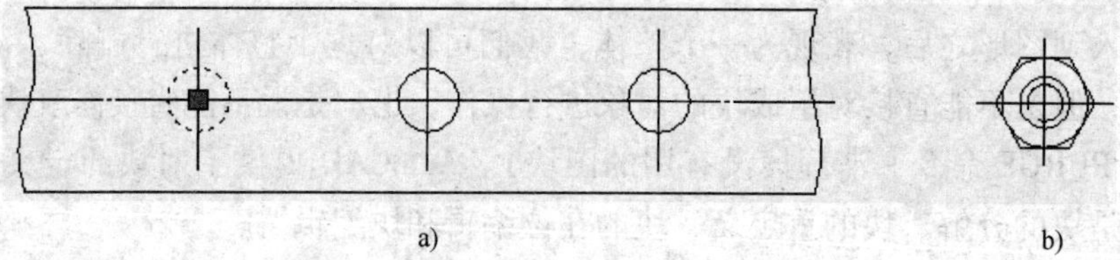

图 10-11　块的重定义过程

（1）确定重定义块的插入点　由于块的重定义是在原来插入点（即基点）的位置将块换掉，所以对应的插入点显得尤为重要。单击选择其中一个块（如图 10-11a 所示左端圆），可以看到这个块的插入点在圆的圆心位置（圆心位置显示出一个蓝色夹点，这个夹点便是块的基点所在），在重定义块的时候，只需要将基点定到新块的中心位置即可。按下 Esc 键取消对这个块的选择。

（2）确定重定义块的块名　重定义块的块名同原块名，以取代原图块。单击“标准”工具栏上的“特性”按钮，在“特性”选项板中找到“名称”栏，可以看到这个圆的块名为“孔”（这个操作可以帮助我们了解重定义块的目标所在），重定义的块名应为“孔”，之后关闭特性窗口。也可双击该圆，在弹出的“编辑块定义”对话框中显示出块名。

（3）重定义块　执行“创建块”命令，此时弹出“块定义”对话框，在“名称”下拉列表框中选择“孔”，单击“基点”选项区的“拾取点”按钮，这时拾取图 10-11b 中的圆心点，之后返回到“块定义”对话框。

单击“对象”选项区的“选择对象”按钮，可用窗口选择模式全部选取图 10-11b 所示图形对象，单击“确定”按钮，此时 AutoCAD 会弹出“块 - 重新定义块”对话框，提示：“‘孔’已定义为块，希望执行什么操作？图形中‘孔’块参照的数量：3”，单击“重新定义块所有块参照都将更新”按钮，完成上述操作。此时会发现，图形中所有的“孔”块由原来的圆更新为螺栓螺母连接的图形，如图 10-12 所示。

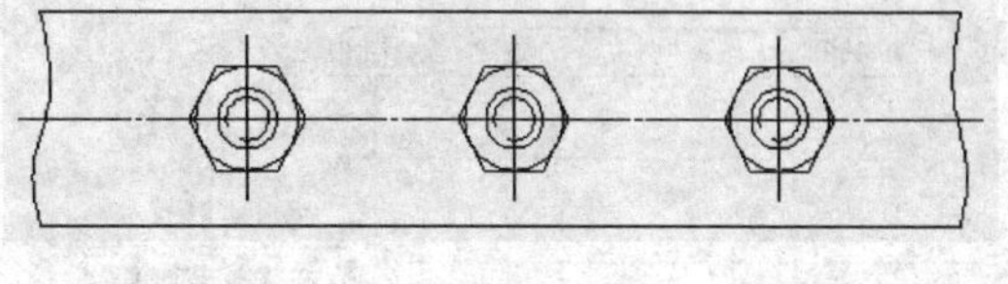

图 10-12　重定义“孔”块后的图形

对于块的重定义，除了需要了解基点的位置外，创建块的原始对象所在的图层也很重要。如果原来的块的原始图线所在层是 0 图层，重定义块的原始图线最好也放到 0 层，这样，如果块插入到了其他图层或者改变了某些特性（颜色、线型、线宽等）时，重定义的块将一样保留这些更改过的特性。

10.2.3　块的在位编辑

所谓在位编辑，就是在原来图形的位置上进行编辑，这是一个非常便捷的工具，不必分解块就可以直接对它进行修改，而且可以不必理会插入点的位置和原始对象所在图层。

在命令行键入 REFEDIT 后，便激活在位编辑命令。

下面通过一例子介绍如何进行块的在位编辑。在设计中，若需要在图 10-11a 中圆的外面再画一同心圆。那么使用块的在位编辑的方法就可以完成这个修改，步骤如下：

1）当键入 REFEDIT 后，命令行提示：

选择参照：

选择将要进行在位编辑的一个块，这时系统弹出“参照编辑”对话框，如图 10-13 所示。这个对话框中显示出要编辑的块的名字“孔”。

2）如果块中有嵌套的块，还会将嵌套的树状结构显示出来，这样可以自由选择是编辑当前的根块还是编辑嵌套进去的子块。确保选择了“孔”，然后单击“确定”按钮，此时 AutoCAD 会进入一个参照和块编辑的状态，除了块定义的图形外，其他图形全部褪色，并除了当前正在编辑的块图形外，看不到其他插入进去的相同的块。同时，绘图区会出现“参照编辑”工具栏，如图 10-14 所示。

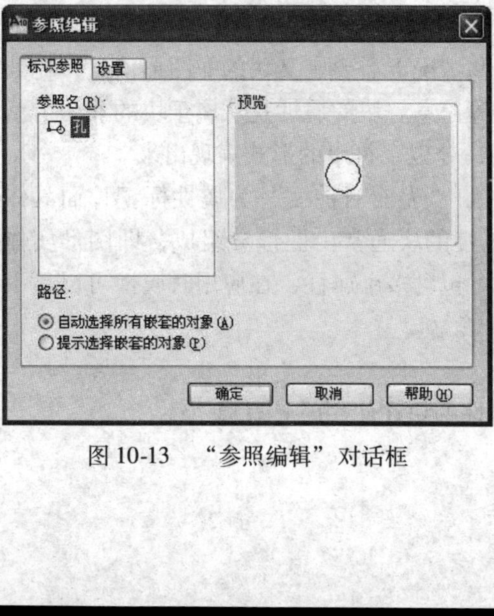

图 10-13　“参照编辑”对话框

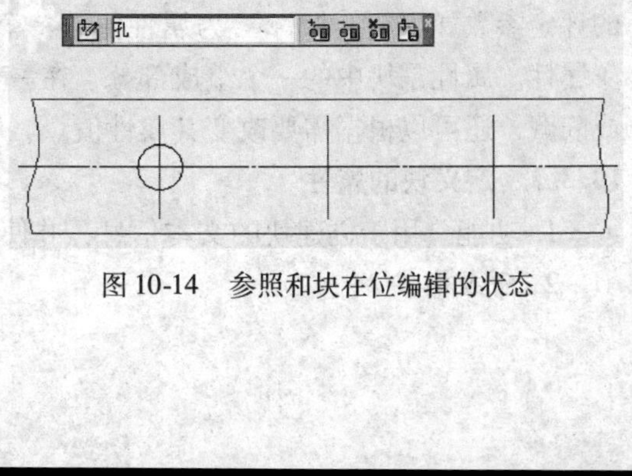

图 10-14　参照和块在位编辑的状态

3）打开画圆命令，以块“孔”的圆心为圆心，绘制一个圆。完成对块定义的修改后，单击“参照编辑”工具栏上的“保存参照编辑”按钮（图 10-15），之后系统弹出“AutoCAD”对话框，并提示：“所有参照编辑都将被保存”，单击“确定”按钮，以保存对块参照的修改。

4）最终效果如图 10-16 所示。

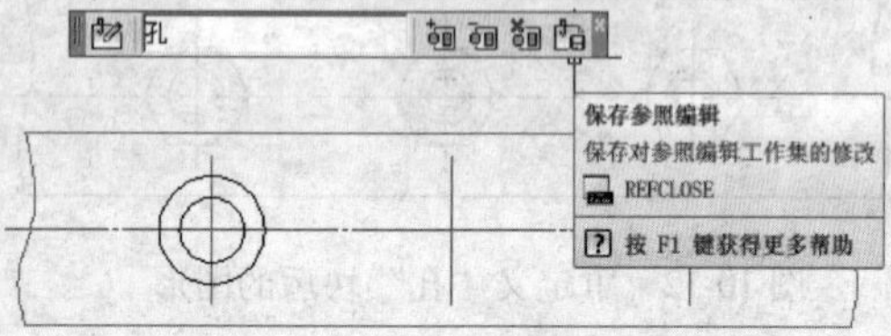

图 10-15　将修改保存到参照

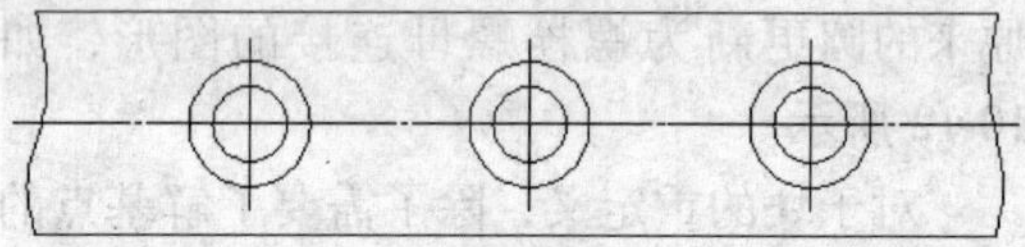

图 10-16　在位编辑“孔”块后的图形

通过上面的例子可以发现，在位编辑块可快速地修改块定义，那么什么时候使用重定义或者在位编辑块呢？一般来说，如果已经绘制好了一个可替代块的图形后，使用重定义块比较方便；如果仅仅是在块上做简单修改而没有一个可替代块的图形时，使用在位编辑更快捷些。

10.2.4　块编辑器

块编辑器的使用方法和块的在位编辑相似，不同的是它将会打开一个专门的编辑器而不是在原来图形的位置上进行编辑。它主要是为了动态块的创建而设计的，是一个功能强大的编辑器，激活该命令的方法如下：

（1）工具栏　标准→按钮

（2）菜单栏　工具→块编辑器

（3）快捷菜单　选择要编辑的块，在绘图区域中单击右键，从弹出的快捷菜单中选择“块编辑器”。

（4）键入命令　BEDIT↓

10.3　块的属性

10.3.1　块的属性简介

一般情况下，定义的块只包含图形信息，而有些情况下需要定义块的非图形信息，比如定义的零件图块需要包含零件的重量、材料、数量等信息。块的属性是从属于块的非图形信息，它是块的一个组成部分，并通过“定义属性”命令以字符串的形式表现出来。

一个属性包括属性标记和属性值两部分内容，如“表面粗糙度”为属性标记，而具体的评定参数如 *Ra* 值“3.2”为属性值。一个具有属性的块通常由两部分组成，即图形实体 + 属性。属性是块中的一个组成部分，在一个块中可包含多个属性，在应用时属性可以显示或隐藏，还可以根据需要改变其属性值。

10.3.2　定义块的属性

1. 功能　用于创建块的文本信息，并使具有属性的块在使用时具有通用性。

2. 命令格式

(1) 菜单栏 绘图→块→定义属性

(2) 键入命令 ATTDEF↓

执行上述命令后，系统弹出“属性定义”对话框，如图 10-17 所示。

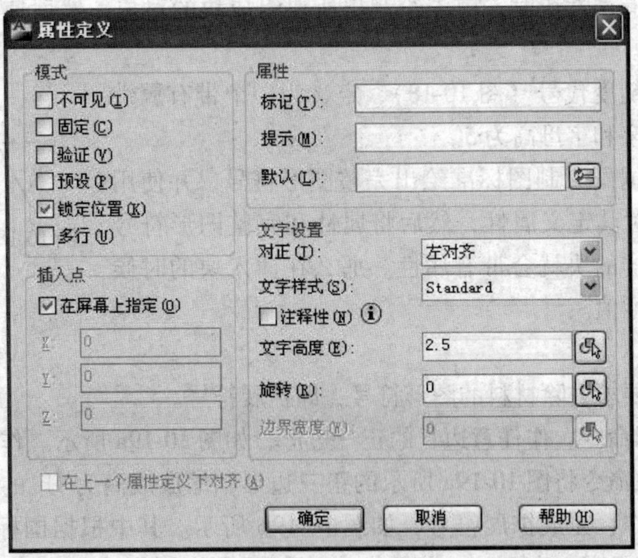

图 10-17 “属性定义”对话框

3. 对话框说明

(1)“模式”区

1)“不可见”复选框 选中该项，表示在插入块后不显示其属性值。

2)“固定”复选框 选中该项，表示块的属性已设为指定值，块在插入块时不再提示属性信息，也不能对其属性值进行修改。

3)“验证”复选框 选中该项，在插入块时，提示验证属性值是否正确。

4)“预设”复选框 选中该项，插入包含预设属性值的块时，将属性设置为默认值。

5)“锁定位置”复选框 锁定块参照中属性的位置。解锁后，属性可以相对于使用夹点编辑的块的其他部分移动，并且可以调整多行属性的大小。

6)“多行”复选框 指定属性值可以包含多行文字。选定此选项后，可以指定属性的边界宽度。

(2)“属性”区

1)“标记”文本框 指定属性的标记，即属性标签。

2)“提示”文本框 指定在插入包含该属性定义的块时显示的提示。

3)“默认”文本框 指定默认属性值。

(3)“插入点”区 用于确定属性值在块中的插入点。可在 X、Y、Z 文本框中输入插入点的坐标值，或选中“在屏幕上指定”复选框，在绘图窗口内指定一个点作为属性值的插入点。

(4)“文字设置”区 用于设置属性文字的对齐方式、文字样式、文字高度、文字的旋转角度等参数。

（5）“在上一个属性定义下对齐”复选框　用于设置当前定义的属性采用上一个属性的字体、字高及旋转角度，且与上一个属性对齐。如果之前没有创建属性定义，则此选项不可用。

在需要定义带有属性块时，应先绘制出所要组成块的对象，然后使用“定义属性”命令来建立块的属性。

例　将表面粗糙度代号（图 10-18），定义为一个带有属性的块文件。其中数字和字母高为 5。

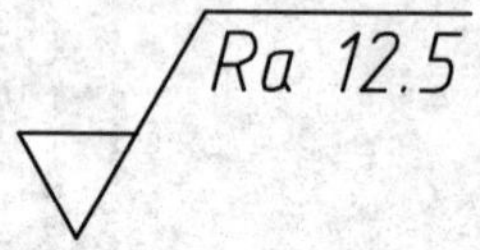

图 10-18　表面粗糙度代号

分析　首先根据国家制图标准绘出完整图形符号，并使用“属性定义”命令对其定义属性，然后将属性和完整图形符号一同创建成块，这样的块就会带有属性。那么在插入块的时候系统会提示输入属性值。

作图步骤如下：

第一步：绘制要求去除材料的图形符号，即扩展符号。

1）用正多边形命令，作任意边长的正三边形，如图 10-19a 所示。作图过程略。

2）用缩放对象命令将图 10-19a 所示的正三边形，缩放成高为 H_1 的正三边形；并经分解、延伸等命令操作，完成扩展符号，如图 10-19b 所示。其中根据国标规定（GB/T 31—2006），当数字和字母高度为 5 时，高度 H_1、H_2（最小值）分别为 7 和 15。

第二步：绘制完整图形符号，即完整符号，如图 10-19c 所示。这里，根据表面粗糙度的评定参数及数值（此例为 *Ra*12. 5），AB 长约取 18。

也可用其他方法作出上述图形符号。

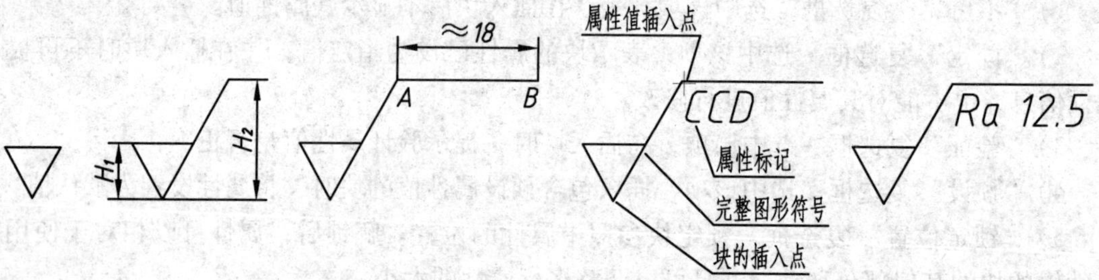

图 10-19　创建带有属性的块——表面粗糙度代号

第三步：定义属性　在“属性定义”对话框中设置有关参数，相关参数如图 10-20 所示，单击“确定”按钮，在绘图窗口指定属性的插入点（可通过夹点调整属性标记的位置），便完成属性定义，如图 10-19d 所示。

第四步：将定义属性后的表面粗糙度代号保存为块文件　用 WBLOCK 命令将表面粗糙度符号和属性（图 10-19d）一同保存为块文件，即将带有属性的表面粗糙度代号保存为块，如图 10-19e 所示。本例块文件名取“K3”。

在绘制机械图样时，通常将表面粗糙度代号及几何公差的基准符号分别定义为带有属性的块。然后利用块插入命令等完成表面粗糙度及几何公差的标注，如图 10-21 所示。

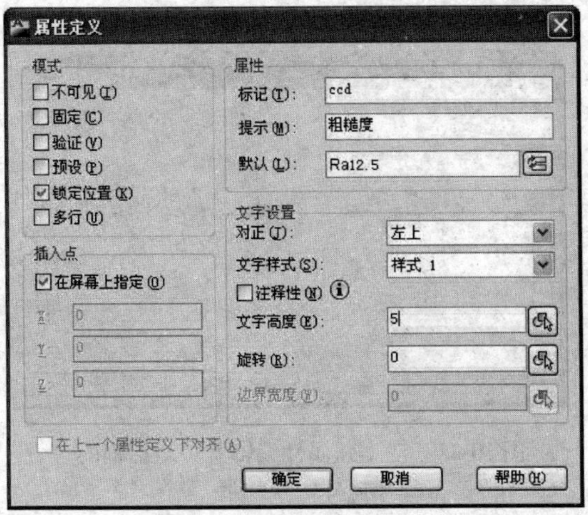

图 10-20 “属性定义”对话框

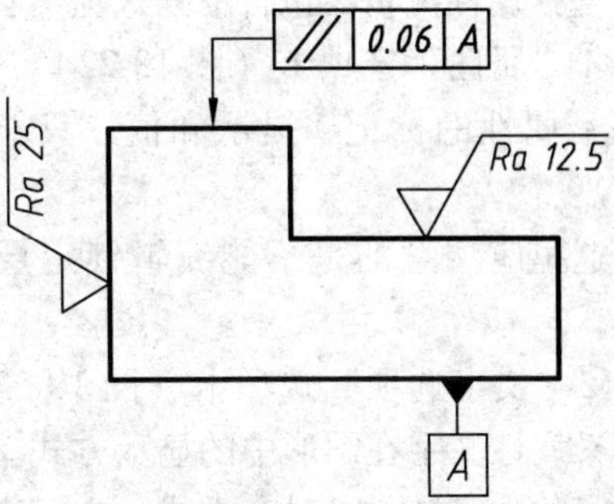

图 10-21 表面粗糙度、几何公差的标注示例

10.3.3 块属性的编辑及管理

1. 块属性显示的控制

(1) 功能　控制图形中块属性的可见性。

(2) 命令格式

1) 菜单栏　视图→显示→属性显示

2) 键入命令　ATTDISP↓

键入上述命令后，命令行提示：

输入属性的可见性设置［普通(N)/开(ON)/关(OFF)］<当前值>:（输入选项）

(3) 选项说明

1) 普通（N）　按属性定义的可见性来显示。

2) 开（ON）　显示所有的属性。

3) 关（OFF）　隐藏所有的属性。

2. 块属性编辑

(1) 功能　用于查看和更改选定的块的属性特性和属性值。

(2) 命令格式

1) 工具栏　修改Ⅱ→ 按钮

2) 菜单栏　修改→对象→属性→单个

3) 键入命令　EATTEDIT↓

执行上述命令后，命令行提示：

选择块:（选择带有属性的块，如取前例的“K3”）

此时，系统弹出“增强属性编辑器”对话框，如图 10-22 所示。

(3) 对话框说明

1) 块　编辑带有属性的块的名称。

2) 标记　标识属性的标记。

3) 选择块　在使用定点设备选择块时临时关闭对话框。

如果修改了块的属性，并且未保存所做的更改就选择一个新块，系统将提示在选择其他块之前先保存更改。

4）应用　更新已更改属性的图形，并保持增强属性编辑器打开。

增强属性编辑器包含下列选项卡：

①“属性”选项卡（图 10-22）　显示块中每个属性的标记、提示和值。只能修改属性值。

这里应注意的是不能编辑锁定层上的属性值。

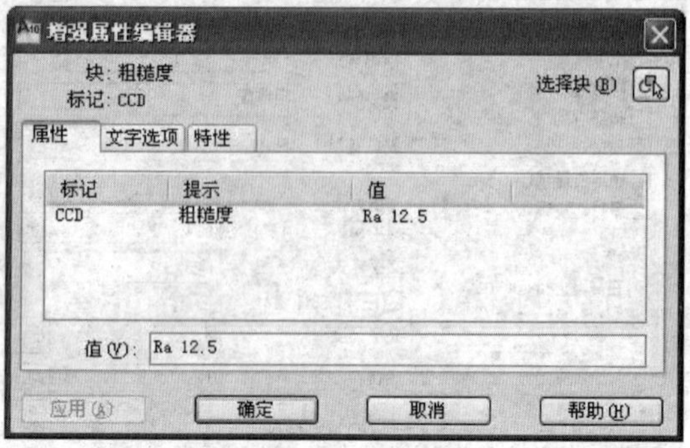

图 10-22　“增强属性编辑器”对话框的“属性”选项卡

②“文字选项”选项卡（图 10-23）　用于定义属性文字在图形中的显示方式。即对属性文字的文字样式、对齐方式、文字高度、旋转角度、文字的宽度比例和文字的倾斜角度等进行设置，其中“反向”和“颠倒”两个选项，分别表示文字行是否反向显示及是否上下颠倒显示等。

③“特性”选项卡（图 10-24）　定义属性所在的图层以及属性文字的线宽、线型和颜色。如果图形使用打印样式，可以使用“特性”选项卡为属性指定打印样式。

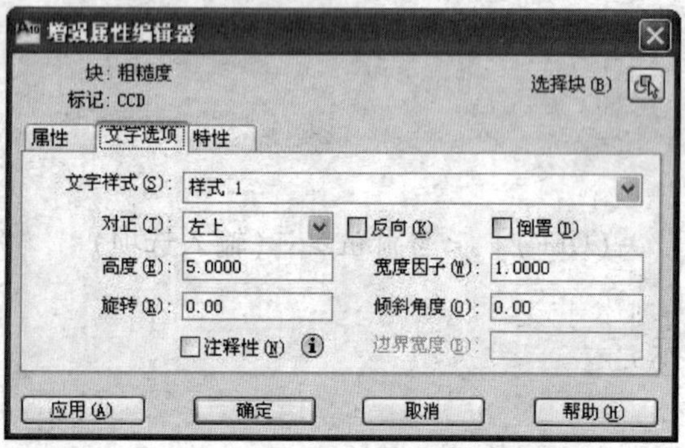

图 10-23　“增强属性编辑器”对话框的“文字选项”选项卡

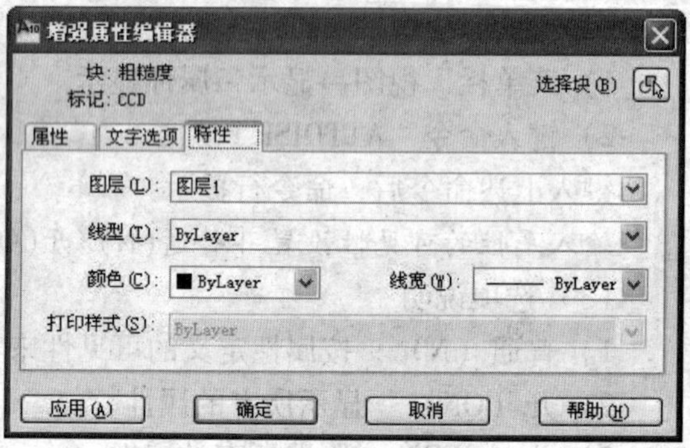

图 10-24　“增强属性编辑器”对话框的“特性”选项卡

10.4　AutoCAD 设计中心

AutoCAD 2011 设计中心是一个集管理、查看和重复利用图形的多功能高效工具。它的功能是共享 AutoCAD 图形中的设计资源，这些内容包括图层、图块、文字样式、标注样式、线型、布局、外部参照和光栅图像等。它不仅可以调用本机上的图形，还可以调用局域网上其他计算机上的图形。联机设计中心还可以将互联网上的设计资源拖到当前图形中。可以说，设计中心是协同设计过程的一个共享资源库。

10.4.1　启动 AutoCAD 设计中心

1. 功能　启动 AutoCAD 设计中心以管理图形。

2. 命令格式

（1）工具栏　标准→▦按钮

（2）菜单栏　工具→选项板→设计中心

（3）键入命令　ADCENTER↓

执行上述命令后，系统打开设计中心窗口，如图 10-25 所示。

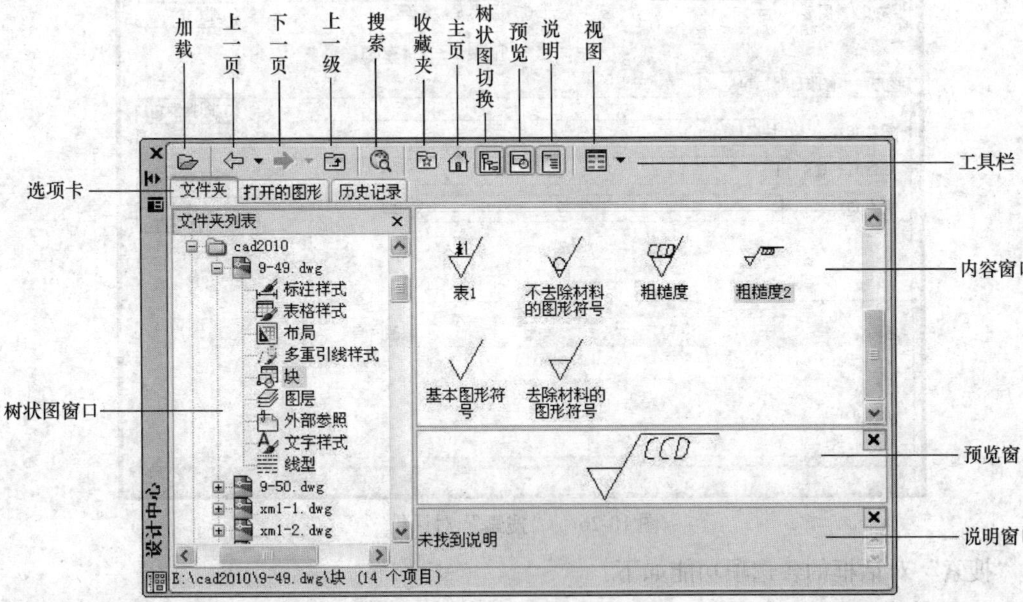

图 10-25　“设计中心”窗口

3. AutoCAD 设计中心窗口组成

（1）工具栏　工具栏位于窗口上边，如图 10-25 所示。其中，“预览”按钮用于显示或隐藏“预览窗口”，“说明”按钮用于显示或隐藏“说明窗口”，“搜索”按钮用于搜索计算机或网络中的图形文件、填充图案和块等信息。其他工具类似于资源管理器或者 IE 浏览器中的功能，在此不做赘述。

（2）选项卡　包含“文件夹”、“打开的图形”、“历史记录”、“联机设计中心”四个选项卡。

1）文件夹　用于显示出文件夹列表，如图 10-25 所示。

2）打开的图形　以树状形式显示当前打开图形的相关内容。

3）历史记录　用于显示最近浏览过的 AutoCAD 图形的路径。

4）联机设计中心　用于显示对应的在线帮助。

（3）树状图窗口　用于显示系统内的所有资源，包括磁盘及所有文件夹、文件以及层次关系。树状视图窗口的操作与 Windows 资源管理器方法类似。

（4）内容窗口　当在树状视图窗口中选中某一项时，AutoCAD 会在内容窗口中显示所选项的内容。根据在树状视图窗口中选项的不同，在内容窗口中显示的内容可以是图形文件、文件夹、图形文件中的命名对象（如块、图层、标注样式、文字样式等）、填充图案、Web 等。

（5）预览窗口　当选定的内容项目是一个图形、块或图像时，预览窗口将显示出对应的光栅图像，如图 10-25 所示，否则窗口内呈现灰色。

10.4.2　使用 AutoCAD 设计中心

1. 查找图形文件　该功能可以查找所需要的图形内容。

单击“设计中心”工具栏的“搜索”按钮，便打开“搜索”对话框，如图 10-26 所示。

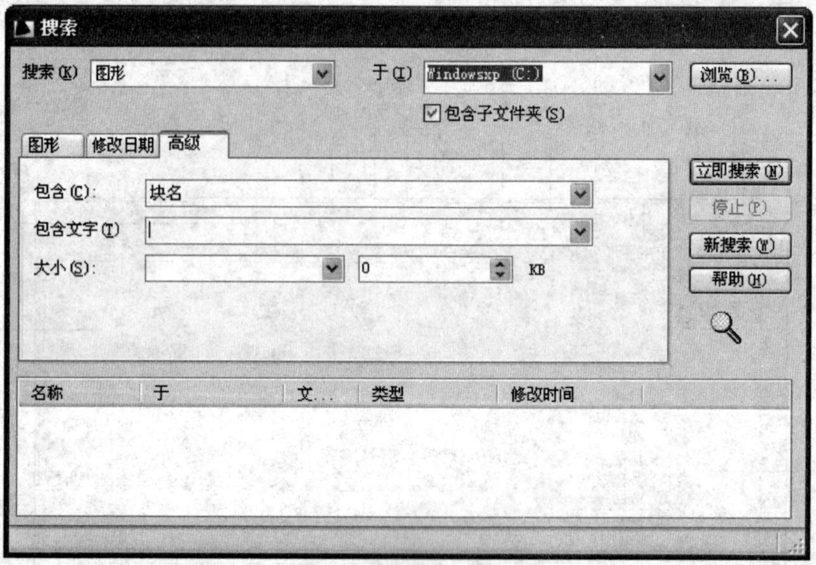

图 10-26 “搜索”对话框

“搜索”对话框的各选项功能如下：

（1）“搜索”下拉列表框　用于确定查找对象的类型。可以通过下拉列表在样式、布局、块、填充图案、填充图案文件、图层、图形、图形和块、外部参照、文字样式、线型等类型中选择。

（2）“于”下拉列表框　用于确定搜索路径。也可以单击“预览”按钮来选择路径。

（3）“包含子文件夹”复选框　用于确定搜索时是否包含子文件夹。

（4）立即搜索　用于启动搜索。搜索到符合条件要求的文件后，将在下方显示结果。

（5）停止　用于停止查找。

（6）新搜索　用于重新搜索。

（7）“图形”选项卡　用于设置搜索图形的文字和位于的字段（文字名、标题、主题、作者、关键字）。

（8）“修改日期”选项卡　用于设置查找的时间条件。

（9）“高级”选项卡　用于设置是否包含块、图形说明、属性标记、属性值等，并可以设置图形的大小范围。

2. 打开图形文件夹

（1）用快捷菜单打开图形　在设计中心的内容窗口中，用鼠标右键单击所选图形文件的图标，打开快捷菜单，在快捷菜单中选择“在应用程序窗口中打开”选项，如图 10-27 所示，可将所选图形文件打开并设置为当前图形。

（2）用拖动方式打开图形　在设计中心内容窗口中，单击需要打开的图形文件的图标，并按住左键将其拖动到 AutoCAD 主窗口中的除绘图区以外的任何地方（如工具栏区或命令区），松开鼠标左键后，AutoCAD 即打开该图形文件并设置为当前图形。

如果将图形文件拖动到 AutoCAD 绘图区中，则将该文件作为一个图块插入到当前的图形文件中，而不是打开该图形。

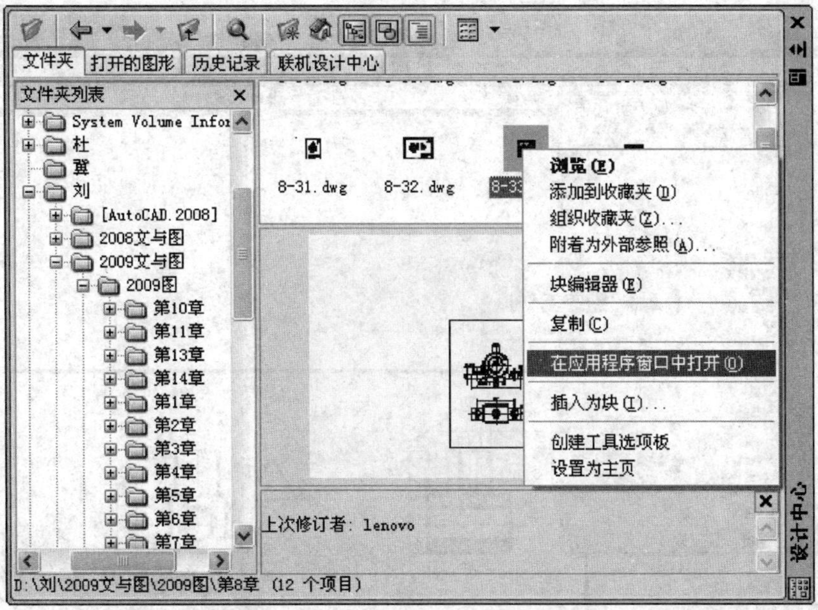

图 10-27　用快捷菜单打开图形示例

3. 在当前图形中添加内容　利用设计中心可以方便地将某一图形中的图层、线型、文字样式、尺寸样式、表格样式、块和外部参照等，通过鼠标拖动的方式添加到当前图形中，如图 10-28 所示；也可以使用复制粘贴的方法添加到当前图形中，如图 10-29 所示。

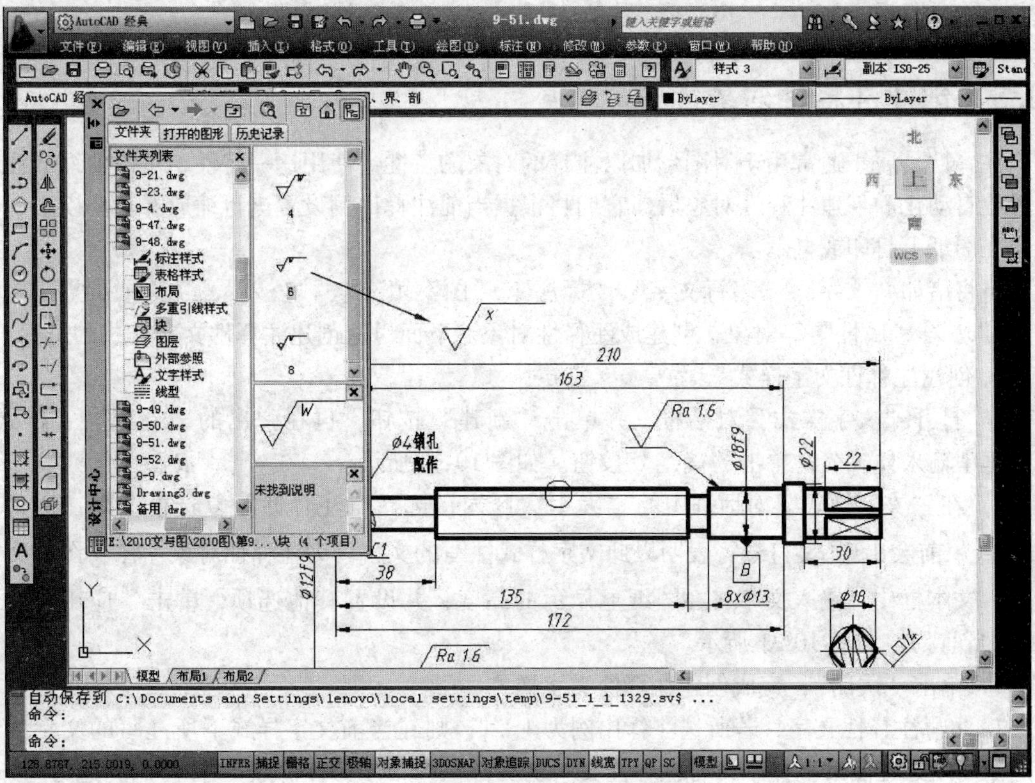

图 10-28　用鼠标拖动的方式添加块

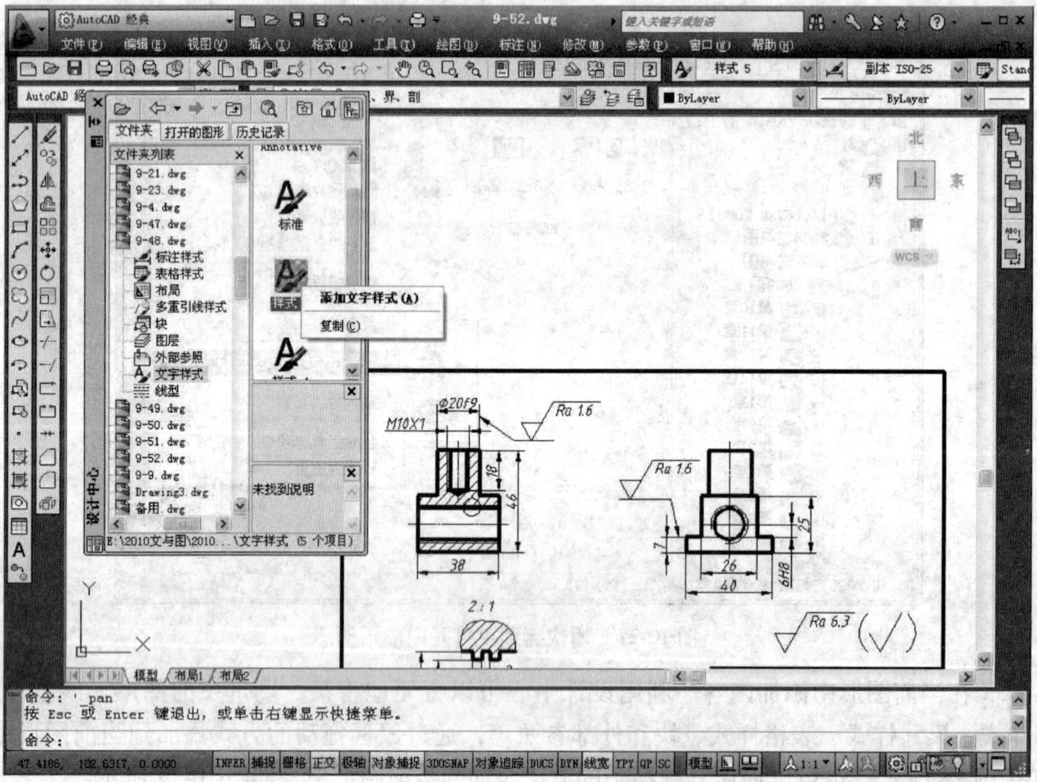

图 10-29　用复制粘贴的方法添加文字样式

10.5　创建注释性对象简介

注释性是属于通常用于对图形加以注释的对象的特性。使用这一特性，可以使缩放注释的过程自动化。创建注释性对象后，它们将根据当前注释比例设置进行缩放并自动以正确的大小在图纸上打印或显示。

可将诸如“文字”、“多行文字”、“标注”、“图案填充”、“公差”、“多重引线”、“引线”、“块”、“属性”等对象，创建成注释性对象。下面讨论创建注释性文字样式的过程。

1. 创建注释性文字样式

1）打开“文字样式”对话框，并单击“新建”按钮，再在弹出的“新建文字样式”对话框中输入样式名，单击“确定”按钮。如图 10-30 所示。

2）在“文字样式”对话框中的“大小”区内，选择“注释性”复选框，则在样式名“样式 1”前会出现 ▲ 符号，表明以此文字样式注写的文字均为注释性对象。在“图纸文字高度”文本框中，输入文字将在图纸上显示的高度，并设置其他选项，单击“应用”（或“置为当前”）。如图 10-31 所示。

3）单击“关闭”，完成创建注释性文字样式。

2. 注写注释性文字　若所选注释比例为 1∶1，则在当前文字样式下所注写的文字将以设定的高度 5 在图纸上显示；若注释性文字也支持 1∶2 的比例，则把注释性比例选为 1∶2，所注写的文字将自动扩大一倍，即高度变为 10，如图 10-32 所示。其他比例依此类推。

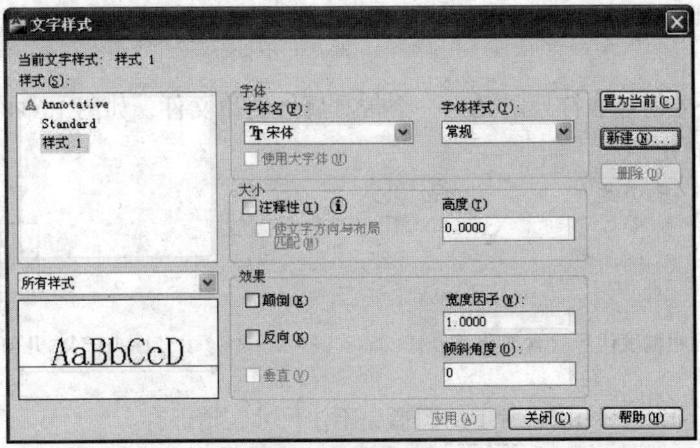

图 10-30　“文字样式”对话框

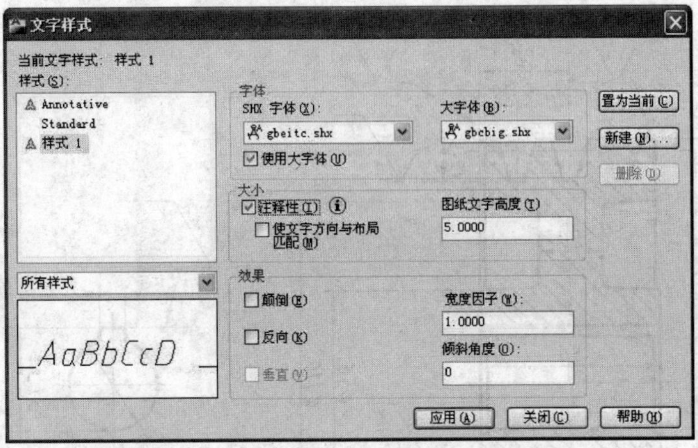

图 10-31　选择“注释性”指定图纸文字高度、字体

a)　　　　　　　　　　b)

图 10-32　不同注释比例的文字在图纸上的显示效果

思考与练习题十

1. 块与图形文件有什么关系？
2. 块与图层、颜色、线型、线宽有什么关系？
3. “块定义”命令与“写块”命令有什么区别？
4. 什么是属性？为什么要使用属性？属性与块有什么关系？
5. AutoCAD 设计中心有哪些功能？

6. 分别将图 10-33 中的表面粗糙度代号（含简化符号）定义成带有属性的块（数字和字母高度自定）。

7. 将几何公差的基准符号定义为一个带有属性的块文件，如图 10-34 所示（用作基准的字母高为 h，自定）。

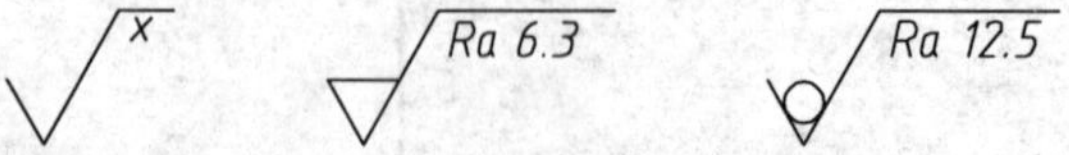

a) b) c)

图 10-33　表面粗糙度代号（含简化符号）

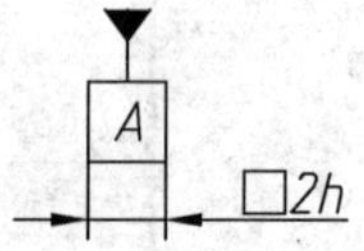

图 10-34　几何公差的基准符号

8. 绘制图 10-35 ~ 图 10-37 所示的图形，不注尺寸，请保存。

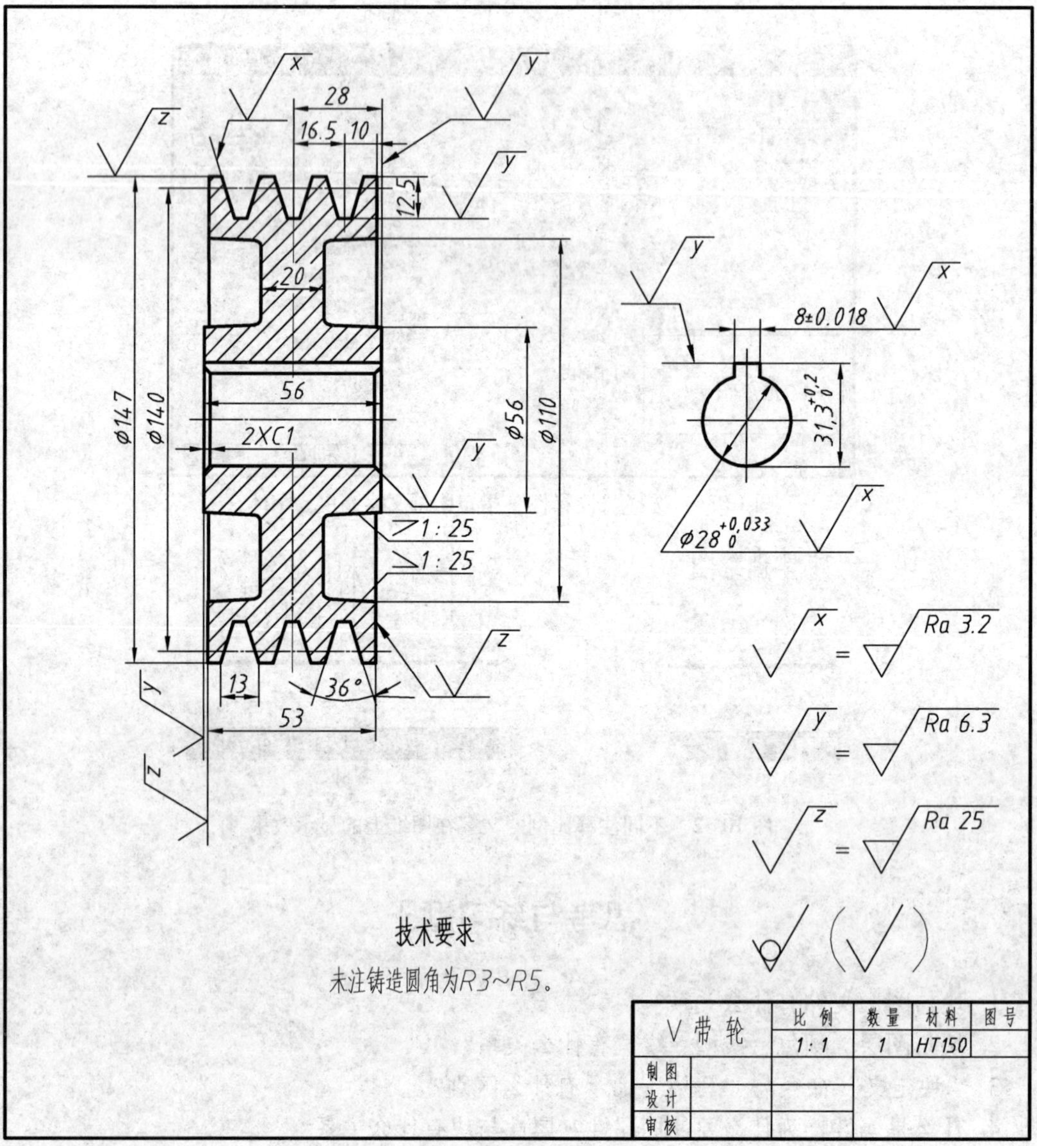

图 10-35　V 带轮

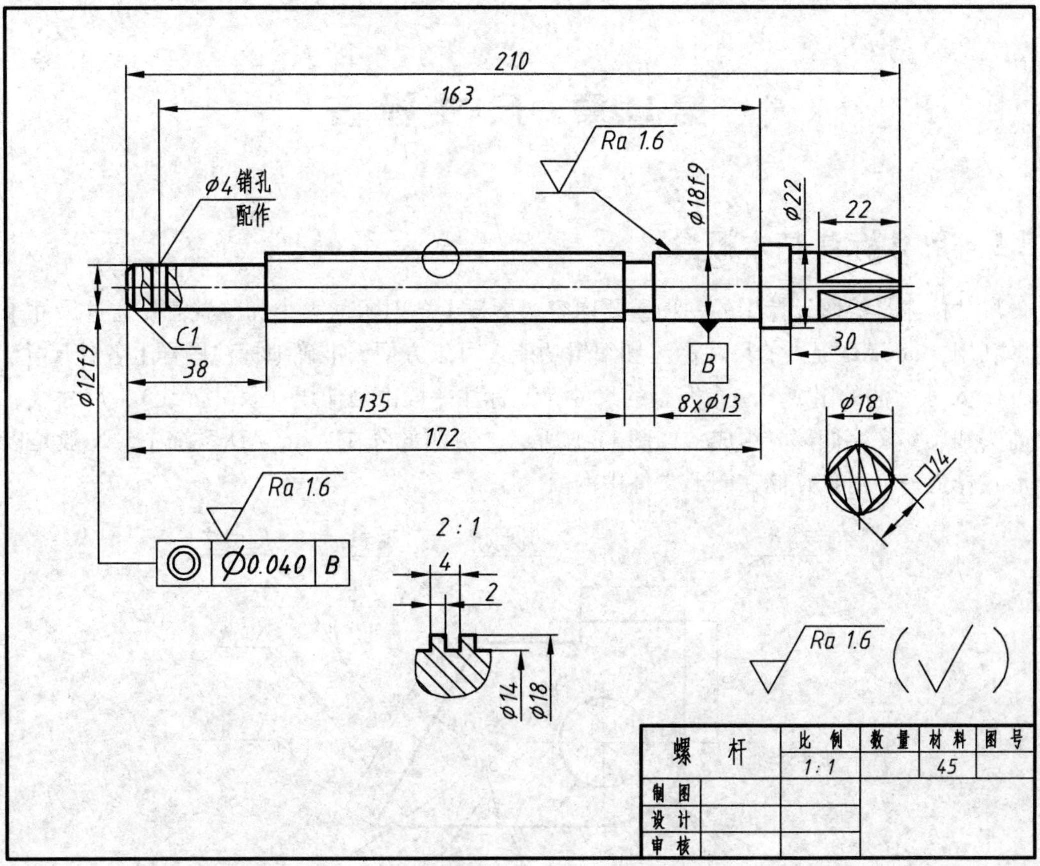

图 10-36 螺杆

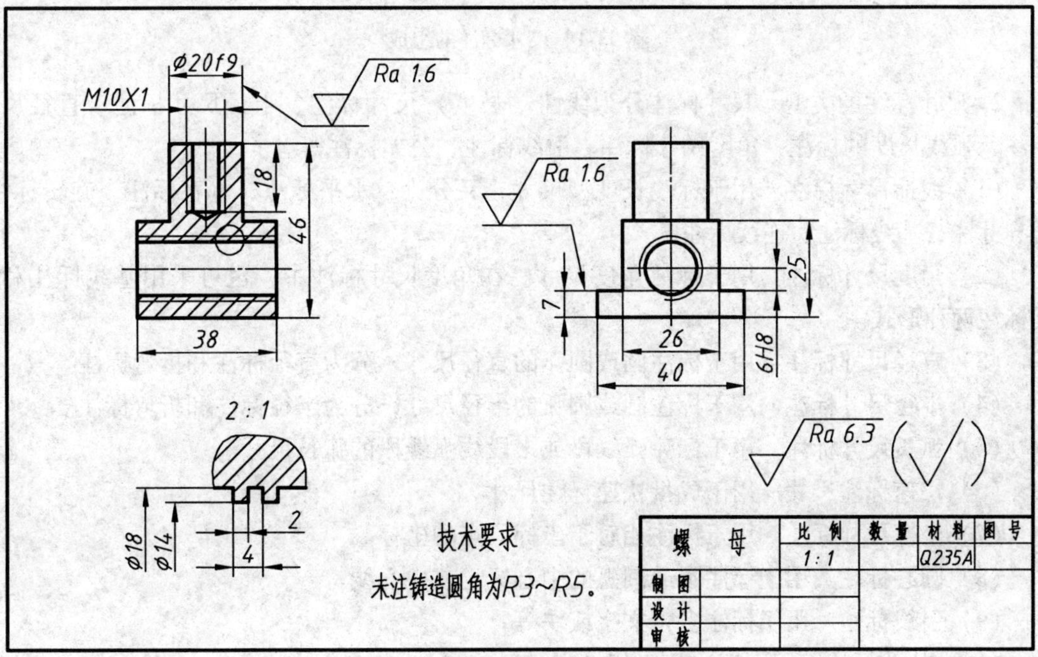

图 10-37 螺母

第11章 尺寸标注

11.1 尺寸标注基本概念

尺寸标注是绘图设计中的一项重要内容。图样上各对象的大小和位置需要通过尺寸来表达。利用AutoCAD提供的尺寸标注和编辑功能，可以方便、准确地标注图样上各种尺寸。

1. 尺寸标注的组成　一个完整的尺寸，其标注一般由延伸线（尺寸界线）、尺寸线、尺寸箭头和尺寸文字四部分组成，如图11-1所示。这四部分在AutoCAD系统中，一般是以块的形式作为一个对象存储在图形文件中的。

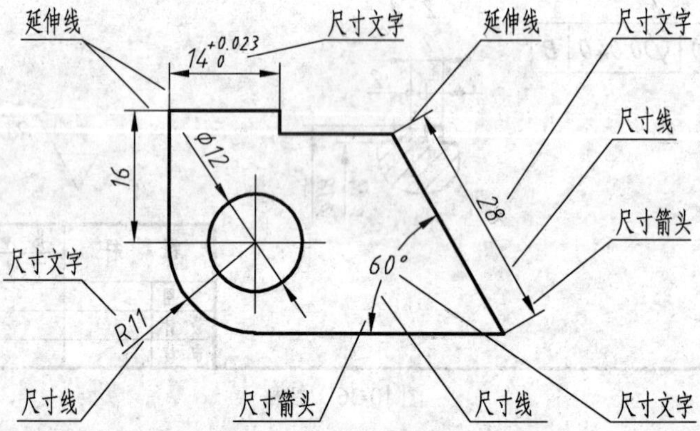

图11-1　尺寸标注的组成

2. 尺寸标注的类型　尺寸标注分为线性（长度）尺寸标注、半径尺寸标注、直径尺寸标注、弧线长度的标注、角度尺寸标注、引线标注、公差标注等。

（1）线性尺寸标注　用于标注长度型尺寸，又分为：水平标注、垂直标注、旋转标注、对齐标注、基线标注、连续标注。

（2）角度尺寸标注　用于标注角度尺寸。在角度尺寸标注中，也可采用基线标注和连续标注两种形式。

（3）直径尺寸标注　用于标注圆或圆弧的直径尺寸，分为直径标注和折弯标注。

（4）半径尺寸标注　用于标注圆或圆弧的半径尺寸，分为半径标注和折弯标注。

（5）弧长尺寸标注　用于标注弧线段或多段线弧线段的弧长尺寸。

（6）快速标注尺寸　用于成批快速标注尺寸。

（7）坐标尺寸标注　用于标注相对于坐标原点的坐标。

（8）圆心标注　用于标注圆或圆弧的中心标记或中心线。

（9）引线标注　用于标注多行文字或块等。

（10）公差标注　用于标注几何公差。

常见尺寸标注的类型，如图11-2所示。

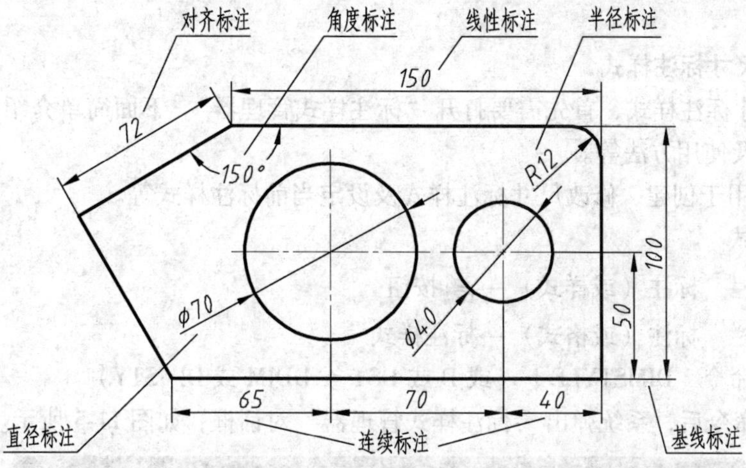

图 11-2　常见尺寸标注的类型

3. 尺寸标注命令的调用方法　在标注尺寸时，可用下列方法调用尺寸标注命令：

（1）键盘输入　在命令行“命令:”的提示下，直接键入相应命令便可进行尺寸标注。

（2）使用“标注”下拉菜单　在其下拉菜单中，选用相应选项便可进行尺寸标注，“标注”下拉菜单如图 11-3 所示。

（3）使用“标注”工具栏　在其工具栏内，单击相应图标按钮便可进行尺寸标注，“标注”工具栏如图 11-4 所示。

4. 尺寸标注的一般步骤　图样中的尺寸标注一般可按下面的步骤进行：

1）建立尺寸标注样式。

2）选择尺寸标注的类型。

3）选择标注的对象。

4）指定尺寸线的位置。

5）标注文字。

图 11-3　“标注”下拉菜单

图 11-4　“标注”工具栏

11.2　尺寸标注样式

尺寸样式是一组尺寸参数设置的集合，用以控制尺寸标注中各组成部分的格式和外观。在标注尺寸之前，一般应首先根据国家标准的要求设置尺寸样式。用户可以根据需要，利用“标注样式管理器”设置多个尺寸样式，以便于标注尺寸时灵活应用这些设置，并确保尺寸标注的标准化。

11.2.1 创建尺寸标注样式

要创建尺寸标注样式，首先需要打开“标注样式管理器”。下面简单介绍“标注样式管理器”的功能及使用方法等。

1. 功能　用于创建、修改尺寸标注样式及设定当前标注样式等。

2. 命令格式

（1）工具栏　标注（或样式）→按钮

（2）菜单栏　标注（或格式）→标注样式

（3）键入命令　DIMSTYLE↓（或 D 或 DST 或 DDIM 或 DIMSTY）

执行上述命令后，系统弹出“标注样式管理器”对话框，如图 11-5 所示。

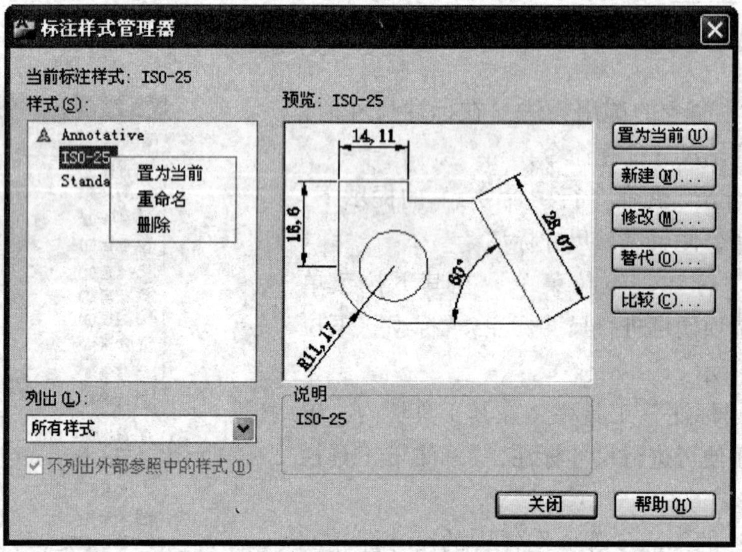

图 11-5　“标注样式管理器”对话框

3. 对话框说明

（1）当前标注样式　显示当前标注样式的名称。

（2）“样式”列表框　列出图形中的标注样式，显示当前样式名及其预览图。在该列表中右键单击标注样式名称可显示快捷菜单，用于设置当前标注样式、重命名样式和删除样式。不能删除当前样式或当前图形使用的样式。默认的公制尺寸样式为 ISO—25，英制尺寸样式为 Standard，Annotative 为注释性尺寸样式。

（3）“列出”下拉列表框　用于控制在“样式”列表框中所显示的尺寸标注样式，可在“所有样式”与“正在使用的样式”之间选择。

（4）“不列出外部参照中的样式”复选框　用于确定是否在“样式”列表框中显示外部参照图形的尺寸标注样式。

（5）“预览”框　显示当前尺寸标注样式的图形标注效果。

（6）“说明”显示框　用于对当前使用的尺寸标注样式的说明。

（7）“置为当前”按钮　将在“样式”下选定的某一标注样式设置为当前标注样式。

(8)“新建”按钮 单击该按钮，弹出“创建新标注样式”对话框（图 11-6），以指定新标注样式的名称，及新标注样式将基于的现有标注样式等。

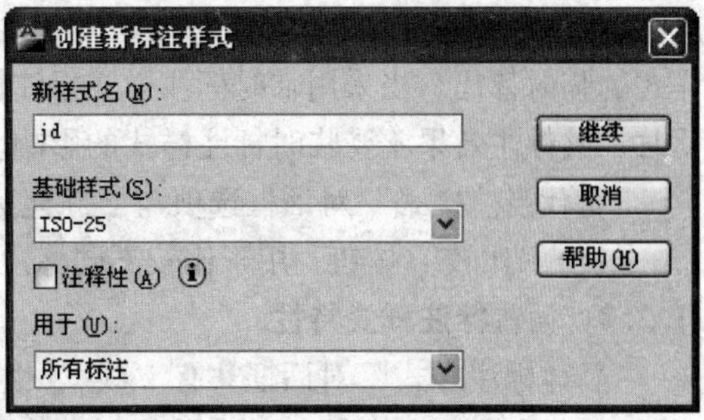

图 11-6 “创建新标注样式”对话框

“创建新标注样式”对话框说明：

1）“新样式名”文本框 指定新的标注样式名。

2）“基础样式”下拉列表框 选取创建新样式所基于的标注样式。新的样式是在这个样式的基础上修改一些特性得到的。

3）“注释性”复选框 指定样式为注释性标注样式。

4）“用于”下拉列表框 用于指定新建尺寸标注样式的适用范围。可在“所有标注”、“线性标注”、“角度标注”、“直径标注”等中选择一项。

5）“继续”按钮 当完成“创建新标注样式”对话框的设置后，单击该按钮，系统便弹出“新建标注样式”对话框（图 11-7）。从中可以定义新的标注样式特性。

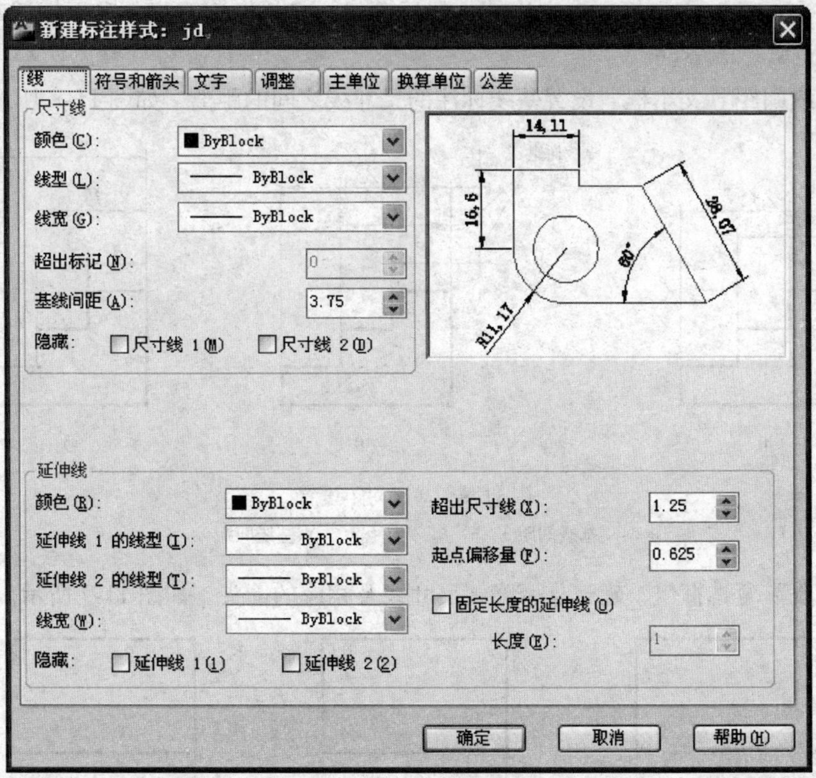

图 11-7 “新建标注样式”对话框的“线”选项卡

(9)“修改”按钮 单击该按钮，弹出“修改标注样式”对话框，从中可以修改标注样式。它对已标注的尺寸也起同样的作用。

“修改标注样式”对话框选项与“新建标注样式”对话框中的选项相同。

（10）“替代”按钮　单击该按钮，弹出“替代当前样式”对话框，从中可以设置标注样式的临时替代。当采用临时标注样式标注尺寸后，再继续采用原来的标注样式标注其他尺寸时，其标注效果不受临时标注样式的影响。

“替代当前样式”对话框选项与“新建标注样式”对话框中的选项相同。

（11）“比较”按钮　用于比较不同标注样式中的尺寸变量，并用列表的形式显示出来。

11.2.2　设置标注样式特性

“新建标注样式”对话框共有“线”、“符号和箭头”、“文字”、“调整”、“主单位”、“换算单位”和“公差”7个选项卡，如图11-7所示，可分别对创建的标注样式设置特性。

1.“线”选项卡（图11-7）　用于设置尺寸线、延伸线的形式和特性等。

（1）“尺寸线”区　用于设置尺寸线的特性。

1）“颜色”下拉列表框　用于设置尺寸线的颜色。可从下拉列表中选择颜色，如果选取“选择颜色…”选项，系统打开“选择颜色”对话框供用户选择其他颜色。

2）“线型”下拉列表框　用于设置尺寸线的线型。可从下拉列表中选择线型，或随层、随块，以及加载其他的线型作为尺寸线。

3）“线宽”下拉列表框　用于设置尺寸线的线宽。可从下拉列表中选择线宽。

4）“超出标记”文本框　指定当箭头使用倾斜、建筑标记、积分和无标记时尺寸线超过延伸线的距离。

5）“基线间距”文本框　设置基线标注的尺寸线之间的距离，如图11-8所示。

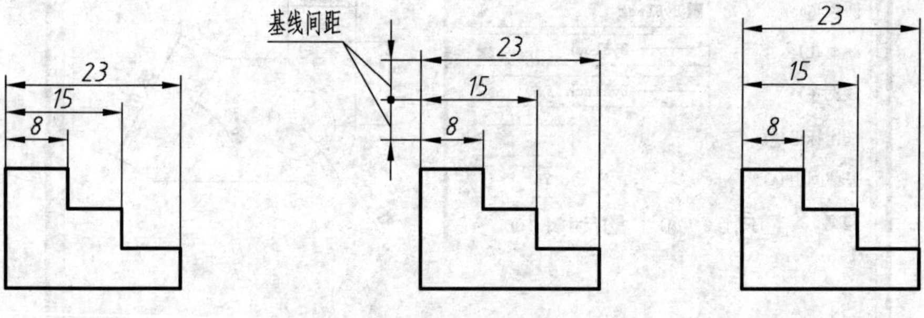

a)　b)　c)

图11-8　基线间距设置

a）基线间距3　b）基线间距5　c）基线间距7

6）“隐藏”复选框组　确定是否隐藏尺寸线及相应的箭头，如图11-9所示。

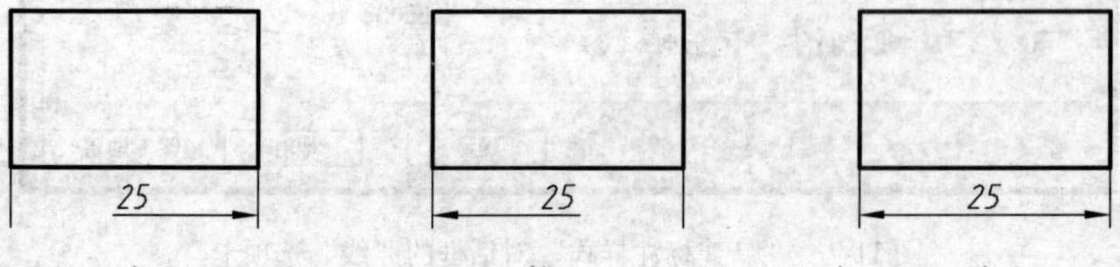

a)　b)　c)

图11-9　尺寸线隐藏方式

a）隐藏尺寸线1　b）隐藏尺寸线2　c）显示尺寸线1和2

（2）“延伸线”区　用于设置延伸线的特性等。

1）“颜色”下拉列表框　用于设置延伸线的颜色。可从下拉列表中选择颜色，如果选取“选择颜色…”选项，系统打开“选择颜色”对话框供用户选择其他颜色。

2）“延伸线 1 的线型”下拉列表框　用于设置第一条延伸线的线型。可从下拉列表中选择线型，或随层、随块，以及加载其他的线型作为延伸线。

3）“延伸线 2 的线型”下拉列表框　用于设置第二条延伸线的线型。可从下拉列表中选择线型，或随层、随块，以及加载其他的线型作为延伸线。

4）“线宽”下拉列表框　用于设置延伸线的线宽。可从下拉列表中选择线宽。

5）“隐藏”复选框组　确定是否隐藏延伸线，如图 11-10 所示。

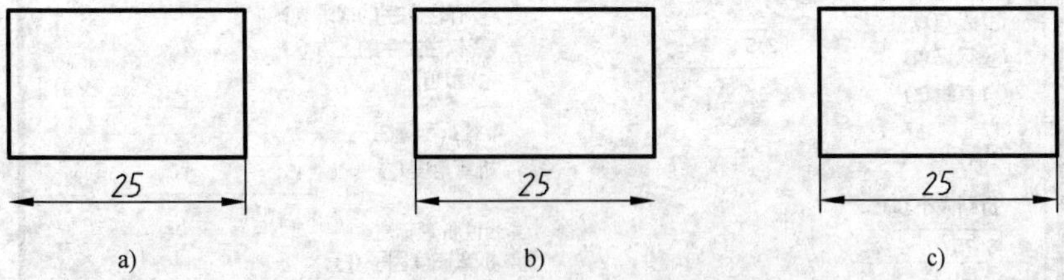

图 11-10　延伸线隐藏方式

a）隐藏延伸线 1　b）隐藏延伸线 2　c）显示延伸线 1 和 2

6）“超出尺寸线”文本框　用于设置延伸线超出尺寸线的距离。

7）“起点偏移量”文本框　设置自图形中定义标注的点到延伸线的偏移距离。

8）“固定长度的延伸线”复选框　启用固定长度的延伸线。

9）“长度”文本框　“长度”是指延伸线的实际起始点到延伸线与尺寸线交点之间的距离。当选中“固定长度的延伸线”复选框时，“长度”文本框才可使用。

10）预览　显示样例标注图像，它可显示对标注样式设置所做更改的效果。

2.“符号和箭头”选项卡（图 11-11）　用于设置箭头、圆心标记、弧长符号和半径折弯标注的格式和位置。

（1）“箭头”区　用于设置箭头的形式和大小。

1）“第一个”下拉列表框　用于设置第一个箭头的形式。一旦确定了第一个箭头的类型，第二个箭头则自动与其匹配。要想第二个箭头取不同的形状，可在“第二个”下拉列表框中设定。

2）“第二个”下拉列表框　用于设置第二个箭头的形式。

3）“引线”下拉列表框　设置引线箭头。

4）“箭头大小”文本框　用于设置箭头的大小。

（2）“圆心标记”区　控制直径标注和半径标注的圆心标记和中心线的外观。

1）“无”单选按钮　选中此项，对圆或圆弧的圆心不作任何标记（图 11-12a）。

2）“标记”单选按钮　选中此项，对圆或圆弧的圆心以十字线符号作为标记（图 11-12b）。

3）“直线”单选按钮　选中此项，对圆或圆弧的圆心标记为中心线（图 11-12c）。

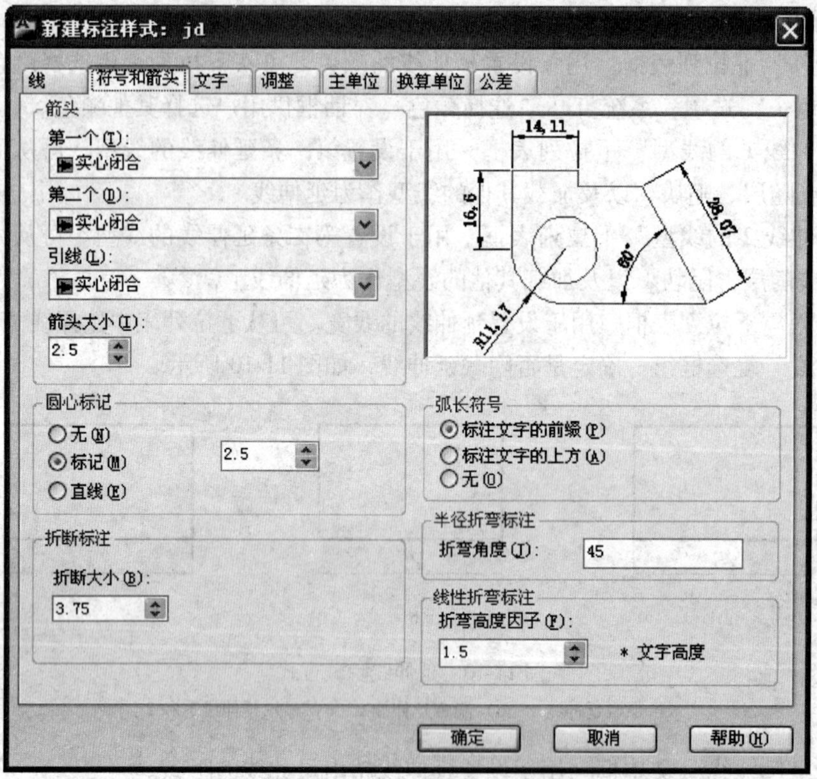

图 11-11 “新建标注样式”对话框的“符号和箭头”选项卡

中心标记的尺寸是从圆或圆弧的中心到中心标记端点之间的距离，图 11-12b 中设置为 2。

中心线的尺寸是指从圆或圆弧的中心标记端点向外延伸的中心线线段的长度，也就是中心标记与中心线起点之间的距离，图 11-12c 中设置为 3。

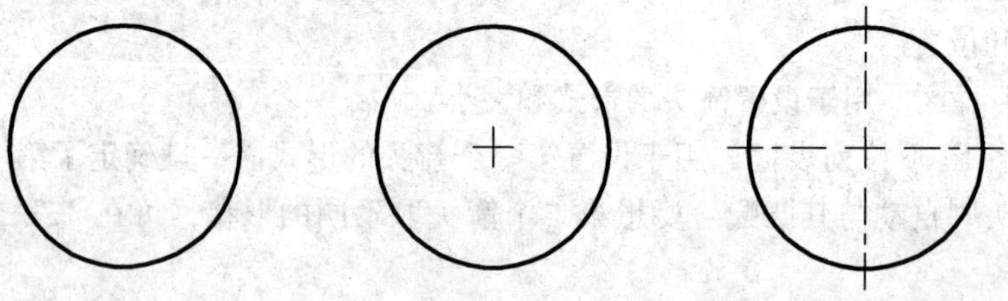

a) b) c)

图 11-12 圆心标记

a）无 b）标记 c）直线

（3）折断标注 控制折断标注的间距宽度。

“折断大小”文本框 显示和设置圆心标记或中心线的长度。

（4）“弧长符号”区 用于控制弧长标注中圆弧符号的位置与显示。

1）“标注文字的前缀”单选按钮 选中此项，将弧长符号放置在标注文字之前（图 11-13a）。

2）“标注文字的上方”单选按钮　选中此项，将弧长符号放置在标注文字的上方（图11-13b）。

3）“无”单选按钮　选中此项，在弧长标注中不显示弧长符号（图11-13c）。

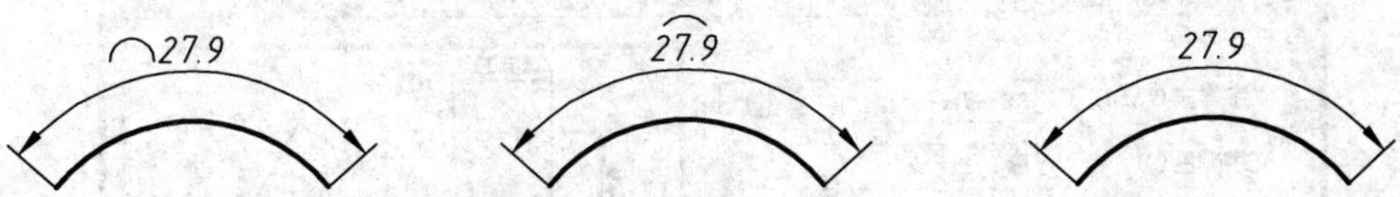

a)　　b)　　c)

图11-13　弧长符号

a）标注文字的前缀　b）标注文字的上方　c）无

（5）“半径折弯标注”区　用于控制折弯半径标注时的折弯角度。图11-14a和图11-14b所示的折弯角度分别为90°和45°。

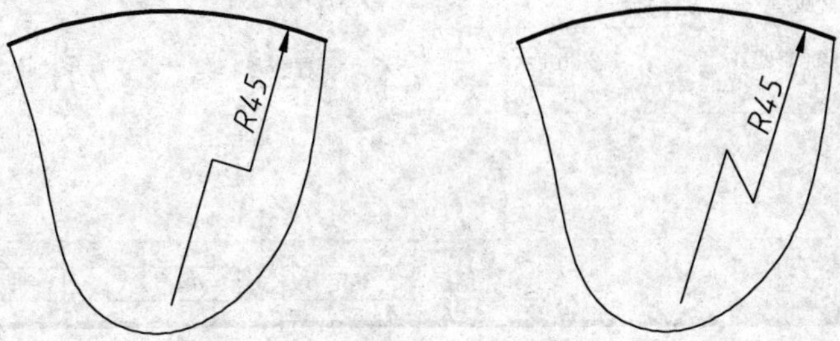

a)　　b)

图11-14　折弯角度

（6）“线性折弯标注”区　控制线性标注折弯的显示。线性折弯高度，是通过形成折弯的角度的两个顶点之间的距离确定的。其值为折弯高度因子与文字高度之积。

（7）预览　显示样例标注图像，它可显示对标注样式设置所做更改的效果。

3.“文字”选项卡（图11-15）　用于设置标注文字的外观、位置和对齐方式等。

（1）“文字外观”区　用于设置文字的样式、颜色、高度等。

1）“文字样式”下拉列表框　设置当前标注文字样式。可从下拉列表中选择一种文字样式，也可单击列表框右侧的按钮，在打开的“文字样式”对话框中设置新的文字样式。

2）“文字颜色”下拉列表框　设置标注文字的颜色。可从下拉列表中选择颜色，如果选取“选择颜色…”选项，系统打开“选择颜色”对话框供用户选择其他颜色。

3）“填充颜色”下拉列表框　设置标注中文字背景的颜色。可从下拉列表中选择颜色，如果选取“选择颜色…”选项，系统打开“选择颜色”对话框供用户选择其他颜色。

4）“文字高度”文本框　设置当前标注文字样式的高度。如果在“文字样式”中将文字高度设为大于0的值，则该值将作为固定的文字高度。如果要在“文字”选项卡上设置文字高度，那么在“文字样式”中应将文字高度设置为0。

5）“分数高度比例”文本框　在尺寸标注中，设置分数文字的高度与当前标注文字样式的高度的比例。系统将该比值与当前标注文字样式的高度的乘积作为分数文字的高度。

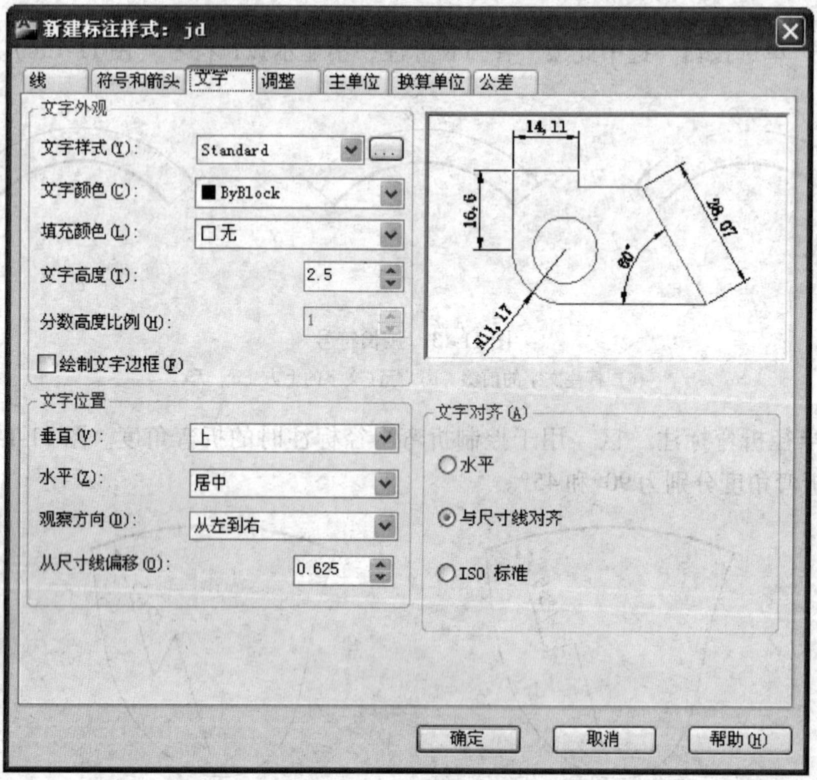

图 11-15 “新建标注样式”对话框的“文字”选项卡

6）“绘制文字边框”复选框 如果选择此选项，将在标注文字周围绘制一个边框。

（2）“文字位置”区 用于设置标注文字相对于尺寸线和延伸线的位置。

1）“垂直”下拉列表框 用于设置标注文字相对于尺寸线在垂直方向的位置。单击右边的下拉箭头，将弹出四个选项：

① 居中 将标注文字放置在尺寸线的中断处（图 11-16a）。

② 上 将标注文字放置在尺寸线的上方（图 11-16b）。

③ 外部 将标注文字放在尺寸线上远离第一个定义点的一边（图 11-16c）。

④ JIS 按照日本工业标准（JIS）放置标注文字（图 11-16d）。

⑤ 下 将标注文字放在尺寸线下方（图 11-16e）。

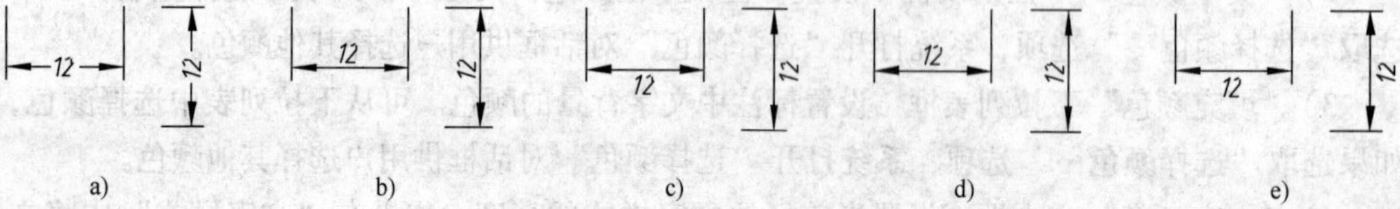

图 11-16 标注文字相对尺寸线的垂直位置

a）居中 b）上 c）外部 d）JIS e）下

2）“水平”下拉列表框 用于设置尺寸文字相对于两条延伸线的位置（图 11-17）。单击右边的下拉箭头，将弹出五个选项：

① 居中　将标注文字沿尺寸线放在两条延伸线的中间（图 11-17a）。

② 第一条延伸线　标注文字沿尺寸线靠近第一条延伸线放置（图 11-17b）。

③ 第二条延伸线　标注文字沿尺寸线靠近第二条延伸线放置（图 11-17c）。

④ 第一条延伸线上方　沿第一条延伸线放置标注文字或将标注文字放在第一条延伸线之上。当“文字位置”区的“垂直”项取“居中”时，标注文字沿第一条延伸线放置；若取“上方”时，则标注文字放在第一条延伸线之上（图 11-17d）。

⑤ 第二条延伸线上方　沿第二条延伸线放置标注文字或将标注文字放在第二条延伸线之上。当“文字位置”区的“垂直”项取“居中”时，标注文字沿第二条延伸线放置；若取“上方”时，则标注文字放在第二条延伸线之上（图 11-17e）。

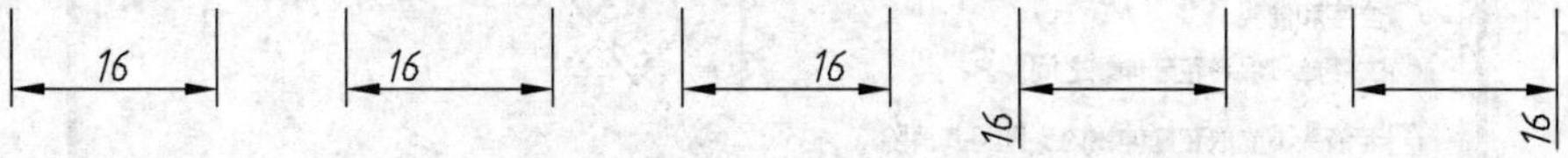

a)　b)　c)　d)　e)

图 11-17　标注文字在尺寸线上相对于延伸线的水平位置

a）居中　b）第一条延伸线　c）第二条延伸线　d）第一条延伸线上方　e）第二条延伸线上方

3）“观察方向”下拉列表框　用于控制标注文字的观察方向。

① 从左到右　按从左到右阅读的方式放置文字。

② 从右到左　按从右到左阅读的方式放置文字。

4）“从尺寸线偏移”文本框　用于设置文字的偏移量，即标注文字和尺寸线之间的间距。当标注文字在尺寸线上方时，标注文字底部与尺寸线之间的距离为文字的偏移量；当尺寸线断开标注时，容纳标注文字周围的距离为文字的偏移量。

(3)“文字对齐”区　用于设置标注文字的对齐方式。

1）“水平”单选框　选中该项，表示所有标注的文字均水平放置（图 11-18a）。

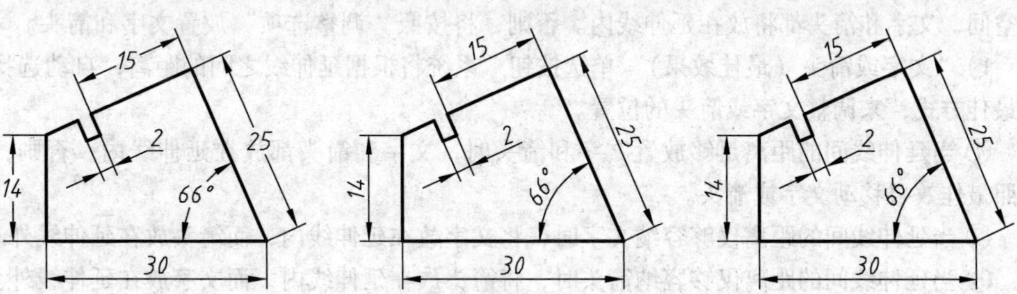

a)　b)　c)

图 11-18　文字对齐的三种方式

a）水平　b）与尺寸线对齐　c）ISO 标准

2）“与尺寸线对齐”单选框　选中该项，表示所有标注的文字均按尺寸线方向标注，即与尺寸线对齐（图 11-18b）。

3）“ISO 标准”单选框　选中该项，表示所标注的文字符合国际标准。即当文字位于延伸线之内时，沿尺寸线方向标注；当文字位于延伸线之外时，沿水平方向标注（图 11-18c）。

（4）预览　显示样例标注图像，它可显示对标注样式设置所做更改的效果。

4.“调整”选项卡（图 11-19）　用于控制标注文字、尺寸线、箭头和引线的放置等。

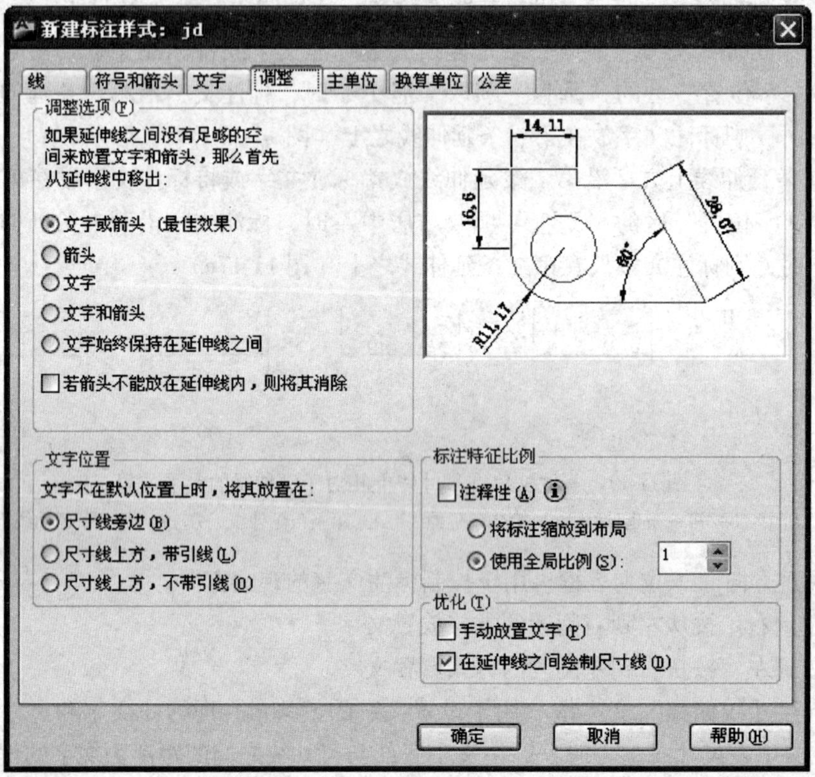

图 11-19　“新建标注样式”对话框的“调整”选项卡

（1）“调整选项”区　根据延伸线之间的空间来控制文字和箭头的位置。如果有足够大的空间，文字和箭头都将放在延伸线内。否则，将按照“调整选项”放置文字和箭头。

1）“文字或箭头（最佳效果）”单选按钮　系统将根据延伸线之间的距离，自动选择一种最佳方式，来调整文字或箭头的位置。

① 当延伸线间的距离足够放置文字和箭头时，文字和箭头都放在延伸线内。否则，将按照最佳效果移动文字或箭头。

② 当延伸线间的距离仅够容纳文字时，将文字放在延伸线内，而箭头放在延伸线外。

③ 当延伸线间的距离仅够容纳箭头时，将箭头放在延伸线内，而文字放在延伸线外。

④ 当延伸线间的距离既不够放文字又不够放箭头时，文字和箭头都放在延伸线外。

2）“箭头”单选按钮　表示当延伸线内空间不足时，先将箭头移动到延伸线外。

3）“文字”单选按钮　表示当延伸线内空间不足时，先将文字移动到延伸线外。

4）“文字和箭头”单选按钮　当延伸线间距离不足以放下文字和箭头时，文字和箭头都移到延伸线外。

5）“文字始终保持在延伸线之间”单选按钮　表示始终将文字放在延伸线之间。

6）“若箭头不能放在延伸线内，则将其消除”复选框　表示当两延伸线之间没有足够空间放置箭头时，则隐藏箭头。

(2)“文字位置”区　设置标注文字离开其默认位置（由标注样式定义的位置）时的放置位置。

1)“尺寸线旁边”单选按钮　选中该项，只要移动标注文字，尺寸线就会随之移动。即标注文字放置在尺寸线的旁边（图 11-20a）。

2)“尺寸线上方，带引线”单选按钮　选中该项，移动文字时尺寸线将不会移动。如果将文字从尺寸线上移开，将创建一条连接文字和尺寸线的引线（图 11-20b）。

3)尺寸线上方，不带引线”单选按钮　选中该项，移动文字时尺寸线不会移动。系统将文字放置在尺寸线上方，不加引出线（图 11-20c）。

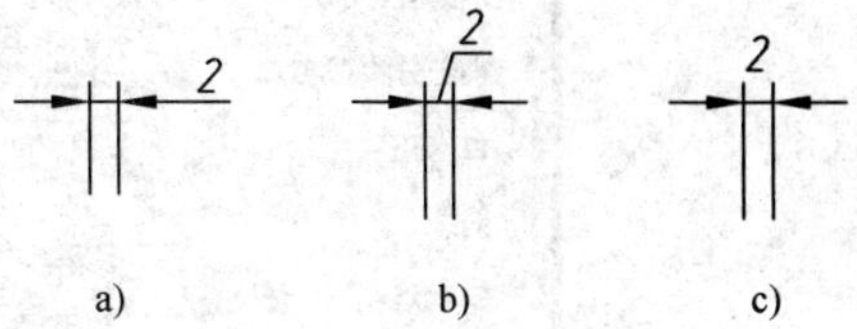

图 11-20　三种文字位置

(3)“标注特征比例”区　用于设置全局标注比例或布局（图纸空间）比例等。所设置的尺寸标注比例因子，将影响整个尺寸标注所包含的内容。

1)“注释性”复选框　选中该项，将创建注释性标注样式。

2)“将标注缩放到布局”单选按钮　确定图纸空间内的尺寸比例系数。

3)“使用全局比例”单选框及文本框　为所有标注样式设置一个比例，该缩放比例并不更改标注的测量值。

(4)“优化”区　用于设置标注尺寸时的精细微调。

1)“手动放置文字”复选框　忽略所有对正设置并把文字放在“尺寸线位置”提示下指定的位置。

2)“在延伸线之间绘制尺寸线”复选框　表示 AutoCAD 会在两条延伸线之间绘制尺寸线，而不考虑两条延伸线之间的距离。

(5) 预览　显示样例标注图像，它可显示对标注样式设置所做更改的效果。

5.“主单位”选项卡（图 11-21）　用于设置主单位的格式、精度和标注文字的前缀、后缀等。

(1)“线性标注”区　用于设置线性标注的格式和精度。

1)“单位格式”下拉列表框　设置除角度之外的所有标注类型的当前单位格式。

2)“精度”下拉列表框　显示和设置标注文字中的小数位数。

3)“分数格式”下拉列表框　用于设置分数的格式。该选项只有当“单位格式”设为“分数”或“建筑”后才有效。

4)“小数分隔符”下拉列表框　用于设置十进制数的整数部分和小数部分之间的分隔符。在下拉列表中有三个选项，“逗号”、“句号”和“空格”。

5)“舍入”文本框　为除“角度”之外的所有标注类型设置标注测量值的舍入规则，即用于设定小数点的精确位数。如有两个尺寸分别为 50. 1410 和 50. 8790，若将“舍入”值由原来的 0. 0000 改为 0. 2500，则这两个数分别显示为 50. 2500 和 51. 0000。

6)“前缀”文本框　在标注文字中包含前缀。可以输入文字或使用控制代码显示特殊符号。例如，输入控制代码 %%C 显示直径符号。

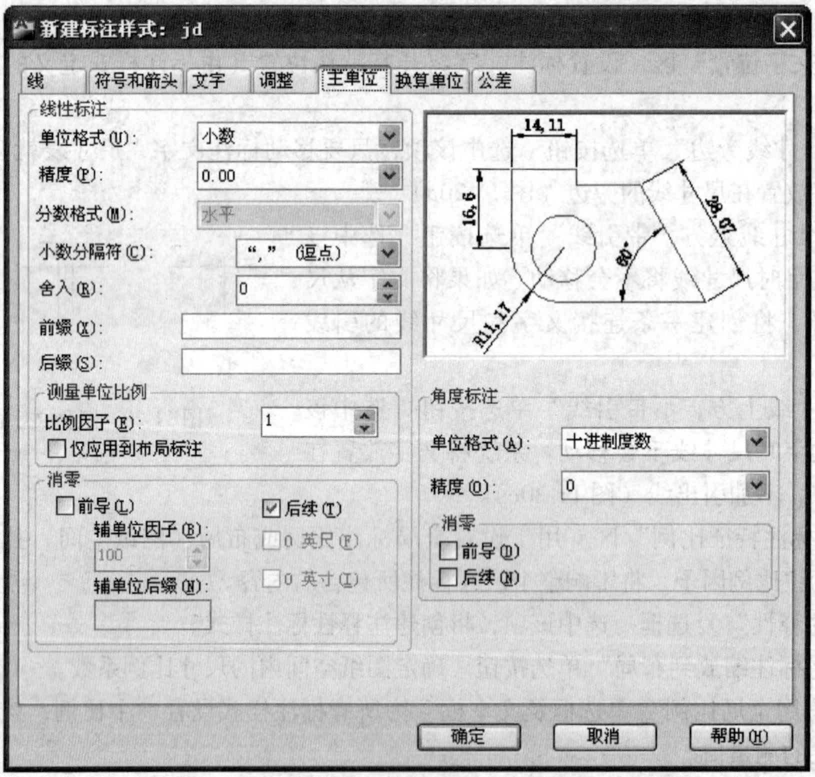

图 11-21 “新建标注样式”对话框的“主单位”选项卡

7）“后缀”文本框　在标注文字中包含后缀。可以输入文字或使用控制代码显示特殊符号。

8）“测量单位比例”项　用于设置比例因子，及控制该比例因子是否只应用到布局标注中。

①“比例因子”文本框　用于设置线性标注测量值的比例因子，默认值为 1，即系统将按实际测量值标注尺寸。如设置比例因子为 2，实际绘图尺寸为 20，则所标注的尺寸为 40。

②“仅应用到布局标注”复选框　表示所设置的比例因子仅在布局中创建的标注有效，而对模型空间的尺寸标注无效。

9）“消零”项　用于确定是否显示前导零和后续零以及零英尺和零英寸部分。

①“前导”复选框　系统不输出所有十进制标注中的前导零。例如，0.5000 表示为 .5000。选择前导以启用小于一个单位的标注距离的显示（以辅单位为单位）。

• 辅单位因子　将辅单位的数量设置为一个单位。它用于在距离小于一个单位时以辅单位为单位计算标注距离。例如，如果后缀为 m 而辅单位后缀以 cm 显示，则输入 100。

• 辅单位后缀　在标注值辅单位中包括一个后缀。可以输入文字或使用控制代码显示特殊符号。例如，输入 cm 可将 .96m 显示为 96cm。

②“后续”复选框　系统不输出所有十进制标注中的后续零。例如，12.5000 表示为 12.5。

•“0 英尺”复选框　当距离小于一英尺时，不输出英尺 - 英寸标注中的英尺部分。例如，0’ - 6 1/2″表示为 6 1/2″。

• “0 英寸”复选框　当距离是整数英尺时，不输出英尺－英寸标注中的英寸部分。例如，1’－0″表示为 1’。

(2)“角度标注”区　用于设置角度标注的格式和精度。

1)“单位格式”下拉列表框　用于设置角度单位的格式。

2)“精度”下拉列表框　设置角度标注的小数位数。

3)“消零”项　用于控制是否显示角度标注的前导零和后续零。

① 前导　不显示角度十进制标注中的前导零。例如，0.5000 变成 .5000。

② 后续　不显示角度十进制标注中的后续零。例如，12.5000 变成 12.5。

(3) 预览　显示样例标注图像，它可显示对标注样式设置所做更改的效果。

6.“换算单位”选项卡（图 11-22）　用于指定标注测量值中换算单位的显示并设置其格式和精度。

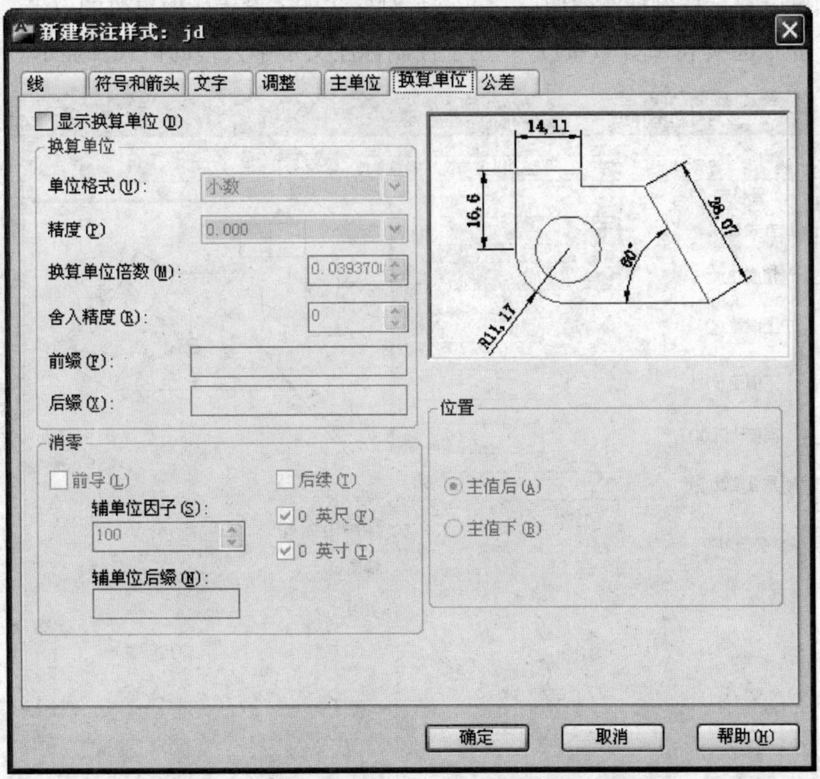

图 11-22　“新建标注样式”对话框的“换算单位”选项卡

(1)“显示换算单位”复选框　用于控制向标注文字添加换算测量值。选中该项，在标注文字中将同时显示以两种单位标识的测量值。AutoCAD 可以转换使用不同测量单位制的标注，通常是显示英制标注的等效公制标注，或公制标注的等效英制标注。在标注文字中，换算标注单位显示在主单位旁边的方括号“[　]”内。

(2)“换算单位”区　显示和设置除角度之外的所有标注类型的当前换算单位格式。

1)“单位格式”下拉列表框　设置换算单位的单位格式。

2)“精度”下拉列表框　设置换算单位中的小数位数。

3)“换算单位倍数”文本框　用于确定主单位和换算单位之间的换算因子。例如，要将英寸转换为毫米，请输入25.4。此值对角度标注没有影响。

4)“舍入精度”文本框　设置除角度之外的所有标注类型的换算单位的舍入规则，即设定小数点的精确位数。

5)“前缀”文本框　在换算标注文字中包含前缀。

6)“后缀”文本框　在换算标注文字中包含后缀。

(3)“消零”区　用于确定是否显示“换算单位”的前导零和后续零以及零英尺和零英寸部分。

(4)“位置”区　控制标注文字中换算单位的位置。

1)“主值后”单选按钮　选中该选项，将换算单位放在标注文字中的主单位之后。

2)“主值下”单选按钮　选中该选项，将换算单位放在标注文字中的主单位下面。

(5) 预览　显示样例标注图像，它可显示对标注样式设置所做更改的效果。

7. “公差”选项卡（图11-23）　用于控制标注文字中公差的格式及显示。

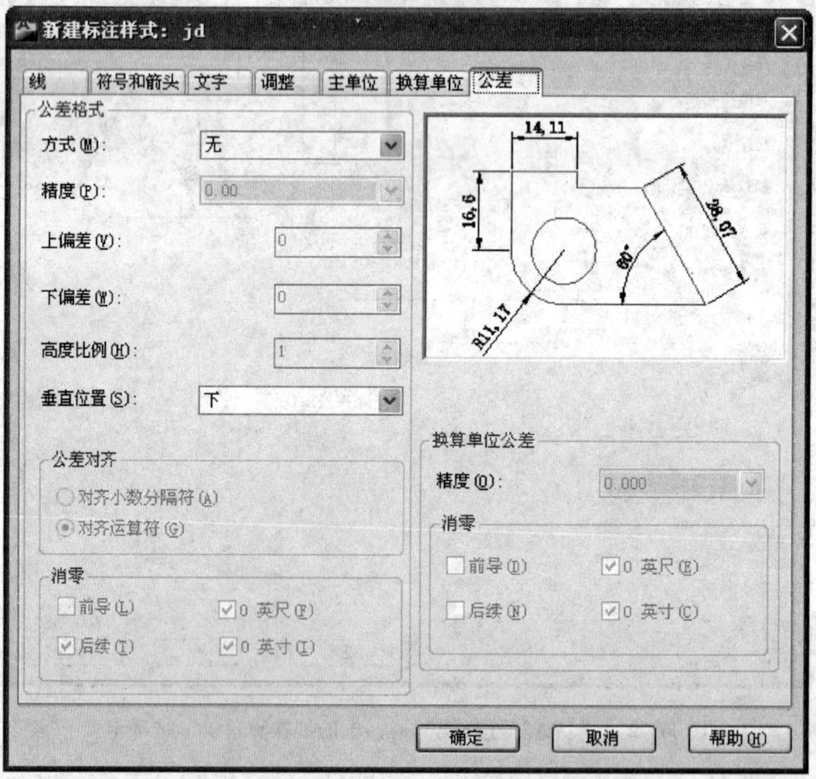

图11-23　“新建标注样式”对话框的“公差”选项卡

(1)“公差格式”区　用于设置公差标注格式。

1)“方式”下拉列表框　设置计算公差的方法。该下拉列表框中有五种方式：

① 无　不标注偏差（图11-24a）。

② 对称　按上、下偏差绝对值相等的方式标注尺寸（图11-24b）。

③ 极限偏差　按上、下偏差不等的方式标注尺寸（图11-24c）。

④ 极限尺寸　按两个极限尺寸进行标注（图 11-24d）。

⑤基本尺寸　将基本尺寸标注在一个矩形框内（图 11-24e）。

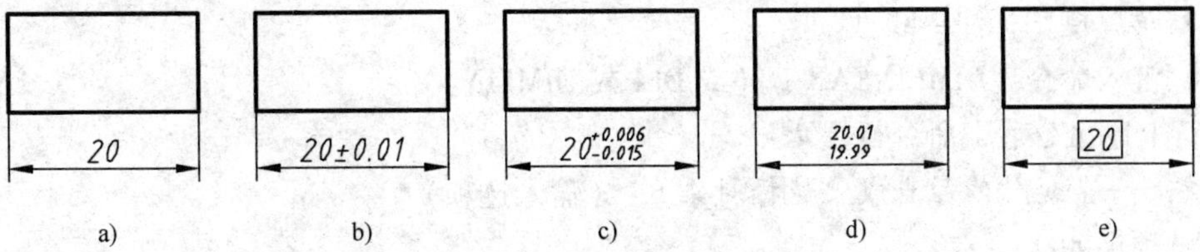

图 11-24　公差标注方式

a）无　b）对称　c）极限偏差　d）极限尺寸　e）基本尺寸

2）“精度”下拉列表框　用于设置偏差值的精度。

3）“上偏差”文本框　用于设置上偏差值。

4）“下偏差”文本框　用于设置下偏差值。

5）“高度比例”文本框　用于设置偏差数字的当前高度。“高度比例”是指偏差数字高度与基本尺寸数字高度的比值。

6）“垂直位置”下拉列表框　用于设置上下偏差相对于基本尺寸的位置。选项中包括三种位置，即“上”、“中”和“下”，如图 11-25 所示。

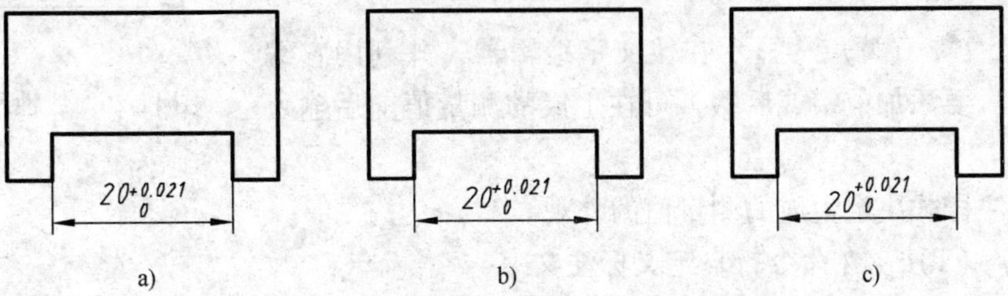

图 11-25　公差数字的对齐方式

a）上　b）中　c）下

2）“公差对齐”项　堆叠时，控制上偏差值和下偏差值的对齐。

①“对齐小数分隔符”单选按钮　通过值的小数分隔符堆叠值。

②“对齐运算符”单选按钮　通过值的运算符堆叠值。

3）“消零”项　用于确定是否显示偏差的前导零和后续零以及零英尺和零英寸部分。

（2）“换算单位公差”区　用于设置换算单位的精度和消零方式。

（3）预览　显示样例标注图像，它可显示对标注样式设置所做更改的效果。

当完成对上述选项卡中的某些选项的设置后，单击“确定”按钮，返回到“标注样式管理器”对话框，便创建了一个尺寸标注样式。此时若单击“置为当前”按钮并关闭对话框，则刚设置的新标注样式即成为当前标注样式。

11.3　尺寸标注

11.3.1　线性标注

1. 功能　用来标注水平方向、垂直方向和指定角度的线性尺寸。

2. 命令格式

（1）工具栏　标注→[按钮图标]按钮

（2）菜单栏　标注→线性

（3）键入命令　DIMLINEAR↓（或 DLI 或 DIMLIN）

执行上述命令后，命令行提示：

指定第一条延伸线原点或<选择对象>：（输入选项）

3. 选项说明

（1）指定第一条延伸线原点　指定第一条延伸线的原点之后，系统将提示指定第二条延伸线的原点。如图 11-26 中指定 P_1 点之后，命令行提示：

指定第二条延伸线原点：（如图 11-26 中指定 P_2 点，命令行提示）

创建了无关联的标注。

指定尺寸线位置或［多行文字(M)/文字(T)/角度(A)/水平(H)/垂直(V)/旋转(R)］：（输入选项）

1）指定尺寸线位置　AutoCAD 使用指定点定位尺寸线并且确定绘制延伸线的方向。指定位置之后，将绘制标注。即系统按自动测量值标注尺寸。如图 11-26 中指定了 P_3 点后，便注出尺寸 30。

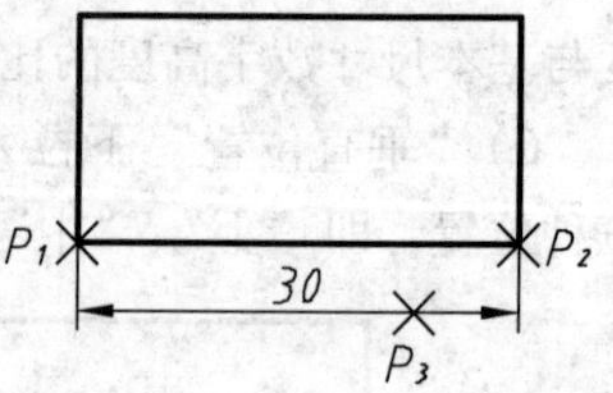

图 11-26　线性尺寸标注

2）多行文字（M）　显示在位文字编辑器，并利用它编辑标注文字。要添加前缀或后缀，可在生成的测量值前后输入前缀或后缀。

当前标注样式决定生成的测量值的外观。

3）文字（T）　在命令行自定义标注文字。

4）角度（A）　指定标注文字的角度。执行该选项后，命令行提示：

指定标注文字的角度：（指定角度）

指定尺寸线位置或［多行文字(M)/文字(T)/角度(A)/水平(H)/垂直(V)/旋转(R)］：

确定尺寸线的位置，可直接标注出尺寸，也可用其他选项确定要标注的尺寸文字。

5）水平（H）　用于标注水平方向的尺寸。执行该选项后，命令行提示：

指定尺寸线位置或［多行文字(M)/文字(T)/角度(A)］：（输入选项）

① 指定尺寸线位置　使用指定点定位尺寸线。指定位置之后，将绘制标注。

② 多行文字（M）、文字（T）、角度（A）　这些文字编辑和设置格式选项在所有标注命令中都是一样的。请参见上面的选项说明。

6）垂直（V）　用于标注垂直方向的尺寸。执行该选项后，命令行提示：

指定尺寸线位置或［多行文字(M)/文字(T)/角度(A)］：（输入选项）

① 指定尺寸线位置　使用指定点定位尺寸线。指定位置之后，将绘制标注。

② 多行文字（M）、文字（T）、角度（A）　其各项功能，请参见上面的选项说明。

7）旋转（R）　表示标注的尺寸线将按给定的角度旋转。选择该选项后，命令行提示：

指定尺寸线的角度<当前值>：（指定角度）

指定尺寸线位置或［多行文字(M)/文字(T)/角度(A)/水平(H)/垂直(V)/旋转(R)］：

在此提示下，确定尺寸线的位置，即可标注尺寸（图 11-27）。也可选择其他选项进行标注。

(2) 回车　即选定默认的“选择对象”项，系统会自动确定第一条和第二条延伸线的原点。这时，命令行提示：

选择标注对象：(如图 11-28 中 P_1 点)

指定尺寸线位置或 [多行文字(M)/文字(T)/角度(A)/水平(H)/垂直(V)/旋转(R)]：(给出尺寸线的位置，如图 11-28 中的 P_2 点，即可完成尺寸标注；也可选择其他选项)

说明：如果选择直线或圆弧，将使用其端点作为延伸线的原点。如果选择圆，将使用直径的端点作为延伸线的原点。

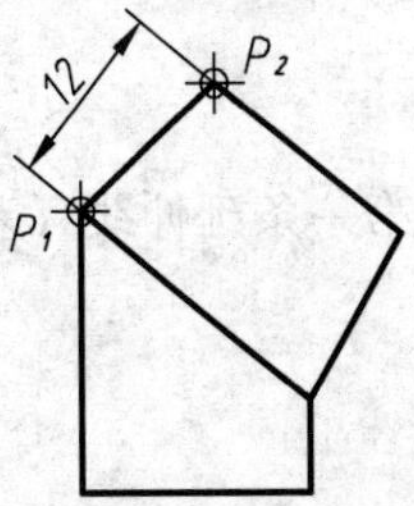

图 11-27　线性尺寸旋转标注

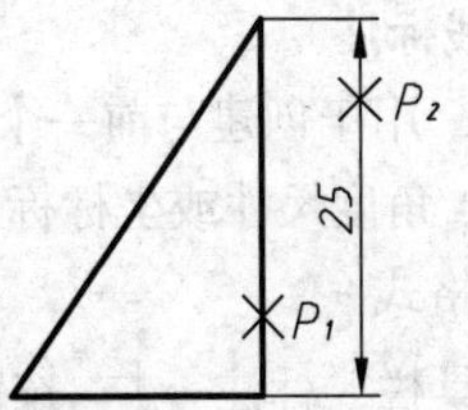

图 11-28　线性尺寸直接标注

11.3.2　对齐标注

1. 功能　用于标注带有倾斜尺寸线的尺寸标注。

2. 命令格式

(1) 工具栏　标注→按钮

(2) 菜单栏　标注→对齐

(3) 键入命令　DIMALIGNED↓（或 DAL 或 DIMALI）

执行上述命令后，命令行提示：

指定第一条延伸线原点或 <选择对象>：(输入选项)

3. 选项说明

(1) 指定第一条延伸线原点　指定第一条延伸线原点后，系统将提示指定第二条延伸线原点。如图 11-29 中指定 P_1 点后，命令行提示：

指定第二条延伸线原点：(如图 11-29 中指定 P_2 点，命令行提示)

指定尺寸线位置或 [多行文字(M)/文字(T)/角度(A)]：(输入选项)

1) 指定尺寸线位置　指定尺寸线的位置并确定绘制延伸线的方向，系统则按自动测量值标注出尺寸。如图 11-29 中指定了 P_3 点后，便注出尺寸 18。

图 11-29　对齐尺寸标注

2) 多行文字（M）　利用在位文字编辑器编辑标注文字。

3) 文字（T）　在命令行自定义标注文字。

4) 角度（A）　指定标注文字的角度。执行该选项后，命令行提示：

指定标注文字的角度：(指定角度)

指定尺寸线位置或［多行文字(M)/文字(T)/角度(A)］：(确定尺寸线的位置，可直接标注出尺寸。也可用其他选项确定要标注的尺寸文字)

(2) 选择对象　在选择对象之后，系统自动确定第一条和第二条延伸线的原点。当执行命令后回车，命令行提示：

选择标注对象：(如图 11-30 中 P_1 点)

指定尺寸线位置或［多行文字(M)/文字(T)/角度(A)］：(指定尺寸线的位置，如图 11-30 中的 P_2 点，即可完成尺寸标注。也可选择其他选项)

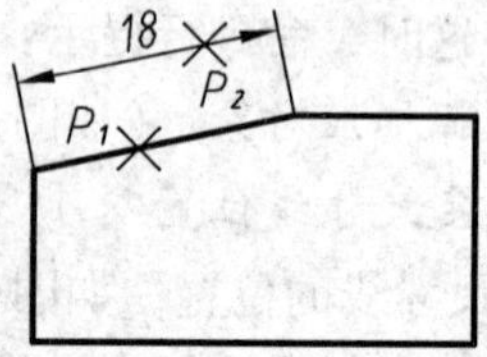

图 11-30　对齐尺寸直接标注

11.3.3　基线标注

1. 功能　用于创建与前一个标注或选定标注具有相同的第一条延伸线（基线）的一系列线性尺寸、角度尺寸或坐标标注。

2. 命令格式

(1) 工具栏　标注→ 按钮

(2) 菜单栏　标注→基线

(3) 键入命令　DIMBASELINE↓（或 DBA 或 DIMBASE）

3. 说明　在创建基线标注之前，必须已经创建了可以作为基线尺寸的线性、对齐或角度标注。选择基准标注后，系统自动将基线作为第一条延伸线原点（尺寸界线起点），提示用户选择下一条延伸线原点（尺寸界线终点）。

例 1　标注图 11-31 所示的尺寸。

分析　图 11-31 中的尺寸，可采用线性基线标注的方法标出。首先注出一个线性尺寸，然后标注出其他尺寸。本例中首先标出尺寸 18。

操作过程如下：

命令：DIMLINEAR↓（线性标注——图 11-31a）

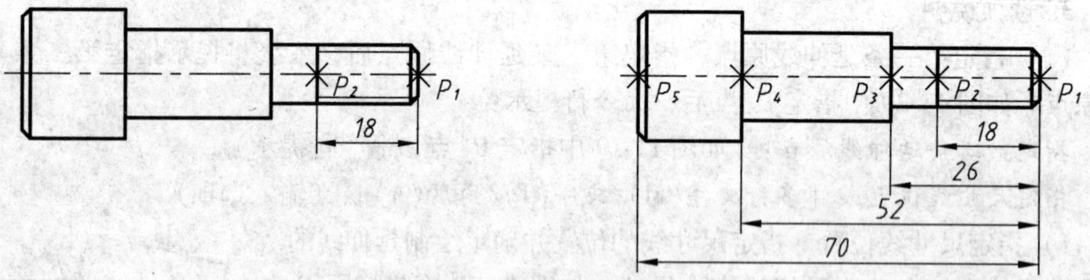

a)　　　　b)

图 11-31　线性基线标注

a）前一个尺寸标注　b）基线标注后

指定第一条延伸线原点或 <选择对象>：(拾取 P_1 点)

指定第二条延伸线原点：(拾取 P_2 点)

指定尺寸线位置或［多行文字(M)/文字(T)/角度(A)/水平(H)/垂直(V)/旋转(R)］：(指定尺寸线的位置后，便注出尺寸 18，如图 11-31a 所示)

命令：DIMBASELINE↓（基线标注——图 11-31b）

指定第二条延伸线原点或［放弃(U)/选择(S)］<选择>：(拾取 P_3 点，命令行提示)

标注文字 =26

指定第二条延伸线原点或［放弃(U)/选择(S)］<选择>：(拾取 P_4 点，命令行提示)

标注文字 =52

指定第二条延伸线原点或［放弃(U)/选择(S)］<选择>：(拾取 P_5 点，命令行提示)

标注文字 =70

指定第二条延伸线原点或［放弃(U)/选择(S)］<选择>：↓

选择基准标注：↓

结束命令，结果如图 11-31b 所示。

图 11-32 所示为角度基线标注示例。

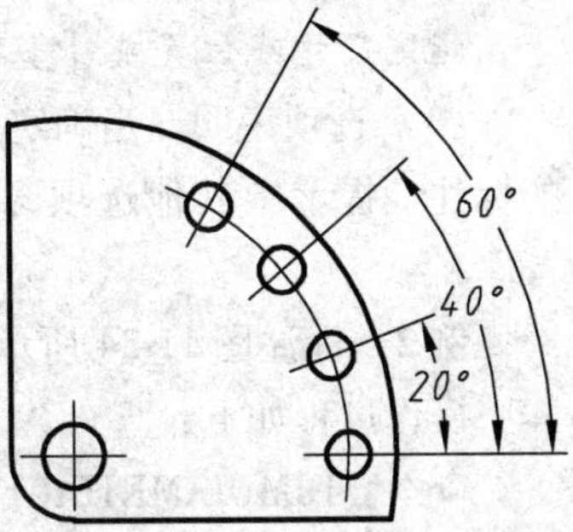

图 11-32　角度基线标注

11.3.4　连续标注

1. 功能　从上一个标注或选定标注的第二条延伸线处开始，按某一方向顺序创建线性标注、角度标注或坐标标注。相邻的尺寸共用一条尺寸延伸线，而且所有的尺寸线都在同一直线或弧线上。

2. 命令格式

（1）工具栏　标注→按钮

（2）菜单栏　标注→连续

（3）键入命令　DIMCONTINUE↓（或 DCO 或 DIMCONT）

3. 说明　进行连续标注时，系统自动将上一个尺寸延伸线的原点（尺寸界线终点）作为连续标注的起点，提示用户选择下一尺寸延伸线的原点（尺寸界线终点）。

图 11-33 所示为连续标注示例。

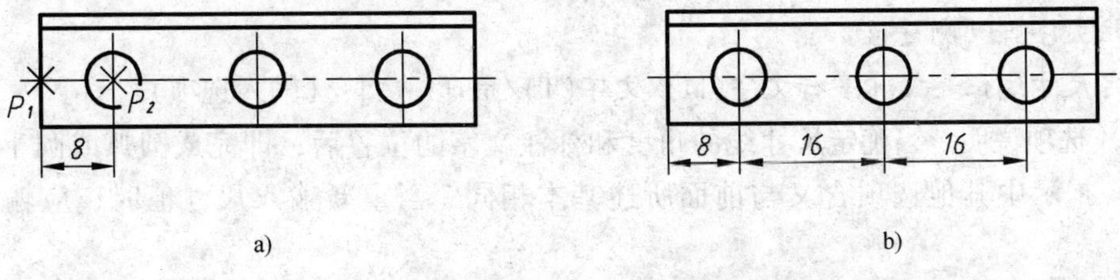

图 11-33　连续尺寸标注

a）原有尺寸标注　b）连续标注后

11.3.5　直径与半径标注

1. 直径标注

（1）功能　用于标注圆或圆弧的直径尺寸。

（2）命令格式

1）工具栏　标注→按钮

2）菜单栏　标注→直径

3）键入命令　DIMDIAMETER↓（或 DDI 或 DIMDIA）

执行上述命令后，命令行提示：

选择圆弧或圆：(拾取要标注尺寸的圆弧或圆)

标注文字 = (测量值)

指定尺寸线位置或［多行文字(M)/文字(T)/角度(A)］：(输入选项)

（3）选项说明　当确定尺寸线的角度和标注文字的位置后，即完成圆弧或圆直径尺寸的标注。提示中其他选项含义与前面所述基本相同，当重新输入尺寸值时，应输入前缀“ϕ”。

例 2　标注图 11-34 所示的直径尺寸。

操作过程如下：

命令：DIMDIAMETER↓

选择圆弧或圆：(拾取圆周上 P_1 点，命令行提示)

标注文字 =30

指定尺寸线位置或［多行文字（M）/文字（T）/角度（A）］：(拾取 P_2 点)

结果如图 11-34 所示。

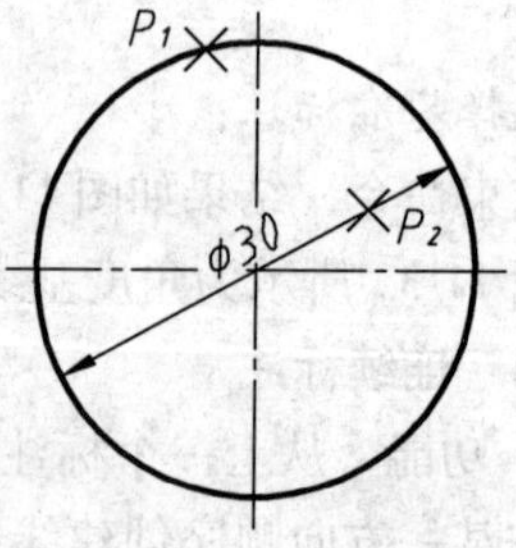

图 11-34　直径尺寸标注

2. 半径标注

（1）功能　用来标注圆或圆弧的半径尺寸。

（2）命令格式

1）工具栏　标注→按钮

2）菜单栏　标注→半径

3）键入命令　DIMRADIUS↓（或 DRA 或 DIMRAD）

执行上述命令后，命令行提示：

选择圆弧或圆：(拾取要标注尺寸的圆弧或圆)

标注文字 = (测量值)

指定尺寸线位置或［多行文字(M)/文字(T)/角度(A)］：(输入选项)

（3）选项说明　当确定尺寸线的角度和标注文字的位置后，即完成圆弧或圆半径尺寸的标注。提示中其他选项含义与前面所述基本相同，当重新输入尺寸值时，应输入前缀“R”。

例 3　标注图 11-35 所示的半径尺寸。

操作过程如下：

命令：DIMRADIUS↓

选择圆弧或圆：(拾取圆弧上 P_1 点，命令行提示)

标注文字 =16

指定尺寸线位置或［多行文字(M)/文字(T)/角度(A)］：(拾取 P_2 点)

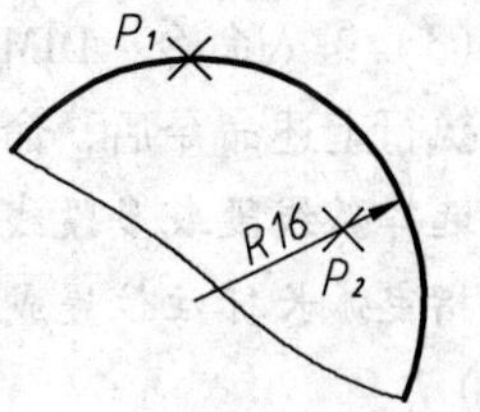

图 11-35　半径尺寸标注

结果如图 11-35 所示。

3. 折弯半径标注

（1）功能　用于圆弧或圆的折弯半径标注。一般适用于圆弧或圆的半径尺寸较大，在图形上不便确定圆心的场合。

（2）命令格式

1）工具栏　标注→按钮

2）菜单栏　标注→折弯

3）键入命令　DIMJOGGED↓

执行上述命令后，命令行提示：

选择圆弧或圆：（选择一个圆弧、圆或多段线弧线段）

指定图示中心位置：（确定一点，作为折弯半径标注的新中心点，替代圆或圆弧的实际中心点）

标注文字 = （测量值）

指定尺寸线位置或［多行文字(M)/文字(T)/角度(A)］：（输入选项）

（3）选项说明

1）指定尺寸线位置　指定一点，确定尺寸线的角度和标注文字的位置。之后命令行提示：

指定折弯位置：（指定一点，即指定折弯的中点，这时系统按测量值标注出半径及半径符号。折弯角度由“标注样式管理器”对话框中“符号和箭头”选项卡确定）

2）多行文字（M）　利用在位文字编辑器编辑标注文字。

3）文字（T）　在命令行自定义标注文字。

4）角度（A）　修改标注文字的角度。

例 4　用折弯半径标注图 11-36 所示圆弧的半径尺寸。

操作过程如下：

命令：DIMJOGGED↓

选择圆弧或圆：（选择圆弧，拾取 P_1 点）

指定图示中心位置：（拾取 P_2 点）

标注文字 =44

指定尺寸线位置或［多行文字(M)/文字(T)/角度(A)］：（拾取 P_3 点）

指定折弯位置：（拾取 P_4 点）

结果如图 11-36 所示。

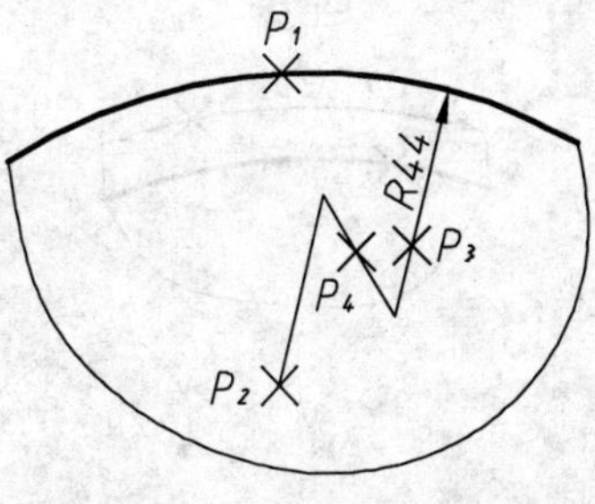

图 11-36　折弯标注圆弧半径

11.3.6　弧长标注

1. 功能　用于标注圆弧长度尺寸。

2. 命令格式

（1）工具栏　标注→按钮

（2）菜单栏　标注→弧长

(3) 键入命令　DIMARC↓

执行上述命令后，命令行提示：

选择弧线段或多段线弧线段：(选择圆弧)

指定弧长标注位置或［多行文字(M)/文字(T)/角度(A)/部分(P)/引线(L)］：(输入选项)

3. 选项说明

(1) 指定弧长标注位置　指定尺寸线的位置并确定延伸线的方向。命令行提示：

标注文字 = (测量值)

这时系统按测量值标注出弧长尺寸，如图 11-37a 所示。

(2) 多行文字 (M)　利用在位文字编辑器编辑标注文字。

(3) 文字 (T)　在命令行自定义标注文字。

(4) 角度 (A)　指定标注文字的角度。执行该选项后，命令行提示：

指定标注文字的角度：(指定角度)

指定尺寸线位置或［多行文字(M)/文字(T)/角度(A)/部分(P)/引线(L)］：(确定尺寸线的位置，可直接标注出弧长尺寸；也可用其他选项进行标注)

(5) 部分 (P)　用于标注部分圆弧长度尺寸。选择此选项后命令行提示：

指定弧长标注的第一个点：(指定圆弧上弧长标注的起点，如图 11-37b 中拾取 P_1 点)

指定弧长标注的第二个点：(指定圆弧上弧长标注的终点，如图 11-37b 中拾取 P_2 点)

指定弧长标注位置或［多行文字(M)/文字(T)/角度(A)/部分(P)/引线(L)］：

若指定弧长标注位置，系统按测量值标注出弧长尺寸，如图 11-37b 所示。

在该选项中，指定圆弧长度标注的点可不位于圆弧上。

(6) 引线 (L)　为弧长标注添加引线。当圆弧（或弧线段）的圆心角大于 90°时才会显示此选项。引线是按径向绘制的，指向所标注圆弧的圆心。选择此选项后命令行提示：

指定弧长标注位置或［多行文字(M)/文字(T)/角度(A)/部分(P)/无引线(N)］：

指定点或输入选项，引线将自动创建。如图 11-37c 所示。

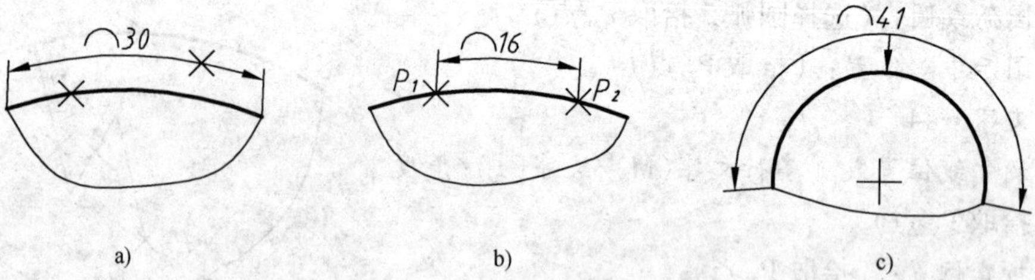

图 11-37　弧长尺寸标注

11.3.7　角度标注

1. 功能　用于标注圆弧的圆心角、两条非平行直线之间的夹角以及不共线三点决定的两直线之间的夹角。

2. 命令格式

(1) 工具栏　标注→[按钮图标] 按钮

（2）菜单栏　标注→角度

（3）键入命令　DIMANGULAR↓（或 DAN 或 DIMANG）

执行上述命令后，命令行提示：

选择圆弧、圆、直线或 <指定顶点>：（输入选项）

3. 选项说明

（1）选择圆弧　在圆弧上拾取一点，系统将以圆弧的圆心为角度的顶点，圆弧端点为延伸线的原点，在延伸线之间绘制一条圆弧作为尺寸线，并以拖动方式显示尺寸标注。命令行提示：

指定标注弧线位置或 [多行文字(M)/文字(T)/角度(A)/象限点(Q)]：（确定弧线位置，系统将标注出圆弧的角度，如图 11-38a 所示。也可选用其他选项）

（2）选择圆　在圆上拾取一点，系统将以该拾取点作为第一条延伸线的原点，圆的圆心为顶点。命令行提示：

指定角的第二个端点：（指定一点，该点是第二条延伸线的原点，且无需位于圆上。命令行提示）

指定标注弧线位置或 [多行文字(M)/文字(T)/角度(A)/象限点(Q)]：（确定弧线位置，系统将标注出圆弧的角度，如图 11-38b 所示。也可选用其他选项）

（3）选择直线　用两条相交直线定义角度。当选择一条直线后，命令行提示：

选择第二条直线：（选择第二条直线，系统通过将每条直线作为角度的矢量，将直线的交点作为角度顶点来确定角度。命令行提示）

指定标注弧线位置或 [多行文字(M)/文字(T)/角度(A)/象限点(Q)]：（确定弧线位置，系统将标注出两直线间的夹度，如图 11-38c 所示。也可选用其他选项）

（4）回车　即选定默认的“指定顶点”项，系统会自动按三点方式标注角度尺寸（图 11-38d），命令行提示：

指定角的顶点：（指定一点作为角的顶点，命令行提示）

指定角的第一个端点：（指定一点作为角的第一个端点，命令行提示）

指定角的第二个端点：（指定一点作为角的条二个端点，命令行提示）

创了无关联的标注。

指定标注弧线位置或 [多行文字(M)/文字(T)/角度(A)/象限点(Q)]：（确定弧线位置，系统将标注出圆弧的角度，如图 11-38d 所示。也可选用其他选项）

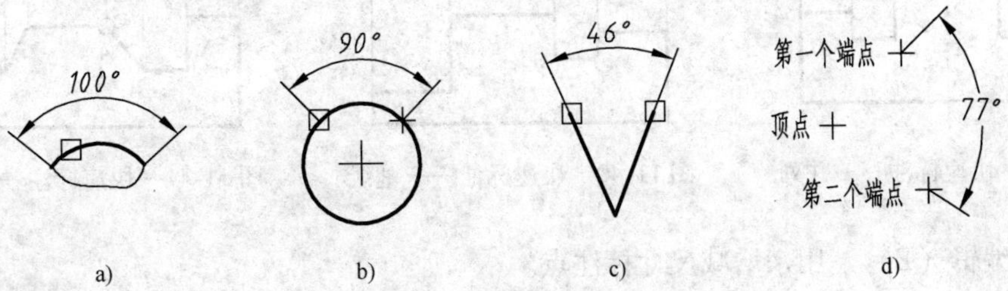

图 11-38　角度尺寸标注

（5）多行文字（M）、文字（T）、角度（A）　这些选项的功能同前所述。

(6) 象限（Q） 指定标注应锁定到的象限。打开象限行为后，将标注文字放置在角度标注外时，尺寸线会延伸超过延伸线。

11.3.8 快速标注

1. 功能 可快速创建一系列尺寸标注。特别适合完成一系列基线或连续标注，或完成一系列圆、圆弧的标注。

2. 命令格式

(1) 工具栏 标注→按钮

(2) 菜单栏 标注→快速标注

(3) 键入命令 QDIM↓

执行上述命令后，命令行提示：

关联标注优先级 = 端点

选择要标注的几何图形：（选择要标注的对象）

……

选择要标注的几何图形：↓

指定尺寸线位置或［连续(C)/并列(S)/基线(B)/坐标(O)/半径(R)/直径(D)/基准点(P)/编辑(E)/设置(T)］ <当前值>：（输入选项）

3. 选项说明

(1) 指定尺寸线位置 确定尺寸线位置。直接确定尺寸线位置时，系统按测量值对所选择的实体进行快速标注。

(2) 连续（C） 创建一系列连续标注。

(3) 并列（S） 创建一系列并列标注（图 11-39）。

(4) 基线（B） 创建一系列基线标注（图 11-40）。

(5) 坐标（O） 创建一系列坐标标注。

(6) 半径（R） 创建一系列半径标注。

(7) 直径（D） 创建一系列直径标注。

(8) 基准点（P） 为基线和坐标标注设置新的基点（图 11-41）。

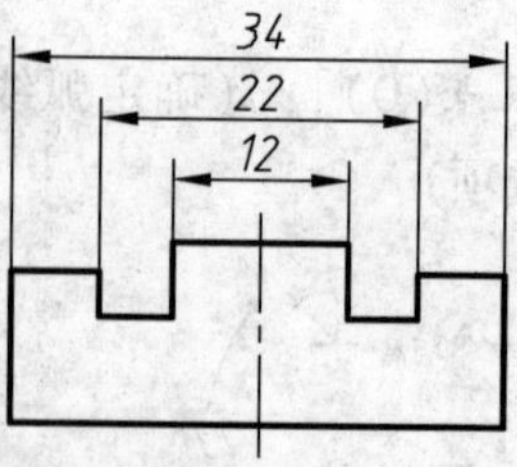

图 11-39 快速标注——并列

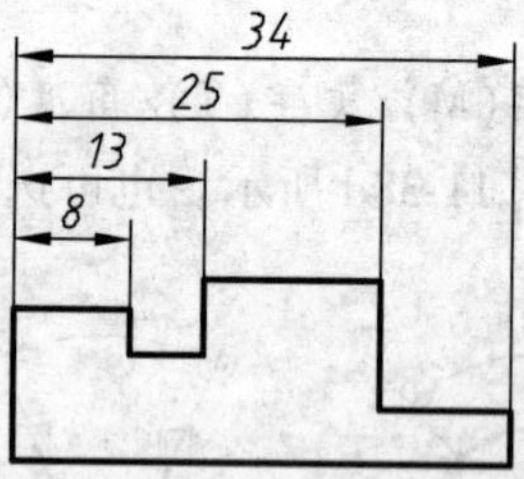

图 11-40 快速标注——基线

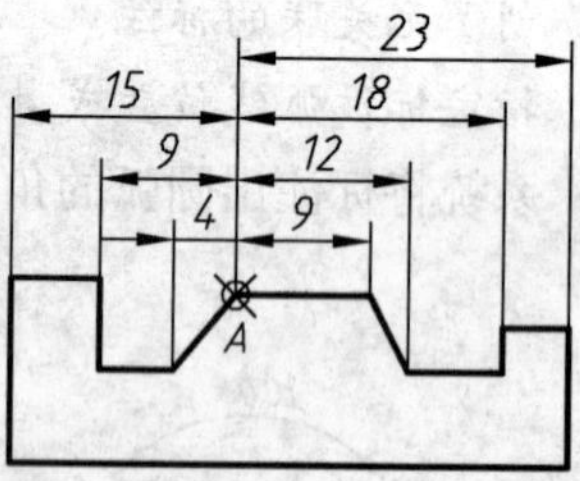

图 11-41 快速标注——基准点

(9) 编辑（E） 用来增减尺寸标注点。

(10) 设置（T） 为指定延伸线原点设置默认对象捕捉。命令行提示：

关联标注优先级［端点(E)/交点(I)］ <当前值>：

程序将返回到上一个提示。

11.3.9 引线标注

引线标注可分为快速引线标注和多重引线标注。

1. 快速引线标注　引线标注对象是两端分别带有箭头（或圆点或无）和注释内容的一段或多段引线，引线可以是直线或样条曲线，注释内容可以是文字、图块、几何公差等多种形式。

快速引线标注命令是 AutoCAD 常用的引线标注命令。在命令行中键入 QLEADER，可以激活快速引线标注命令，即：

命令：QLEADER↓（或 LE）（这时，命令行提示）

指定第一个引线点或［设置（S）］ <设置>：（指定第一个引线点，或回车进入“引线设置”对话框）

快速引线标注命令的“引线设置”对话框，如图 11-42 所示。可以在其中对引线的注释、引线和箭头、附着等参数进行设置。

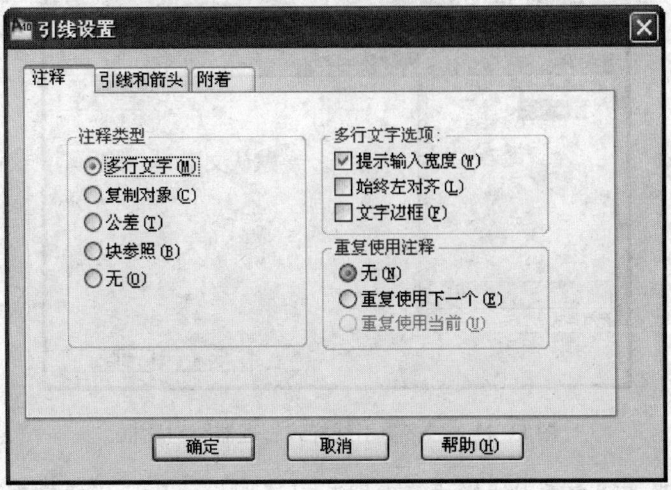

图 11-42　“引线设置”对话框

例如，绘制如图 11-43 所示的引注，操作过程如下：

命令：　QLEADER↓

指定第一个引线点或［设置（S）］ <设置>：（指定 A 点）

指定下一点：（指定 B 点）

指定下一点：（指定 C 点，该点确定了多行文字的起始位置。此例，注释类型为多行文字，引线的点数设置为 3；角度约束中，第一段为任意角度，第二段为水平；文字附着选择“最后一行加下画线”）

指定文字宽度 <2.7464>：↓

输入注释文字的第一行 <多行文字（M）>：15↓

输入注释文字的下一行：↓

结果如图 11-43 所示。

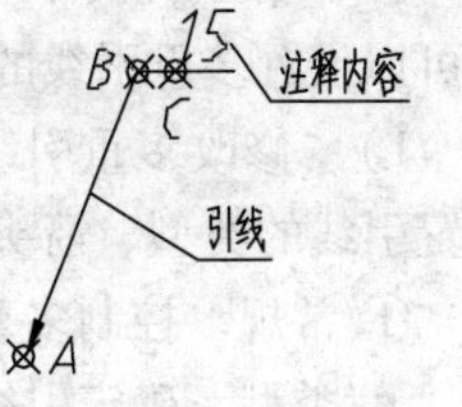

图 11-43　快速引线标注

完成快速引线标注后，文字注释将变成多行文字对象。可直接修改文字内容。

2. 多重引线标注　多重引线标注是在快速引线标注基础上改进而来的一种标注工具，其功能更加强大，常用于标注材料说明、加工工艺，几何公差等注释性内容。

（1）创建多重引线样式　与尺寸标注相似，在进行多重引线标注前，需要创建多重引线样式。通过“多重引线样式管理器”对话框可以创建多重引线样式。下面简单介绍“多重引线样式管理器”的功能及使用方法等。

1）功能　用于创建、修改多重引线样式及设定当前多重引线样式等。

2）命令格式

① 工具栏　样式（或多重引线）→ 按钮

② 菜单栏　格式→多重引线样式

③ 键入命令　MLEADERSTYLE↓

执行上述命令后，系统弹出“多重引线样式管理器”对话框（图 11-44）。

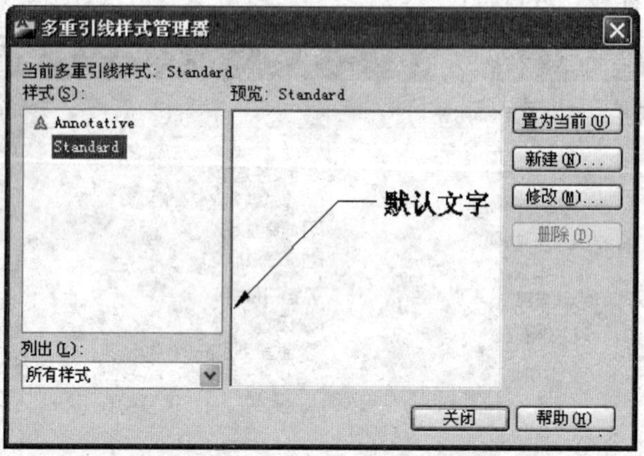

图 11-44　“多重引线样式管理器”对话框

3）对话框说明　“多重引线样式管理器”对话框与“标注样式管理器”对话框相似，“样式”列表中列出了当前图形文件中所有已创建的多重引线样式，并显示了当前样式名及其预览图，默认样式为 Standard。

单击“新建”按钮，在打开的“创建新多重引线样式”对话框中可以创建多重引线样式，如图 11-45 所示。

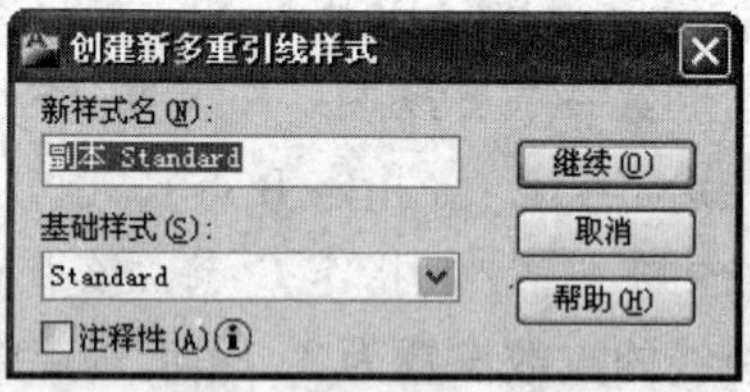

图 11-45　“创建新多重引线样式”对话框

（2）设置多重引线样式特性　单击“创建新多重引线样式”对话框中的“继续”按钮，将显示“修改多重引线样式”对话框（图 11-46），从中可以设置多重引线的引线格式、引线结构和内容。

1）“修改多重引线样式”对话框的“引线格式”选项卡（图 11-46）　此选项卡用来设置引线的类型、箭头的符号及大小等参数。

① 常规　控制多重引线的基本外观。

- 类型　确定引线类型。可以选择直引线、样条曲线或无引线。
- 颜色　确定引线的颜色。

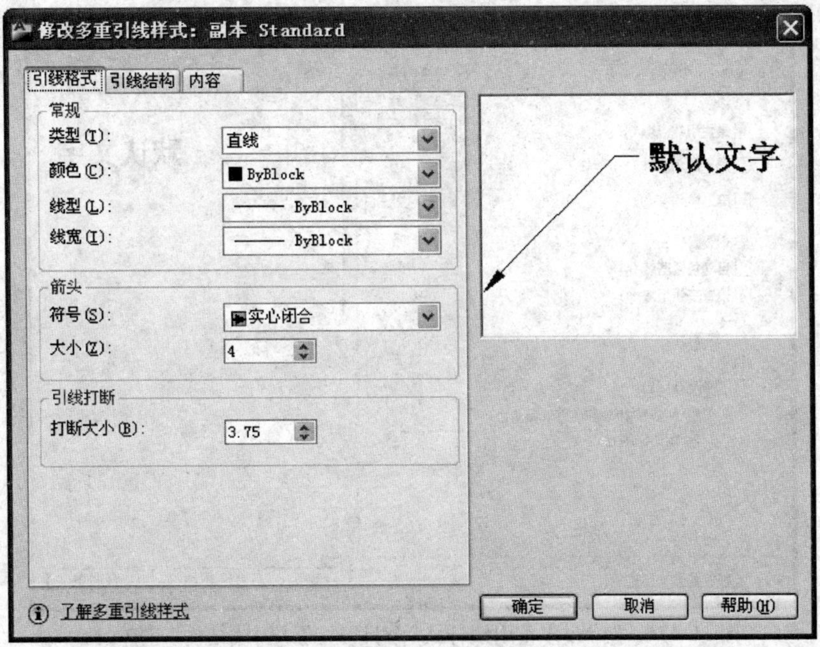

图 11-46　“修改多重引线样式”对话框的“引线格式”选项卡

- 线型　确定引线的线型。
- 线宽　确定引线的线宽。

② 箭头　控制多重引线箭头的外观。

- 符号　设置多重引线的箭头符号。
- 大小　显示和设置箭头的大小。

③ 引线打断　控制将折断标注添加到多重引线时使用的设置。

- 打断大小　显示和设置选择多重引线后用于 DIMBREAK 命令的折断大小。

④ 预览　显示已修改样式的预览图像。

⑤ 了解多重引线样式　单击该链接或信息图标可了解有关多重引线和多重引线样式的详细信息。

2）“修改多重引线样式”对话框的“引线结构”选项卡（图 11-47）　此选项卡用于设置多重引线的引线点数、弯折角度以及基线的长度等。

① 约束　控制多重引线的约束。

- 最大引线点数　指定引线的最多点数（引线的线段数比其点数少 1）。
- 第一段角度　指定第一段引线的放置角度。
- 第二段角度　指定第二段引线的放置角度。

② 基线设置　控制多重引线的基线设置。

- 自动包含基线　将水平基线附着到多重引线内容。
- 设置基线距离　为多重引线基线设置长度（图 11-50 中，基线距离为 2）。

③ 比例　控制多重引线的缩放。

- 注释性　指定多重引线为注释性。

如果多重引线非注释性，则以下选项可用。

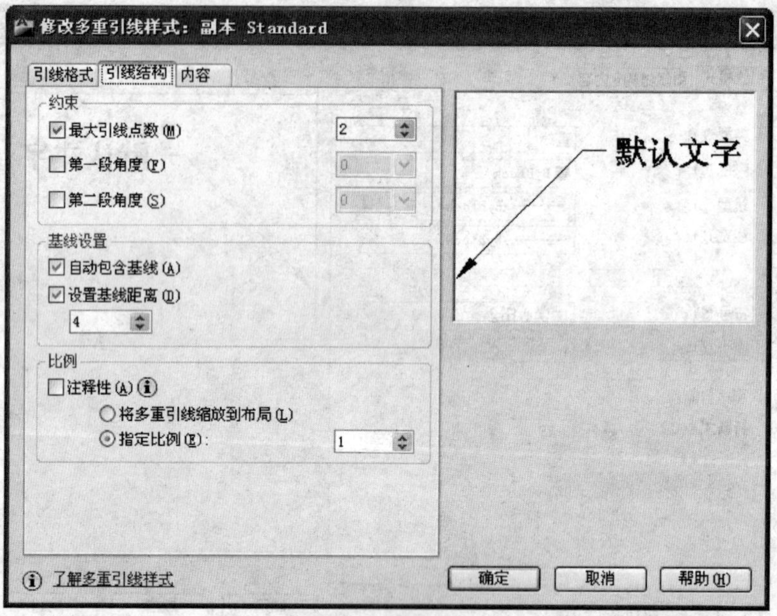

图 11-47　“修改多重引线样式”对话框的“引线结构”选项卡

• 将多重引线缩放到布局　根据模型空间视口和图纸空间视口中的缩放比例确定多重引线的比例因子。

• 指定比例　指定多重引线的缩放比例。

④ 预览　显示已修改样式的预览图像。

⑤ 了解多行样式　单击该链接或信息图标可了解有关多重引线和多重引线样式的详细信息。

3）“修改多重引线样式”对话框的“内容”选项卡（图 11-48）　此选项用于设置多重引线标注的内容、文字外观及引线连接形式等。

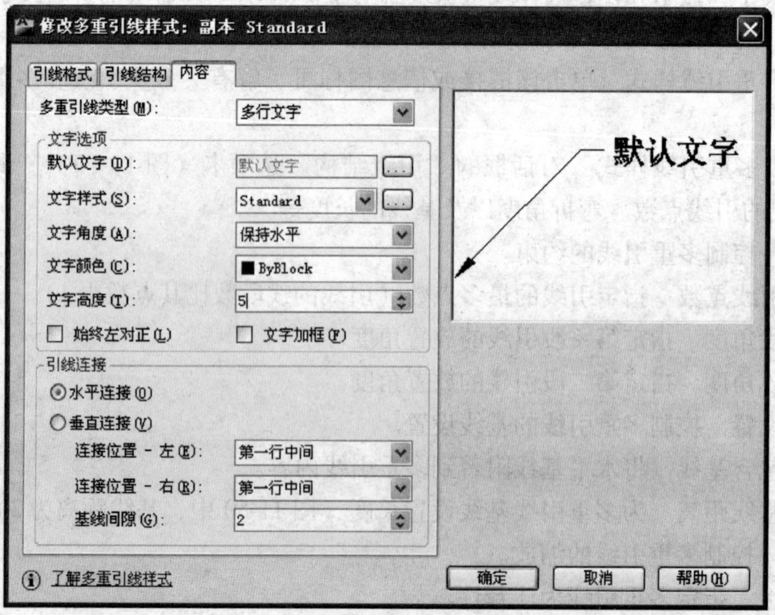

图 11-48　“修改多重引线样式”对话框的“内容”选项卡

① 多重引线类型　用于设置多重引线的标注内容，如多行文字、块等，如图 11-49 所示。选择不同的引线类型，选项卡内将对应不同的设置选项。

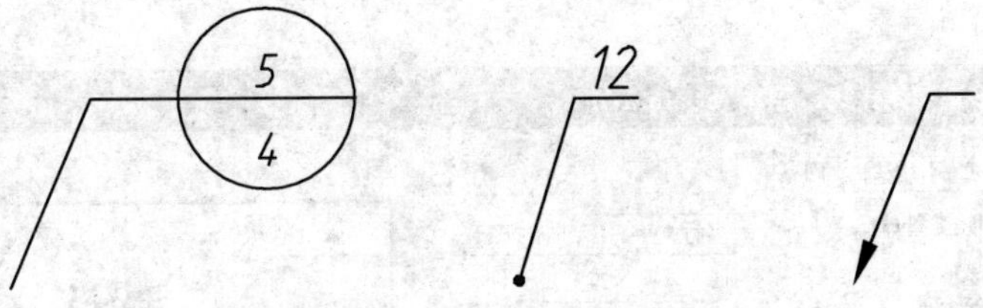

a)　　b)　　c)

图 11-49　多重引线的注释内容

a）块　b）多行文字　c）无

② 文字选项　控制多重引线文字的外观。

- 默认文字　为多重引线内容设置默认文字。单击 [...] 按钮将启动多行文字在位编辑器。
- 文字样式　指定属性文字的预定义样式。显示当前加载的文字样式。
- 文字角度　指定多重引线文字的旋转角度。
- 文字颜色　指定多重引线文字的颜色。
- 文字高度　指定多重引线文字的高度。
- 始终左对正　指定多重引线文字始终左对齐（图 11-50）。

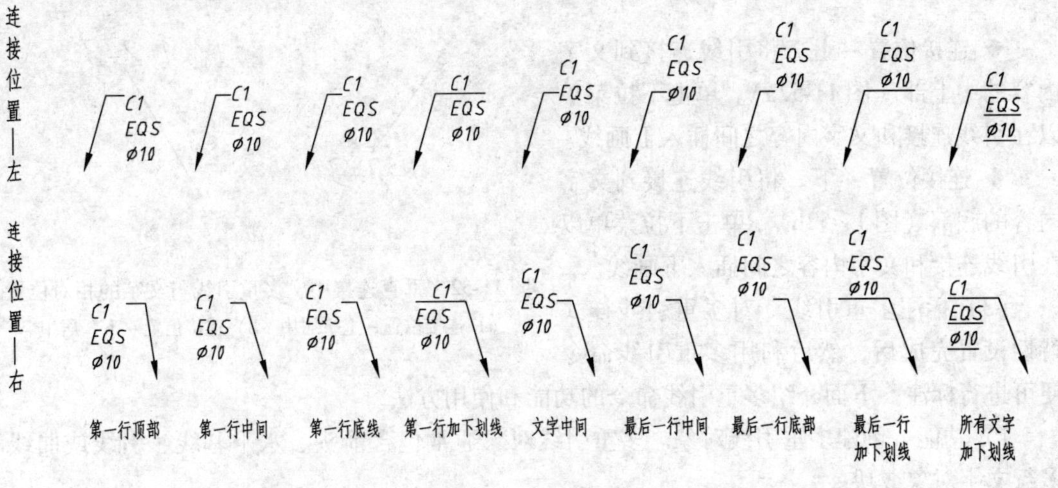

图 11-50　水平连接中，引线与文字的相对位置

- “文字加框”复选框　使用文本框对多重引线文字内容加框。

③ 引线连接　控制多重引线的引线连接设置。

- 水平连接　将引线插入到文字内容的左侧或右侧。水平连接包括文字和引线之间的基线。

◆ 连接位置 - 左　控制文字位于引线右侧时基线连接到多重引线文字的方式（图 11-50）。

◆ 连接位置 - 右　控制文字位于引线左侧时基线连接到多重引线文字的方式（图 11-50）。

• 基线间隙　指定基线和多重引线文字之间的距离。

• 垂直连接　将引线插入到文字内容的顶部或底部（图 11-51）。垂直连接不包括文字和引线之间的基线。

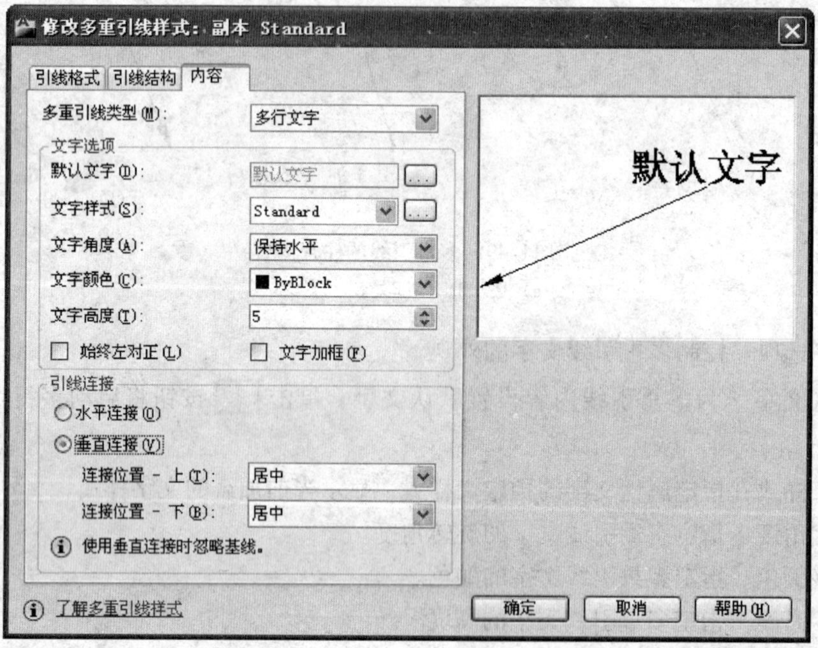

图 11-51　“修改多重引线样式”对话框的“内容”选项卡中的“垂直连接”项

◆ 连接位置 - 上　将引线连接到文字内容的中上部（图 11-52a）。单击下拉菜单以在引线连接和文字内容之间插入上画线。

◆ 连接位置 - 下　将引线连接到文字内容的底部（图 11-52b）。单击下拉菜单以在引线连接和文字内容之间插入下画线。

a)　　b)

图 11-52　垂直连接中，多重引线与文字的相对位置
a）连接位置 - 上，居中　b）连接位置 - 下，居中

(3) 标注多重引线　对多重引线样式特性设置完成后，然后利用多重引线命令便可进行标注。下面介绍多重引线命令的功能和使用方法。

1）功能　创建多重引线对象。多重引线对象通常包含箭头、水平基线、引线或曲线和多行文字对象或块。

2）命令格式

① 工具栏　多重引线→ 按钮

② 菜单栏　标注→多重引线

③ 键入命令　MLEADER↓（或 MLD）

执行上述命令后，命令行提示：

指定引线箭头的位置或 [引线基线优先(L)/内容优先(C)/选项(O)] <当前值>：

（输入选项）

3）说明　多重引线可创建为“引线箭头优先”、“引线基线优先”或“内容优先”。

① 引线箭头优先（H）　选择该选项，将先确定多重引线对象箭头的位置，然后指定引线基线的位置，并注释内容。

② 引线基线优先（L）　选择该选项，将先确定基线位置再指定箭头位置，然后注释内容。

③ 内容优先（C）　选择该选项，将首先指定与多重引线对象相关联的文字或块的位置，然后再指定箭头的位置。

4）选项　该选项可重新对引线样式进行临时更改。

例 5　完成图 11-53 所示的引线标注。

1）设置多重引线样式　单击“格式→多重引线样式”，至“修改多重引线样式”对话框。在该对话框的“引线格式”选项卡中，设置类型为直线，箭头符号为无；在“引线结构”选项卡中设置最大引线点数为 2、第一段角度为 45°，基线距离为 2；在“内容”选项卡中，选择引线类型为多行文字、文字样式为样式 1、文字高度为 3.5、水平连接、“连接位置 - 右”项为第一行加下画线；基线间隙为 0.5 等项。并“置为当前”。

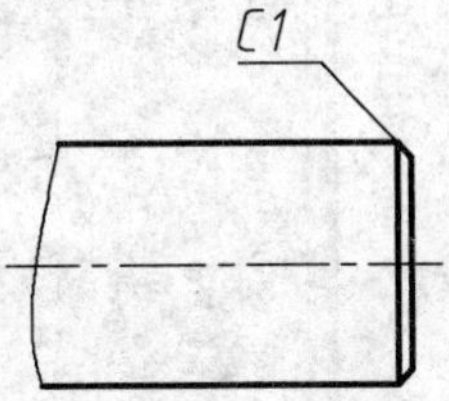

图 11-53　多重引线标注

2）多重引线标注　调用“多重引线”命令，并选用“引线箭头优先”项；启用对象捕捉功能，捕捉倒角处交点，移动鼠标指定引线基线的位置；在弹出的“多行文字编辑器”中输入 C1，单击“确定”即可（图 11-53）。

11.3.10　尺寸公差的标注

尺寸公差是指零件的尺寸相对其公称尺寸所允许变动的范围。AutoCAD 提供了多种尺寸公差的标注方法，下面以图 11-54 所注尺寸为例，介绍常用的几种方法。

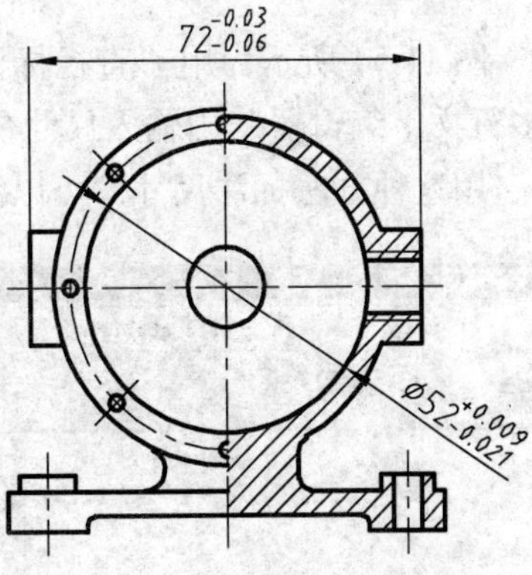

图 11-54　标注尺寸公差示例

1. 利用创建的“尺寸标注样式”，直接标注尺寸公差

1）创建样式名为“公差 1”的尺寸标注样式　根据国家标准，在“新建标注样式”对话框的选项卡内设置相关内容。其中在“公差”选项卡中设置参数如图 11-55 所示。本例标注 $72^{-0.03}_{-0.06}$。之后单击“确定”，并“置为当前”。

2）标注尺寸公差　启用线性类标注命令，当命令行提示“指定尺寸线位置或……”时直接回车，便可注出带有所设置公差的尺寸。

按上述所设样式和操作方法标出的尺寸，可能公称尺寸不同，但其公差值完全一样。

2. 利用所创建的标注样式（如“公差 1”），在标注中选用“多行文字编辑器”标注尺寸公差　此法是在上述标注方法的基础上产生的。区别在于当命令行提示“指定尺寸线位置或……”时，这里不回车，而是选取“多行文字（M）项。即打开“多行文字编辑器”，然后输入尺寸公差并选择“堆叠”等方式完成标注。

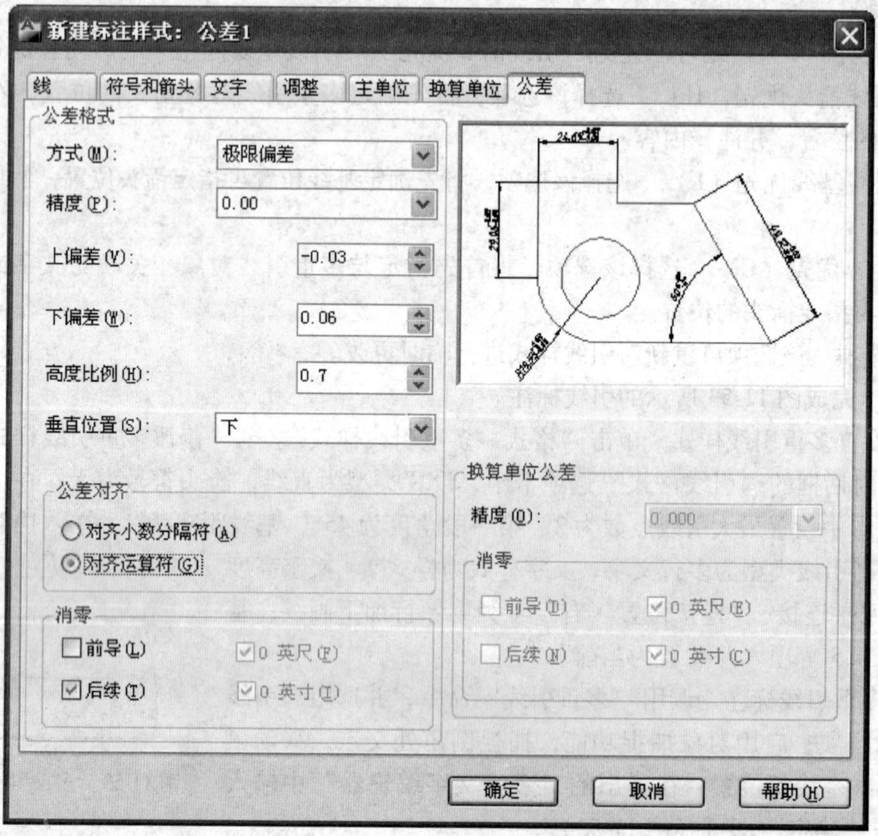

图 11-55　在“新建标注样式”对话框的“公差”选项卡内设置参数

图 11-54 所示为用“直径标注”方式标注 $\phi52^{+0.009}_{-0.021}$。这时，标注样式为“公差 1”，在“多行文字编辑器”内输入尺寸公差值（图 11-56）。

用这种方法标注尺寸，可以满足在同一标注样式下，标注出不同的尺寸公差值。

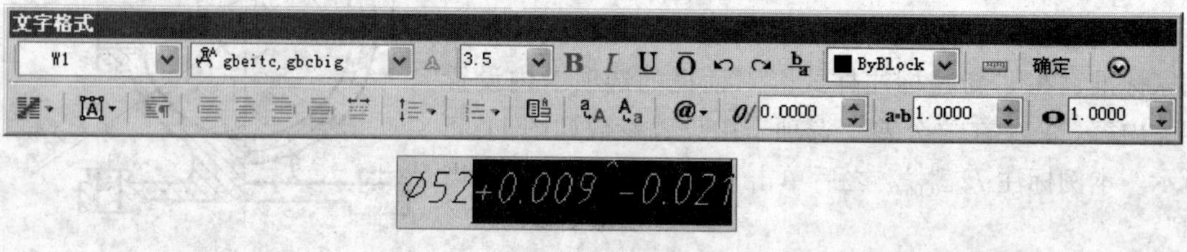

图 11-56　在尺寸标注中，利用“多行文字编辑器”输入尺寸公差值

11.3.11　几何公差的标注

在生产实际中，经过加工的零件，不但会产生尺寸误差，而且会产生形状和位置误差。为此国家标准规定了一项保证零件加工质量的技术指标——“几何公差”（GB/T 1182—2008），即旧标准中的“形状和位置公差”。

在技术图样中，规定几何公差一般应采用代号标注。几何公差代号用框格表示，并用带箭头的指引线指向被测要素。可使用以下两个命令标注几何公差。

1. 利用形位公差标注命令

（1）功能　用于标注公差代号，即注写几何公差框格的内容。对于标注位置公差，通常在这之前应按要求绘制出带箭头的指引线。

（2）命令格式

1）工具栏　标注→按钮

2）菜单栏　标注→公差

3）键入命令　TOLERANCE↓（或 TOL）

执行上述命令后，AutoCAD 系统弹出“形位公差”对话框，如图 11-57 所示。

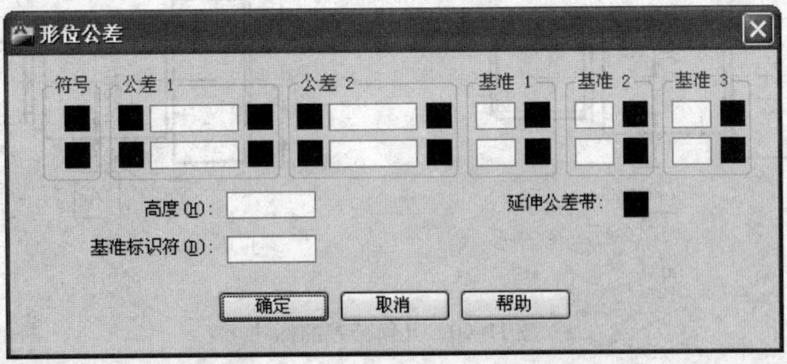

图 11-57　“形位公差”对话框

（3）对话框说明

1）符号　设定或改变公差符号。单击下面的黑方块，系统弹出“特征符号”对话框，如图 11-58 所示，可从中选取公差符号。

2）公差 1（2）　产生第一（二）个公差的公差值及“附加符号”符号。白色文本框左侧的黑块控制是否在公差值之前加一个直径符号，单击它，则出现一个直径符号，再单击则又消失。白色文本框用于确定公差值，在其中输入一个具体数值。右侧黑块用于插入“包容条件”符号，单击它，AutoCAD 打开图 11-59 所示的“附加符号”对话框，可从中选取所需符号。

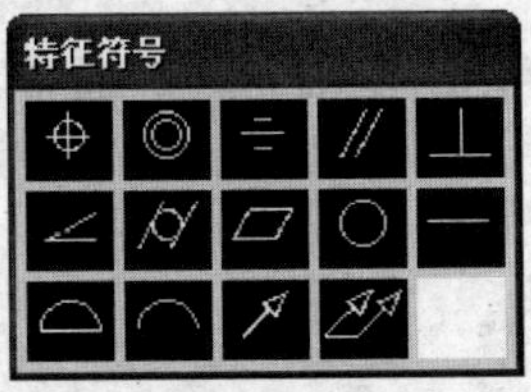

图 11-58　“特征符号”对话框

图 11-59　“附加符号”对话框

3）基准 1（2、3）　确定第一（二、三）个基准符号及材料状态符号。在白色文本框中输入一个基准符号。单击其右侧黑块，AutoCAD 弹出“包容条件”对话框，可从中选取适当的“包容条件”符号。

4）“高度”文本框　确定标注复合几何公差的高度。

5）延伸公差带　单击此黑块，在复合公差带后面加一个复合公差符号。

6）“基准标识符”文本框　产生一个标识符号，用一个字母表示。

例　如图 11-60 所示，用公差命令标注平面度公差。

第一步：绘制指引线（图 11-60a）。将带有箭头的指引线画到被测要素处。可用多重引线命令绘出。这时其样式中“最大引线点数”可设为 2，“第一段角度”为 90°，“基线距离”取 10，“多重引线类型”为无等。

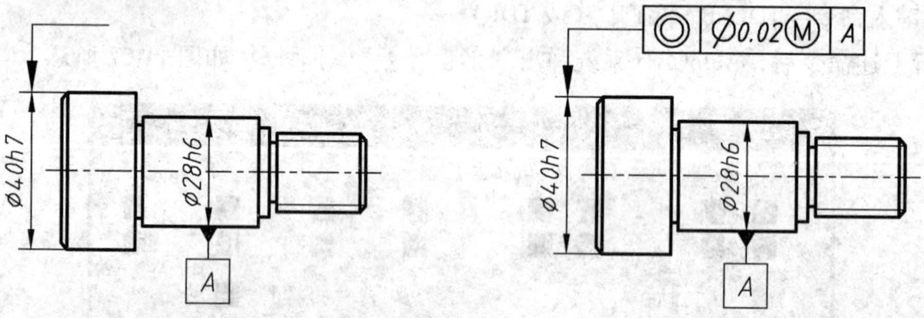

a)　　　　b)

图 11-60　几何公差的标注

第二步：注写几何公差框格，并放于指引线端点上（图 11-60b）。调用公差命令，在“形位公差”对话框内按规范填写有关内容，之后单击“确定”按钮，将关闭“形位公差”对话框，此时系统提示：

输入公差位置：

这时可打开对象捕捉，拖动公差框格到指引线的端点，确认后，便完成几何公差的标注。

2. 利用快速引线标注命令　可一次标注出指引线和几何公差框格。如对图 11-60 所示的标注，启动 QLEADER 命令后在“引线设置”对话框中，设置“注释类型”为“公差”项，引线点数设为 3；第一段角度约束为 90°，第二段角度约束为水平等。之后便一次注出其公差。

对于位置公差的标注，在基准要素上（或延长线）还应作出基准符号。通常，将基准符号定义为一个带有属性的块。

11.4　编辑标注对象

在 AutoCAD 中，可以对已标注对象的文字、位置及样式等内容进行修改，而不必删除它们再重新标注。

11.4.1　编辑标注文字和延伸线

1. 功能　旋转、修改或恢复标注文字，更改延伸线的倾斜角。

2. 命令格式

（1）工具栏　标注→ 按钮　编辑标注对象上的标注文字和尺寸界线

（2）菜单栏　标注→倾斜

（3）键入命令　DIMEDIT↓

执行上述命令后，命令行提示：

输入标注编辑类型［默认(H)/新建(N)/旋转(R)/倾斜(O)］<当前值>：（输入选项）

3. 选项说明

（1）默认（H）　将旋转标注文字移回默认位置。

（2）新建（N）　使用“在位文字编辑器”更改标注文字。

（3）旋转（R）　对已标注的文字按指定的角度进行旋转。

（4）倾斜（O）　调整线性标注延伸线的倾斜角度。

例1　调整图11-61a中延伸线的倾斜角度，使之成15°。

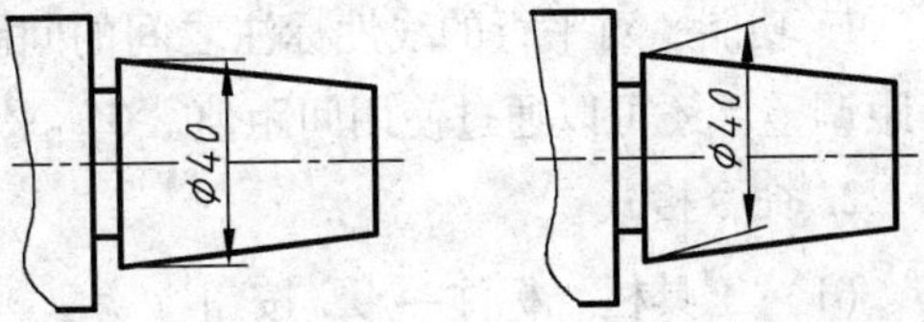

a)　　b)

图11-61　线性标注延伸线的编辑

a）编辑前　b）编辑后

操作过程如下：

命令：DIMEDIT↓

输入标注编辑类型［默认(H)/新建(N)/旋转(R)/倾斜(O)］<默认>：O↓

选择对象：(选取“ϕ40”)

选择对象：↓

输入倾斜角度（按回车键表示无）：15↓

结果如图11-61b所示。

11.4.2　编辑标注文字的位置

1. 功能　移动和旋转标注文字，重新定位尺寸线。

2. 命令格式

（1）工具栏　标注→按钮

（2）菜单栏　标注→对齐文字→子菜单选项

（3）键入命令　DIMTEDIT↓

执行上述命令后，命令行提示：

选择标注：(选择一标注对象)

为标注文字指定新位置或［左对齐(L)/右对齐(R)/居中(C)/默认(H)/角度(A)］：(输入选项)

3. 选项说明

（1）为标注文字指定新位置　拖曳时动态更新标注文字的位置。

（2）左对齐（L）　将标注文字沿尺寸线移至靠近左延伸线的位置（图11-62a）。本选项只适用于线性、直径和半径标注。

（3）右对齐（R）　将标注文字沿尺寸线移至靠近右延伸线的位置（图11-62b）。本选项只适用于线性、直径和半径标注。

（4）居中（C） 将标注文字放在尺寸线的中间（在延伸线内有足够空间的情况下），如图 11-62c 所示。

（5）默认（H） 将标注文字恢复到原来的默认位置，如图 11-62d 所示。

（6）角度（A） 修改标注文字的角度，图 11-62e 中指定标注文字为 45°。

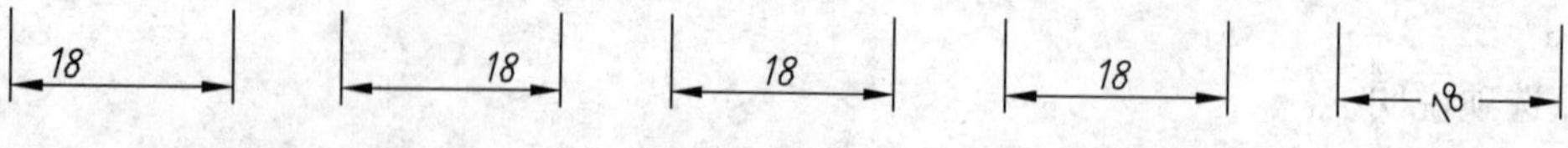

a) b) c) d) e)

图 11-62 移动和旋转标注文字

11.4.3 调整标注间距

1. 功能 对平行的线性标注之间的间距或共享一个公共顶点的角度标注之间的间距做等距调整。还可以通过使用间距值“0”来对齐线性标注或角度标注。

2. 命令格式

（1）工具栏 标注→按钮

（2）菜单栏 标注→标注间距

（3）键入命令 DIMSPACE↓

执行上述命令后，命令行提示：

选择基准标注：（选择平行线性标注或角度标注）

选择要产生间距的标注：（选择平行线性标注或角度标注以从基准标注均匀隔开，命令行提示）

输入值或［自动（A）］<自动>：（指定间距或回车）

3. 说明

（1）输入值 指定从基准标注均匀隔开选定标注的间距值。例如，如果输入值 5.5，则所有选定标注将以 5.5 的距离隔开。

（2）自动（A） 基于在选定基准标注的标注样式中指定的文字高度自动计算间距。所得的间距值是标注文字高度的两倍。

例 2 将图 11-63a 的所注尺寸调整为以尺寸 8 为基准，相邻尺寸线间距为 4.5（图 11-63b）。

操作过程如下：

命令：DIMSPACE↓

选择基准标注：（选择尺寸标注 8）

选择要产生间距的标注：（选择尺寸标注 16）

找到 1 个

选择要产生间距的标注：（选择尺寸标注 30）

找到 1 个，总计 2 个

选择要产生间距的标注：↓

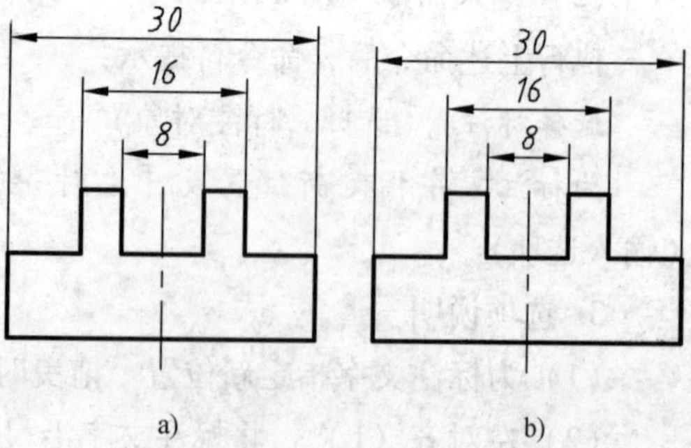

a) b)

图 11-63 调整平行线性标注的间距

a）调整前 b）调整后

输入值或［自动（A）］＜自动＞：4.5↓

结果如图 11-63b 所示。

11.4.4 多重引线的编辑

利用多重引线编辑功能，可以增、删、合并引线，改变引线的位置等，以满足设计要求。

1. 添加引线　将引线添加至现有的多重引线对象，或从多重引线对象中删除引线。其打开方式有以下几种：

（1）工具栏　多重引线→按钮

（2）键入命令　MLEADEREDIT↓

执行上述命令后，命令行提示：

选择多重引线：（选择多重引线，命令行提示）

指定引线箭头位置或［删除引线（R）］：

这时，根据需要可以添加或删除多重引线。图 11-64 所示为添加多重引线的过程。

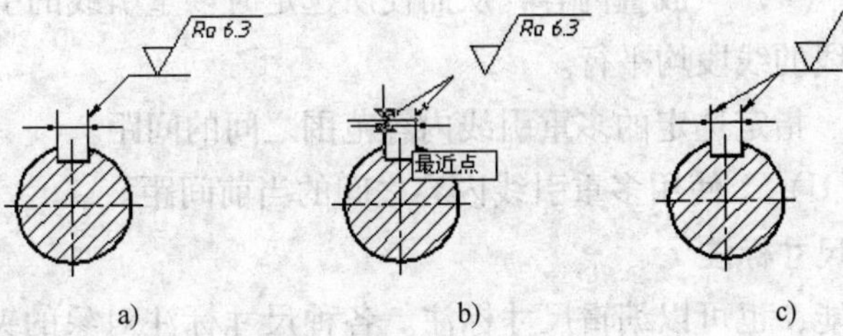

图 11-64　添加多重引线

a）原图　b）选择并指定引线箭头位置　c）添加结果

2. 多重引线对齐　将选定的多重引线对象对齐并按一定间距排列。其打开方式有以下几种：

（1）工具栏　多重引线→按钮

（2）键入命令　MLEADERALIGN↓

执行上述命令后，命令行提示：

选择多重引线：（选择多重引线，命令行提示）

选择多重引线：↓

当前模式：使用当前间距

选择要对齐到的多重引线或［选项（O）］：

对此有两种响应。

1）选择要对齐到的多重引线　选定多重引线后，指定所有其他多重引线要与之对齐。这时命令行提示：

指定方向：

当确定一方向后，指定所有其他多重引线要与之对齐（图 11-65）。

2）选项（O）　指定用于对齐并分隔选定的多重引线的选项。这时命令行提示：

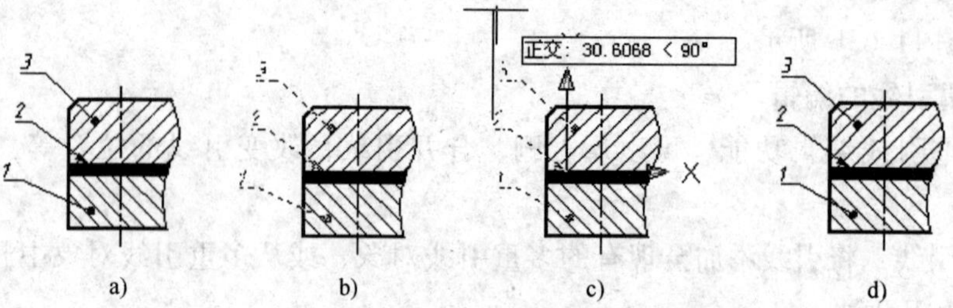

图 11-65 多重引线对齐

a）原图 b）选择多重引线 c）选择要对齐到的多重引线并指定方向 d）多重引线对齐效果

输入选项［分布(D)/使引线线段平行(P)/指定间距(S)/使用当前间距(U)］<当前值>：

各选项内容如下：

① 分布（D） 等距离隔开两个选定点之间的内容。

② 使引线线段平行（P） 放置内容，从而使所选定时多重引线的引线线段，与最后选择的要对齐到的多重引线的线段均平行。

③ 指定间距（S） 指定选定的多重引线内容范围之间的间距。

④ 使用当前间距（U） 使用多重引线内容之间的当前间距。

11.4.5 使用夹点编辑尺寸标注

使用夹点的拉伸功能，也可以编辑尺寸标注。各种尺寸标注对象的夹点位置如图 11-66 所示。

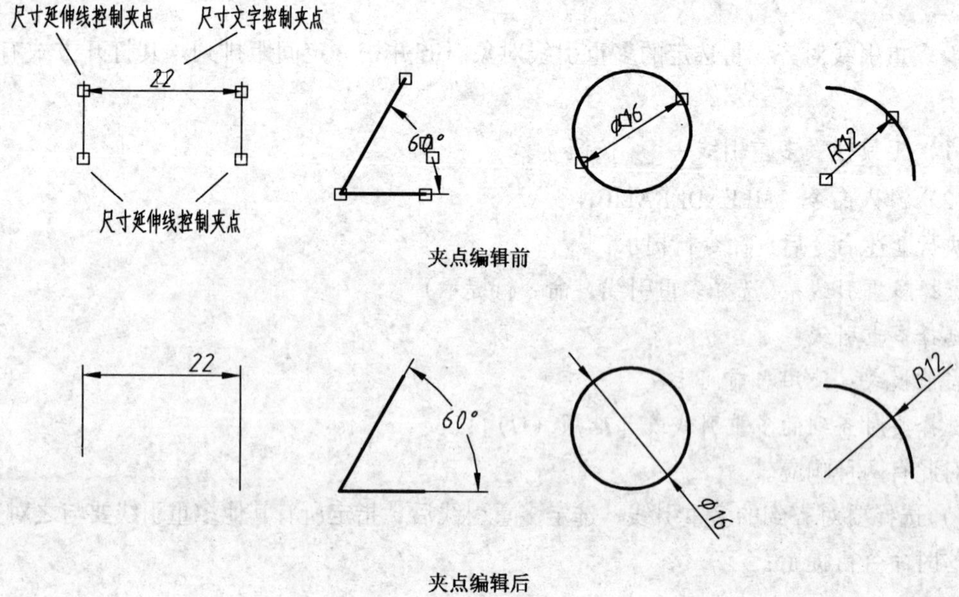

图 11-66 使用夹点编辑尺寸

尺寸中的夹点控制了尺寸延伸线、尺寸线、尺寸文字的位置。用鼠标选中相应的夹点，使其成为热点，移动鼠标到合适的位置按鼠标左键可完成以下编辑操作：

1）选中文字控制夹点，可将文字沿尺寸线移动到任意位置放置。

2）选中尺寸线位置夹点，可改变尺寸线的位置。

3）选择延伸线原点控制夹点，可改变尺寸延伸线的位置，尺寸文字随之自动变化。

同样，夹点编辑尺寸标注的方法也适用于多重引线。当然，夹点编辑的其他功能对于尺寸标注也适用。

思考与练习题十一

1. 在 AutoCAD 中，可以使用的尺寸标注类型有哪些？
2. 如何设置尺寸标注样式？
3. 怎样更改当前图形中已标注的尺寸？
4. “多重引线”标注有什么用途？
5. 在图形样板文件 A3. dwt、A4. dwt 中，设置常用的尺寸标注样式，并保存。
6. 调出思考与练习题八～思考与练习题十的图形，标注尺寸并保存。
7. 绘制图 11-67、图 11-68 所示的图形并保存。

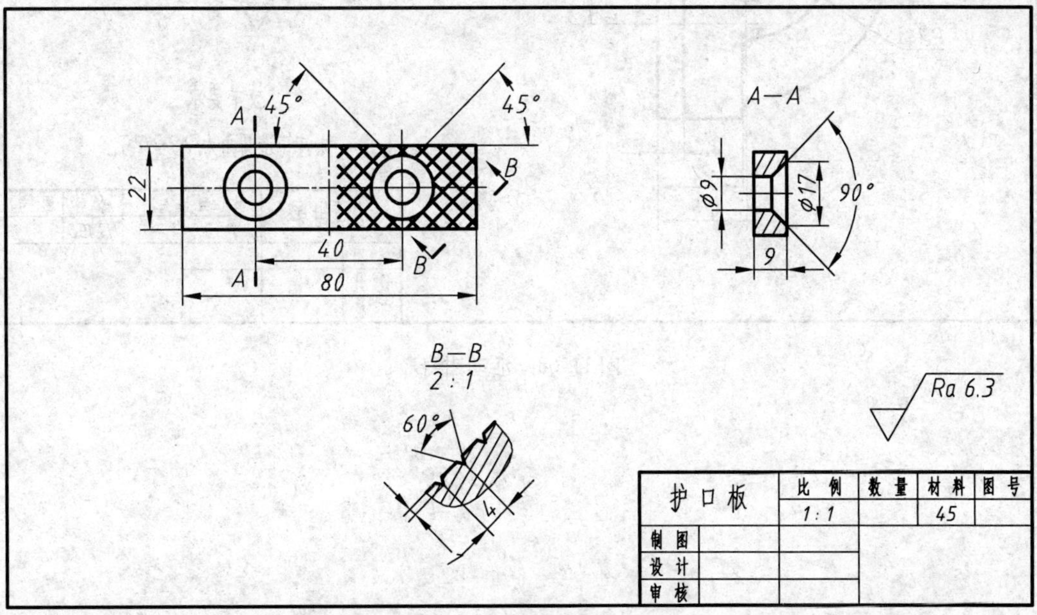

图 11-67　护口板

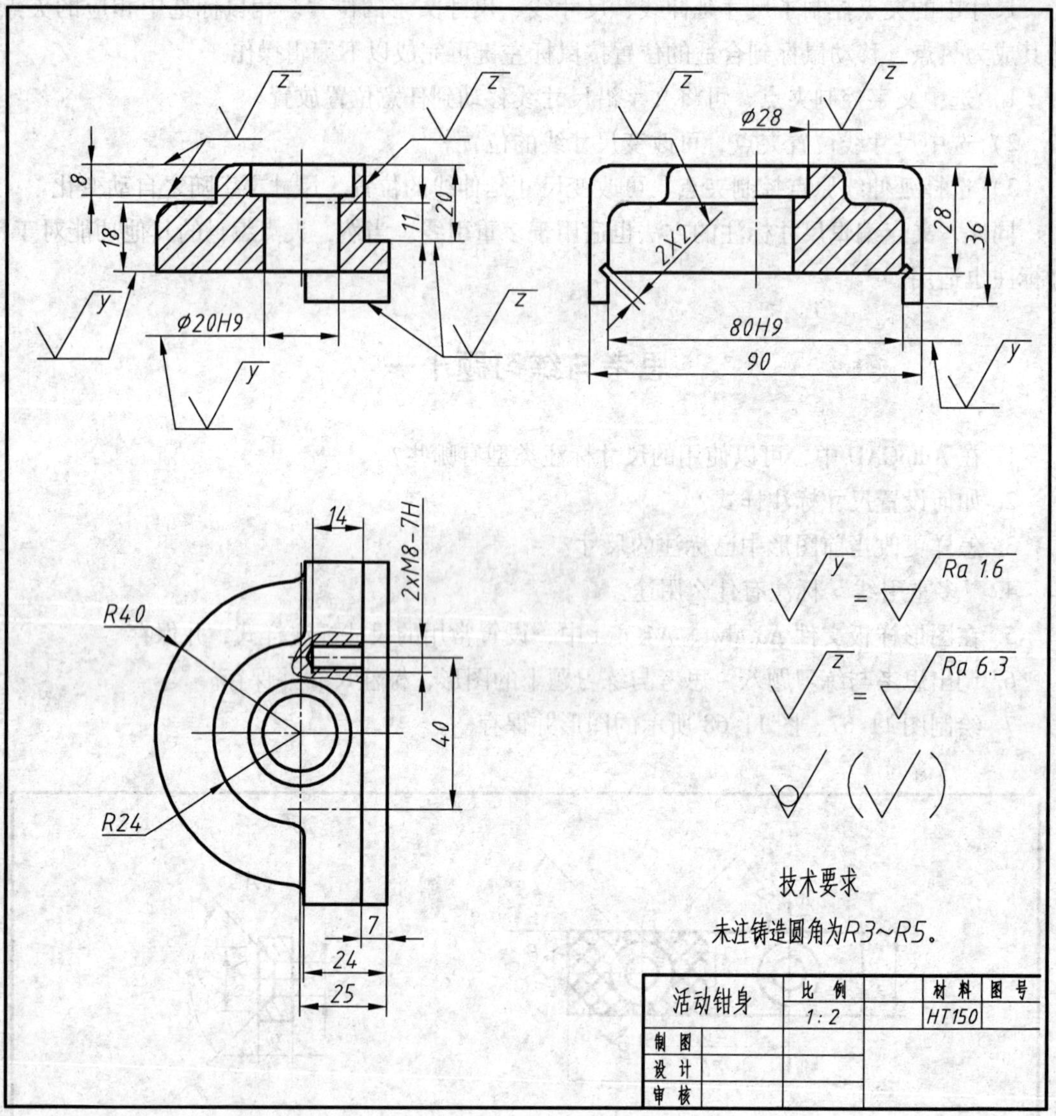

z
y
8
18
20
11
Φ20H9
Φ28
2X2
28
36
80H9
90
14
2xM8-7H
R40
R24
40
7
24
25
Ra 1.6
Ra 6.3
技术要求
未注铸造圆角为R3~R5。
活动钳身
比 例
1:2
材 料
图 号
HT150
制 图
设 计
审 核

图 11-68　活动钳身

第 12 章　绘制装配图

12.1　绘制装配图的方法

绘制装配图是机械设计的重要内容之一。利用 AutoCAD 绘制装配图，可采用直接绘制法或拼图画法。

直接绘制法，是根据零件间的装配关系，从装配干线入手，由内到外（或由外到内）将零件逐个画出，经编辑修改后便得到装配图。

拼图法，是以已画出的零件图为基础，根据零件间的装配关系，直接调用零件图，然后拼画出装配图。常用拼图画法有以下几种：

1. 插入法

（1）图块插入法　将零件图（或部分图形）创建为块，然后在装配图中插入所需的图块，经编辑整理后绘出装配图。

（2）零件图形文件插入法　首先绘出零件图，然后按机器（部件）的组装顺序，再将零件图插入到装配图上，经编辑修改依次拼装成装配图。

插入法中，当将对象插入当前图形文件后，它是一个整体。通常需用分解命令处理后，再进行编辑，直至完成装配图。

2. 复制法

（1）复制法　利用 AutoCAD 的复制命令，将所需的零件图中图形对象或块复制到剪贴板上，然后使用粘贴命令，将其粘贴到装配图上。这种方法可实现在不同文件间调用图形对象或块，但它是使用整个所选对象的左下角点作为基点插入的。

（2）带基点复制法　与上述复制法相比，使用该方法，系统要求指定基点，并以该基点作为插入点将所选对象粘贴到装配图上的。这样可利用图形上的特殊点，准确、方便地作出装配图。可通过绘图区快捷菜单中的“带基点复制（Ctrl + Shift + C）”项进行复制。

（3）利用“平铺”窗口复制法　它是基于“窗口→平铺”命令，显示多个窗口。窗口间可利用剪贴板复制和粘贴图形对象，并在活动窗口中可执行 AutoCAD 的各种操作。这种方法，直观、明了。

究竟选择哪种方法绘制装配图，主要取决于装配体的结构及复杂程度。如果零件较少，装配关系简单，则可以选用直接绘制的方法，以提高绘图效率。如果零件较多，装配关系复杂，则宜采用拼图画法，以提高作图的准确性和效率。

本章主要介绍用“图块插入法”和“平铺法”绘制装配图的方法。

12.2　“图块插入法”绘制装配图

用“图块插入法”绘制装配图应注意以下几点：

1. 规范图层管理　各相关零件图必须按统一设置的图层内容进行绘图，包括图层名称、颜色、线型、线宽等。这样装配图上的图层与零件图的图层相一致，便于绘图与图层管理。

2. 规范尺寸标注　各相关零件图上，所画图线的线性尺寸或角度尺寸必须与 AutoCAD 自动测量的尺寸相一致（线性尺寸可采用缩放比例标注），且尺寸标注的样式设置应一致，以免影响装配图效果。

3. 图形比例与插入的缩放比例必须协调　这里，在画零件图时，可根据其结构的大小和复杂程度采用相应放大或缩小比例；但在画装配图时，各零件图必须根据装配图所采用的比例，采用相应的缩放比例插入。

4. 块定义的基点应合适　块定义时所选的基点要满足零件图在装配图中的定位需要，这样可大大减少作图过程。

插入法画装配图的具体做法是：根据装配图的表达需要，将所画零件图（或零件图中某些图形）分别定义成块，并选择其中的一个零件图作为基础，利用设计中心或块插入命令等将各图块按顺序插入，之后通常需分解图块，再经过编辑、修改等完成装配图。

下面根据千斤顶的装配示意图（图 12-1）和零件图（图 12-2、图 12-3），在 A4 图幅中 1∶1 绘出千斤顶装配图。其过程如下：

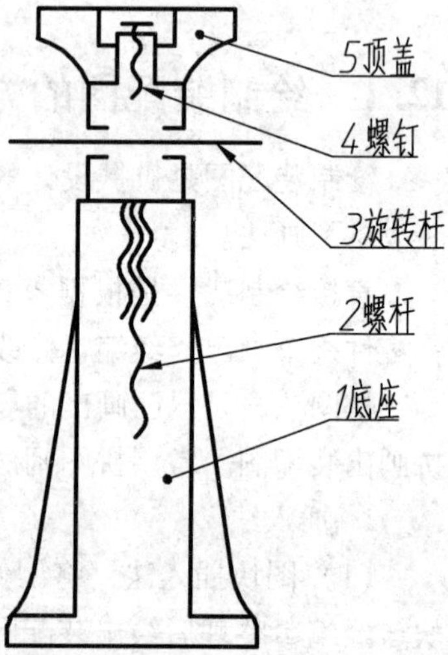

图 12-1　千斤顶装配示意图

第一步：设置（或调用）样板图形，使其图层、文字样式、标注样式等规范使用，符合标准。

第二步：绘制千斤顶零件图　根据图 12-2、图 12-3 所示的千斤顶零件图，按 1∶1 绘制出零件图（过程略）。

第三步：绘制千斤顶装配图

（1）确定表达方案　根据千斤顶的结构特点、工作状况以及零件之间的装配、连接关系，选择一主视图（取剖视）作为千斤顶的装配图。

（2）定义图块　根据表达方案的需要，将螺杆、旋转杆、顶盖及螺钉的主视图分别定义为 LG、XZG、DG 及 LD 图块，并取图中标记“×”处为插入基点（参见图 12-3）。

（3）选择基础图形　根据千斤顶装配图的表达需要，选择“底座”作为装配基础件。将“底座”零件图另存为“千斤顶”，并擦除其俯视图、尺寸等（略去图纸的边界线、图框线和标题栏，见图 12-4a）。

（4）插入图块

1）插入 LG 图块　以 A 点为插入点，旋转 -90°，在基础件“底座”的图形中插入 LG 图块。然后分解图块，并作修改，如图 12-4b 所示。

2）插入 DG 图块　以 B 点为插入点，旋转 -90°，在当前图形中插入 DG 图块。然后分解图块，并作修改，如图 12-4c 所示。

3）插入 LD 图块　以 C 点为插入点，旋转 -90°，在当前图形中插入 LD 图块。然后分解图块，并作修改，如图 12-4d 所示。

4）插入 XZG 图块　以 D 点为插入点，在当前图形中插入 XZG 图块。然后分解图块，并作修改，如图 12-4e 所示。

（5）检查、修改图形　检查相邻零件的剖面线方向与间距是否符合制图要求，是否存在漏画线或多线现象等。经过检查、修改使其符合制图图家标准。

（6）标注相关尺寸。

（7）编写零件序号。

（8）绘制（或调用）并填写标题栏和明细栏，完成千斤顶装配图（图 12-5）。

（9）存盘并退出。

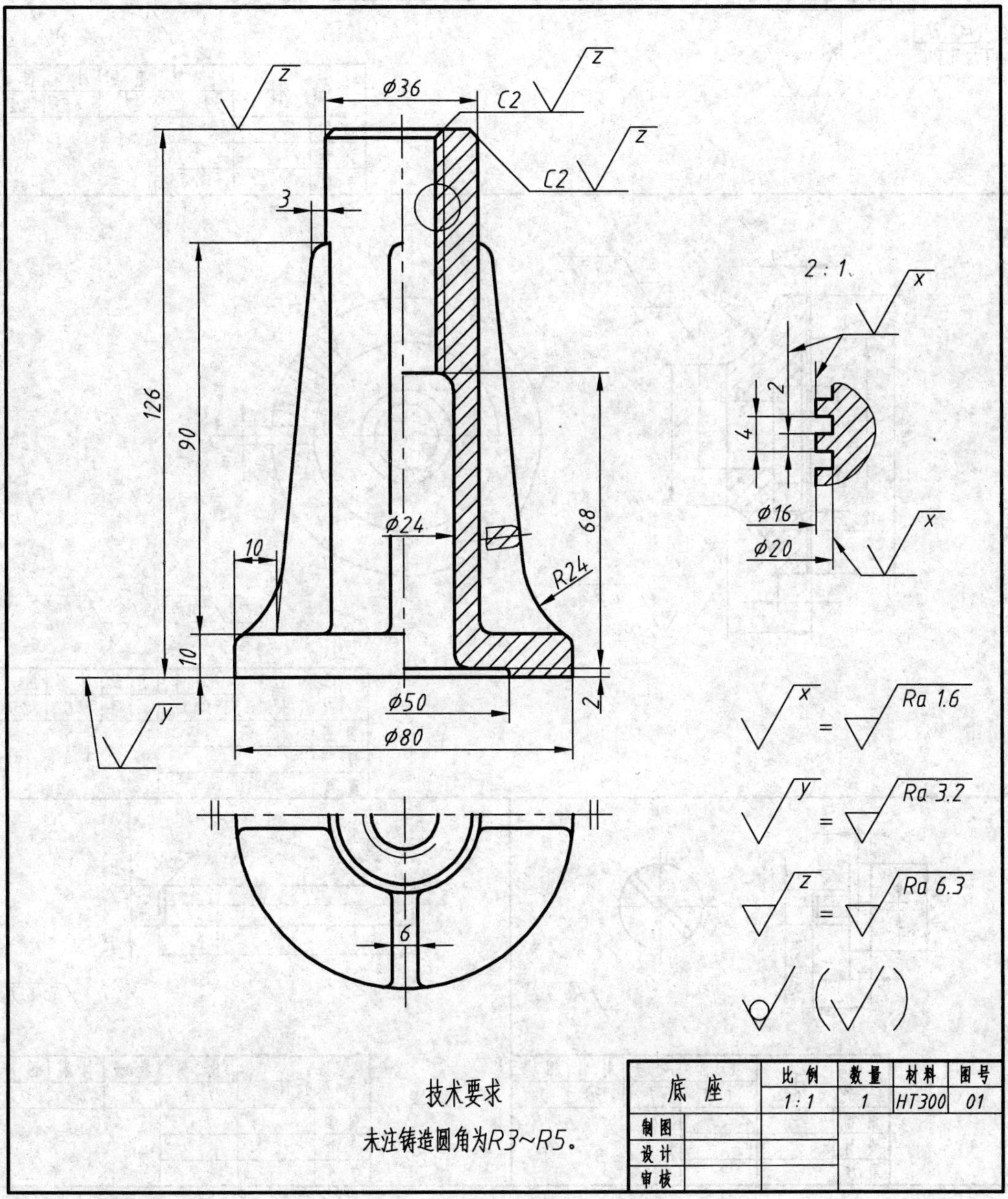

图 12-2　底座零件图

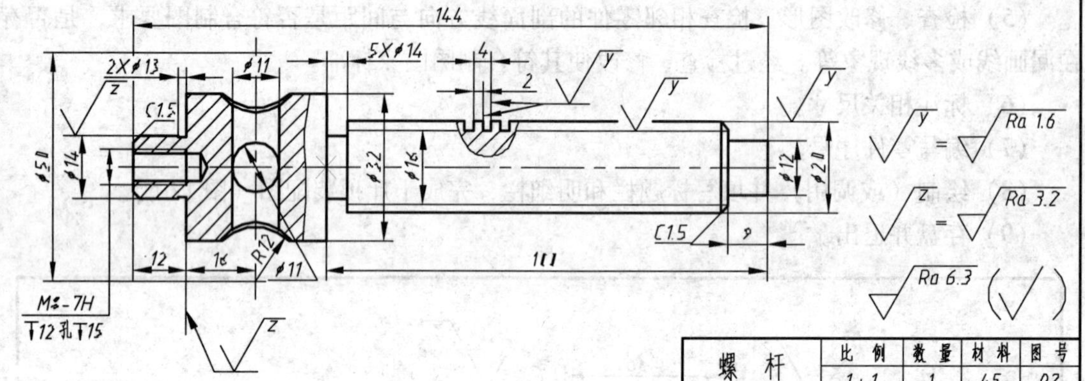

螺杆	比例	数量	材料	图号
	1:1	1	45	02
制图				
设计				
审核				

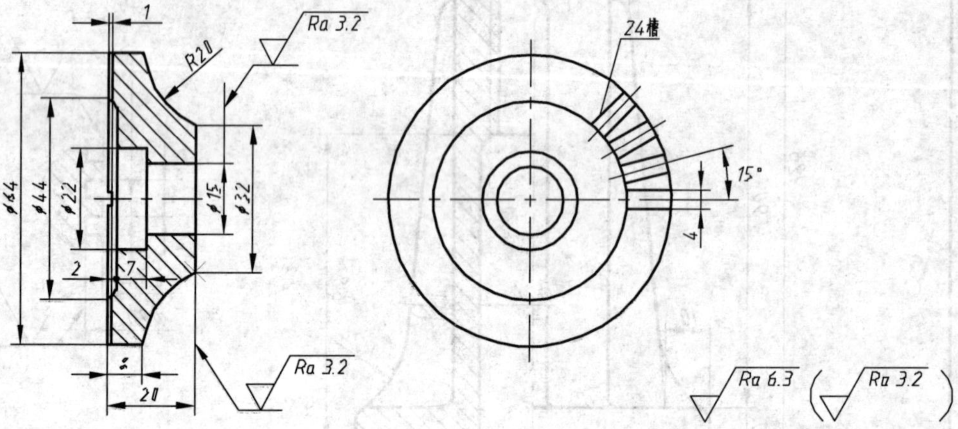

顶盖	比例	数量	材料	图号
	1:1	1	45	05
制图				
设计				
审核				

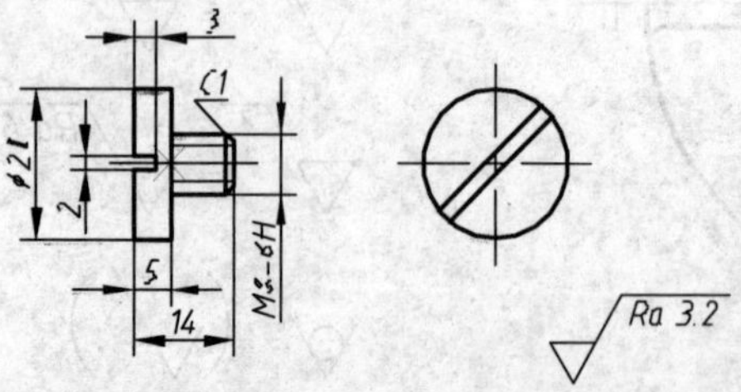

螺钉	比例	数量	材料	图号
	1:1	1	30	04
制图				
设计				
审核				

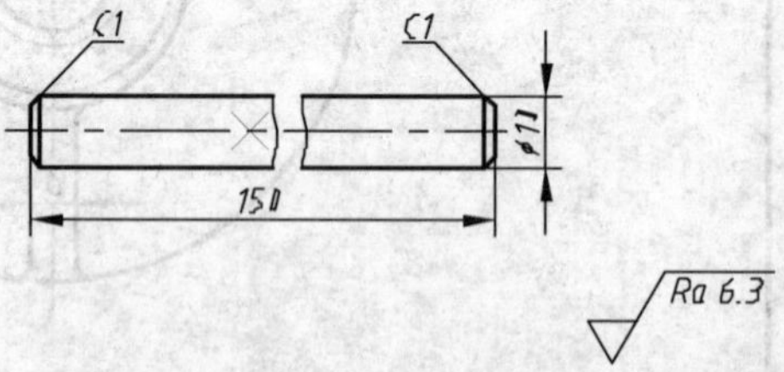

旋转杆	比例	数量	材料	图号
	1:1	1	45	03
制图				
设计				
审核				

图 12-3 千斤顶零件图

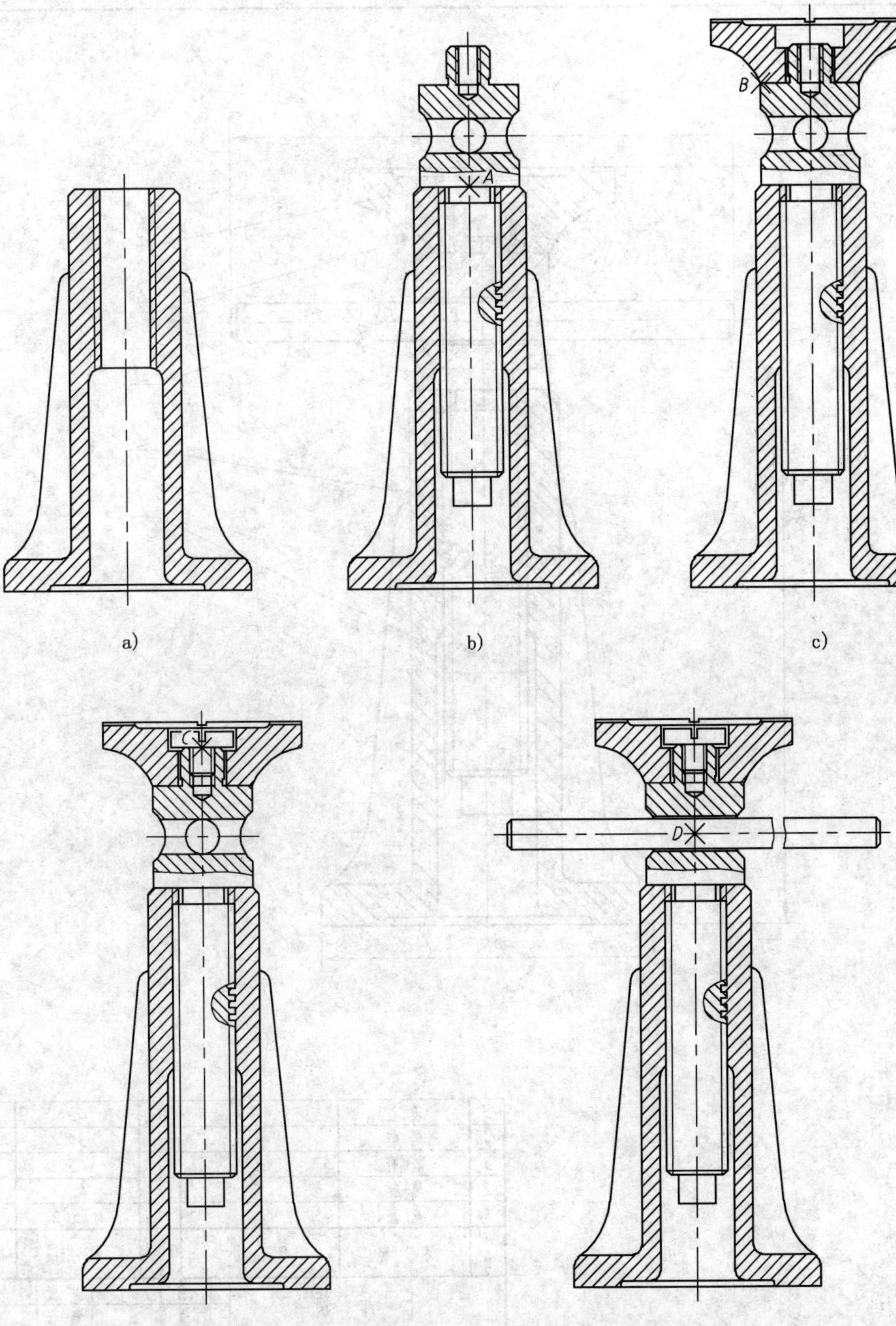

图 12-4　“图块插入法”绘制千斤顶装配图的过程

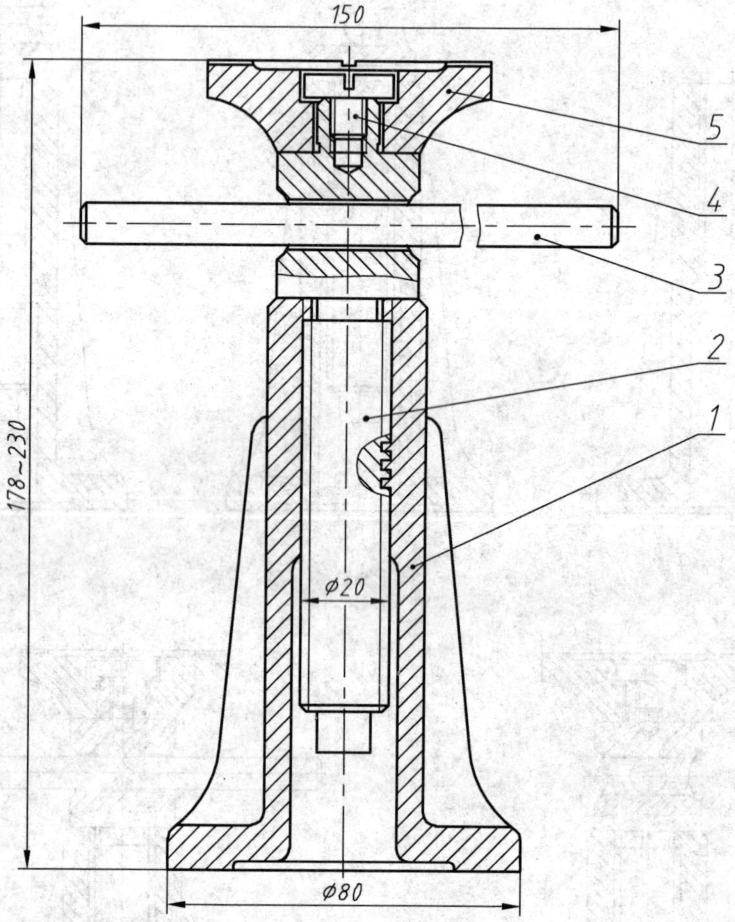

序号	名 称	代 号	数量	材 料	备注
5	顶盖		1	45	
4	螺钉		1	30	
3	旋转杆		1	45	
2	螺杆		1	45	
1	底座		1	HT300	

千 斤 顶		比例	1:1	共 张	
		质量		第 张	
制图					
设计					
审核					

图 12-5 千斤顶装配图

12.3 “平铺法”绘制装配图

下面根据滑动轴承装配示意图（图 12-6）和图 9-34（杯盖）、图 9-35（油杯）、图 9-36（轴衬），利用“窗口→垂直平铺”（亦可“水平平铺”）命令，在 A4 图幅中 1∶1 绘制出滑动轴承装配图。其步骤如下：

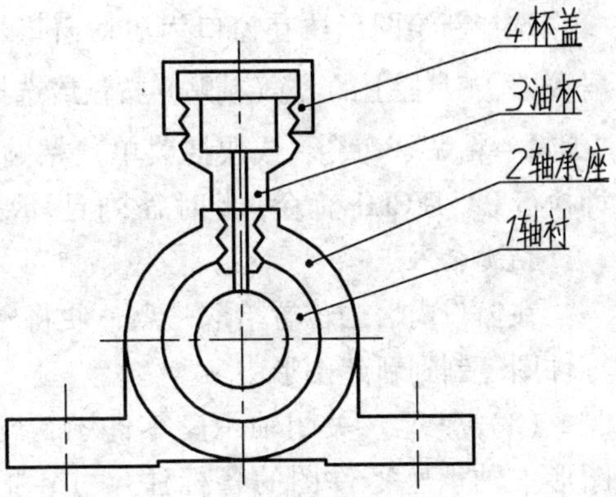

图 12-6 滑动轴承装配示意图

第一步：创建新图形　首先创建样板文件（或调用 A4 图幅），并通过其建立新图形（图层的设置同零件图），并将该图形以文件名“HDZC. dwg”进行保存。

第二步：将轴承座图形添加到新绘图形

（1）打开轴承座图形文件　在 AutoCAD 环境中打开如图 9-37 所示轴承座零件图，而后选择菜单“窗口→垂直平铺”命令，在绘图屏幕显示出新创建的图形与打开的轴承座零件图，如图 12-7 所示。

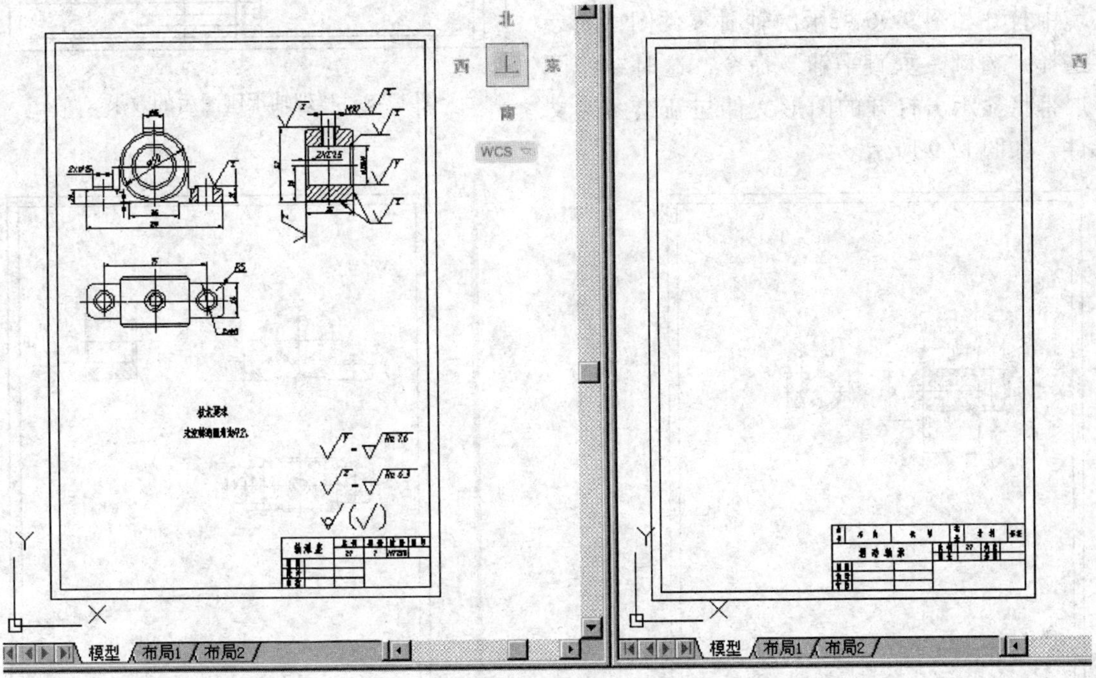

图 12-7 以垂直平铺形式显示各窗口

（2）将轴承座图形添加到新绘图形　从图 12-6 中可以看出，装配图中用到了轴承座零件图中的三个视图，故将全部轴承座图形添加到新建图形。

单击轴承座零件图窗口，使其为活动窗口。单击“标准”工具栏上的（复制）按钮或选择菜单“编辑→复制”命令，或快捷菜单“复制”项，即执行 COPYCLIP 命令，此时命令行提示：

选择对象：（选择轴承座零件图中的三个视图）

……

选择对象↓

选择新绘图形所在窗口为活动窗口。单击“标准”工具栏上的 (粘贴) 按钮或选择菜单“编辑→粘贴”命令，或快捷菜单“粘贴”项，即执行 PASTECLIP 命令，此时命令行提示：

指定插入点：

在窗口内恰当位置拾取一点，便将轴承座零件图复制到新建图形中。

(3) 整理　关闭轴承座零件图；删除新图形中轴承座零件图的各标注尺寸；根据图 12-6 所示调整各视图的位置等，得到如图 12-8 所示的结果。

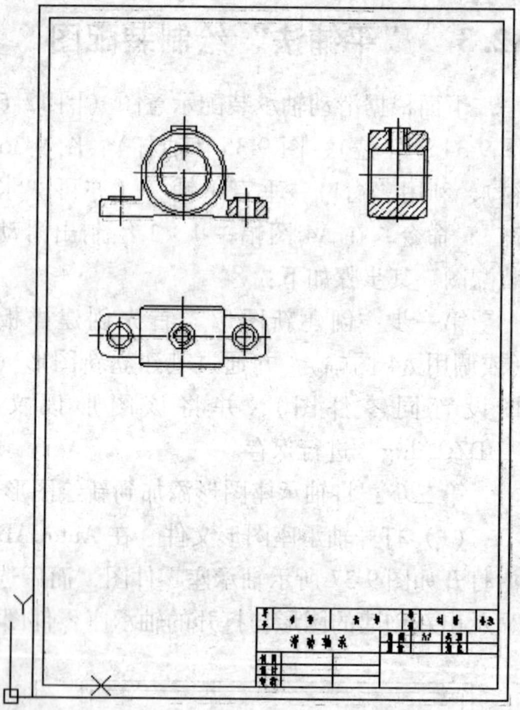

图 12-8　整理轴承座图后的效果

第三步：装轴衬

(1) 打开轴衬图形文件　在 AutoCAD 环境中打开如图 9-36 所示的轴衬零件图，而后选择“窗口→垂直平铺”命令，这时在绘图屏幕将显示出打开的图形文件与新绘图形文件，如图 12-9 所示。

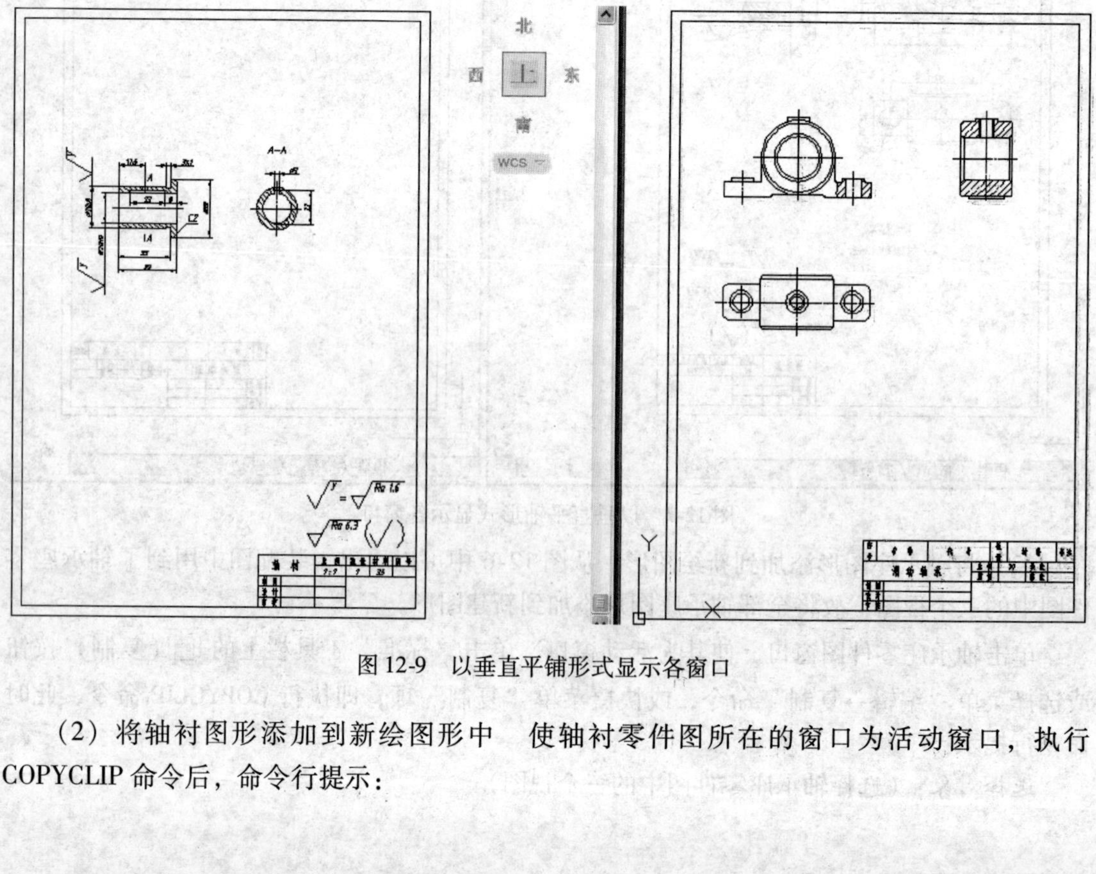

图 12-9　以垂直平铺形式显示各窗口

(2) 将轴衬图形添加到新绘图形中　使轴衬零件图所在的窗口为活动窗口，执行 COPYCLIP 命令后，命令行提示：

选择对象：（选择轴衬零件图中的主视图）

……

选择对象↓

选择新绘图形所在窗口为活动窗口。执行 PASTECLIP 命令后，命令行提示：

指定插入点：

在窗口内恰当位置拾取一点，便将所选图形复制到新建图形中，如图 12-10 所示。

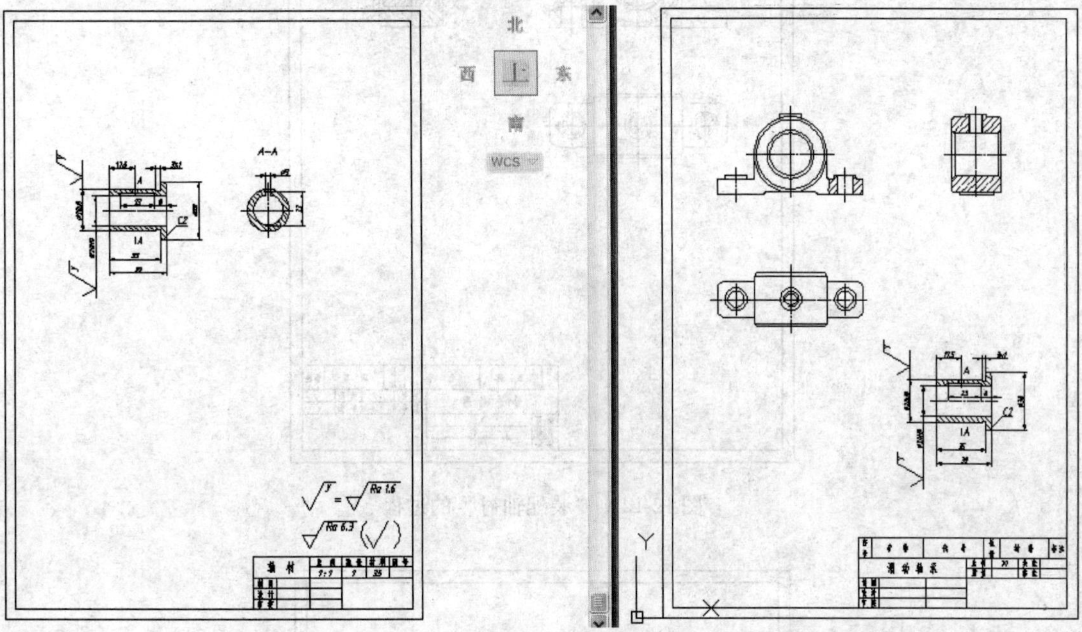

图 12-10　以垂直平铺形式显示各窗口

（3）整理　关闭轴衬零件图形，经编辑后如图 12-11 所示。

（4）装轴衬　执行 MOVE 命令，此时命令行提示：

选择对象：（选择图 12-11 中的轴衬图形）

……

选择对象：↓

指定基点或［位移（D）］<位移>：（图 12-11 中，在轴衬图上“×”处捕捉对应点）

指定第二个点或<使用第一个点作为位移>：（图 12-11 中，在左视图中“×”处捕捉对应点）

执行结果如图 12-12 所示，完成“装轴衬”的左视图。可用类似的方法完善“装轴衬”的主视图和俯视图。经编辑后如图 12-13

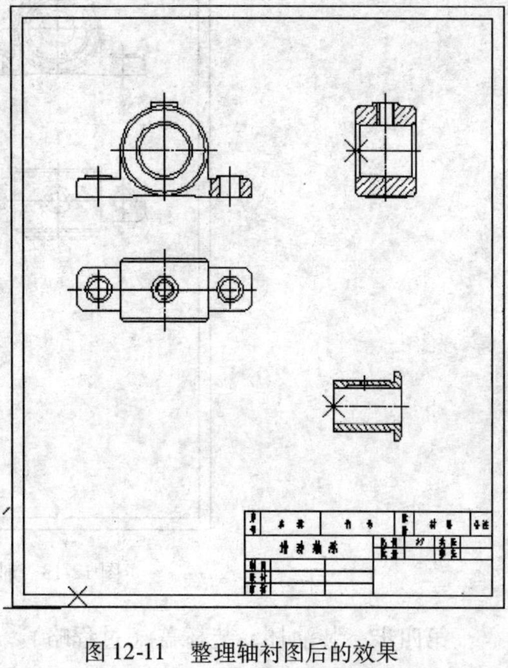

图 12-11　整理轴衬图后的效果

所示（过程略）。

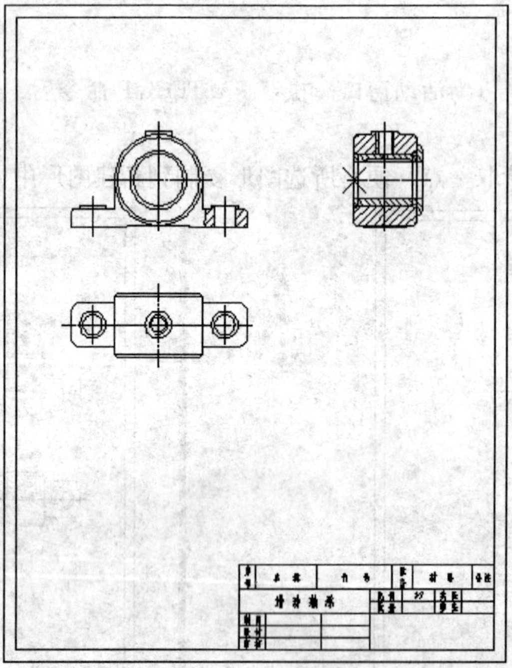

图 12-12　“装配轴衬”的过程

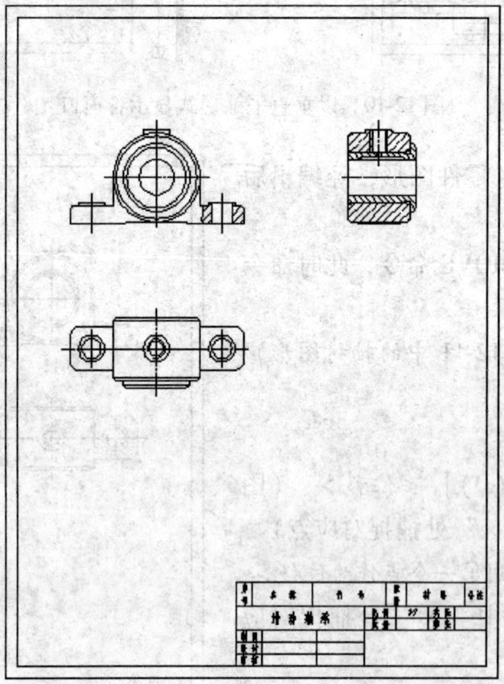

图 12-13　轴承座与轴衬装配图

第四步：装油杯、装杯盖（过程略）。

第五步：检查、修改图形　检查相邻零件的剖面线方向与间距是否符合制图要求，是否存在漏画线或多线现象等。经过检查、修改使其符合制图图家标准。

第六步：标注尺寸、注写零件序号、填写标题栏、明细栏等（略），结果如图 12-14 所示。

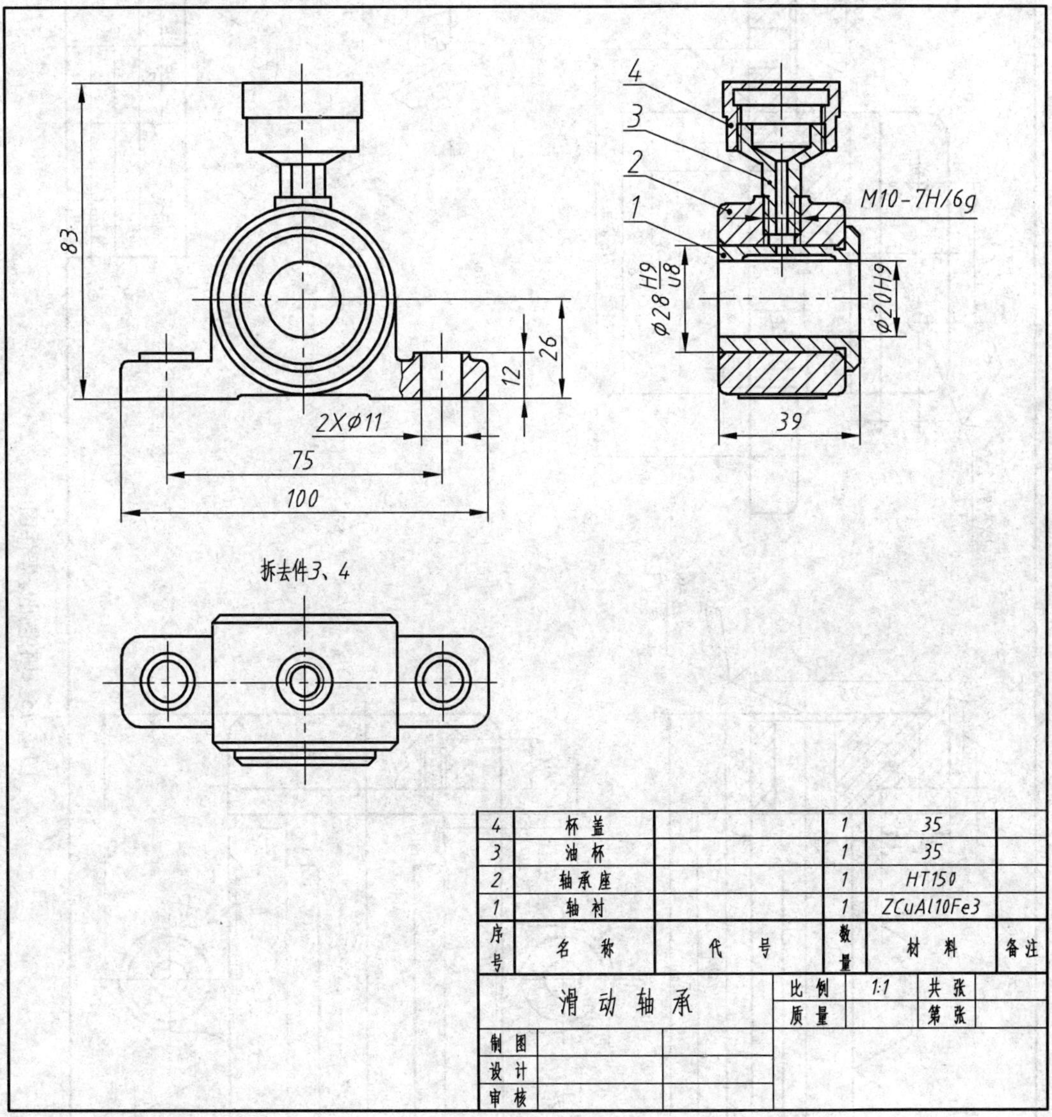

图 12-14　滑动轴承装配图

第七步：存盘并退出。

思考与练习题十二

1. 绘制装配图的方法有哪几种？各有什么特点？
2. 绘制图 12-15 所示的图形，并保存。

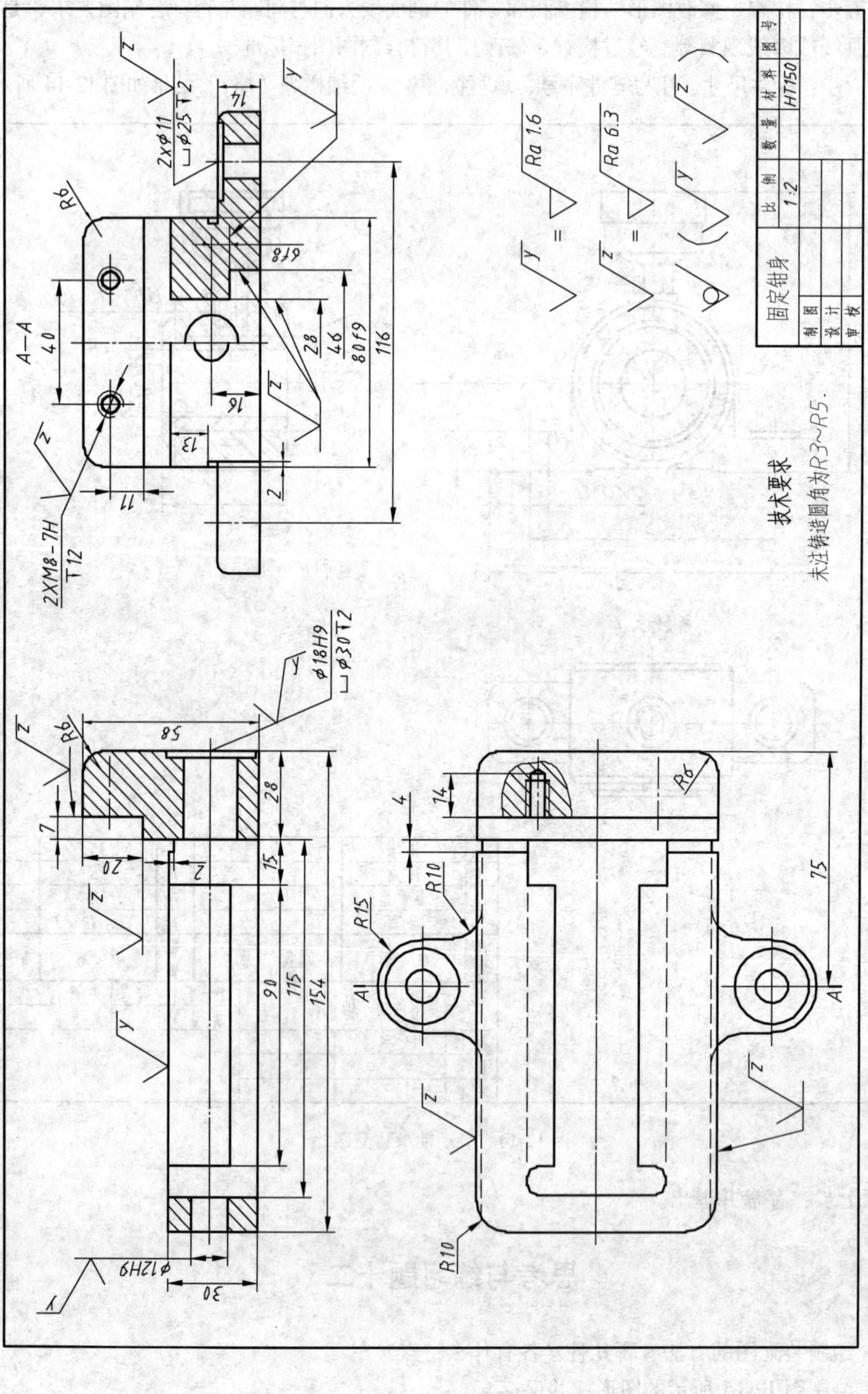

图12-15 固定钳身零件图

3. 根据图 12-16 所示机用台虎钳装配示意图和其零件图（前面已画出），绘制机用台虎钳装配图（图 12-17）。

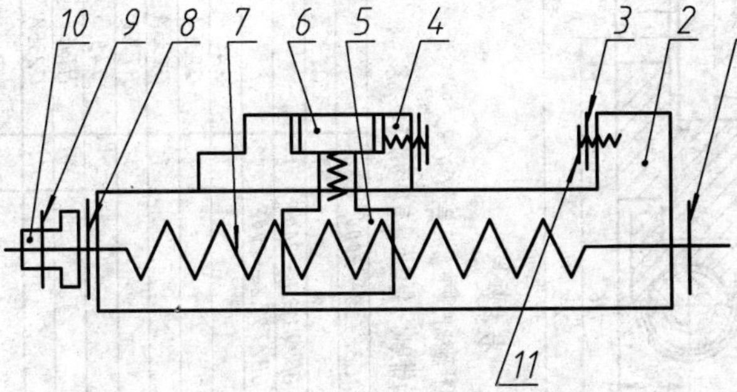

图 12-16　机用台虎钳装配示意图

1、8—垫圈　2—固定钳身　3—护口板　4—活动钳身　5—螺母　6、11—螺钉　7—螺杆　9—销　10—圆环

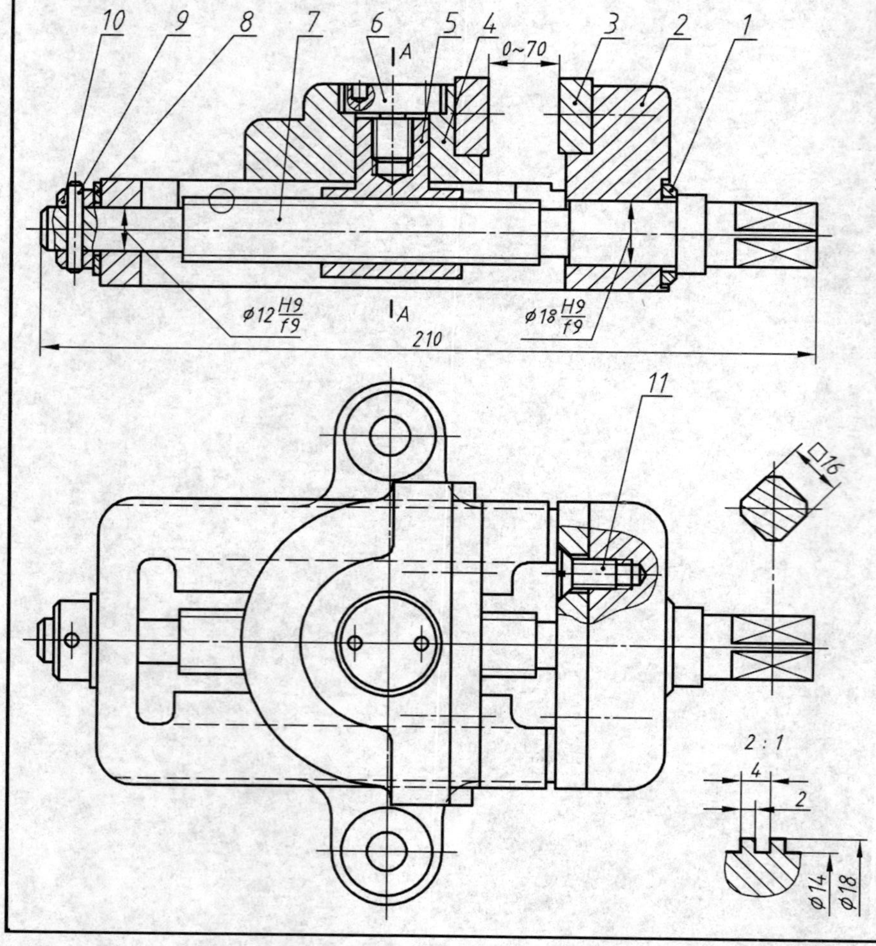

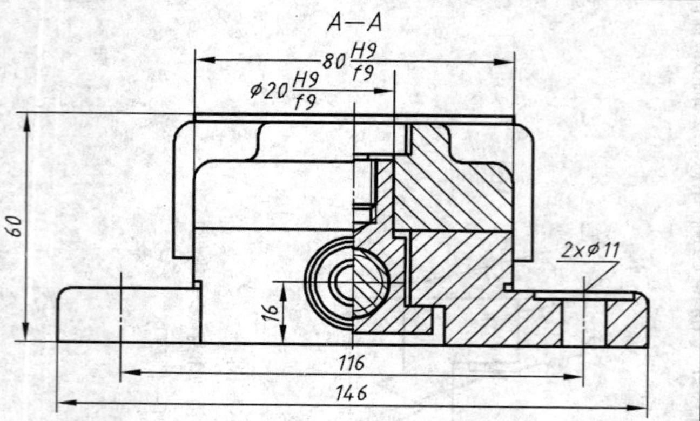

技术要求

1.钳口对螺杆轴线的垂直度公差为0.03。

2.移动活动钳身时，钳口不得有冲动或卡住现象。

序号	名称	代号	数量	材料	备注
11	螺钉 M8X16	GB/T68—2000	4		
10	圆环		1	Q235A	
9	销 4x26	GB/T119.1—2000	1		
8	垫圈 12	GB/T97.2—2002	1		
7	螺杆		1	45	
6	螺钉		1	Q235A	
5	螺母		1	Q235A	
4	活动钳身		1	HT150	
3	护口板		2	45	
2	固定钳身		1	HT150	
1	垫圈		1	Q235A	

机用台虎钳	比例 1:2	共 张	
	质量	第 张	
制图			
设计			
审核			

图12-17 机用台虎钳装配图

第 13 章　三维实体造型

本章主要介绍 AutoCAD 2011 的三维实体造型知识。我们选择在三维建模空间环境下绘制三维图形，该空间仅包含与三维有关的工具栏、菜单和选项板，三维建模不需要的界面项目被隐藏，使得工作屏幕区域最大化，操作便捷。

13.1　三维绘图基础

13.1.1　观察三维模型

三维建模过程中，常需从不同方向观察模型。观察图形的方向称为视点，AutoCAD 2011 提供了视点预设（也称标准视点）、视点命令等方法设置视点。这里介绍用预设的标准视点观察模型。图 13-1 所示为同一图形分别在西南等轴测与东南等轴测两个不同视点所看到的效果。

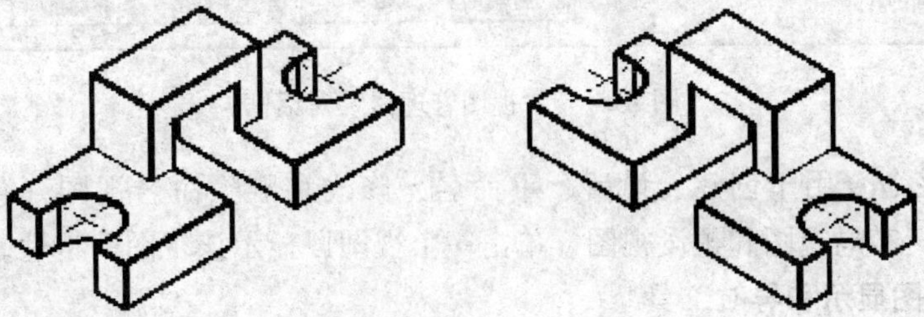

a)　　　　b)

图 13-1　同一图形不同试点观察

a）西南等轴测　b）东南等轴测

1. 功能　快速设置观察三维实体造型的位置和角度。

2. 命令格式

（1）工具栏　视图→ 按钮

（2）菜单栏　视图→命名视图（图 13-2）

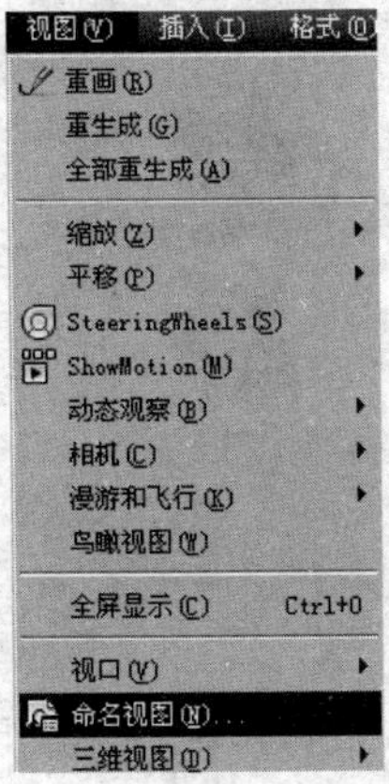

图 13-2　“命名视图”菜单命令

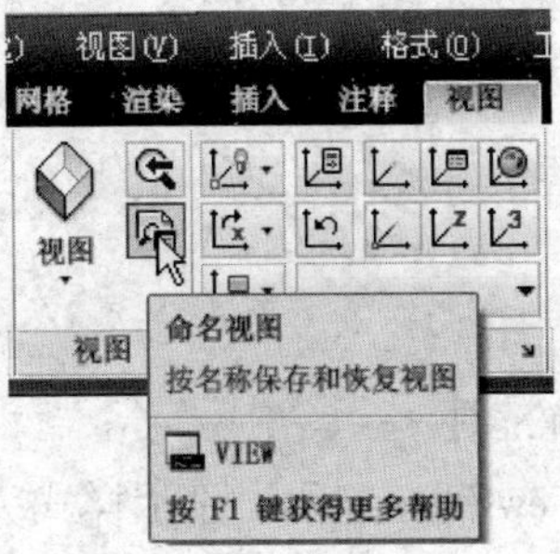

图 13-3　“视图”选项卡上“视图”功能区面板上的“命名视图”命令

（3）功能区 视图→视图→ 按钮（图 13-3）

（4）键入命令 VIEW↓

执行上述命令后，系统弹出“视图管理器”对话框，如图 13-4 所示。

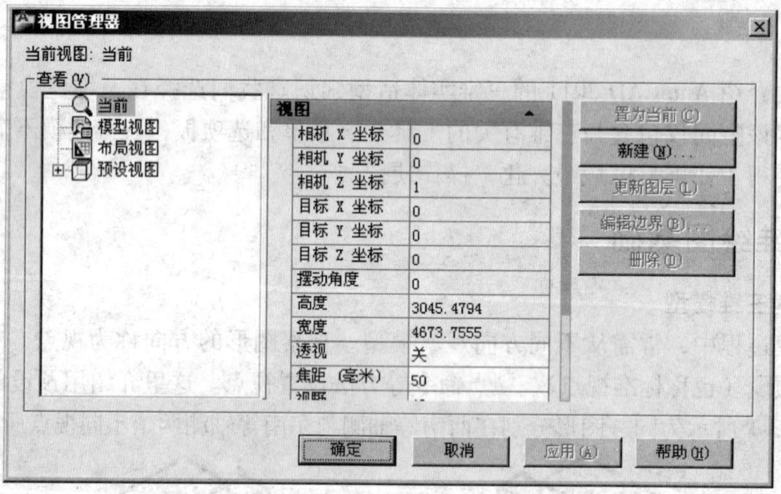

图 13-4 “视图管理器”对话框

3. 说明 该命令用于创建、设置、重命名、修改和删除命名视图（包括模型命名视图）、相机视图、布局视图和预设视图。单击一个视图以显示该视图的特性。

13.1.2 三维视图显示和导航工具

1. 视觉样式 三维模型和二维模型最大的区别是它具有三维特征，如用线框来表示会显示不清楚，AutoCAD 2011 提供了 12 种视觉样式（图 13-5），可在“视图”选项卡→“视觉样式”面板里进行选择。

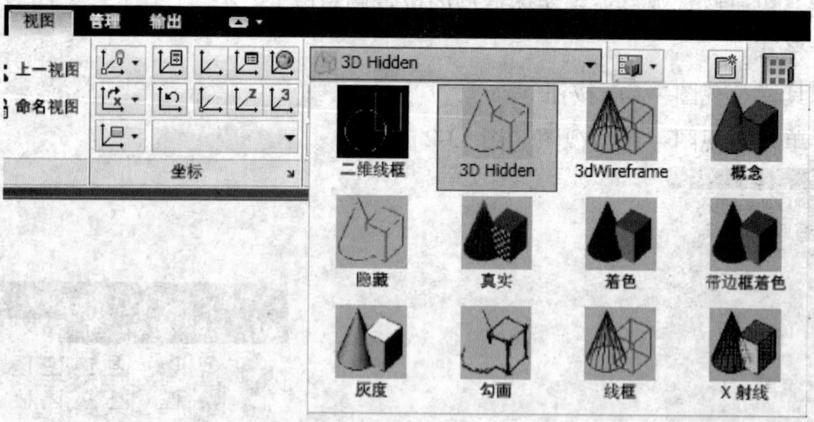

图 13-5 视觉样式

2. 导航工具

（1）ViewCube 显示 显示样式为三维隐藏、三维线框、概念视觉和真实视觉中的任何一种时，AutoCAD 2011 将会在绘图区的右上方出现一个叫 ViewCube 的显示立方体，如图 13-6 所示。可通过拖动或单击这个立方体的角、边、面或方位来实现三维模型的视觉旋转功能，可快捷地达到想显示的位置。其中当单击 ，可使图形回到原来的视图状态。

该显示可以通过“视图”选项卡→“窗口”面板上的“用户界面”中选择，实现 ViewCube 显示。

（2）SteeringWheels 显示　在非二维线框显示时，除了 ViewCube 显示外，还有 SteeringWheels 显示。可通过单击“视图”选项卡→“导航”面板上的“SteeringWheels“按钮，打开 SteeringWheels 显示的观察器，如图 13-7 所示。可以在该导航轮下选择不同的观察方式，如动态观察、缩放、回放、平移、进行漫游等。

图 13-6　ViewCube 的显示

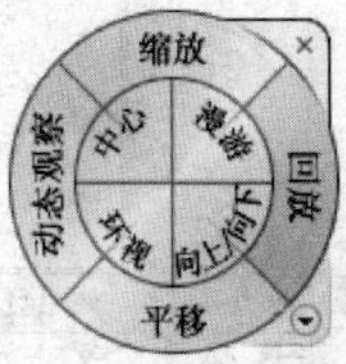

图 13-7　SteeringWheels 显示

（3）3DORBIT 动态观察　使用 3DORBIT 命令可激活交互式的动态视图，用户可通过单击并拖动鼠标的方法来改变观察方向。在 AutoCAD 2011 中，该功能有 3 个选项，即受约束的动态观察 、自由动态观察 和连续动态观察 ，如图 13-8 所示，可通过“视图”选项卡→“导航”面板上选择启动方式。图 13-9 所示为自由动态观察时的视图，可通过拖动鼠标来改变观察方向。

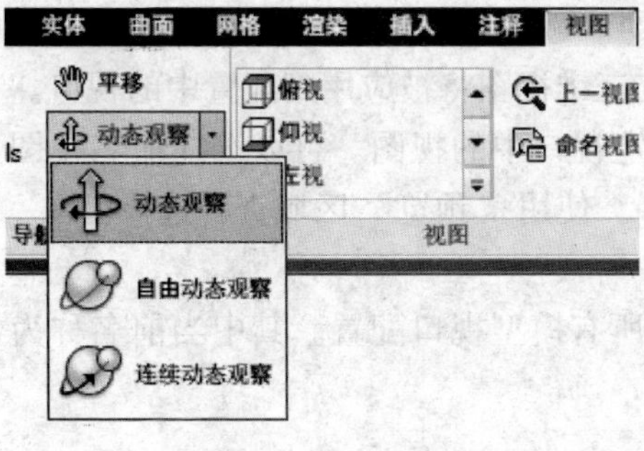

图 13-8　动态观察显示

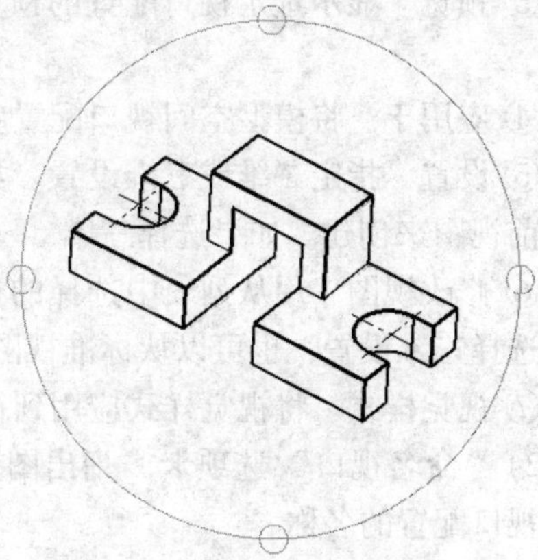

图 13-9　自由动态观察

13.1.3　视口

1. 功能　创建新的视口配置，或命名和保存模型（或布局）空间视口配置。

2. 命令格式

（1）工具栏　视口→ 按钮

（2）菜单栏　视图→视口→新建视口

（3）键入命令　VPORTS↓

执行上述命令后，系统弹出“视口”对话框，如图 13-10 所示。

3. 说明

（1）模型空间的“视口”对话框

1）“新建视口”选项卡　显示标准视口配置列表并配置模型空间视口（图 13-10a）。

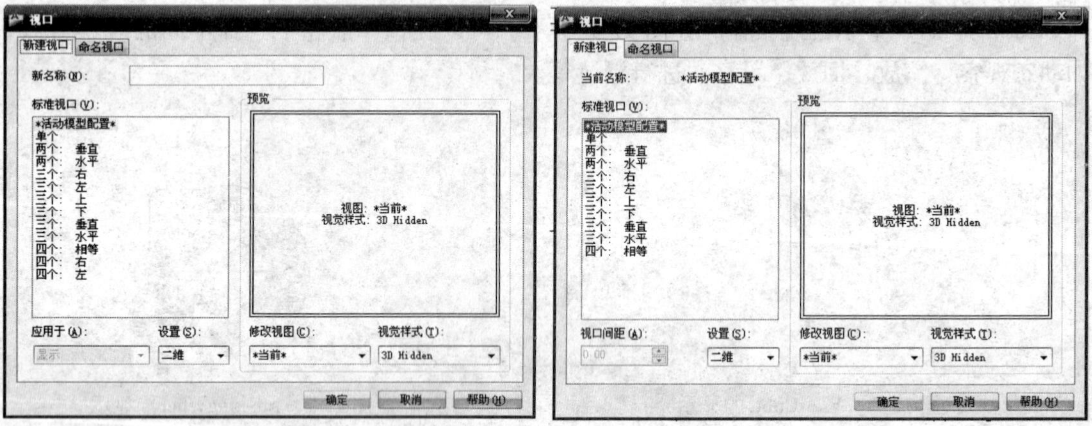

a)　　　　　　　　　　b)

图 13-10　“视口”对话框

a）模型空间的“视口”对话框　b）布局空间的“视口”对话框

① 新名称　为新建的模型空间视口配置指定名称。如果不输入名称，则新建的视口配置只能应用而不保存。如果视口配置未保存，将不能在布局中使用。

② 标准视口　列出并设定标准视口配置，包括 CURRENT（当前配置）。

③ 预览　显示选定视口配置的预览图像，以及在配置中被分配到每个单独视口的默认视图。

④ 应用于　将模型空间视口配置应用到整个显示窗口或当前视口。

⑤ 设置　指定二维或三维设置。如果选择二维，新的视口配置将最初通过所有视口中的当前视图来创建。如果选择三维，一组标准正交三维视图将被应用到配置中的视口。

⑥ 修改视图　用从列表中选择的视图替换选定视口中的视图。可以选择命名视图，如果已选择三维设置，也可以从标准视图列表中选择。使用“预览”区域查看选择。

⑦ 视觉样式　将视觉样式应用到视口。

2）“命名视口”选项卡　列出图形中保存的所有模型视口配置。其中当前名称为显示当前视口配置的名称。

（2）布局空间的“视口”对话框

1）“新建视口”选项卡　显示标准视口配置列表并配置布局视口（图 13-10b）。

① 当前名称　显示当前视口配置的名称。

② 视口间距　指定要在配置的布局视口之间应用的间距。

2）“命名视口”选项卡　显示任意已保存的和已命名的模型空间视口配置，以便用户在当前布局中使用。不能保存和命名布局视口配置。

13.1.4　用户坐标系 UCS

在使用 AutoCAD 2011 绘制三维图形时，使用 UCS 坐标系用户可以任意调整坐标系的原点位置、X 轴、Y 轴和 Z 轴的角度等，可以更方便、快捷地进行三维造型。

1. 三维坐标的类型和特征　在 AutoCAD 中，要观察和创建三维图形，就要使用三维坐标系和三维坐标。AutoCAD 使用的是右手笛卡儿直角坐标系，X、Y 和 Z 轴的相互位置遵从右手定则，即 X 轴与 Y 轴相互垂直并构成一个平面，Z 轴与该平面垂直。用户输入坐标，可以使用直角坐标、柱坐标或球坐标方式，见表 13-1。

表 13-1　三维坐标的类型和特征

坐标类型	坐标特征	以 A、B 坐标为例
直角坐标	在三维直角坐标系中，通常 X 轴和 Y 轴的正方向分别指向右方和上方，而 Z 轴的正方向垂直于屏幕指向用户。其坐标值的表现形式主要有下面两种方式：绝对坐标值：X、Y、Z；相对坐标值：@X、Y、Z	设 A（50，75，10）， B（100，100，40） 则 B 点对 A 点的相对坐标为 B@50，25，30
柱面坐标	柱面坐标由以下 3 项来定位：空间某点在 XY 平面的投影与当前坐标系原点的距离、该点和原点的连线在 XY 平面上的投影与 X 轴正方向的夹角、垂直于 XY 平面的 Z 轴高度，即距离 < 角度，Z 坐标值（高度）；@距离 < 角度，Z 坐标值	设 A（50，75，10）， B（141.42 <45.40） 则 B 点对 A 点的相对坐标为 B@55.9 <66.3，30
球面坐标	球面坐标与柱面坐标相似，只是将柱面坐标的高度改为空间点与坐标原点的连线与 XY 平面的夹角，即距离 < 角度 < 角度；@距离 < 角度 < 角度	设 A（50，75，10） B（141.42 <45 <74.2） 则 B 点对 A 点的相对坐标为 B@55.9 <66.3 <61.8

2. UCS 命令

（1）功能　该命令用于建立、管理和使用用户坐标系。

（2）命令格式

1）工具栏　UCS→ 按钮

2）菜单栏　工具→新建 UCS→世界

3）功能区　视图→坐标→ 按钮

4）键入命令　UCS↓

执行上述命令后，命令行提示：

指定 UCS 的原点或［面(F)/命名(NA)/对象(OB)/上一个(P)/视图(V)/世界(W)/X/Y/Z/Z 轴(ZA)］ <世界>：(输入选项)

（3）选项说明

1）指定 UCS 的原点　使用一点、两点或三点定义一个新的 UCS。如果指定单个点，当前 UCS 的原点将会移动而不会更改 X、Y 和 Z 轴的方向。

2）面（F）　将 UCS 与三维实体的选定面对齐。要选择一个面，在此面的边界内或面的边上单击，被选中的面将亮显，UCS 的 X 轴将与找到的第一个面上的最近的边对齐。

3）命名（NA）　按名称保存并恢复通常使用的 UCS 方向。

4）对象（OB）　根据选定三维对象定义新的坐标系。新建 UCS 的拉伸方向（Z 轴正方向）与选定对象的拉伸方向相同。

5）上一个（P） 恢复上一个 UCS。程序会保留在图纸空间中创建的最后 10 个坐标系和在模型空间中创建的最后 10 个坐标系。重复该选项将逐步返回一个集或其他集，这取决于哪一空间是当前空间。

6）视图（V） 以垂直于观察方向（平行于屏幕）的平面为 XY 平面，建立新的坐标系。UCS 原点保持不变。

7）世界（W） 将当前用户坐标系设置为世界坐标系。WCS 是所有用户坐标系的基准，不能被重新定义。

8）X/Y/Z 绕指定轴旋转当前 UCS。

9）Z 轴（ZA） 用指定的 Z 轴正半轴定义 UCS。

3. 控制 UCS 图标的可见性和位置

（1）功能 控制 UCS 图标的可见性和位置。

（2）命令格式

1）菜单栏 视图→显示→UCS 图标

2）功能区 视图→坐标→ →UCS 图标

3）键入命令 UCSICON↓

当键入命令后，命令行提示：

输入选项［开(ON)/关(OFF)/全部(A)/非原点(N)/原点(OR)/特性(P)］<开>:(输入选项)

4）选项说明

① 开（ON）/关（OFF） 在屏幕上分别控制显示 UCS 图标的打开和关闭。

② 全部（A） 改变所有视口中的 UCS 图标的显示状况，否则只对当前视口起作用。

③ 非原点（N） 将 UCS 图标显示在视口的左下角，与原点位置无关。

④ 原点（OR） 将 UCS 图标显示在当前 UCS 原点上。

⑤ 特性（P） 打开“UCS 图标”对话框（图 13-11），在对话框中能设置 UCS 图标的样式、大小和颜色。

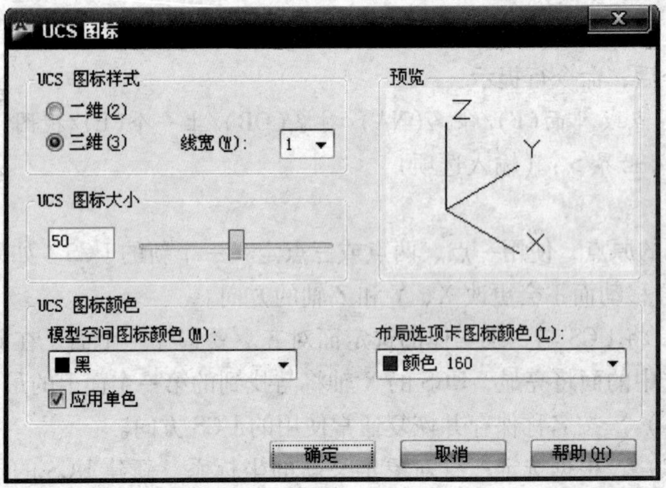

图 13-11 “UCS 图标”对话框

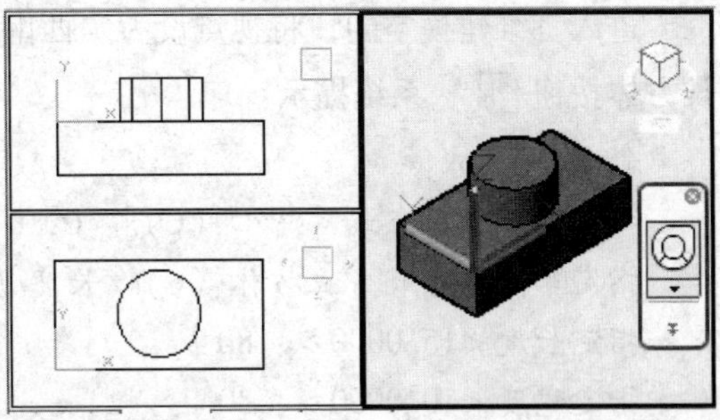

图 13-12　利用 UCS 命令绘制三维图形实例

4. UCS 在三维绘图中的应用　在绘制三维图形时，用户利用 UCS 可以方便地确定要绘制对象的位置和方向，以便进一步作图。下面结合图 13-12 来说明如何利用 UCS 进行三维图形绘制。

（1）设置多视口，操作步骤如下：

1）执行“视图→视口→新建视口”命令，弹出一个“视口”对话框。

2）选择“标准视口”列表中的“三：右”。

3）在“设置”列表框中选择“三维”。在“预览”区中分别激活视口，在“修改视图”和“视觉样式”表中分别设置为视图：前视；视觉样式：二维线框、视图：俯视；视觉样式：二维线框和视图：西南等轴测；视觉样式：概念。

（2）利用 UCS 命令绘制三维图形　操作步骤如下：

1）执行“常用→建模→长方体”命令，在左下角视口中拖拽鼠标确定长方体长和宽，再根据命令行提示，确定长方体高度，生成一个长方体。

2）执行“UCS”命令，利用“对象捕捉”捕捉长方体上的左上角点为 UCS 原点。

3）执行“常用→建模→圆柱体”命令。由于 UCS 的原点位于长方体的左上角点，用户可以从右侧视图上直观看到圆柱体底圆圆心点在长方体上的位置，使圆柱体的位置非常容易确定。

13.2　基本体造型

AutoCAD 2011 提供了多段体、长方体、圆柱体、圆锥体、球体等基本体造型。

13.2.1　长方体

1. 功能　创建指定尺寸的三维实体长方体、立方体，如图 13-13 所示。

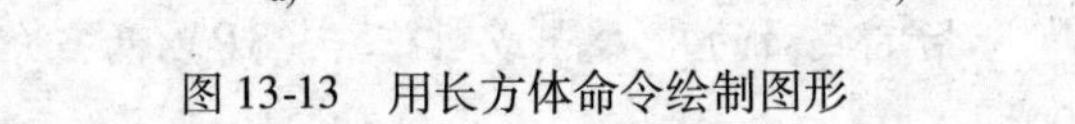

a)　　b)

图 13-13　用长方体命令绘制图形

a）长方体　b）立方体

2. 命令格式

（1）工具栏　建模→  按钮

（2）菜单栏　绘图→建模→长方体

（3）功能区　“实体→图元→长方体”或“常用→建模→‘实体图元’下拉菜单→长方体”

（4）键入命令　BOX↓

执行上述命令后，命令行提示：

指定第一个角点或［中心（C）］：（输入选项）

例 1　绘制一长方体（图 13-14），长、宽、高分别为 80、30、20。

操作过程如下：

进入三维建模空间，将视点设为“西南等轴测”方向。单击长方体按钮，系统提示：

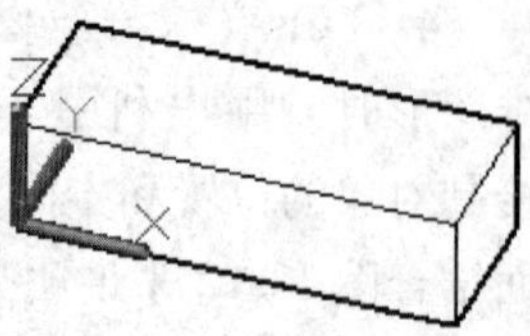

图 13-14　创建长方体

命令：_ box

指定第一个角点或［中心（C）］：0，0，0↓

指定其他角点或［立方体（C）/长度（L）］：L↓

指定长度<15.0000>：80↓

指定宽度<10.0000>：30↓

指定高度或［两点（2P）］<20.0000>：20↓

完成上述操作，结果如图 13-14 所示。

3. 说明　用 BOX 命令根据给定的长度、宽度和高度绘制长方体时，长、宽和高的方向分别与当前 UCS 的 X、Y 和 Z 轴平行。AutoCAD 提示输入长度、宽度和高度时，输入的数值可正、可负。正值表示沿对应坐标轴的正方向绘制长方体，反之沿坐标轴负方向绘制长方体。

13.2.2　圆柱体

1. 功能　创建指定尺寸的三维实体圆柱体和椭圆柱体，如图 13-15 所示。

2. 命令格式

（1）工具栏　建模→按钮

（2）菜单栏　绘图→建模→圆柱体

（3）功能区　“实体→图元→圆柱体”或“常用→建模→‘实体图元’下拉菜单→圆柱体”

（4）键入命令　CYLINDER↓

执行上述命令后，命令行提示：

指定底面的中心点或［三点(3P)/两点(2P)/切点、切点、半径(T)/椭圆(E)］：（输入选项）

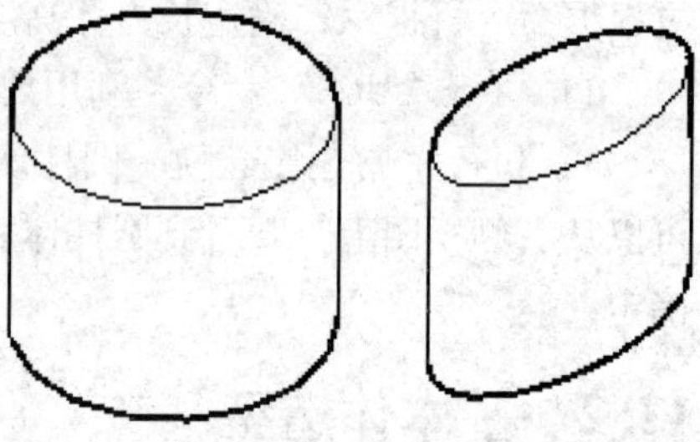
a)　　b)

图 13-15　用圆柱体命令绘制图形
a）圆柱体　b）椭圆柱体

例 2　绘制一个半径为 50、高为 80 的圆柱体（图 13-16）。

操作过程如下：

进入三维建模空间，将视点设为“西南等轴测”方向。单击圆柱体按钮，系统提示：

命令：_ cylinder

指定底面的中心点或［三点(3P)/两点(2P)/切点、切点、半径(T)/椭圆(E)］：0，0，0↓

指定底面半径或［直径（D）］<40.0000>：50↓

指定高度或［两点(2P)/轴端点(A)］<60.0000>：80↓

完成上述操作，结果如图 13-16 所示。

3. 说明　在三维实体造型中，与实体显示有关的系统变量有 ISOLINES、FACERTES、DISPSILH。

（1）ISOLINES 用于设定实体表面网格线的数量。

（2）FACERTES 用于设置实体消隐或渲染后的表面网格密度。

（3）DISPSILH 用于控制消隐时是否显示网格线。

（4）圆柱体在输入其高度后已经生成，将实体表面网格线数由默认 4 改为 30，网格密度由 0.5 改为 5，是为了三维模型消隐后，在视觉上更光滑、逼真，如图 13-17 所示。

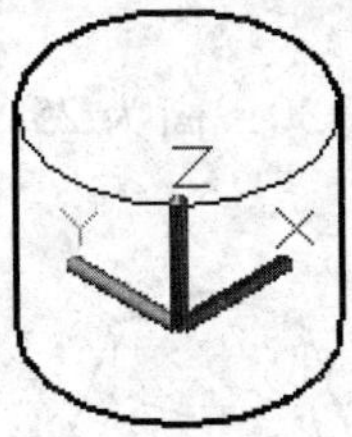

图 13-16　创建圆柱体

图 13-17　三维模型消隐后

13.2.3　圆锥体

1. 功能　创建指定尺寸的三维实体圆锥体。

2. 命令格式

（1）工具栏　建模→ 按钮

（2）菜单栏　绘图→建模→圆锥体

（3）功能区　“常用→建模→‘实体图元’下拉菜单→圆锥体”或“实体→图元→‘实体图元’下拉菜单→圆锥体”

（4）键入命令　CONE↓

执行上述命令后，命令行提示：

指定底面的中心点或［三点(3P)/两点(2P)/切点、切点、半径(T)/椭圆(E)］：(输入选项)

例 3　绘制一个半径为 50、高为 120 的圆锥体（图 13-18）。

操作过程如下：

进入三维建模空间，将视点设为“西南等轴测”方向。单击圆锥体按钮 ，系统提示：

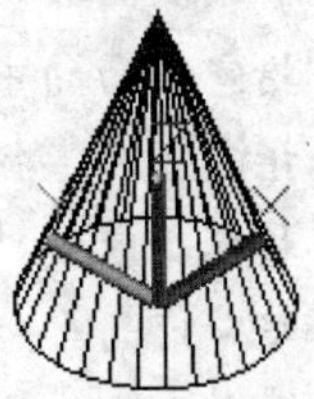
图 13-18　圆锥体

命令：_ cone

指定底面的中心点或［三点(3P)/两点(2P)/切点、切点、半径(T)/椭圆(E)］：0，0，0↓

指定底面半径或［直径（D）］<50.0000>：↓

指定高度或［两点(2P)/轴端点(A)/顶面半径(T)］<80.0000>：120↓

完成上述操作，结果如图 13-18 所示。

13.2.4　棱锥体

1. 功能　创建指定尺寸的三维实体棱锥体、棱锥台，如图 13-19 所示。

2. 命令格式

（1）工具栏　建模→ 按钮

（2）菜单栏　绘图→建模→棱锥体

（3）功能区　“常用→建模→‘实体图元’下拉菜单→棱锥体”或“实体→图元→

‘实体图元’下拉菜单→棱锥体”

(4) 键入命令 PYRAMID↓

执行上述命令后，命令行提示：

4 个侧面 外切

指定地面的中心点或［边(E)/侧面(S)］：(输入选项)

例 4 创建一个底面内切圆半径为 50，顶面内切圆半径为 30，高为 25 的正六棱锥台（图 13-20）。

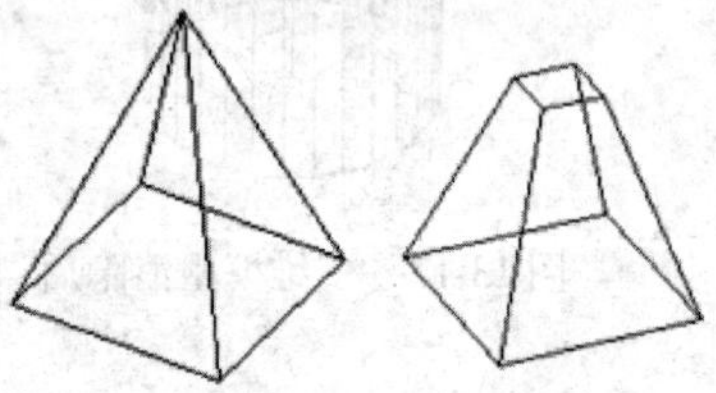

a) b)

图 13-19 用棱锥体命令绘制图形

a）棱锥体 b）棱锥台

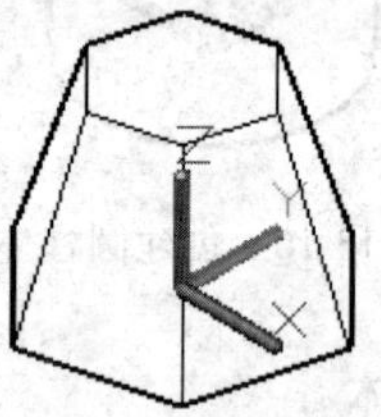

图 13-20 正六棱锥台

操作过程如下：

进入三维建模空间，将视点设为“西南等轴测”方向。单击棱锥体按钮 ◇，系统提示：

命令：_ pyramid

6 个侧面 内接

指定底面的中心点或［边(E)/侧面(S)］：S↓

输入侧面数 <6>：6

指定底面的中心点或［边(E)/侧面(S)］：0，0，0↓

指定底面半径或［外切 (C)］ <50.0000>：70↓

指定高度或［两点(2P)/轴端点(A)/顶面半径(T)］ <25.0000>：T↓

指定顶面半径 <30.0000>：40↓

指定高度或［两点(2P)/轴端点(A)］ <25.0000>：90↓

完成上述操作，结果如图 13-20 所示。

3. 说明 棱锥台与圆台都可以通过菜单栏视图→选项板→工具选项板→建模里选择平截面圆锥体与平截头棱锥体，按提示输入数据获得。

13.2.5 圆环体

1. 功能 创建指定尺寸的三维实体圆环体。

2. 命令格式

(1) 工具栏 建模→ ◎ 按钮

(2) 菜单栏 绘图→建模→圆环体

(3) 功能区 “常用→建模→‘实体图元’下拉菜单→圆环体”或“实体→图元→‘实体图元’下拉菜单→圆环体”

（4）键入命令　TORUS↓

执行上述命令后，命令行提示：

指定中心点或［三点(3P)/两点(2P)/切点、切点、半径(T)］:（输入选项）

例 5　创建一个半径为 120、圆管半径为 25 的圆环体（图 13-21）。

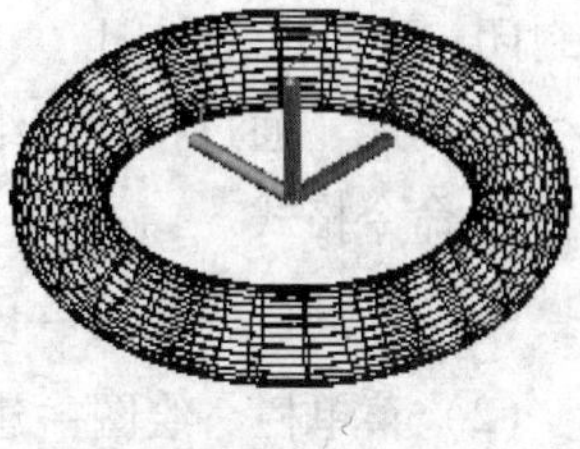

图 13-21　圆环体

操作过程如下：

进入三维建模空间，将视点设为“西南等轴测”方向。单击圆环体按钮，系统提示：

命令：_ torus

指定中心点或［三点(3P)/两点(2P)/切点、切点、半径(T)］: 0，0，0↓

指定半径或［直径（D）］ <40.0000>：120↓

指定圆管半径或［两点(2P)/直径(D)］ <8.0000>：25↓

完成上述操作，结果如图 13-21 所示。

3. 说明　圆环体由两个半径值定义，一个是圆管的半径，另一个是从圆环体中心到圆管中心的距离即圆环体半径。如果两个半径都是正值，圆管的半径小于圆环体半径，结果为圆环体，如图 13-22a 所示；圆管半径大于圆环体半径，结果就像一个两极凹陷的球体，如图 13-22b 所示。如果圆环体半径为负值，圆管半径为正值且大于圆环体半径的绝对值，则结果就像一个两极尖锐突出的球体，如图 13-22c 所示。

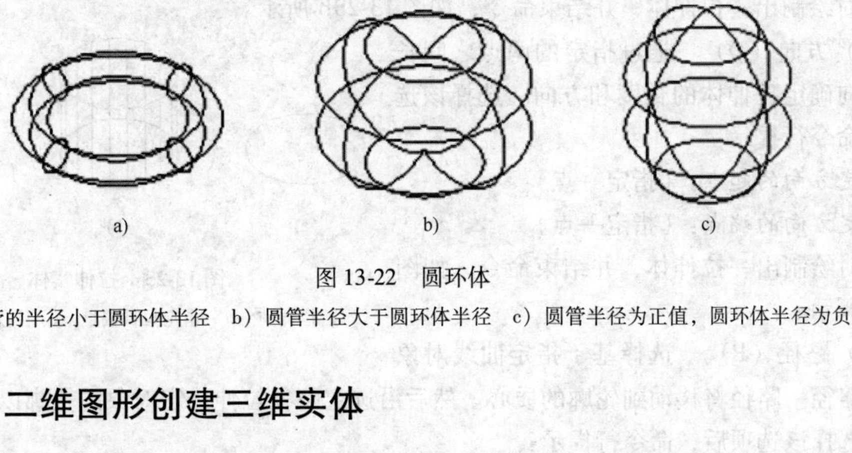

a)　　b)　　c)

图 13-22　圆环体

a）圆管的半径小于圆环体半径　b）圆管半径大于圆环体半径　c）圆管半径为正值，圆环体半径为负值

13.3　由二维图形创建三维实体

在 AutoCAD 2011 中，用户除了可以通过基本体命令创建三维实体外，还可以通过拉伸、旋转、扫掠、放样等操作将二维图形创建为各种复杂的三维实体，也可以在创建三维实体模型后，使用“修改→三维操作…”菜单中的子命令，对三维实体进行 ROTATE3D（三维旋转）、MIRROR3D（三维镜像）、3DARRAY（三维阵列）以及“对齐”等操作；用户还可以对实体进行“分解”、“圆角”、“倒角”、“剖切”等编辑操作；同时利用 SOLIDEDIT 对实体的面、体和线进行编辑。下面就以具体示例介绍三维实体命令。

13.3.1　通过拉伸命令绘制实体

用户可以利用“拉伸”命令，将二维封闭的图形对象（如多段线、多边形、矩形、圆、椭圆、闭合的样条曲线、圆环和面域）拉伸成三维对象。在拉伸过程中，不但可以指定拉伸的高度，还可以使实体的截面沿拉伸方向变化。另外，还可以将一些二维对象沿指定的路径拉伸。路径可以是圆、椭圆，也可以由圆弧、椭圆弧、多段线、样条曲线等组成。路径可以封闭，也可以不封闭。

1. 功能　通过拉伸二维对象创建三维实体或曲面。

2. 命令格式

（1）工具栏　建模→ 按钮

（2）菜单栏　绘图→建模→拉伸

（3）功能区“实体→实体→拉伸”或“常用→建模→‘实体创建’下拉菜单→拉伸”或“曲面→创建→拉伸”

（4）键入命令　EXTRUDE↓

执行上述命令后，命令行提示：

当前线框密度：　ISOLINES =（当前值）

选择要拉伸的对象：（选择要拉伸的对象后，回车确认命令）

指定拉伸的高度或［方向(D)/路径(P)/倾斜角(T)］＜当前值＞：（输入选项）

3. 选项说明

（1）指定拉伸的高度　该选项为默认选项。指定拉伸的高度值、输入拉伸的高度值或回车以当前值作为拉伸的高度值。

此时绘制出一拉伸体，并结束命令，如图 13-23b 所示。

（2）方向（D）　通过指定的两点之间长度和方向确定拉伸体的长度和方向。选择该选项后，命令行提示：

指定方向的起点：（指定一点）

指定方向的端点：（指定一点）

此时绘制出一拉伸体，并结束命令，如图 13-23c 所示。

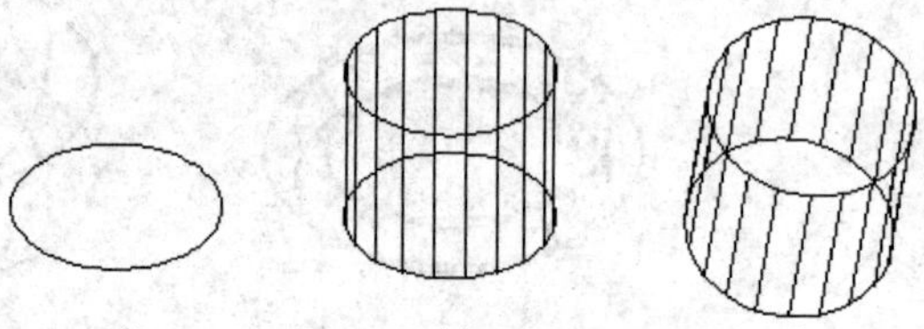

a)　　b)　　c)

图 13-23　拉伸实体

a）拉伸前　b）指定拉伸高度　c）指定拉伸方向

（3）路径（P）　选择基于指定曲线对象的拉伸路径。路径将移动到轮廓的质心。然后沿选定路径拉伸选定对象的轮廓以创建实体或曲面。选择该选项后，命令行提示：

指定拉伸的高度或［方向(D)/路径(P)/倾斜角(T)］＜当前值＞：

1）选择拉伸路径　该选项为默认选项。拉伸路径可以是直线、圆、圆弧、椭圆、椭圆弧、多段线或样条曲线。路径既不能与轮廓共面，也不能具有高曲率的区域。

此时绘制出一拉伸体，并结束命令。如图 13-24 所示。

2）倾斜角（T）　与路径成指定倾斜角拉伸对象。选择该选项后，命令行提示：

指定拉伸的倾斜角度＜当前值＞：（指定角度值）

选择拉伸路径：（选择拉伸的路径）

此时绘制出一拉伸体，并结束命令。

（4）倾斜角（T）　按一定倾斜角度拉伸对象。正角度表示从基准对象逐渐变细地拉伸，而负角度则表示从基准对象逐渐变粗地拉伸。选择该选项后，命令行提示：

指定拉伸的倾斜角度＜当前值＞：（指定角度值）

指定拉伸的高度或［方向(D)/路径(P)/倾斜角(T)］：（功能同前所述）

此时绘制出一拉伸体，并结束命令，如图 13-25 所示。

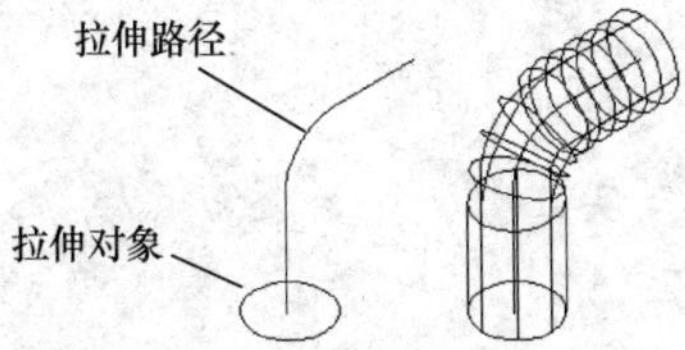

图 13-24　沿路径拉伸对象

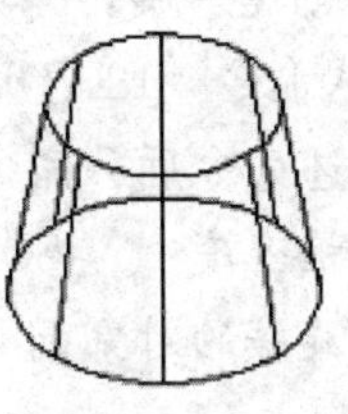

图 13-25　指定倾斜角度拉伸对象

值得注意的是，在使用“拉伸”命令时，不能拉伸包含在块中的对象，也不能拉伸具有相交或自交线段的多段线。多段线应包含至少三个顶点但不能多于 500 个顶点。如果选定的多段线具有宽度，AutoCAD 将忽略其宽度并且从多段线路径的中心线处拉伸。如果选定对象具有厚度，AutoCAD 将忽略该厚度。

拉伸不封闭对象，生成曲面；拉伸单个封闭对象，生成实体；拉伸多个对象组成的封闭区域，生成曲面。将多个对象组成的封闭区域，先转化为面域，再拉伸面域，则可以生成实体。

拉伸多段线绘制的封闭区域，生成实体（图 13-26c）；拉伸多条直线命令绘制的封闭区域，生成曲面（图 13-26d）。

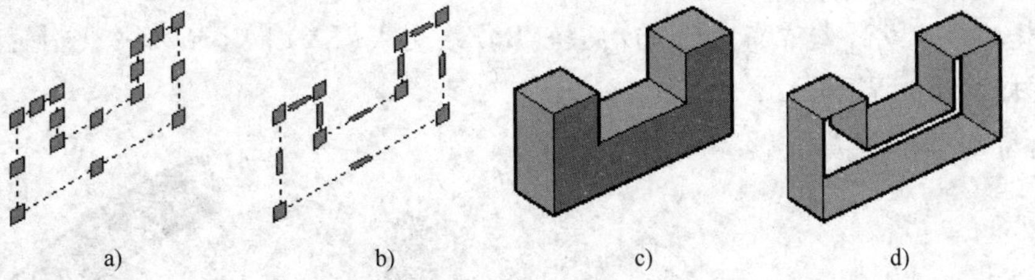

图 13-26　实体与曲面

a）多条直线封闭区域　b）单一多段线封闭区域　c）单一多段线封闭区域拉伸　d）多条直线封闭区域拉伸

将多条直线围成的封闭区域先转化为面域，再进行拉伸命令，则生成实体，如图 13-27 所示。

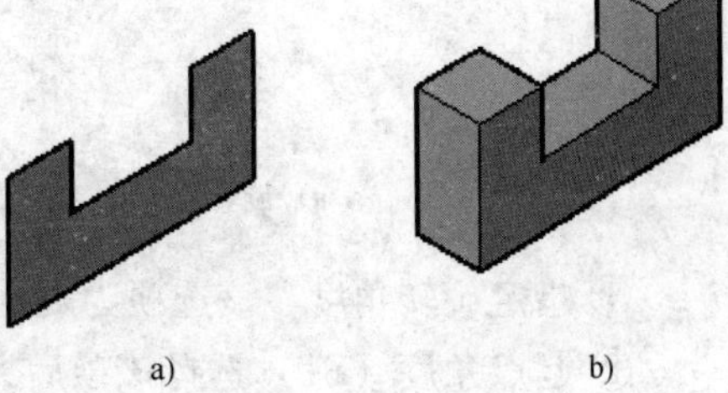

图 13-27　实体与曲面

a）面域　b）面域拉伸

13.3.2　通过三维旋转命令绘制实体

旋转命令可以旋转闭合多段线、多边形、圆、椭圆、闭合样条曲线、圆环和面域等。但不能旋转包含在块中的对象，也不能旋转具有相交或自交线段的多段线。一次只能旋转一个对象。

（1）功能　通过旋转二维对象创建三维实体或曲面。

(2) 命令格式

1) 工具栏　建模→ 按钮

2) 菜单栏　绘图→建模→旋转

3) 功能区　“常用→建模→‘实体创建’下拉菜单→旋转”或“实体→实体→旋转”或“曲面→创建→旋转”

4) 键入命令　REVOLVE↓

执行上述命令后，命令行提示：

当前线框密度：　ISOLINES＝8，闭合轮廓创建模式＝实体

选择要旋转的对象或［模式（MO)]：

……

指定轴起点或根据以下选项之一定义轴［对象(O)/X/Y/Z］<对象>：(输入选项)

(3) 选项说明

1) 指定轴起点　该选项为默认选项。指定旋转轴的起点后，命令行提示：

指定轴端点：(指定一点)

指定旋转角度或［起点角度(ST)/反转(R)/表达式(EX)］<360>：

① 指定旋转角度　该选项为默认选项。输入旋转角度，默认值为360°。

② 起点角度（ST）选择该项后，命令行提示：

指定起点角度<当前值>：(指定起点角度，默认值为0°)

指定旋转角度<当前值>：(指定旋转角度，默认值为360°)

2) 对象（O）选择已经绘制好的直线段作为旋转轴线。选择该项后，命令行提示：

选择对象：↓

指定旋转角度或［起点角度(ST)/反转(R)/表达式(EX)］<360>：(指定旋转角度为180°，如图13-28b所示)

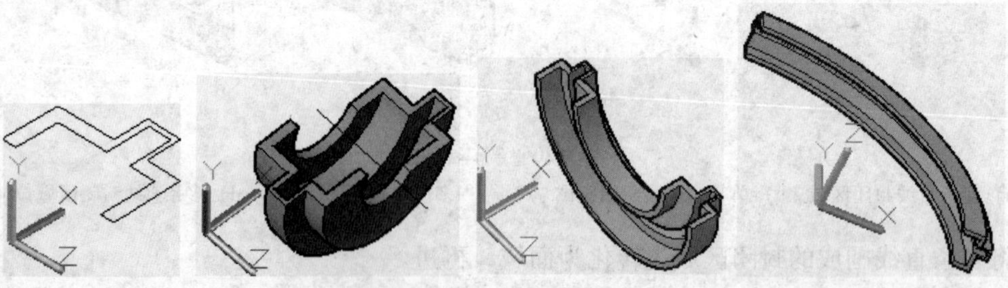

a)　b)　c)　d)

13-28　旋转实体

a) 旋转前　b) 绕指定对象旋转　c) 绕X轴旋转　d) 绕Z轴旋转

① 指定旋转角度　该选项为默认选项。输入旋转角度，默认值为360°。

② 起点角度（ST）选择该项后，命令行提示：

指定起点角度<0.0>：(指定起点角度，默认值为0°)

指定旋转角度<360>：(指定旋转角度，默认值为360°)

3）X、Y、Z　X↓或Y↓或Z↓　将使旋转对象分别绕X轴或Y轴或Z轴旋转指定角度，形成旋转体，图13-28c所示为绕X轴旋转180°，图13-28d所示为绕Z轴旋转90°。

13.3.3　通过扫掠命令绘制实体

使用扫掠命令，可以通过沿开放或闭合的二维或三维路径扫掠开放或闭合的平面曲线（轮廓）创建新曲面或实体。也可以扫掠多个对象，但是这些对象必须位于同一平面中。

（1）功能　通过沿路径扫掠二维对象来创建三维实体或曲面。

（2）命令格式

1）工具栏　建模→按钮

2）菜单栏　绘图→建模→扫掠

3）功能区　“常用→建模→‘实体创建’下拉菜单→扫掠”或“实体→实体→下拉菜单→扫掠”或“曲面→创建→扫掠”

4）键入命令　SWEEP↓

执行上述命令后，命令行提示：

当前线框密度：　ISOLINES＝4，闭合轮廓创建模式＝实体

选择要扫掠的对象或［模式（MO）］：_ MO 闭合轮廓创建模式［实体(SO)/曲面(SU)］＜实体＞：_ SO

选择要扫掠的对象或［模式（MO）］：(此例找到1个圆 P_2)

选择要扫掠的对象或［模式（MO）］：

选择扫掠路径或［对齐(A)/基点(B)/比例(S)/扭曲(T)］：(此例找到1个螺旋 P_1)

完成上述操作后，结果如图13-29所示。

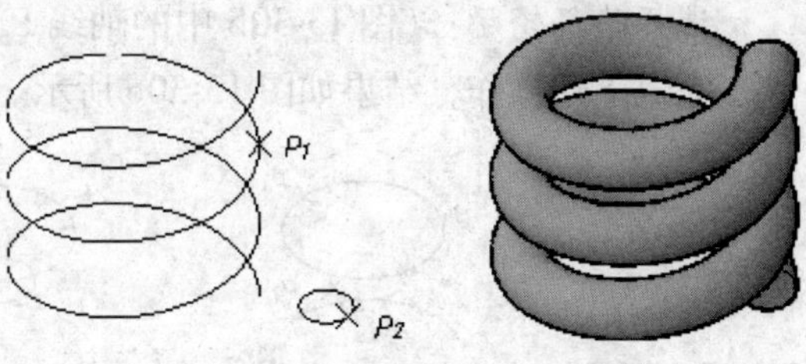

a)　　b)

图13-29　绘制螺旋线

（3）选项说明

1）对齐（A）　用于设置扫掠时是否对齐垂直于路径的扫掠对象，系统默认为对齐。

2）基点（B）　用于设置扫掠的基点。

3）比例（S）　用于设置扫掠的比例因子，当指定了该参数后，扫掠效果与扫掠的位置有关。

4）扭曲（T）　设置扭曲角度或允许非平面扫掠路径倾斜。

13.3.4　通过放样命令绘制实体

放样是将二维对象创建为三维对象的方法之一，它是在若干横截面之间的空间中创建三维实体或曲面。使用放样命令，可以通过指定一系列横截面来创建新的实体或曲面。作为二维对象的横截面（通常为曲线或直线），可以是开放的（如圆弧），也可以是闭合的（如圆）。如果是开放的则得到曲面，如果是闭合的则得到三维实体。使用放样命令，至少需指定两个横截面。

（1）功能　将二维对象生成曲面或三维实体。

（2）命令格式

1）工具栏　建模→按钮

2）菜单栏　绘图→建模→放样

3）功能区　“常用→建模→‘实体创建’下拉菜单→放样”或“实体→实体→‘扫掠’下拉菜单→放样”或“曲面→创建→放样”

4）键入命令　LOFT↓

执行上述命令后，命令行提示：

当前线框密度：　ISOLINES =4，闭合轮廓创建模式 = 实体

按放样次序选择横截面或［点(PO)/合并多条边(J)/模式(MO)］：_ MO

闭合轮廓创建模式［实体(SO)/曲面(SU)］＜实体＞：_ SO

按放样次序选择横截面或［点(PO)/合并多条边(J)/模式(MO)］：找到 1 个（图 13-30a 中的圆 P_1）

按放样次序选择横截面或［点(PO)/合并多条边(J)/模式(MO)］：找到 1 个，总计 2 个（图 13-30a 中的圆 P_2）

按放样次序选择横截面或［点(PO)/合并多条边(J)/模式(MO)］：找到 1 个，总计 3 个（图 13-30a 中的圆 P_3）

按放样次序选择横截面或［点(PO)/合并多条边(J)/模式(MO)］：找到 1 个，总计 4 个（图 13-30a 中的圆 P_4）

按放样次序选择横截面或［点(PO)/合并多条边(J)/模式(MO)］：选中了 4 个横截面

输入选项［导向(G)/路径(P)/仅横截面(C)/设置(S)］＜仅横截面＞：P↓

选择路径轮廓：(图 13-30b 中的轴线 P_5)

完成上述操作，结果如图 13-30c 所示。

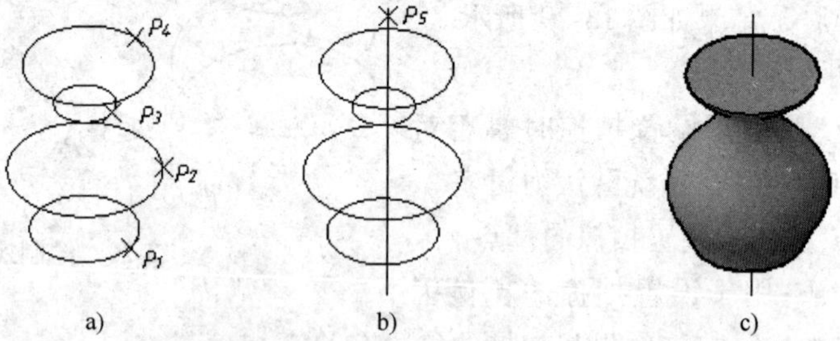

图 13-30　放样示例

a）创建横截面　b）二维线框　c）渲染后

(3) 选项说明

1）导向（G）　用于控制放样实体或曲面形状的导向曲线。导向曲线是直线或曲线，每条导向曲线必须与每一个截面相交，并且起于第一个截面，终于最后一个截面。

2）路径（P）　指定放样实体或曲面的单一路径。该路径曲线必须与横截面的所有平面相交。

3）仅横截面（C）　在不使用导向或路径的情况下，创建放样对象。

4）设置（S）　此时放样将弹出“放样设置”对话框，可设置放样截面上的曲面控制选项。

13.4　编辑三维实体

13.4.1　布尔运算

三维实体可以进行交（INTERSECT）、并（UNION）、差（SUBTRACT）运算，即布尔运算。布尔运算是创建复杂三维实体最主要的方法之一，布尔运算的对象是基本实体、拉伸实体、旋转实体和其他布尔运算实体。

1. 并集运算（相加实体）

（1）功能　通过加法操作来合并选定的三维实体或二维面域。

（2）命令格式

1）工具栏　“建模→按钮”或“实体编辑→按钮”

2）菜单栏　修改→实体编辑→并集

3）功能区　“常用→实体编辑→按钮”或“实体→布尔值→并集”

4）键入命令　UNION↓

执行上述命令后，命令行提示：

选择对象：(依次选择要相加的对象)

此时将所选对象合并，并结束命令。

（3）说明　在提示选择对象后，用鼠标连续选择要相加的对象，然后回车即生成需要的组合实体。图13-31b所示为两个实体相加后得到的一个实体。

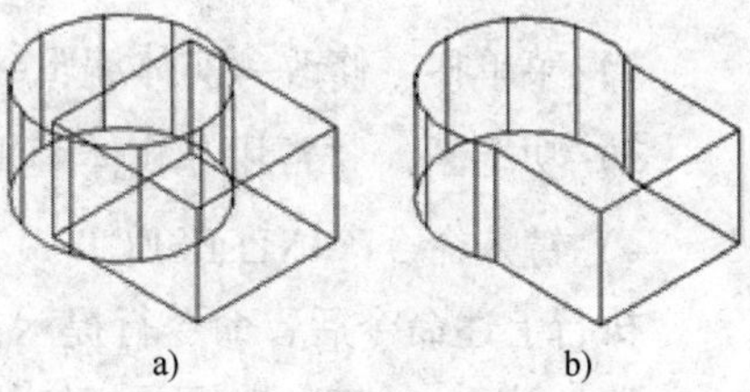

图13-31　实体并集运算

a）实体并集运算前　b）实体并集运算后

2. 差集运算（相减实体）

（1）功能　从一个实体中删除与另一个实体的公共部分。

（2）命令格式

1）工具栏　“建模→按钮”或“实体编辑→按钮”

2）菜单栏　修改→实体编辑→差集

3）功能区　“常用→实体编辑→按钮”或“实体→布尔值→差集”

4）键入命令　SUBTRACT↓

执行上述命令后，命令行提示：

选择要从中减去的实体、曲面和面域…（指定实体对象或面域）

选择对象：(选择对象或面域)

选择要减去的实体或面域...

选择对象：(选择对象或面域)

此时将所选对象从被选对象中减去，并结束命令。如图13-32所示。

（3）说明

1）首先选择的实体是“要从中减去的实体”，回车后接着选择“要减去的实体”。先选择圆柱体，回车后再选择长方体，就得到图13-32b所示的实体；先选择长方体，回车后再选择圆柱体得到图13-32c所示的实体。

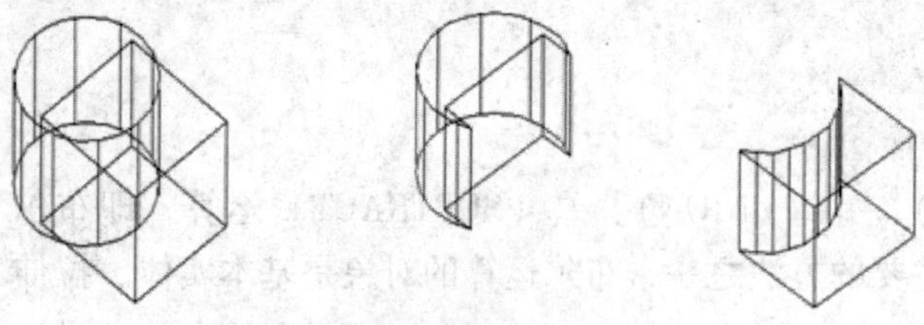

a)　　b)　　c)

图 13-32　实体差集运算

a）实体差集运算前　b）从圆柱体中减去长方体

c）从长方体中减去圆柱体

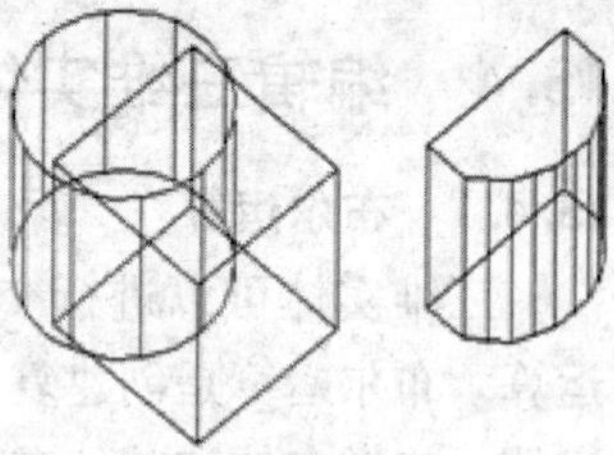

a)　　b)

图 13-33　相交实体

a）实体交集运算前

b）实体交集运算后

2）“要从中减去的实体”可以是一个，也可以是多个，“要减去的实体”可以是一个，也可以是多个。

3. 交集运算（相交实体）

（1）功能　用两个或多个实体重叠的公共部分来创建组合实体。

（2）命令格式

1）工具栏　“建模→ 按钮”或“实体编辑→ 按钮”

2）菜单栏　修改→实体编辑→交集

3）功能区　“常用→实体编辑→ 按钮”或“实体→布尔值→交集”

4）键入命令　INTERSECT↓

执行上述命令后，命令行提示：

选择对象：(依次选择要相加的对象)

此时将所选对象求交集，并结束命令。

（3）说明　选择具有公共部分的实体，才可以生成组合实体，否则实体将被删除。图 13-33b 所示为相交实体。

13.4.2　三维实体的阵列

使用三维阵列命令，可在三维空间创建对象的矩形阵列和环形阵列。在三维空间中进行三维阵列，除了给出行数和列数外，还要给出层数。

1. 功能　3DARRAY 命令可在三维空间创建对象的矩形阵列和环形阵列。

2. 命令格式

（1）工具栏　建模→ 按钮

（2）菜单栏　修改→三维操作→三维阵列

（3）功能区　常用→修改→ 按钮

（4）键入命令　3DARRAY↓

执行上述命令后，命令行提示：

选择对象：

……

选择对象：↓

输入阵列类型 ［矩形(R)/环形(P)］ <矩形>：(输入选项)

3. 选项说明

(1) 矩形（R）矩形阵列。该选项为默认选项。选择该选项后，命令行提示：

输入行数 (- - -) <1>：(图 13-34a 中的行数取 3 行)

输入列数 (| | |) <1>：(图 13-34a 中的列数取 4 行)

输入层数 (...) <1>：(图 13-34a 中的层数取 2 层)

指定行间距 (- - -)：(图 13-34a 中的行间距取 20 个单位)

指定列间距 (| | |)：(图 13-34a 中的列间距取 60 个单位)

指定层间距 (...)：(图 13-34a 中的层间距取 10 个单位)

结果如图 13-34b 所示。

在三维阵列中，要分别指定阵列的行数、列数和层数，同时还要给出行间距、列间距和层间距，间距值还有正负之分，如果某一间距值为负，则阵列将向相反方向排列。

(2) 环形（P） 环形阵列。选择该选项后，命令行提示：

输入阵列中的项目数目：(图 13-35 中取 6)

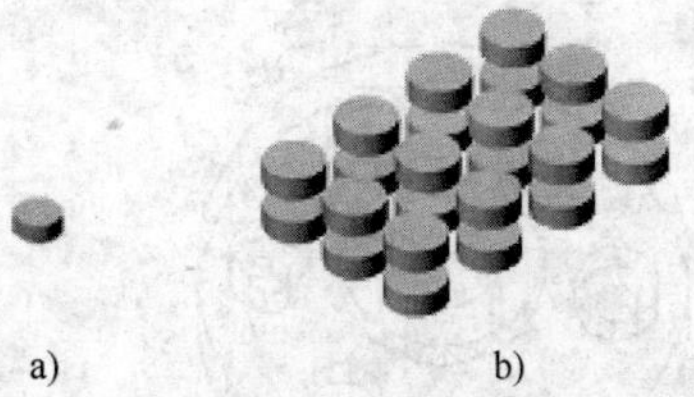

图 13-34 三行四列两层三维矩形阵列
a) 阵列前 b) 阵列后

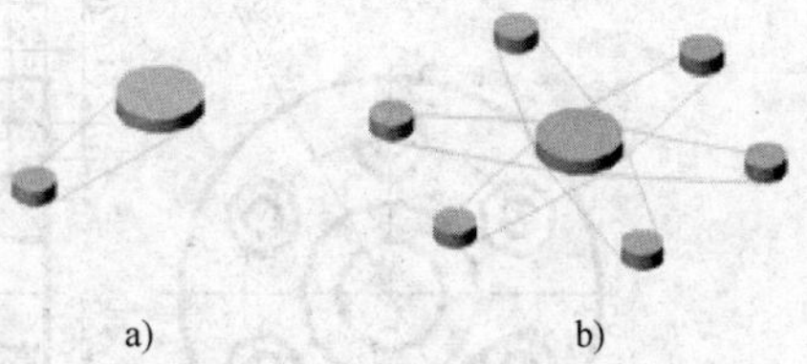

图 13-35 实体与曲面
a) 阵列前 b) 阵列后

指定要填充的角度 (+=逆时针，-=顺时针) <360>：(图 13-35 中取 360°)

旋转阵列对象？［是(Y)/否(N)］ <是>：

1) 是（Y）默认选项，确定在阵列对象时，使对象发生对应的旋转。

2) 否（N）执行该选项，确定在阵列对象时，对象不发生对应的旋转。

命令行提示：

指定阵列的中心点：(指定一点)

指定旋转轴上的第二点：(指定一点。在图 13-35 中旋转轴为大圆柱轴线)

结果如图 13-35b 所示。

例 1 根据图 13-36a 所示图形，绘制其三维实体模型（该实体高度为 8）。

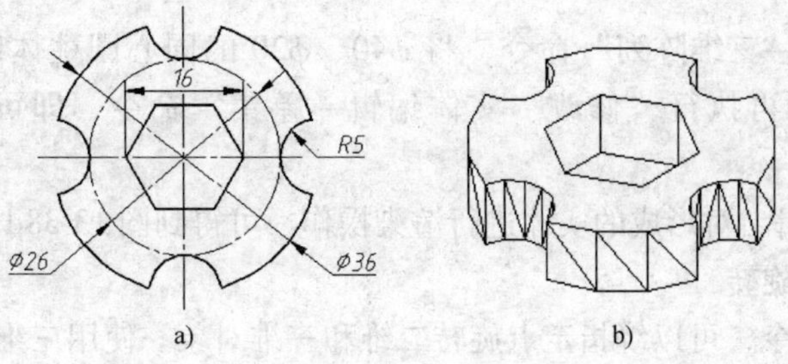

图 13-36 绘制三维实体

作图步骤如下：

1）执行“绘图→圆→圆心、半径”命令，绘制一个 $\phi36$ 的圆。

2）执行“绘图→正多边形”命令，绘制一个以圆心为中心点，内接于 $\phi16$ 圆的正六边形。

3）执行“绘图→圆→圆心、半径”命令，以 $\phi36$ 圆的象限点为圆心，绘制一个 $\phi10$ 的圆。

4）执行“修改→阵列”命令，将 $\phi10$ 以大圆圆心为阵列中心，执行环形阵列，并用“修改→修剪”命令进行修剪，即可得到图 13-36a 所示图形。

5）执行“绘图→面域”命令，将以上所画图形转换为面域，再执行“视图→三维视图→西南等轴测”命令，在西南等轴测视图下绘制图形。

6）执行“建模→拉伸”命令，将上述面域沿默认方向拉伸高度 8，再执行“实体→布尔值→差集”命令，即可得到图 13-36b 所示图形。

例 2　根据图 13-37a 所示图形，绘制法兰盘的三维实体。

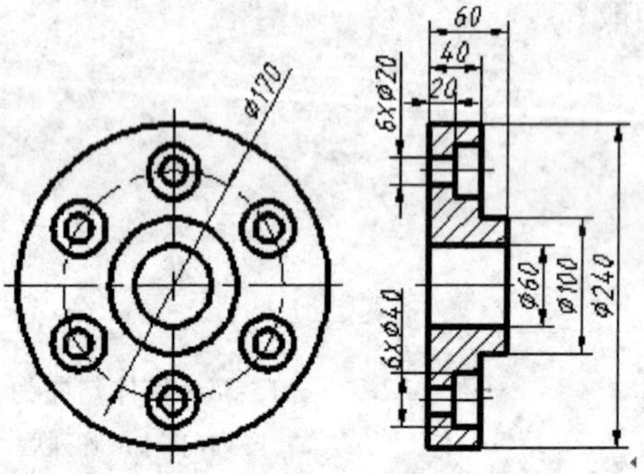

a)

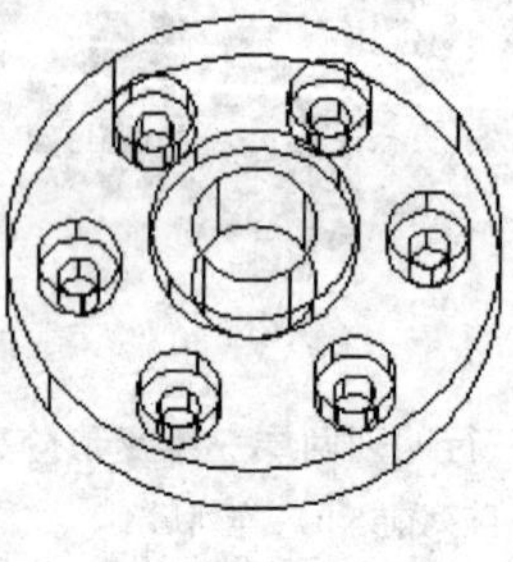
b)

图 13-37　绘制法兰盘

法兰盘主要由圆柱体组成，可以通过若干圆柱体进行叠加形成。首先创建 3 个中心相同的圆柱，其次在辅板上按尺寸绘出两个圆柱，最后进行布尔差集运算。作图步骤如下：

1）执行“建模→圆柱体”命令，绘制 $\phi240$、$\phi100$、$\phi60$ 的同心圆柱体，其中 $\phi240$、$\phi100$ 两圆柱求并集，再与 $\phi60$ 的圆柱体求差集，即可得到图 13-38a 所示图形。

2）执行 UCS 命令，将坐标原点设在 $\phi240$ 圆柱体的上表面圆心处。

3）执行“建模→圆柱体”命令，绘制 $\phi40$、$\phi20$ 的同心圆柱体，即可得到图 13-38b 所示图形。

4）执行“修改→三维阵列”命令，将 $\phi40$、$\phi20$ 的同心圆柱体以大圆圆心为阵列中心，执行环形阵列，再执行“修改→实体编辑→差集”命令，即可得到图 13-38c 所示图形。

5）三维图形编辑　对形成的实体进行渲染操作，可得到图 13-38d 所示图形。

13.4.3　三维实体的旋转

使用三维旋转命令，可以绕指定点旋转二维和三维对象。使用三维旋转命令可以使指定三维对象以指定的基点绕某一指定轴旋转一定角度，如图 13-39b 所示。

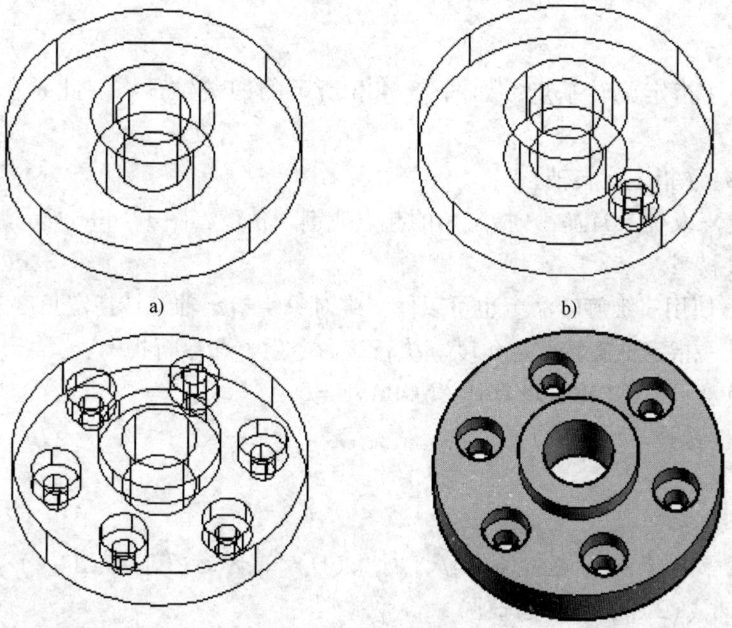

a) b) c) d)

图 13-38 绘制法兰盘

a）创建同心圆柱 b）创建辅板上的圆柱 c）阵列并求差集 d）渲染后

（1）功能 将选定的三维对象以指定的基点绕指定的轴旋转指定的角度。

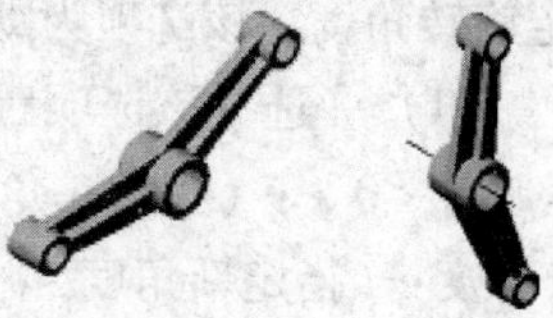

a) b)

图 13-39 三维旋转

a）待旋转的三维对象 b）绕指定旋转轴旋转

（2）命令格式

1）工具栏 建模→按钮

2）菜单栏 修改→三维操作→三维旋转

3）功能区 常用→修改→按钮

4）键入命令 3DROTATE↓

执行上述命令后，命令行提示：

UCS 当前的正角方向：ANGDIR = 逆时针 ANGBASE = 0

选择对象：（选择三维实体，图 13-40a 所示的四棱锥）

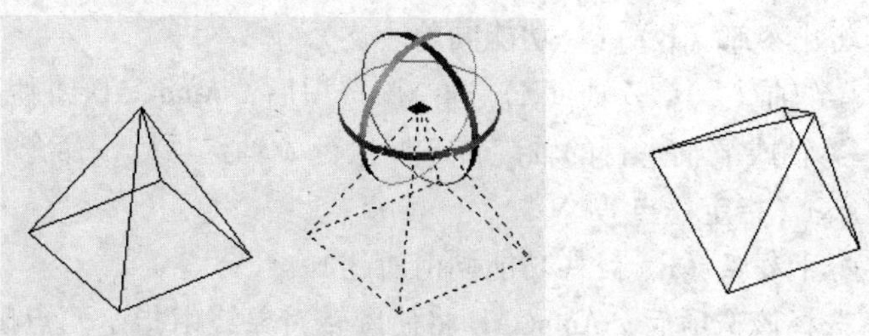

a) b) c)

图 13-40 三维旋转

a）待旋转的三维对象 b）以指定基点绕指定旋转轴旋转 c）角的起点为 35°

……

选择对象：↓

指定基点：(指定旋转基点，如图 13-40b 所示的四棱锥顶点。此时在锥顶会显示一图标)

拾取旋转轴：(指定旋转轴)

指定角的起点或键入角度：(指定角的起点或键入角度，图 13-40c 所示为 35°)

正在重生成模型。

(3) 说明　使用三维旋转命令也可以使三维对象绕指定轴旋转指定角度。图 13-40 所示为指定对象绕某一指定轴旋转一定角度。执行该命令后，命令行提示：

当前正向角度：ANGDIR = 逆时针 ANGBASE = 0

选择对象：(选择三维对象)

……

选择对象：↓

指定轴上的第一个点或定义轴依据 [对象(O)/最近的(L)/视图(V)/X 轴(X)/Y 轴(Y)/Z 轴(Z)/两点(2)]：(输入选项)

1) 指定轴上的第一个点　该选项为默认选项，指定一点后，命令行提示：

指定轴上的第二点：(指定一点)

指定旋转角度或 [参照 (R)]：

① 指定旋转角度　该选项为默认选项，输入旋转角度。

② 参照 (R)　选择该选项后，命令行提示：

指定参照角 <0>：(指定一角度)

指定新角度：(指定新角度)

2) 对象 (O) 选择该选项后，命令行提示：

选择直线、圆、圆弧或二维多段线线段：(指定旋转轴)

指定旋转角度或 [参照 (R)]：(功能同前所述，如图 13-39 所示)

3) 最近的 (L) 选择该选项后，命令行提示：

指定旋转角度或 [参照 (R)]：(功能同前所述)

4) 视图 (V) 选择该选项后，命令行提示：

指定视图方向轴上的点 <0，0，0>：(指定旋转轴上一点)

指定旋转角度或 [参照 (R)]：(功能同前所述)

5) X 轴 (X)、Y 轴 (Y)、Z 轴 (Z) 选择该选项后，AutoCAD 将使旋转对象分别绕与当前 UCS 的 X 轴、Y 轴或 Z 轴平行的轴旋转。如执行 Z 轴选项后，命令行提示：

指定 Z 轴上的点：(指定一点)

指定旋转角度或 [参照 (R)]：(功能同前所述)

6) 两点 (2) 选择该选项后，AutoCAD 将使旋转对象绕由指定两点确定的旋转轴旋转，与默认项的操作相同。

例 3　根据图 13-41 所示图形，绘制弯头管道的三维实体模型。其中弯管直径为 16mm，平板的厚度为 5mm。

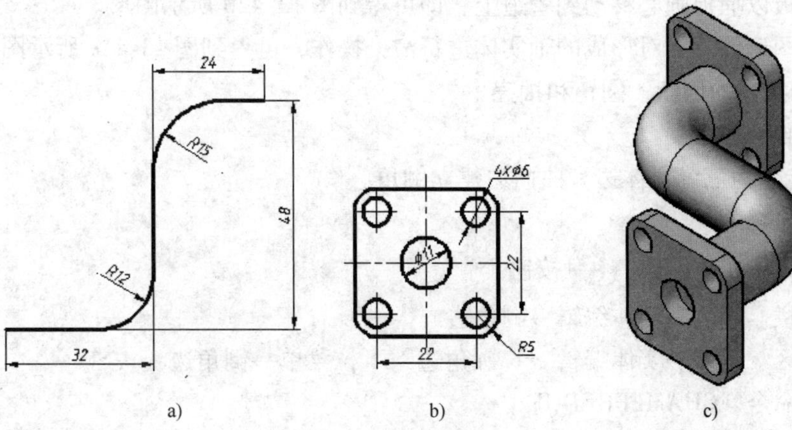

图 13-41　绘制弯头管道

作图步骤如下：

1）执行“绘图→多段线、矩形、圆”命令，绘制图 13-42a 所示弯管的二维图，再执行“视图→西南等轴测视图”，即可得到图 13-42a 所示图形。

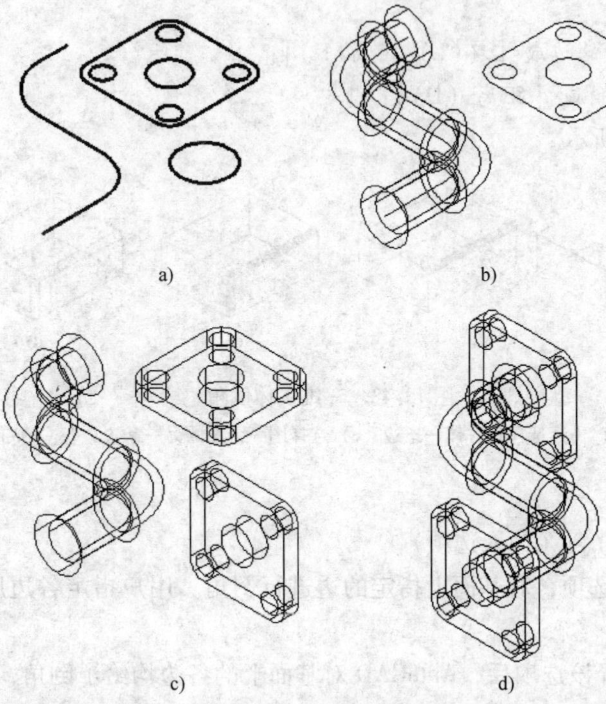

图 13-42　绘制弯管步骤

a）弯管的二维图　b）扫掠并将弯管抽壳　c）拉伸并旋转平板　d）移动平板

2）执行扫掠及抽壳命令完成管道造型，即可得到图 13-42b 所示图形。

3）执行“模型→拉伸”命令，绘制平板，并复制平板绕 Y 轴旋转 90°，即可得到图 13-42c 所示图形。

4）两平板以捕捉圆心移动到管道上，即可得到图 13-42d 所示图形。

5）三维图形编辑　对形成的轴实体进行渲染操作，可得到图 13-41c 所示图形。

13.4.4　三维实体的倒角、圆角和抽壳

1. 对三维实体倒角

(1) 功能　为三维实体边和曲面边建立倒角。

(2) 命令格式

1）工具栏　实体编辑→按钮

2）菜单栏　修改→实体编辑→倒角边

3）功能区　实体→实体编辑→“圆角边”下拉菜单→倒角边

4）键入命令　CHAMFEREDGE↓

执行上述命令后，命令行提示：

距离 1 = 1.0000，距离 2 = 1.0000

选择一条边或［环(L)/距离(D)］:（选择图 13-43a 所示的一条边后，结果如图 13-43b 所示）

选择属于同一个面的边或［环(L)/距离(D)］:（选择图 13-43b 的另一条边后，结果如图 13-43c 所示）

选择属于同一个面的边或［环(L)/距离(D)］: ↓

按 Enter 键接受倒角或［距离（D)］: ↓

结果如图 13-43d 所示。

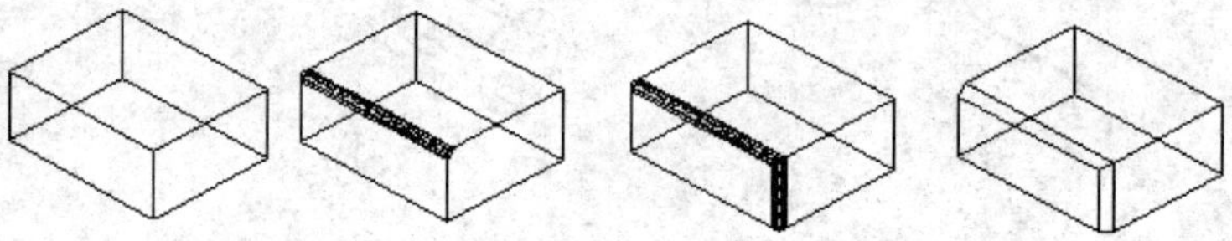

a)　　b)　　c)　　d)

图 13-43　三维实体倒角

a）倒角前　b）选择长方体一条边　c）选择图一个面的另一条边　d）完成倒角

(3) 选项说明

选择边或［环（L)］:（输入选项）

1）选择边　默认选项，对基面上指定的边进行倒角。用户指定各边后，即可实现对实体倒角。

2）环（L)　选择该选项后，AutoCAD 对基面上的各边均给予倒角，命令行提示：

选择边环或［边（E)］:

在此提示下，选择基面上一条边，AutoCAD 会对该面上的各边进行倒角。

2. 对三维实体倒圆　圆角命令不仅可以对二维对象倒圆，而且可以对三维实体倒圆。

(1) 功能　对三维实体进行倒圆。

(2) 命令格式

1）工具栏　实体编辑→按钮

2）菜单栏　修改→实体编辑→圆角边

3）功能区　实体→实体编辑→“倒角边”下拉菜单→圆角边

4）键入命令　FILLETEDGE↓

执行上述命令后，命令行提示：

半径 = 1.0000

选择边或［链（C）/半径（R）]：（选择图 13-44a 所示的一条边后，结果如图 13-44b 所示）

选择边或［链（C）/半径（R）]：↓

已选定 1 个边用于圆角。

按 Enter 键接受圆角或［半径（R）]：↓

结果如图 13-44c 所示。

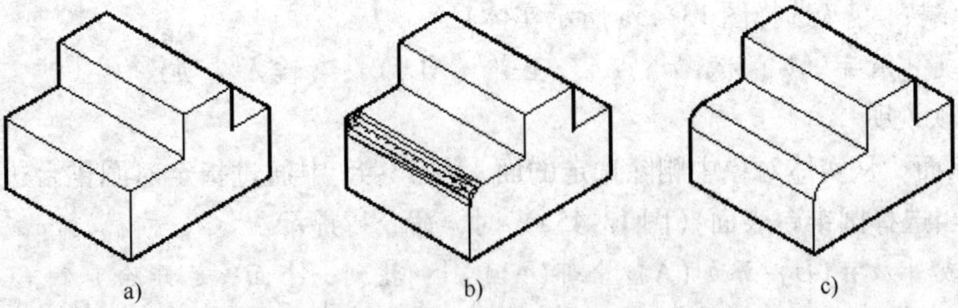

图 13-44 三维实体圆角

a）倒圆前　b）选择要倒圆的边　c）完成倒圆

（3）选项说明　在此提示下，如果选择实体上要倒圆的边，AutoCAD 会自动识别出该实体，同时提示：

输入圆角半径 <当前值>：（指定圆角半径）

选择边或［链(C)/半径(R)]：

1）选择边　默认选项，对单个边进行选择。此时所选实体的边倒圆角完成，并结束命令，如图 13-44b 所示。

2）链（C）　对连续相切边进行选择，选择该选项，命令行提示：

选择边链或［边(E)/半径(R)]：（指定边）

此时所选实体的边倒圆角完成，并结束命令。

3）半径（R）　定义被倒圆的边的半径，选择该选项，命令行提示：

输入圆角半径 <当前值>：（指定半径值）

选择边或［链(C)/半径(R)]：（功能同前所述）

3. 抽壳　执行该命令可以用指定的厚度创建一个空的薄层，可以为所有的面指定一个厚度，通过选择面可以将这些面排除在壳外。一个实体只能创建一个薄壳体。

进行抽壳操作时，若输入的偏移距离为正值，表示从实体外开始抽壳；若输入的偏移距离为负值，则表示从实体内开始。

（1）功能　将一个实体生成一个空心的薄壳实体。

（2）命令格式

1）工具栏　实体编辑→按钮

2）菜单栏　修改→实体编辑→抽壳

3）功能区　“常用→实体编辑→下拉菜单→抽壳”或“实体→实体编辑→下拉菜单→抽壳”

4）键入命令　SOLIDEDIT↓

执行上述命令后，命令行提示：

实体编辑自动检查：SOLIDCHECK = 1

输入实体编辑选项［面(F)/边(E)/体(B)/放弃(U)/退出(X)］＜退出＞：_ body

输入体编辑选项

［压印(I)/分割实体(P)/抽壳(S)/清除(L)/检查(C)/放弃(U)/退出(X)］＜退出＞：_ shell

选择三维实体：(选择图 13-45a 所示实体)

删除面或［放弃（U）/添加（A）/全部（ALL)］：(输入选项)

(3）选项说明

1）删除面　从实体对象中删除选定的面。图 13-45 中通过指定对圆锥台进行抽壳时要删除的面。当选择圆锥台表面（图 13-45a）时，命令行提示：

删除面或［放弃(U)/添加(A)/全部(ALL)］：找到一个面，已删除 1 个。

删除面或［放弃(U)/添加(A)/全部(ALL)］：↓

输入抽壳偏移距离：(设置偏移的大小，此例输入 1)

已开始实体校验。

已完成实体校验。

完成上述操作，结果如图 13-45b 所示，渲染后可得到图 13-45c 所示效果。

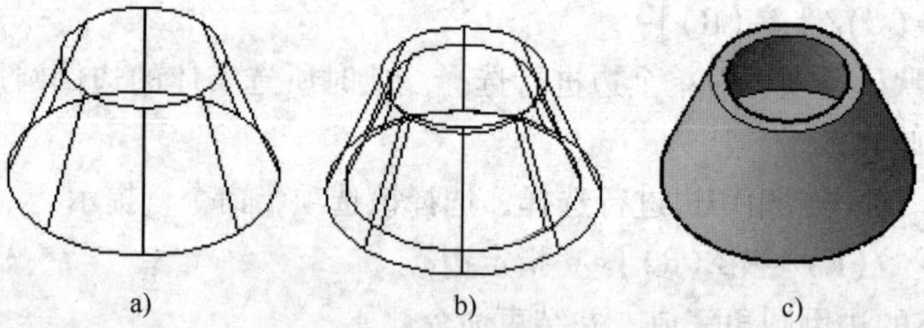

a)　　b)　　c)

图 13-45　三维实体抽壳

a）抽壳前　b）完成抽壳　c）渲染后

2）放弃（U）　该选项用于撤销上一个动作。

3）添加（A）　按 Ctrl 键并单击边以指明要保留的面。选择该选项后，命令行提示：

选择面或［放弃(U)/删除(R)/全部(ALL)］：(指定一条边)

选择面或［放弃(U)/删除(R)/全部(ALL)］：(指定另一条边)

4）全部（ALL）　临时选择要删除的所有面。然后可以使用“添加”添加要保留的面。

例 4 根据图 13-46a 所示图形，绘制子弹壳的三维实体模型（图 13-46b）。

作图步骤如下：

1）执行“建模→圆柱体”命令，绘制 ϕ15、ϕ13 两同心圆柱体，再求并集，即可得到图 13-47a 所示图形。

2）执行 UCS 命令，将坐标原点分别设在四截面上绘制圆，即可得到图 13-47b 所示图形。

3）执行“绘图→直线”命令，绘制放样路径（轴线），并进行放样处理，即可得到图 13-47c 所示图形。

4）删除多余线条，执行“实体→实体编辑→抽壳”命令，将弹壳进行抽壳，再执行“修改→实体编辑→并集”命令，即可得到图 13-47d 所示图形。

5）三维图形编辑　对形成的轴实体进行渲染操作，可得到图 13-46b 所示图形。

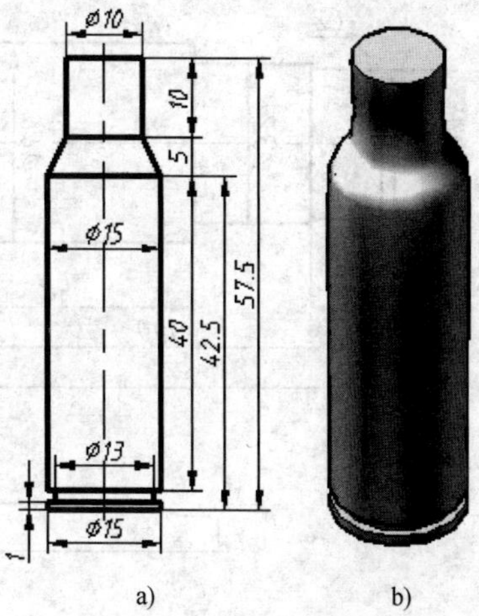

图 13-46　绘制子弹壳
a）平面图　b）三维实体

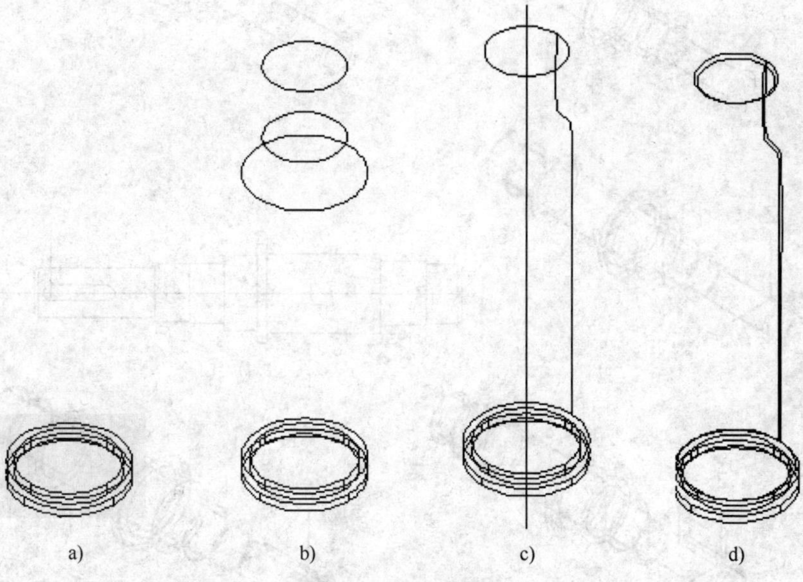

图 13-47　绘制子弹壳
a）绘制同心底圆柱　b）绘制截面四圆　c）放样后　d）抽壳后

13.5　三维图形综合举例

本节将通过实例介绍有关三维实体绘制与尺寸标注的方法。

例 1 完成图 13-48 所示轴的三维实体模型。

作图步骤如下：

（1）使用多段线命令绘制轴的半轮廓，如图 13-49a 所示。

（2）把二维图形转换为三维实体。执行“建模→旋转”命令，将刚生成的多段线旋转成实体，如图 13-49b 所示。

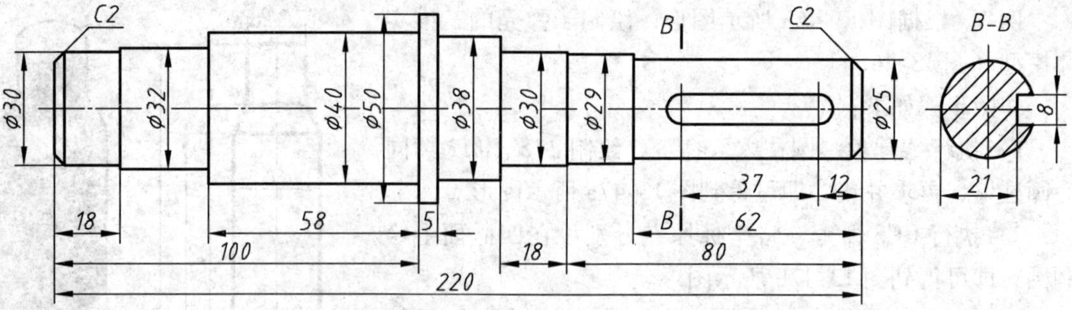

图 13-48　轴

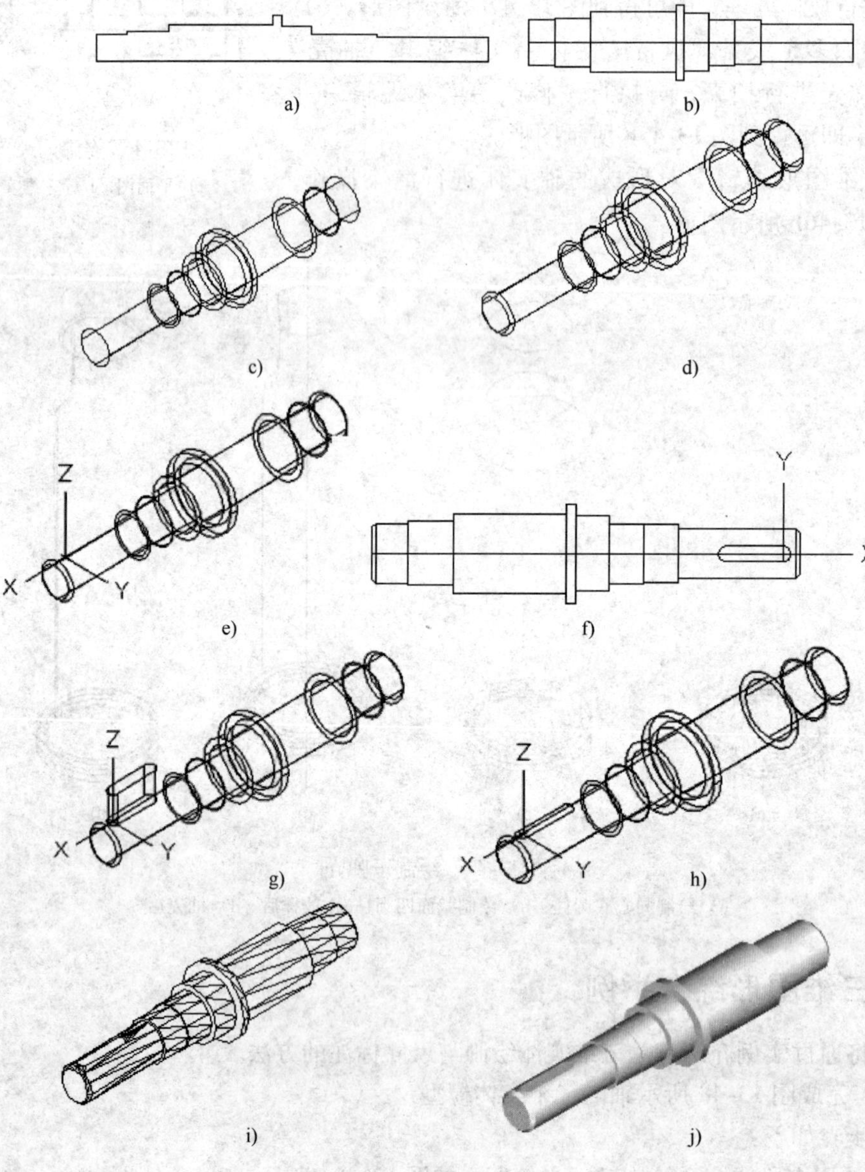

图 13-49　轴的三维实体

a）轴的半轮廓图　b）将二维图形转换为三维实体　c）改变视点观察图形　d）创建倒角后的图形　e）新建 UCS
f）键槽轮廓　g）拉伸、改变视点的结果　h）差集运算结果　i）消隐结果　j）渲染结果

（3）改变视点　执行“视图→三维导航→东北等轴测”命令，得到图 13-49c 所示图形。

（4）创建倒角　执行“实体→实体编辑→圆角边→倒角边”命令，得到图 13-49d 所示图形。

（5）创建键槽

1）执行“UCS”命令，把新建 UCS 的原点放置在（-8.5，0，12）位置，如图 13-49e 所示。

2）利用二维绘图方法，按图 13-48 所示尺寸绘制键槽轮廓，并执行“修改→编辑多段线”命令，将轮廓合并为一条多段线，如图 13-49f 所示。

3）把二维图形转换为三维实体。执行“实体→拉伸”命令，将刚生成的多段线拉伸成实体，再改变视点。执行“视图→三维视图→东北等轴测”命令，得到图 13-49g 所示图形。

4）求差集。执行“实体→布尔值→差集”命令，从轴实体中减去键槽，得到图 13-49h 所示图形。

（6）三维图形编辑　对形成的轴实体进行消隐、渲染操作，可得到图 13-49i、图 13-49j 所示图形。

例 2　绘制图 13-50 所示的三维实体图形并标注尺寸。

作图步骤如下：

（1）绘制三维实体　在 AutoCAD 中，三维绘图的关键是用户要树立良好的空间概念和正确理解并能灵活运用坐标系。

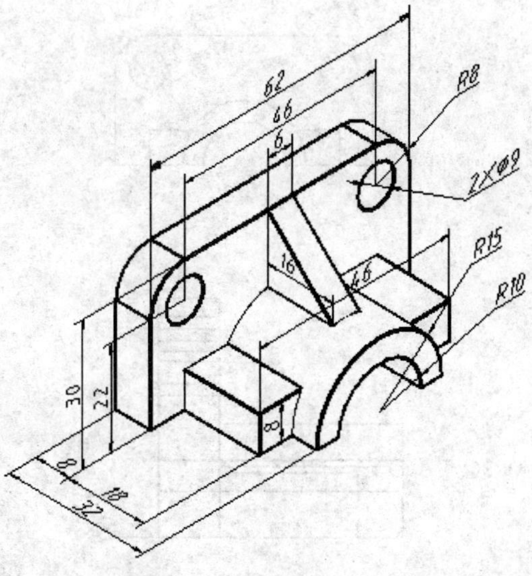

图 13-50　三维实体图形

1）执行“视图→三维导航→前视”命令（注意关闭状态栏上的 DUCS 按钮）设置视点的方位。重复执行“绘图→圆弧→起点、圆心、端点”命令，以（0，0）为圆心，绘制 R10 和 R15 的同心半圆，并使图形封闭起来，如图 13-51a 所示。

2）执行“绘图→面域”命令，将上述封闭区域转换为面域，再执行“建模→拉伸”命令，拉伸高度输入 -32，为了清楚地观察半圆柱，可以执行“视图→导航→动态观察→自由动态观察”命令，如图 13-51b 所示。

3）为了绘制下面的小方块，应首先移动坐标平面。为此，可执行“UCS”命令，输入（0，0，-6）作为新坐标系原点，执行“绘图→多段线”命令，输入（-10，0）作为多段线的起点，然后依次指定多段线的顶点输入 C 封闭多段线，如图 13-51c 所示。

4）执行“建模→拉伸”命令，选择多段线，将其拉伸 -18。重复执行小方块的制作方法，得到的图形如图 13-51d 所示。

5）执行“实体编辑→并集”命令，分别选中前面制作的三个实体，对其进行求和（并集）操作，将其合并为一个实体。再执行“UCS”命令，输入（0，0，-18）作为新坐标系的原点。

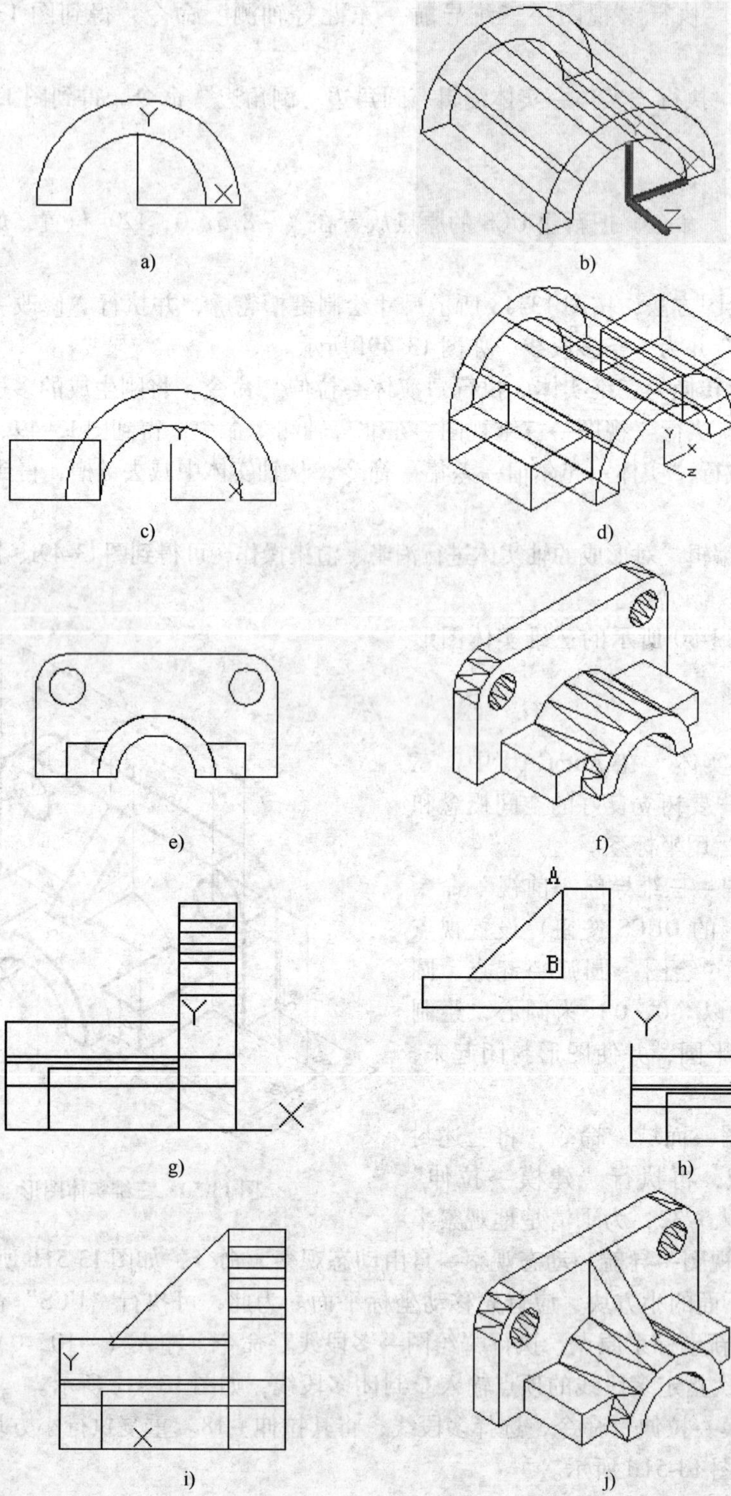

图 13-51　三维实体绘图

a）绘制两个半圆并封闭其端点　b）调整视图　c）绘制多段线　d）绘制另一封闭多段线并拉伸　e）绘制多段线　f）组合体　g）在平面视图中创建截面　h）移动实体并绘制封闭多段线　i）删除截面并移回实体　j）组合体视图

6）执行“绘图→多段线”命令，输入（-15，0）作为多段线的起点，然后依次绘制多段线。分别以（-23，22）和（23，22）为圆心，绘制两个直径为9的圆。如图13-51e所示。

7）执行“建模→拉伸”命令，选择前面绘制的多段线和两个圆，将其拉伸-8，执行“实体编辑→差集”命令，将前面创建的由多段线拉伸得到的实体减掉由两个圆拉伸得到的实体。再执行“实体编辑→并集”命令，将上一步得到的新实体与前面制作的实体相加。如图13-51f所示。

8）执行“视图→坐标→新建UCS→Y”命令，回车，将坐标系绕Y轴旋转90°。执行“视图→三维视图→平面视图→当前UCS”命令，生成相对于当前UCS的平面视图。执行“UCS”命令，输入（0，0，-3）作为UCS的原点。

9）执行创建实体截面命令“SECTION”，选择实体并按回车键。分别输入（0，0，0）、（1，0，0）与（0，1，0），创建截面，如图13-51g所示。为更好观察图形，可将实体暂时移开。

10）执行“绘图→多段线”命令，单击捕捉A、B两点，然后输入@16<180，输入C封闭多段线，结果如图13-51h所示。

11）单击选中实体，执行“修改→移动”命令，单击选中实体的右下角点作为基点，移至（@-40，0，0）位置，此时截面的任务已经完成，可以将其删除。得到的图形如图13-51i所示。

12）执行“建模→拉伸”命令，将前面制作的多段线拉伸6。

13）执行“实体编辑→并集”命令，将上一步得到的新实体与前面制作的实体相加，得到的图形如图13-51j所示。

（2）标注组合体尺寸　对三维图形标注尺寸时，由于所有标注都是在当前坐标平面进行的，因此，为了标注不同部分的尺寸，需要不断地转换坐标系。

1）按国家标准要求，设置符合标准的尺寸标注样式。

2）执行“视图→坐标→新建UCS→Y”命令，输入180，将坐标系绕Y轴旋转180°。再执行“注释→标注→线性”命令，标注第一个尺寸16，如图13-52a所示。

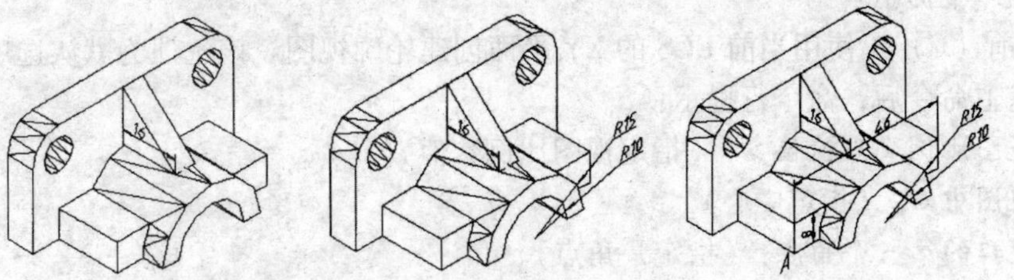

a)　b)　c)

图13-52　三维实体尺寸标注

a）标注尺寸16　b）调整坐标系，标注半径　c）在新的坐标系下进行尺寸标注

3）执行“视图→坐标→新建UCS→Y”命令，输入90，将坐标系绕Y轴旋转90°。执行“UCS”命令，然后捕捉圆心作为UCS坐标系的原点。

4）执行“注释→标注→半径”命令，分别标注两个半圆的半径，如图13-52b所示。

5）执行“UCS”命令，捕捉图13-52c中的A点，作为UCS坐标系的原点，然后执行“注释→标注→线性”命令，进行线性标注，并且根据需要调整尺寸文字的位置，结果如图13-52c所示。

13.6 由三维实体创建二维视图

AutoCAD 根据用户需要，提供了根据三维实体模型创建二维视图的功能。应用此功能，可以缩短二维绘图时间，使作图更加直观、明了。

13.6.1 视图命令

1. 功能　使用正投影法创建布局视口以生成三维实体及体对象的多面视图与剖视图。

2. 命令格式

（1）菜单栏　绘图→建模→设置→视图

（2）功能区　常用→建模 → 按钮

（3）键入命令　SOLVIEW↓

执行上述命令后，命令行提示：

正在重生成布局。

重生成模型－缓存视口。

输入选项 [UCS(U)/正交(O)/辅助(A)/截面(S)]：(输入选项)

3. 选项说明

（1）UCS（U）　创建相对于用户坐标系的投影视图。如果图形中不存在视口，“UCS”选项是用于创建初始视口的好方法，其他视图可以由此创建。所有其他 SOLVIEW 选项均需要现有视口。选择该选项后，命令行提示：

输入选项 [命名(N)/世界(W)/?/当前(C)] <当前>：(输入选项)

1）命名（N）　使用命名 UCS 的 XY 平面创建轮廓视图。

2）世界（W）　使用 WCS 的 XY 平面创建轮廓视图。

3）?　列出已经存在的用户坐标系名称。由输入的组合通配符过滤列表。选择该选项后，命令行提示：

输入要列出的 UCS 名 <*>：(输入名称或回车列出所有的 UCS。显示列表之后，按任意键返回第一个提示)

4）当前（C）　使用当前 UCS 的 XY 平面创建轮廓视图。该选项为默认选项。

执行以上命令后，命令行提示：

输入视图比例 <当前值>：(指定视图比例数值)

指定视图中心：(指定中心)

指定视口的第一个角点：(指定一角点)

指定视口的对角点：(指定一角点)

输入视图名：(输入一个视图名，命名创建的视图)

此时在布局中创建出一个浮动视口，命令行提示重新执行视图命令，继续创建其他视口。

（2）正交（O）　利用已经存在的视口创建与其垂直正交的视口。通常用于创建国标中规定的基本视图视口。

执行上述命令后，命令行提示：

指定视口要投影的那一侧：(选择已存在的视口的四个边框线)

指定视图中心：(指定中心)

指定视口的第一个角点：（指定一角点）

指定视口的对角点：（指定一角点）

输入视图名：（输入一个视图名，命名创建的视图）

此时在布局中创建出一个浮动视口，命令行提示重新执行视图命令，继续创建其他视口。

（3）辅助（A） 从现有视图中创建辅助视图。辅助视图投影到和已有视图正交并倾斜于相邻视图的平面。通常用于反映实体倾斜部分的结构，产生的视图即为斜视图。

（4）截面（S） 在已创建的视口中指定实体的剖切平面，建立一个实体剖切后投影的视图。通常用于创建实体图形的剖视图（视口中没有剖面线，需要进一步设置图形命令）。

13.6.2 图形命令

1. 功能 用于在视图命令创建的视口中生成轮廓图和剖视图。

2. 命令格式

（1）菜单栏 绘图→建模→设置→图形

（2）功能区 常用→建模 ▾ → 按钮

（3）键入命令 SOLDRAW↓

执行上述命令后，命令行提示：

选择要绘图的视口...

选择对象：（选择要生成轮廓图或剖视图的视口）

……

选择对象：↓

已选定一个实体。

此时视口中生成轮廓图或剖视图，并完成命令。

3. 说明 创建视口中表示实体轮廓和边的可见线和隐藏线，然后投影到垂直视图方向的平面上。剪切平面后的所有实体和实体部分都生成轮廓和边。

选定视口中的所有轮廓图和剖视图都将被删除，然后生成新的轮廓图和剖视图。在所有视口中冻结除了需要显示轮廓图和剖视图外的所有图层。

请勿在视图名 - VIS、视图名 - HID 和视图名 - HAT 图层中放置永久图形信息。运行 SOLDRAW 时将删除和更新存储在这些图层上的信息。

13.6.3 轮廓命令

1. 功能 在图纸空间中创建三维实体的轮廓图像。三维实体视口在激活状态下，此命令方可执行。即执行该命令前，先通过使用 MVIEW 和 MSPACE 命令或双击三维实体视口激活，再执行此命令。

2. 命令格式

（1）菜单栏 绘图→建模→设置→轮廓

（2）功能区 常用→建模 ▾ → 按钮

（3）键入命令 SOLPROF↓

执行该命令后，命令行提示：

选择对象：（在激活的视口中，指定对象）

……

选择对象：↓

是否在单独的图层中显示隐藏的轮廓线？[是(Y)/否(N)] <是>：(输入选项)

3. 选项说明

1）是（Y） 该选项为默认选项。执行该选项生成两个块：一个由可见轮廓组成，置于前缀为“PV－”的图层中；另一个由隐藏线组成，置于前缀为“PH－”的图层中。

2）否（N） 执行该选项时所有的三维实体的所有轮廓，均作为可见线生成一个轮廓图形，并置于前缀为“PV－”的图层中。

完成上述选择后，命令行提示：

是否将轮廓线投影到平面？[是(Y)/否(N)] <是>：

1）是（Y） 该选项为默认选项。执行该选项，AutoCAD以二维的方式表达三维实体的轮廓线，即把三维实体的轮廓投射到一个与视图方向垂直，且通过用户坐标系原点的平面上。

2）否（N） 执行该选项，AutoCAD以三维的方式创建实体轮廓线。

完成上述选择后，命令行提示：

是否删除相切的边？[是(Y)/否(N)] <是>：

1）是（Y） 该选项为默认选项。执行该选项，圆弧面等切面显示相切边。

2）否（N） 执行该选项，AutoCAD以三维隐藏的方式创建实体轮廓线。

完成上述选择后，命令行提示：

已选定一个实体。

此时生成三维实体的轮廓图，并结束命令。

13.6.4 应用举例

在图纸空间中，将图13-51j绘制的三维实体转换成二维视图并给视图添加中心线和尺寸标注，最后选用A4图纸打印出图。

作图步骤如下：

1）打开零件三维图，执行“视图→三维导航→西南等轴测”命令，执行“视图→视觉样式→三维线框”命令，单击绘图区下方的“布局1”，进入布局空间。

2）执行“常用→建模▼→实体视图”命令，执行该命令后，命令行提示：

输入选项［UCS(U)/正交(O)/辅助(A)/截面(S)]：U↓

输入选项［命名(N)/世界(W)/?/当前(C)] <当前>：W↓

输入视图比例<1>：↓

指定视图中心：(指定要创建的视图的中心位置，可多次选择和尝试，回车确认)

指定视口的第一个角点：(指定视图所在视口的第一个角点)

指定视口的对角点：(指定对角点)

输入视图名：（输入“FUSHI”作为视图名）。此时生成一个视口，作为二维图的俯视图，如图13-53a所示。

输入选项［UCS(U)/正交(O)/辅助(A)/截面(S)]：O↓（使用“正交（O）”命令创建前视图和左视图）

指定视口要投影的那一侧：(利用对象捕捉，选择俯视图下边框线的中点)

指定视图中心：(在俯视图的正上方，指定主视图的视图中心位置，如图13-53b所示)

指定视口的第一个角点：(指定视图所在视口的第一个角点)

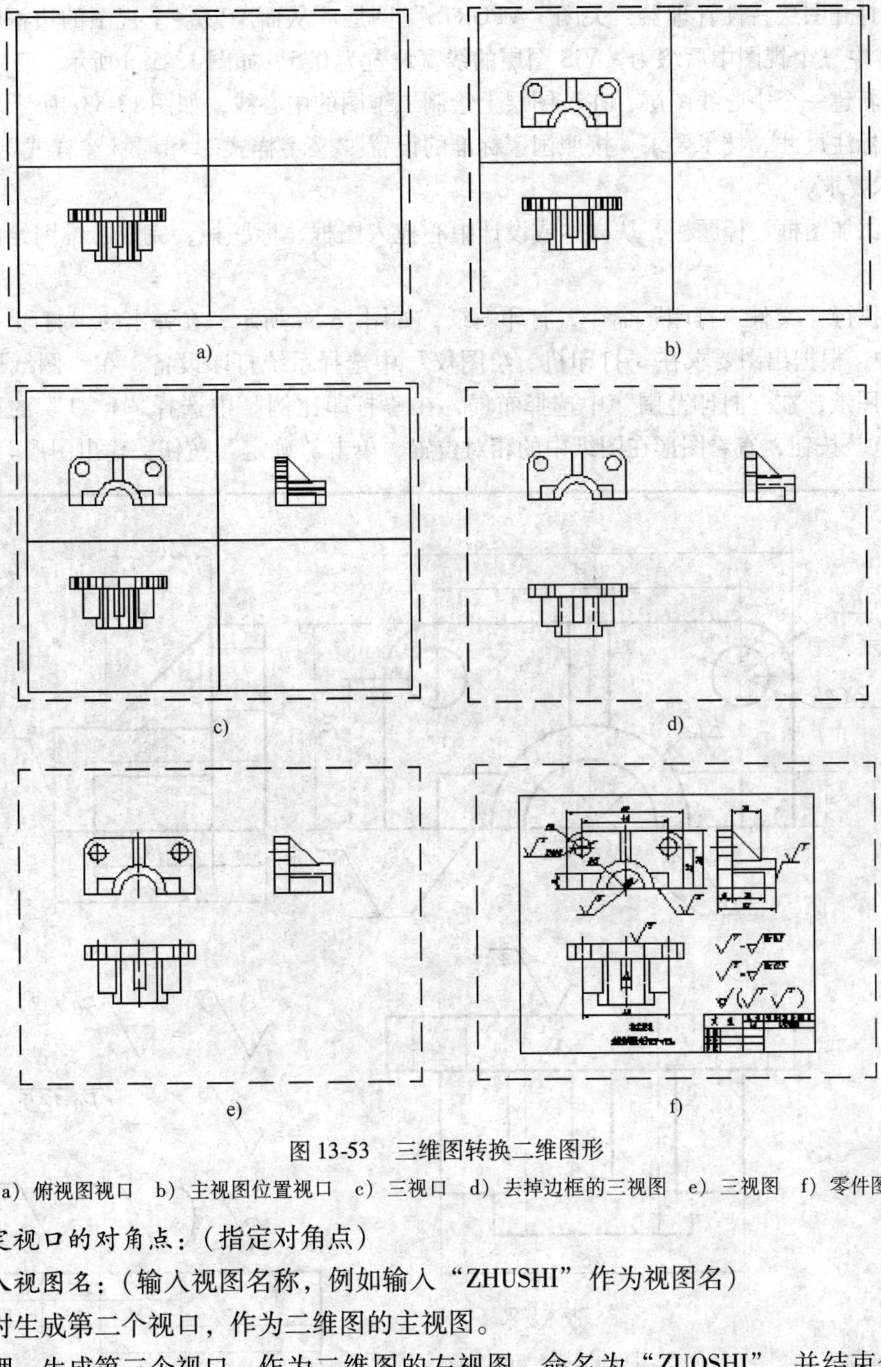

图 13-53　三维图转换二维图形

a）俯视图视口　b）主视图位置视口　c）三视口　d）去掉边框的三视图　e）三视图　f）零件图

指定视口的对角点：（指定对角点）

输入视图名：（输入视图名称，例如输入“ZHUSHI”作为视图名）

此时生成第二个视口，作为二维图的主视图。

同理，生成第三个视口，作为二维图的左视图，命名为“ZUOSHI”，并结束命令，如图 13-53c 所示。

3）执行“绘图→建模→设置→实体图形”命令，执行该命令后，命令行提示：

选择要绘图的视口...

选择对象：（选择上述命令创建的三个视口，选择每个视口边框）

此时三个视口分别生成轮廓图，并完成命令。

4）打开图层特性管理器，关闭“VPORTS”图层。从而隐藏每个视图的边框线，并将主、俯、左三个视图中后缀为 - VIS 图层的线宽设置为 0.5，如图 13-53d 所示。

5）新建一个中心线图层，在该图层上绘制二维图的中心线，如图 13-53e 所示。

6）标注尺寸、技术要求，按照国家标准的设置“文字样式”和“标注样式”，添加标注和技术要求。

7）添加图框、标题栏，从样本或设计中心拖入图框、标题栏，完成二维图绘制，如图 13-53f 所示。

8）执行“文件→打印”命令，打印图纸，如图 13-54 所示，在弹出的“打印 - 布局 1”对话框中，根据出图要求在“打印机、绘图仪”中选择系统打印设备，在“图纸尺寸”中选择 A4 图纸，在“打印范围”中选择布局，在“打印比例”中选择“1∶1”的比例，单击“预览”按钮，查看图形在图纸中的相对位置，单击“确定”按钮，输出图形。

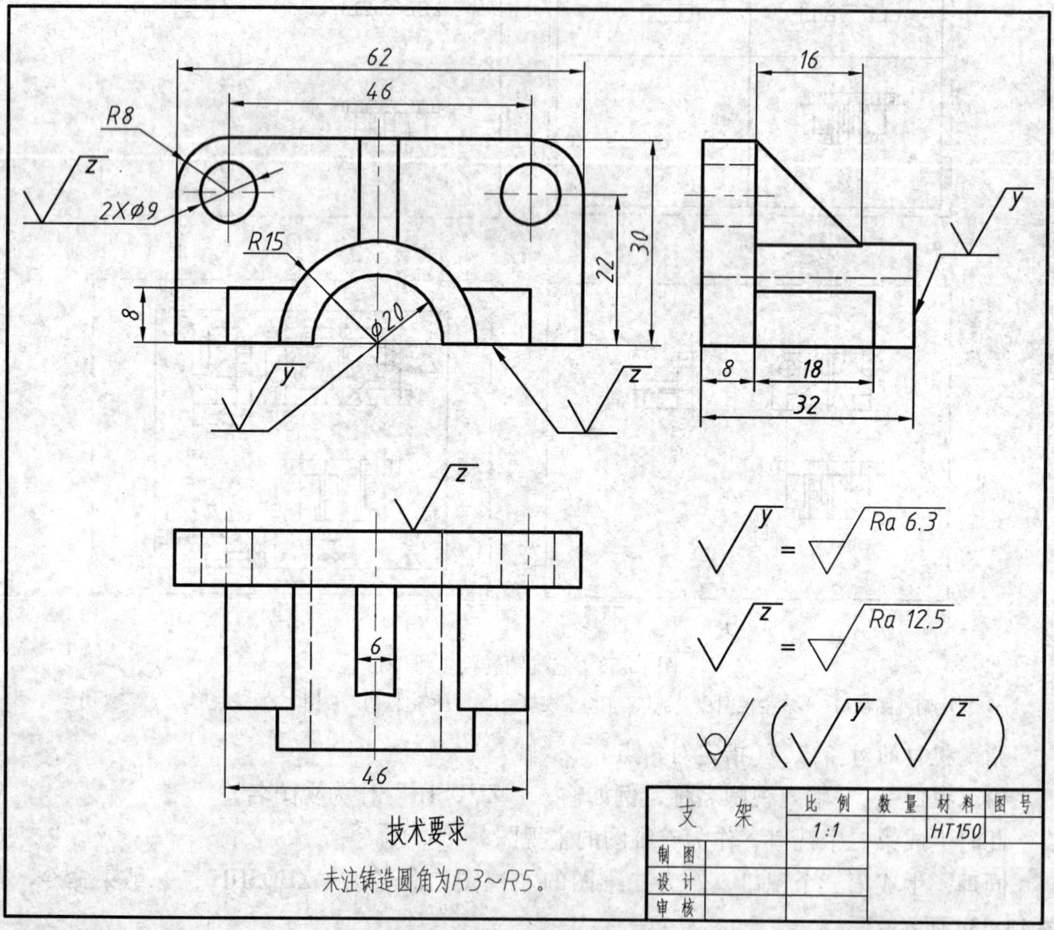

图 13-54 支架零件图

思考与练习题十三

根据图 13-55 ~ 图 13-59 所示的图形，创建三维实体。

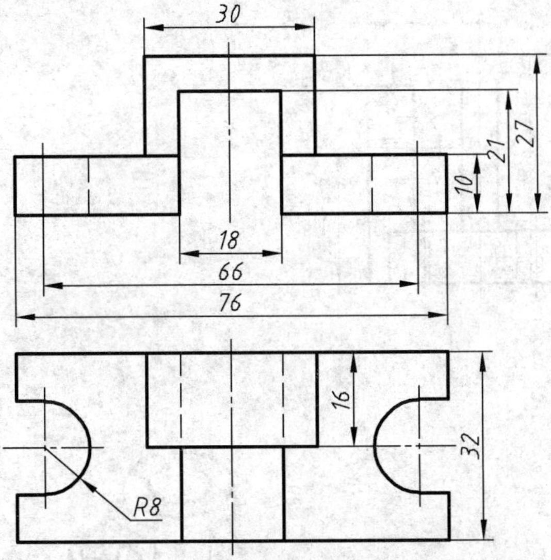

a)

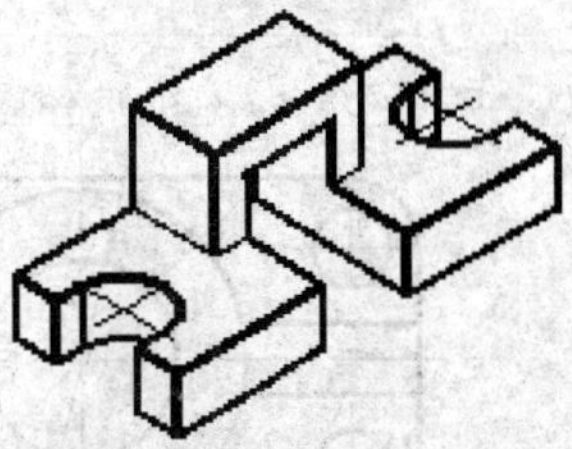

b)

图 13-55　绘制三维实体

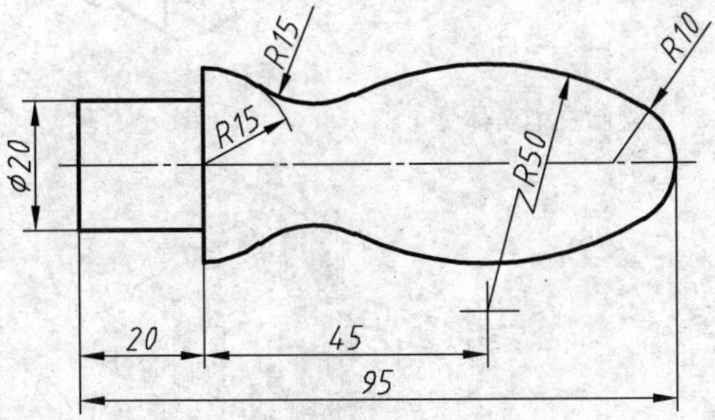

a)

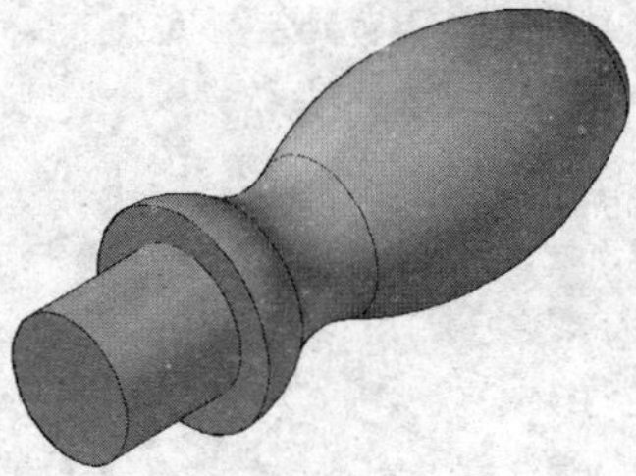

b)

图 13-56　绘制手柄

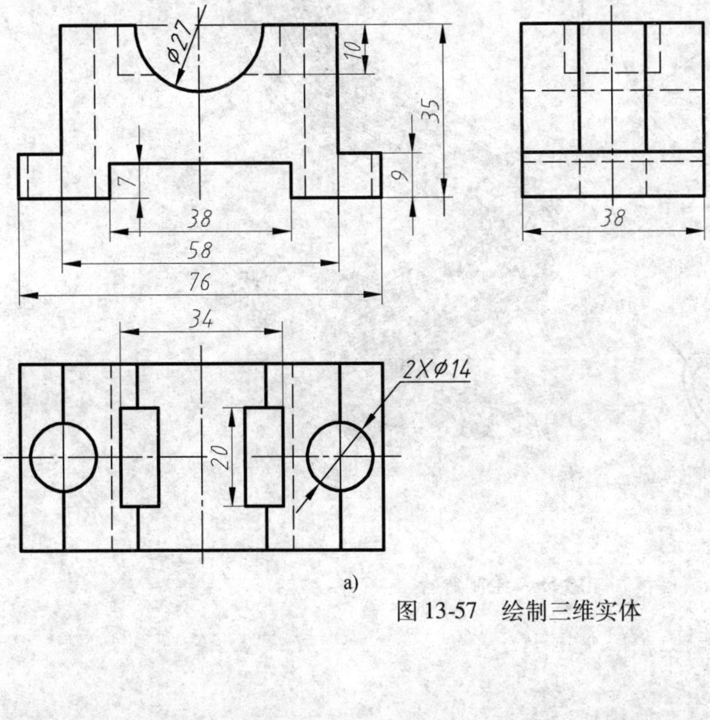

a)

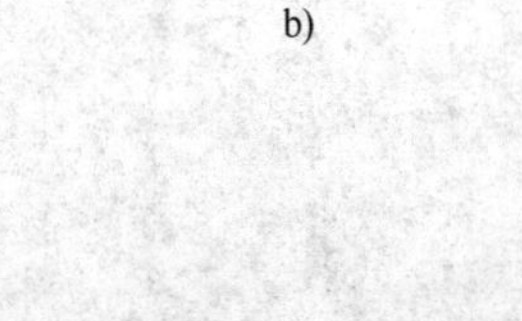

b)

图 13-57　绘制三维实体

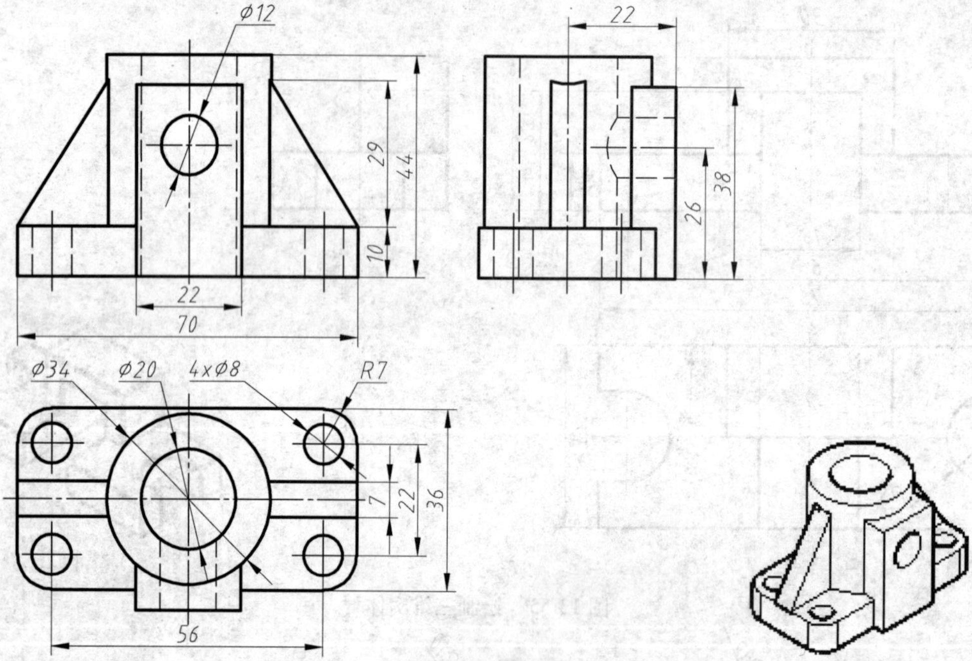

a)　　　　b)

图 13-58　绘制三维实体

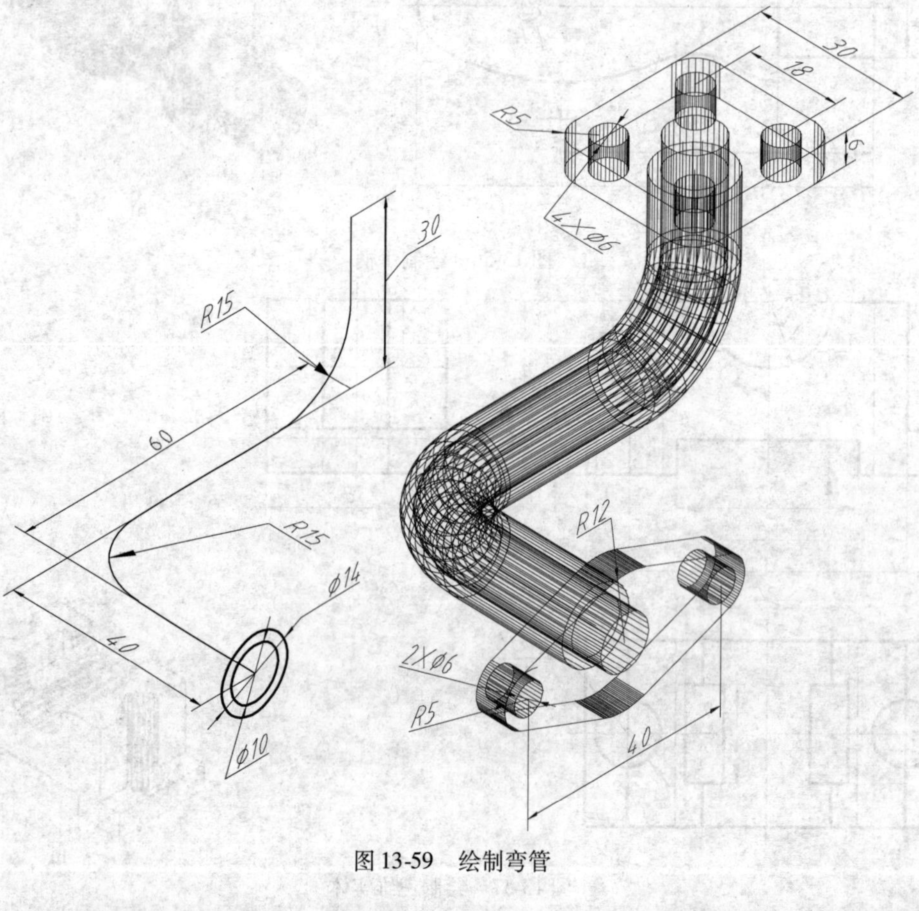

图 13-59　绘制弯管

第14章　图形输出

使用 AutoCAD 绘图软件包，不仅可以在屏幕上绘制并显示出各种图样，而且还可以通过打印机或绘图仪输出图形。

本章将介绍图形打印设置、图形输出和自定义图幅尺寸等内容。

14.1　打印设置

要输出图形就必须配备相应的打印设备。用户可根据自己的打印机或绘图仪等输出设备的型号，在 Windows 或 AutoCAD 中设置自己的输出设备。

14.1.1　设置打印机或绘图仪

用户可以在 Windows 桌面的左下角单击“开始→控制面板→打印机”，弹出“打印机”对话框。在任务栏单击“添加打印机向导”图标，弹出“添加打印机向导”对话框，按提示即可开始设置打印机或绘图仪。

AutoCAD 在“打印”和“页面设置管理器”对话框中列出了针对 Windows 配置的打印机或绘图仪。除非 AutoCAD 的默认值与 Windows 的值不同，否则无需使用系统打印机驱动程序来配置这些设备。

14.1.2　打印设置简介

1. 功能　设置打印参数和打印设备，并打印图形。

2. 命令格式

（1）工具栏　标准→🖨按钮

（2）菜单栏　文件→打印

（3）快捷菜单　在“模型”选项卡或布局选项卡上单击鼠标右键，然后单击“打印”。

（4）快捷键　Ctrl + P

（5）键入命令　PLOT↓（或 PRINT）

如果是在模型空间，执行上述命令后，系统弹出“打印 - 模型”对话框，如图 14-1 所示。如果是在图纸空间，执行上述命令后，系统弹出“打印 - 布局 N”对话框（N 为阿拉伯数字），如图 14-2 所示。从图中看出，两个对话框的内容类同。

3. 对话框说明

（1）“页面设置”区　列出图形中已命名或已保存的页面设置。可以将图形中保存的命名页面设置为当前页面设置，也可以在“打印”对话框中单击“添加”，基于当前设置创建一个新的命名页面设置。

（2）“打印机/绘图仪”区　打印时使用已配置的打印设备。

1）名称　列出可用的 pc3 文件或系统打印机，可以从中进行选择，以打印当前布局。设备名称前面的图标识别其为 pc3 文件还是系统打印机。

2）绘图仪　显示当前所选页面设置中指定的打印设备。

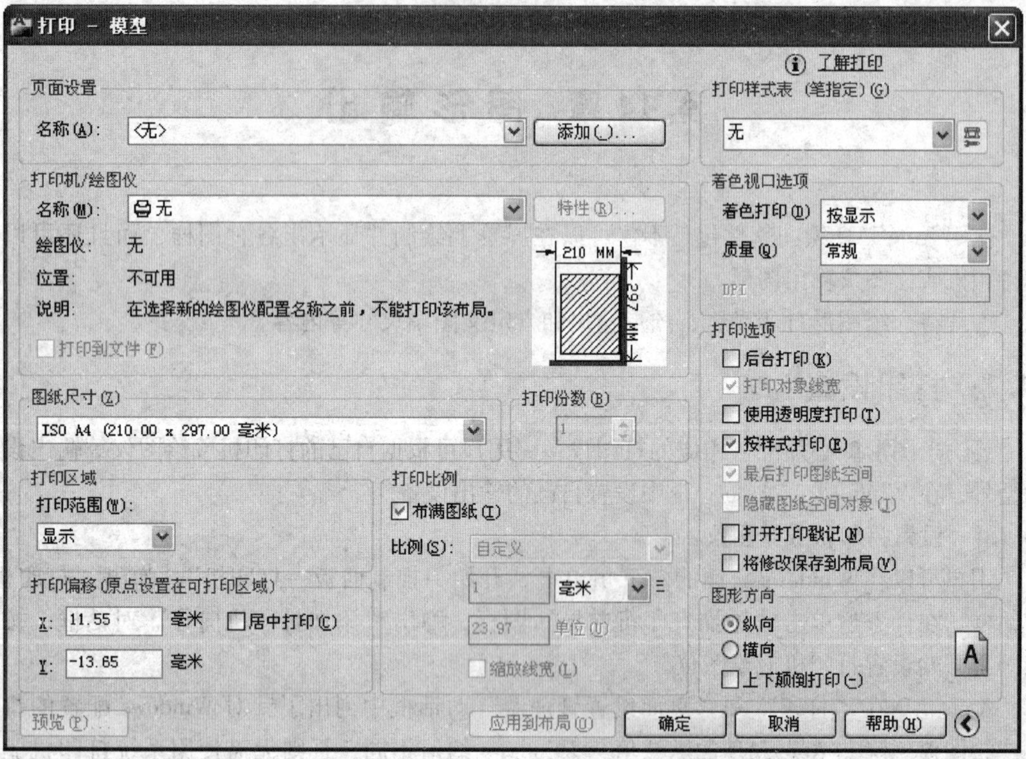

图 14-1 “打印－模型”对话框

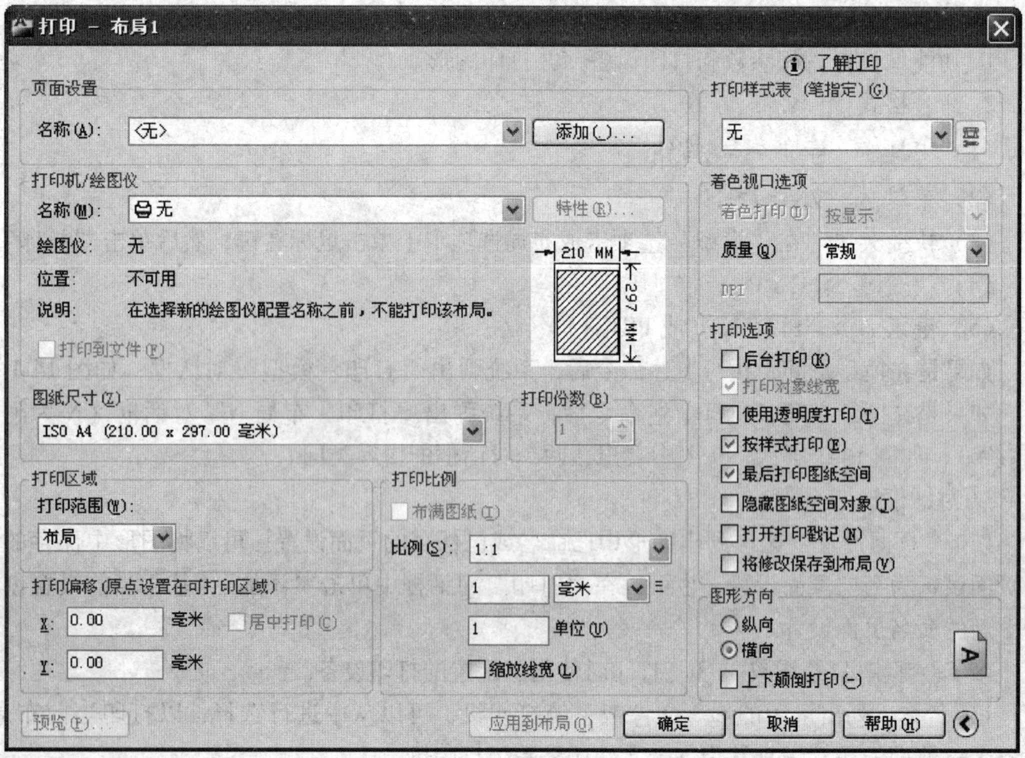

图 14-2 “打印－布局 N”对话框

3）位置　显示当前所选页面设置中指定的输出设备的物理位置。

4）说明　显示当前所选页面设置中指定的输出设备的说明文字。

5）打印到文件　打印输出到文件而不是绘图仪或打印机。

（3）“图纸尺寸”区　显示所选打印设备可用的标准图纸尺寸。如果未选择绘图仪，将显示全部标准图纸尺寸的列表以供选择。

（4）“打印区域”区　指定要打印的图形部分。在“打印范围”下，可以选择要打印的图形区域。

1）布局/图形界限　打印布局时，将打印指定图纸尺寸的可打印区域内的所有内容，其原点从布局中的（0，0）点计算得出。从“模型”选项卡打印时，将打印栅格界限定义的整个图形区域。如果当前视口不显示平面视图，该选项与“范围”选项效果相同。

2）范围　打印包含对象的图形的部分当前空间。当前空间内的所有几何图形都将被打印。打印之前，可能会重新生成图形以重新计算范围。

3）显示　打印选定的“模型”选项卡当前视口中的视图或布局中的当前图纸空间视图。

4）视图　打印以前使用 View 命令保存的视图。用户可以从列表中选择命名视图。如果图形中没有已保存的视图，则此选项不可用。选中“视图”选项后，将显示“视图”列表，列出当前图形中保存的命名视图。可以从此列表中选择视图进行打印。

5）窗口　打印指定的图形部分。如果选择“窗口”，窗口(O)< 按钮将变为可用按钮。单击 窗口(O)< 按钮以使用定点设备指定要打印区域的两个角点，或输入坐标值。

（5）“打印偏移”区　根据“指定打印偏移时相对于”选项（“选项”对话框中的“打印和发布”选项卡）中的设置，指定打印区域相对于可打印区域左下角或图纸边界的偏移。

图纸的可打印区域由所选输出设备决定，在布局中以虚线表示。

1）“X”，“Y”　通过在“X 偏移”和“Y 偏移”框中输入正值或负值，可以偏移图纸上的几何图形。

2）居中打印　自动计算 X 偏移和 Y 偏移值，在图纸上居中打印。当“打印区域”设置为“布局”时，此选项不可用。

（6）“打印比例”区　控制图形单位与打印单位之间的相对尺寸。打印布局时，默认缩放比例设置为 1∶1。从“模型”选项卡打印时，默认设置为“布满图纸”。

1）布满图纸　缩放打印图形以布满所选图纸尺寸。

2）比例　定义打印的精确比例。“自定义”可选用户定义的比例。

3）缩放线宽　与打印比例成正比缩放线宽。

（7）预览(P)... 按钮　执行 Preview 命令时，在图纸上以打印的方式显示图形。用户要退出打印预览并返回“打印”对话框，可按 Esc 键或回车或单击右键，然后在快捷菜单上单击“退出”。

（8）应用到布局(O) 按钮　将当前“打印”对话框设置保存到当前布局。用户只有对打印设置进行了修改，该按钮才可用。

（9）其他选项　控制是否显示“打印”对话框中其他选项。单击“更多选项”按钮 ，可以在“打印”对话框中显示“打印样式表”、“着色视口选项”、“打印选项”、“图形

方向”等更多选项。用户可以选择若干影响对象打印方式的选项。

1）打印样式表　设置、编辑打印样式表，或者创建新的打印样式表。AutoCAD 提供的打印样式可对线条颜色、线型、线宽、线条终点类型和交点类型、图形填充模式、灰度比例、打印颜色深度等进行控制。

选择此选项，将自动打印线宽，如果不选择此选项，将按指定给对象的特性打印对象，而不是按打印样式打印。如果在“图层特性管理器”中设置一“线宽”，在这里就保留“线宽”的默认设置“使用对象线宽”。用户要修改打印样式，可单击打印样式列表旁的按钮。

2）着色视口选项　指定着色和渲染视口的打印方式，并确定它们的分辨率大小和每英寸点数（DPI）。

3）打印选项　指定线宽、打印样式、着色打印和对象的打印次序等选项。

4）图形方向　指定图形在图纸上的打印方向。

14.2　自定义图纸尺寸

在打印出图时，当“打印”对话框中的图纸尺寸列表中没有所需的尺寸时，可自定义图纸尺寸。现以定义 600mm × 1286mm 的图纸尺寸为例，说明自定义图纸尺寸的操作过程。

第一步：使用 PLOT 命令，进入“打印”对话框，如图 14-3 所示。

第二步：选择需要的打印配置文件或系统打印机（此例取 DWG To PDF pc3），如图 14-3 所示。

第三步：单击“特性”按钮（图 14-3），打开“绘图仪配置编辑器”对话框，并选择“自定义图纸尺寸”项，如图 14-4 所示。

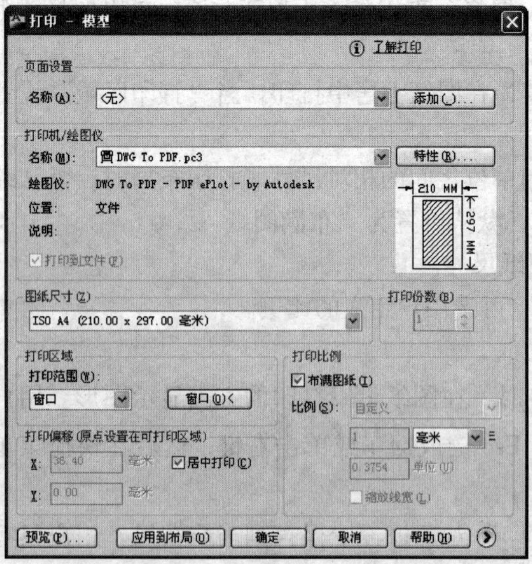

图 14-3　选择需要的打印配置文件或系统打印机

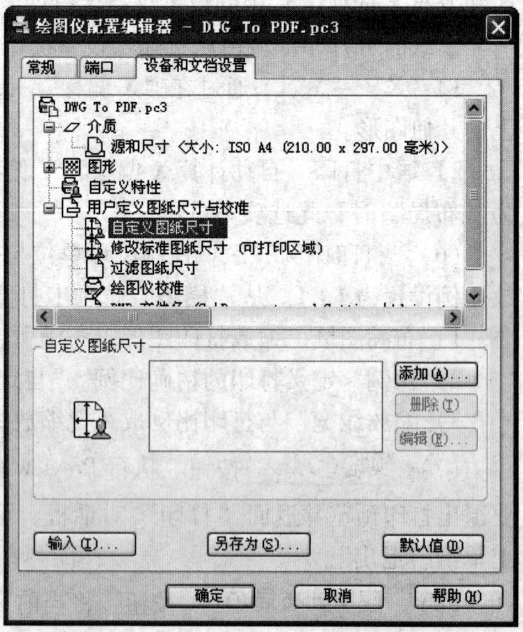

图 14-4　选择“自定义图纸尺寸”

第四步：单击“添加”按钮（图 14-4），进入“自定义图纸尺寸 - 开始”对话框，并选择“创建新图纸”，如图 14-5 所示。

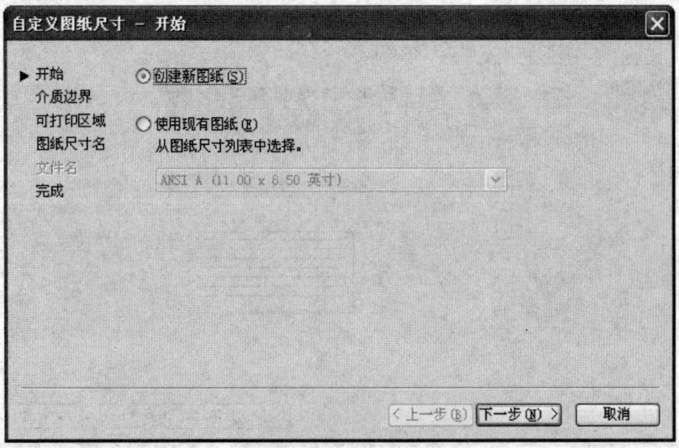

图 14-5　创建新图纸

第五步：单击“下一步”按钮（图 14-5），进入“自定义图纸尺寸 - 介质边界”，并设置相关尺寸和单位，如图 14-6 所示。

第六步：单击“下一步”按钮（图 14-6），进入“自定义图纸尺寸 - 可打印区域”，并设置相关尺寸，如图 14-7 所示。

第七步：单击“下一步”按钮（图 14-7），进入“自定义图纸尺寸 - 图纸尺寸名”，如图 14-8 所示。

第八步：单击“下一步”按钮（图 14-8），进入“自定义图纸尺寸 - 完成”，如图 14-9 所示。

第九步：单击“完成”按钮（图 14-9），便返回到“绘图仪配置编辑器”对话框，显示已经添加好“自定义图纸尺寸”。

第十步：单击“确定”按钮（图 14-10），便返回到“打印 - 模型”对话框（图 14-11）。这时自定义的图纸尺寸也添加到该对话框的“图纸尺寸”内，便可使用该图纸尺寸了。

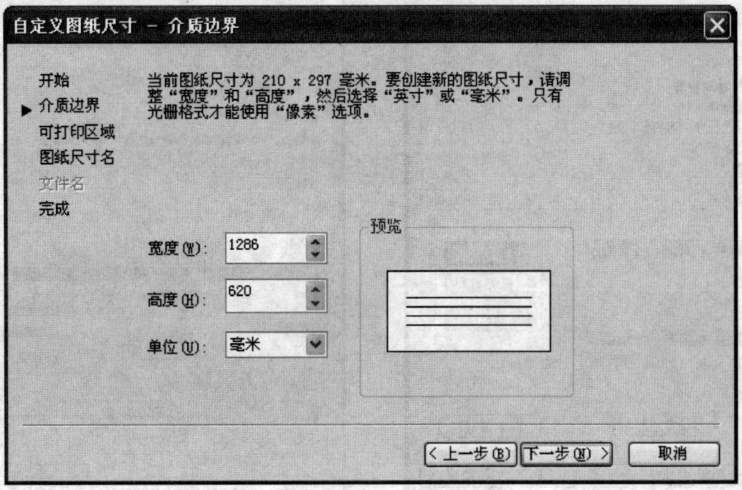

图 14-6　定义图纸介质边界

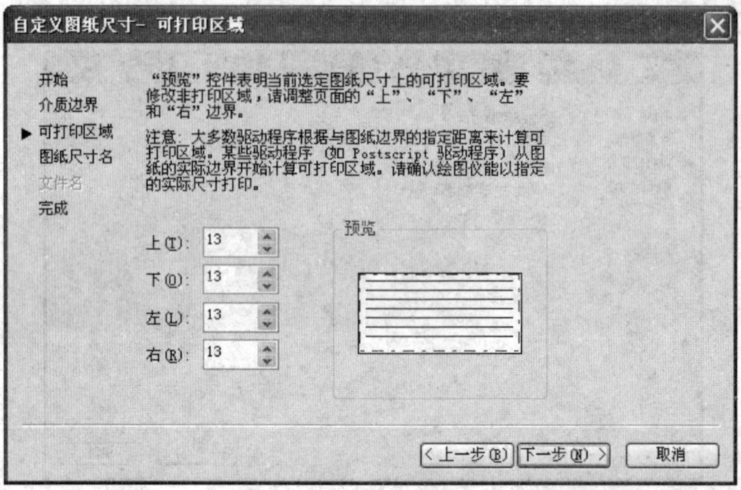

图 14-7　定义可打印区域

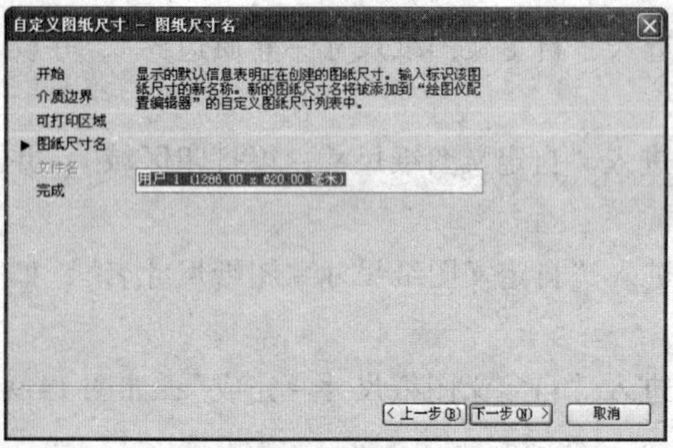

图 14-8　定义图纸尺寸名

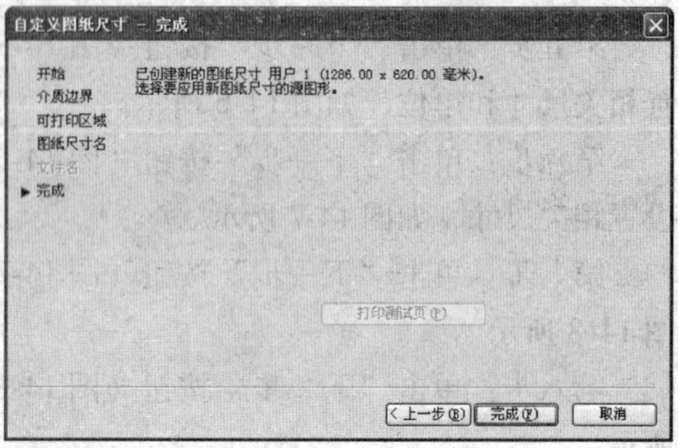

图 14-9　自定义图纸尺寸 – 完成

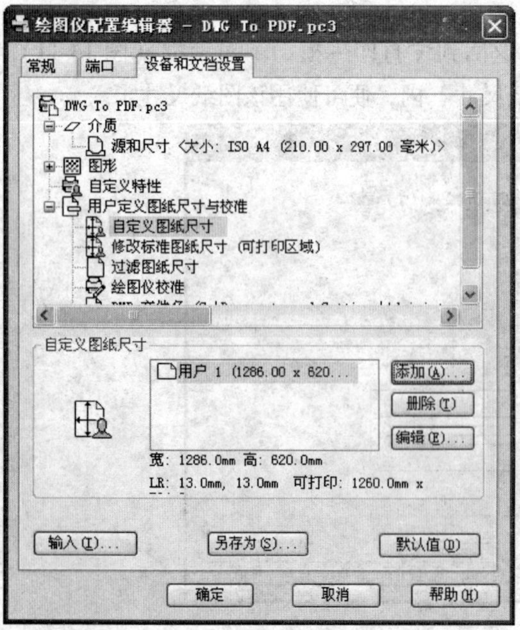

图 14-10　"自定义图纸尺寸"添加完毕

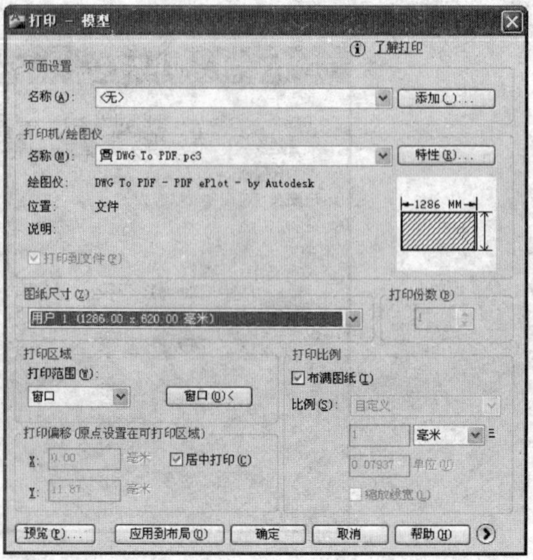

图 14-11　"自定义图纸尺寸"设置完毕

思考与练习题十四

1. 了解“打印 - 模型”对话框中的常用项的用途及相关设置。掌握 AutoCAD 打印出图的基本方法。

2. 选用 A4 图幅，按 1∶1 比例，打印图 12-15 所示的固定钳身零件图。